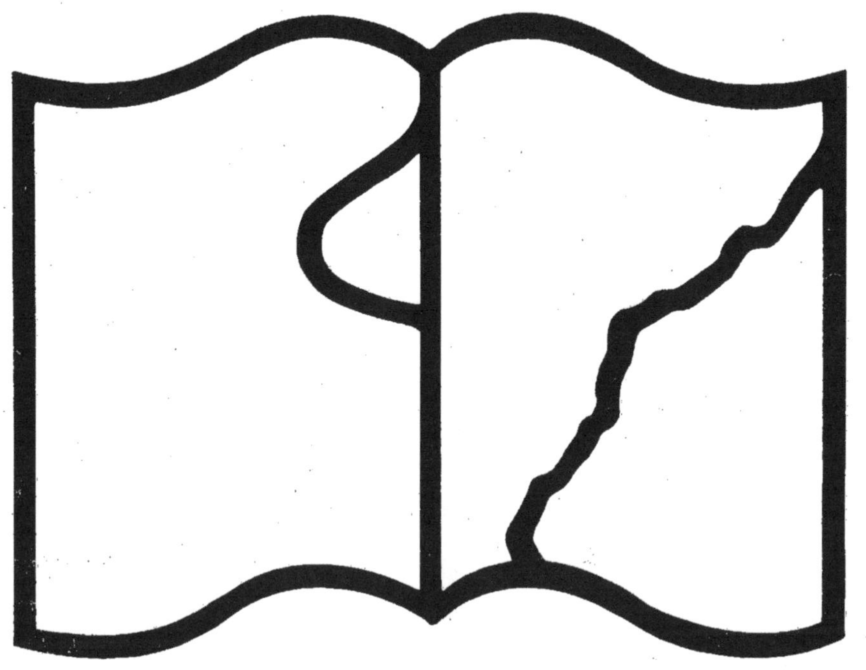

Texte détérioré — reliure défectueuse

NF Z 43-120-11

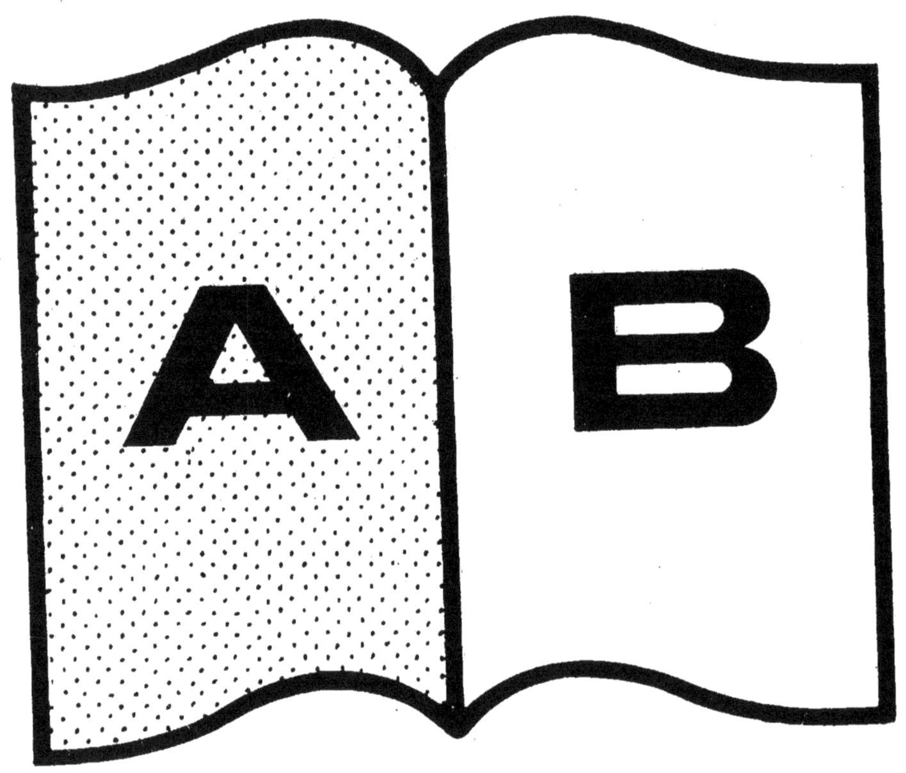
A
B

GUIDES DIAMANT
JOANNE
STATIONS D'HIVER
DE LA MÉDITERRANÉE
HACHETTE ET Cie

PROVENCE, CORSE

Stations d'Hiver

DE LA

MÉDITERRANÉE

ÉTABLISSEMENTS DIVERS

CLASSÉS

Par ordre alphabétique de Localités

Typo 1*

CANNES

Hôtel Grande-Bretagne

Un des plus beaux hôtels du littoral.

Le plus éloigné de la mer.

LUMIÈRE ÉLECTRIQUE

Jardin d'hiver.

Arrangements sanitaires parfaits.

Vastes Salons publics.

Ascenseur.

Vue splendide.

Tramways électriques desservant l'Hôtel de et pour la gare et le centre de la ville — Omnibus et interprète à l'arrivée de tous les trains. — **PERREARD**, **Propriétaire.**

CANNES

NEW ROYAL HOTEL

Boulevard de la Croisette, au bord de la mer

OUVERT TOUTE L'ANNÉE

Installation neuve et confortable

Grand fumoir avec billard. — Salle de bains. — Chambre noire pour photographie. — *Ascenseur.* — Calorifère. — Jardin avec terrasse. — *Cuisine et cave soignées.*

PRIX MODÉRÉS

RAOUL EMANGARD, Propriétaire.

CANNES

HOTEL COSMOPOLITAIN

Rue d'Antibes

Exposition et jardin en plein midi.

près la plage. — Confort moderne.

Éclairage électrique. — Calorifère. — Cuisine et service de 1er ordre. — Ascenseur. — Été : *Hôtel Bellevue, Plombières.*

A. WEHRLÉ, Propriétaire.

CANNES

HOTEL DES COLONIES

ET DES NÉGOCIANTS

OUVERT TOUTE L'ANNÉE

Le plus proche, en face la gare, pas de frais d'omnibus. — Transport des bagages gratuit à l'aller et au retour. — **Complètement restauré et agrandi.** — Spécialement recommandé pour sa cuisine. — Table d'hôte. — Déjeuner, 2 fr. 50 ; Dîner, 3 fr., vin compris. — **Tables particulières** : Déjeuner, 3 fr. ; Dîner, 4 fr. — Service à la carte. — Bains. — Électricité dans toutes les chambres. — **Correspondant de tous les Touring-Club.** — *English spoken.* — *Man spricht deutsch.*

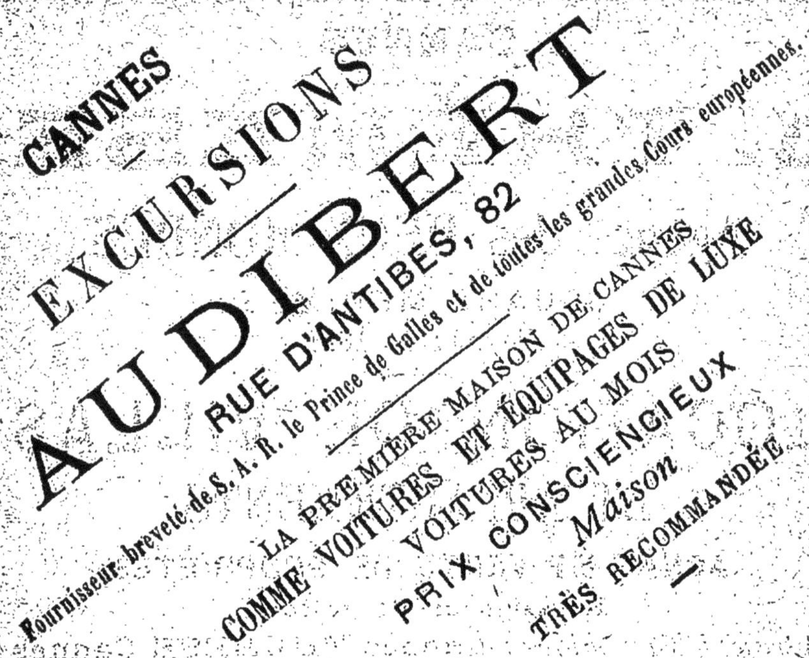

CANNES

ANTIQUITÉS ET OBJETS D'ART

J. MOUREY, rue d'Antibes, 35

Occasions exceptionnelles en meubles anciens, vieilles tapisseries, bijoux, soieries, argenterie, bronze, faïences, tableaux, gravures et miniatures.

CANNET (Le), près CANNES

HOTEL SAINT-JAMES

OUVERT TOUTE L'ANNÉE

Situation exceptionnelle en plein midi, très abritée des vents et très éloignée de la mer. — Pension depuis 7 fr. par jour. — Arrangements pour séjour prolongé. — **Vaste jardin.** — Croquet. — *Lawn-tennis.* — *Bains dans l'hôtel.* — **Mme ZALESKA, Propriétaire.**

HYÈRES

GRAND HOTEL CONTINENTAL

De tout premier ordre. — Réputation européenne. — Situation exceptionnelle dans un beau jardin. — *Plein midi.* — Calorifère. — Salle de fêtes. — Clientèle d'élite. — **Pension depuis 9 francs par jour.** — *Ascenseur Lift.*

E. WEBER, Propriétaire.

HYÈRES

GRAND HOTEL DE PARIS
ET DES NÉGOCIANTS

Ouvert toute l'année. — Très bonnes chambres. — Cuisine soignée. — Prix depuis 7 fr. 50 par jour, vin et service compris. — Arrangements pour familles en cas de séjour prolongé. — *Omnibus à tous les trains.*

ROUX, Propriétaire.

GOLFE JUAN (PRÈS CANNES)

HOTEL CENTRAL

PENSION DE FAMILLE

Au bord de la mer. — Plein midi. — Chambres très confortables et cuisine très soignée. — *Tramways électriques* pour Cannes et Antibes toutes les 10 minutes.

Pension depuis 6 francs par jour.

JUAN-LES-PINS

(ALPES-MARITIMES)

Entre Cannes et Nice

NOUVELLE STATION HIVERNALE ET BALNÉAIRE

LA PLUS JOLIE DU LITTORAL

Situation exceptionnelle — Panorama unique

Le Grand-Hôtel

Ouvert toute l'année

Pour les Express, s'arrêter à Antibes, et y demander le **Grand-Hôtel**, à Juan-les-Pins.

MARSEILLE

Gd Hôtel Noailles et Métropole

RÉPUTATION EUROPÉENNE

Ce magnifique établissement, situé dans le plus beau quartier de la ville, est sans contredit le lieu fashionable de rendez-vous de tous les touristes et familles fréquentant les stations d'hiver du littoral méditerranéen, ou s'embarquant à Marseille.

Près de la Gare et des Ports, avec un service régulier d'omnibus. — Considérablement agrandi et offrant un choix de plus de 300 chambres et salons (depuis 3 fr.), *éclairés à la lumière électrique.* — **Ascenseurs.** — Bains. — *Téléphone* (réseau général)

Restaurant hors pair. — Service à prix fixe et à la carte — Prix modérés et arrangements en pension (depuis 12 fr.).

CHARLES RATHGEB (de Genève)

NOUVEAU PROPRIÉTAIRE.

Adresse télégraphique **MÉTROPOLE-MARSEILLE**

Même Maison : HOTEL DE RUSSIE, à Genève.

MARSEILLE

Grand Hôtel du Louvre et de la Paix

RÉPUTATION UNIVERSELLE

Patronné par l'élite de toutes les nations

ASCENSEUR
LUMIÈRE ÉLECTRIQUE

LIFT
ELECTRIC LIGHT

Situé dans la plus belle position de la ville.

Le seul en plein midi avec une porte cochère et une grande cour d'honneur et Jardin d'hiver, à l'instar du *Grand-Hôtel* de Paris.

Vue sur la Cannebière, les Allées et le Port.

250 chambres et salons. — Entièrement remis à neuf. — **Grand Restaurant à la carte.** — Table d'hôte à tables séparées. — *Cuisine et Caves renommées.* — **Salles de bains à chaque étage** — Installation sanitaire parfaite. — Tarif dans les appartements.

PRIX MODÉRÉS

Arrangements pour séjour depuis 12 fr. 50

Billets pour chemins de fer, etc.

Propriétaire : **LOUIS ECHENARD-NEUSCHWANDER**

Du CARLTON HOTEL, de Londres.

(MAISON SUISSE)

Adresse télégraphique : **Louvre-Paix, Marseille.**

Les trois Eaux minérales de

MONTMIRAIL

Méd. arg. 1889
Méd. Paris, 1878
(Exp. Univ.)

A Lyon, 1894, méd. d'or

Service gare Sarrians-Montmirail, 6 kilomètres.

PRÈS VACQUEIRAS (VAUCLUSE)

A 12 kilomètres de Carpentras, 15 kilomètres d'Orange.

Service du 15 juin au 15 septembre à la gare.

1° **Purgative française**; eau dite : verte, **unique** d'après l'Académie. — Préférable aux allemandes, d'après Gubler. (Seule eau purgative d'expédition et de cure aux lieux d'origine.) — Bile, Constipation, Obésité.

2° **Sulfurée calcique** la plus riche connue (3 gr. 23). — *Dartres, Catarrhes, Rhumatismes.* — Nouvelle salle d'inhalation contre Bronchites, Laryngites.

3° **Ferrugineuse.** — Hydrothérapie térébenthinée. — 100 hectares de pins résineux, *chasse réservée.* — Grand Hôtel des Bains. — *Café-Casino.* — Télégraphie. — Tir et jeux divers. — Excursions à la fontaine de Vaucluse, etc.

NICE

HOTEL DE LUXEMBOURG

PROMENADE DES ANGLAIS

CECIL HOTEL

EN FACE LA GARE

Ouvert toute l'année. — Installation moderne. — Chauffage central dans toutes les chambres. — Les deux établissements de tout premier ordre.

P. PELLISSIER, PROPRIÉTAIRE

L'ÉTÉ : **Grand Hôtel Continental et Métropole,** à Luchon.

Succursale : **Hôtel Restaurant de la Chaumière.** — Situation unique. — 800 mètres d'altitude.

NICE

HOTEL GALLIA

Rue de la Paix

OUVERTURE NOVEMBRE 1900

Pension complète, avec chambre, depuis 8 francs par jour.

1er ORDRE — ASCENSEUR

PLEIN MIDI — JARDIN

140 chambres et salons avec tout le confort moderne et entièrement éclairés à la lumière électrique. — *Chauffage à la vapeur.* — **Arrangements sanitaires parfaits.** — *Salles de bains à chaque étage.* — Billards. — Fumoir.

MAGNIFIQUES SALONS

Table d'hôte par petites tables et Restaurant à la carte

GARAGE POUR AUTOMOBILES ET BICYCLETTES

GEORGES FORTÉPAULE

PROPRIÉTAIRE

L'Été : **Grand Hôtel de la Terrasse**, à Trouville-Deauville.

TAMARIS-SUR-MER

GRAND HOTEL DES TAMARIS

OUVERT TOUTE L'ANNÉE

Maison de 1er ordre

Au bord de la mer

AU MILIEU D'UN MAGNIFIQUE PARC

Installation aussi confortable que luxueuse. — Pension depuis 8 fr. par jour. — *Omnibus à Toulon et à la Seyne à tous les trains et aux trains de luxe.* — Voitures d'excursions et bateau de plaisance.

F. JUST, Propriétaire.

TOULON

GRAND-HOTEL

PLACE DES PALMIERS

Premier ordre. — Eclairage électrique. — Plein midi. — Vue sur la mer. — Jardin. — Pension depuis 10 fr. par jour, *tout compris*. — Arrangements pour familles avec enfants. — Bains dans l'hôtel. — Ascenseur. — **L. FILLE**, Propriétaire.

LES

STATIONS D'HIVER

DE LA MÉDITERRANÉE

46.940. — PARIS. IMPRIMERIE LAHURE
9, rue de Fleurus, 9

COLLECTION JOANNE — GUIDES DIAMANT

LES STATIONS D'HIVER DE LA MÉDITERRANÉE

PAR

PAUL JOANNE

7 CARTES, 8 PLANS ET 29 GRAVURES

BANDOL — SANARY — TAMARIS — HYÈRES
BORMES-LAVANDOU — CAVALAIRE — PARDIGON
SAINTE-MAXIME — SAINT-RAPHAEL-VALESCURE
BOULOURIS — AGAY — LE TRAYAS
CANNES — GRASSE — JUAN-LES-PINS — ANTIBES
CAGNES — NICE
BEAULIEU — SAINT-JEAN-SUR-MER
CAP FERRAT — MONACO ET MONTE-CARLO
MENTON — BORDIGHERA
OSPEDALETTI — SAN-REMO — AJACCIO

PARIS
LIBRAIRIE HACHETTE ET Cie
79, BOULEVARD SAINT-GERMAIN, 79

1902

Toutes les mentions et recommandations contenues dans le texte des Guides Joanne sont entièrement gratuites.

TABLE MÉTHODIQUE

CHAPITRE III.

CHAPITRE IV.

CHAPITRE V.

CHAPITRE VI.

CHAPITRE VII.

CHAPITRE VIII.

CHAPITRE IX.

CHAPITRE X.

LISTE DES GRAVURES

CARTES ET PLANS

CARTES

PLANS

ABRÉVIATIONS

alt., altit.	altitude.
aub.	auberge.
ch.-l. de c.	chef-lieu de canton.
déj.	déjeuner.
dîn.	dîner.
dr.	droite.
env.	environ.
E.	Est.
g.	gauche.
hab.	habitants.
ham.	hameau.
h.	heure.
hôt.	hôtel.
k.	kilomètres.
m.	mètres.
min.	minutes.
N.	Nord.
O.	Ouest.
pens.	pension.
S.	Sud.
t. l. j.	tous les jours.
V.	ville.
v.	village.
V.	voir.
voit.	voitures.

N.-B. — A défaut d'indication contraire, les hauteurs sont toujours évaluées au-dessus du niveau de la mer (altitude).

AVIS IMPORTANT

Les renseignements pratiques (hôtels, omnibus, guides, voitures, etc.) se trouvent réunis à la fin du volume. Ces renseignements, qui varient quelquefois pendant une saison, seront réimprimés dès que la correction en sera devenue nécessaire. MM. les touristes devront donc les chercher, quand ils en auront besoin, non dans le texte même du Guide, mais dans l'*Index alphabétique*, à la fin du volume.

Les mots imprimés en **grasses** dans la description des villes indiquent les principales curiosités.

Ce signe*, placé à la suite du nom d'une localité quelconque dans le corps du volume, indique qu'il se trouve, à l'Index alphabétique, des renseignements pratiques à consulter.

MM. les voyageurs sont instamment priés d'envoyer à l'auteur des notes rectificatives pour les erreurs ou modifications qu'ils remarqueront en cours de route.

TRAINS DE LUXE ET INTERNATIONAUX ET RELATIONS ENTRE PARIS ET LES STATIONS D'HIVER

HIVER 1901-1902

Trains de luxe.

Calais-Méditerranée-Express. — Train de luxe entre Londres, Calais, Paris-Nord, Paris-P.-L.-M. Marseille, Nice, Vintimille et San-Remo. — Dép. de Calais les *lundi*, *mercredi*, *vendredi* et *dimanche* à 1 h. soir; arr. à Paris-Nord, 4 h. 35 s.; dép. de Paris-Nord, 5 h. s.; dép. de Paris-P.-L.-M., 6 h. s. — Dép. de San-Remo, les *mardi*, *jeudi*, *samedi* et *lundi*.

Méditerranée-Express. — Dép. de Paris-Nord les *samedi*, *mardi* et *jeudi* à 5 h. soir; dép. de Paris-P.-L.-M., 6 h. s. — Dép. de San-Remo les *dimanche*, *mercredi* et *vendredi*.

Saint-Pétersbourg-Berlin-Paris-San-Remo. — Le *Nord-Express*, train de luxe entre Saint-Pétersbourg, Berlin, Liège et Paris, correspond à Paris-Nord avec les trains *Calais-Méditerranée* et *Méditerranée-Express*; au retour, les trains *Calais-Méditerranée* et *Méditerranée-Express* donnent la correspondance à Paris-Nord pour le Nord-Express.

Vienne-Nice-Cannes-Express. — Entre Vienne, Milan, Gênes, San-Remo, Menton, Monte-Carlo, Nice et Cannes : *train quotidien*. Ce train correspond une fois par semaine, comme Saint-Pétersbourg-Vienne-Nice-Cannes-Express, avec un train de luxe de Saint-Pétersbourg à Vienne par Varsovie et Granica.

Nord-Sud-Brenner-Express. — Dép. de Berlin, les *dimanche*, *mardi* et *jeudi*, pour Cannes par Vérone, San-Remo, Vintimille et Nice. — Dép. de Cannes, les *dimanche*, *mardi* et *vendredi*. — A partir du mois de janvier, ce train circule tous les jours dans les deux sens.

Riviera-Express ou Berlin-Marseille-Nice-Express. — Du 1er décembre au 30 avril. Dép. de Berlin pour Vintimille et San-Remo tous les jours, *via* Francfort, Strasbourg, Mulhouse, Belfort, Lyon. — Dép. de San-Remo et Vintimille pour Berlin tous les jours.

N. B. Consulter le Guide Continental distribué gratuitement par la Compagnie des Wagons-Lits pour tous les renseignements et horaires de ces trains. — Retenir ses places de préférence aux Agences de la Compagnie des Wagons-Lits.

Billets d'aller et retour collectifs pour familles. — 1° *Pour toutes les stations hivernales : Nice, Cannes, Menton, Hyères, Saint-Raphaël, Grasse*, etc. — Il est délivré, du 15 octobre au 15 mai, dans toutes les gares du réseau P.-L.-M., sous condition d'effectuer un parcours simple minimum de 150 k., aux familles d'au moins 4 pers. voyageant ensemble, des billets d'all. et ret. collectifs de 1re, 2e et 3e cl. *pour Hyères et toutes les gares situées entre Saint-Raphaël, Grasse, Nice et Menton inclusivement.* Le prix s'obtient en ajoutant au prix de six billets simples ordinaires (pour les 3 premières personnes) le prix d'un billet simple pour la 4e, la moitié de ce prix pour la 5e et chacune des suivantes. — Validité : 33 j. — Arrêts facultatifs. — Faire la demande 4 j. avant le départ.

2° *Pour Hyères et toutes les gares jusqu'à Menton.* — Billets d'all. et ret. de 2e et 3e cl., délivrés du 1er octobre au 15 novembre, sous condition d'effectuer un parcours simple de 400 k. au minimum, aux familles d'au moins 3 personnes, les serviteurs étant considérés comme faisant partie de la famille. Le prix des billets est calculé comme suit : quatre billets simples pour les deux premières personnes, un billet simple pour la 3e pers., la moitié du prix d'un billet simple pour chacune des pers. en sus de la 3e. — Validité : jusqu'au 15 mai. — Arrêts facultatifs. — Faire la demande 4 j. avant le départ.

Voitures directes et de luxe. — *Bâle-Vintimille* : wagons-lits, 1re et 2e cl.; *Boulogne-Vintimille* : lits-salons et 1re cl.; *Calais-Vintimille* : lits-salons et 1re cl.; *Genève-Vintimille* : lits-salons et 1re cl.; *Paris (Nord)-Hyères* : 1re cl.; *Paris (Nord)-Vintimille* : wagons-lits, lits-salons, fauteuils, 1re cl.; *Paris (P.-L.-M.)-Vintimille* : wagons-lits, lits-salons, fauteuils, 1re, 2e et 3e cl.. — Consulter le plus récent *Indicateur*.

Wagons-lits. — Prix des suppl. : de Bâle à Nice, Beaulieu et Monte-Carlo, 32 fr.; de Genève, 24 fr.; de Paris à Marseille, 45 fr. rapide, luxe 63 fr.; à Saint-Raphaël, à Cannes, à Nice et à Beaulieu, 55 fr. et 77 fr.; à Monaco, à Monte-Carlo et à Menton, 60 fr. et 84 fr. — Retenir les places à l'avance (3 fr. en plus) à la Cie des Wagons-lits, 3, pl. de l'Opéra, à Paris, ou à ses agences en province ou à l'étranger.

Wagons-restaurants. — Entre Paris et Dijon et entre Lyon et Avignon au rapide de jour dans le sens Paris-Marseille, entre Avignon et Lyon et entre Dijon et Paris, aussi au rapide de jour, dans le sens Marseille-Paris; entre Paris (gare du Nord) et Paris (gare de Lyon), et *vice versa*, aux rapides allant directement à Calais (pour Londres), ou venant de Calais. — Pet. déj. 1 fr. 50 (café, thé ou chocolat, pain et beurre); déj. à la fourchette 3 fr. 50, dîn. 5 fr., vin non compris (vin ord. de Bordeaux ou de Bourgogne, rouge ou blanc, 1 fr. la demi-bouteille, 1 fr. 50 la bouteille).

Trains de luxe

DE PARIS (Gare P.-L.-M.)** AUX GARES CI-DESSOUS	Dist. kilom.	BILLETS ORDINAIRES[1] 1re cl.	2e cl.	3e cl.	PLACES DE LUXE* — FAUTEUILS-LITS Direct Expr.	Rapide.	De luxe.	LITS-SALONS ET WAGONS-LITS[2] Direct Expr.	Rapide.	De luxe.	BILLETS D'ALLER ET RETOUR DE BAINS DE MER[3] 1re cl.	2e cl.	3e cl.
		F. C.	F. C.	F. C.	F. C.	F. C.	F. C.	F. C.	F. C.	F. C.	F. C.	F. C.	F. C.
Marseille	863	96 75	65 35	42 65	114 75	123 75	141 75	123 75	141 75	159 75			
La Ciotat	899	100 80	68 05	44 40							106 »	80 »	53 »
Bandol	914	102 45	69 20	45 15							111 »	84 »	56 »
Ollioules-Sanary	920	103 15	69 65	45 45							111 »	84 »	56 »
La Seyne-Tamaris	925	103 70	70 05	45 70							111 »	84 »	56 »
Toulon (Hyères)	930	104 25	70 40	45 95	124 25	134 25	154 25	134 25	154 25	174 25	111 »	84 »	56 »
Hyères	950	106 50	71 90	46 90							111 »	84 »	56 »
Saint-Raphaël-Valescure	1024	114 80	77 50	50 55	136 80	147 80	169 80	147 80	160 80	191 80	124 »	93 »	62 »
Agay	1033	115 80	78 20	51 »							124 »	93 »	62 »
Cannes (4)	1056	118 35	79 95	52 15	140 35	151 35	173 35	151 35	173 35	195 35	124 »	93 »	62 »
Juan-les-Pins	1065	119 40	80 60	52 60									
Antibes	1067	119 60	80 75	52 70	141 60	152 60		152 60	174 60		124 »	93 »	62 »
Grasse	1070	119 95	81 »	52 85									
Cagnes	1076	120 60	81 45	53 15									
Nice (4)	1087	121 85	82 30	53 65	143 85	154 85	176 85	154 85	176 85	198 85	124 »	93 »	62 »
Villefranche-s-Mer	1092	122 40	82 65	53 90							124 »	93 »	62 »
Beaulieu	1094	122 65	82 80	54 »	144 65	155 65	177 65	155 65	177 65	199 65	124 »	93 »	62 »
Monaco	1103	123 65	83 50	54 45	147 65	159 65	183 65	159 65	183 65	207 65	132 »	99 »	66 »
Monte-Carlo	1104	123 75	83 55	54 50	147 75	159 75	183 75	159 75	183 75	207 75	132 »	99 »	66 »
Menton (4)	1112	124 65	84 15	54 90	148 65	160 65	184 65	160 65	184 65	208 65	132 »	99 »	66 »
Vintimille	1123	126 05	85 15	55 55	150 55	162 55	186 55	162 55	186 55	210 55			
San-Remo, via Vintimille	1139	128 10	86 60										
San-Remo, via Mont-Cenis	1161	129 60	88 80										

1. Y compris le droit de timbre de 0 fr. 10.
2. Y compris le prix du billet de première classe.
3. Délivrés du 1er juin au 15 sept. et valables 33 j. Il est aussi délivré des billets de bains de mer collectifs aux familles d'au moins 2 pers. pour les destinations du tableau et pour *Cette* et *Juan-les-Pins*.
4. Billets d'all. et ret., valables 20 jours, 2 arrêts au choix, avec faculté de 2 prolongations de 10 j. chacune moyennant un suppl. de 10 % par 10 j., délivrés du 15 décembre 1901 au 5 février 1902 : de Paris à Cannes, 177 fr. 40 en 1re cl. et 127 fr. 75 en 2e cl.; à Nice, 182 fr. 60 en 1re cl. et 131 fr. 50 en 2e cl.; à Menton, 186 fr. 80 en 1re cl. et 134 fr. 50 en 2e cl., all. et ret.

* Le prix d'une place de wagon-lit (Compagnie internationale des Wagons-Lits) est celui d'une place de lit-salon P.-L.-M.

** 0 fr. 90 de suppl. pour la 1re cl. et 0 fr. 50 en 2e cl. par billet délivré à Paris-Nord.

Gare du chemin de fer Paris-Lyon-Méditerranée.

STATIONS D'HIVER
DE LA MÉDITERRANÉE

La région côtière des stations d'hiver de la Méditerranée commence, bien que la mode ne l'ait encore consacrée qu'à partir d'Hyères, dès après Marseille. Mais deux grands points doivent préoccuper les personnes qui veulent hiverner le long de la Méditerranée pour leur plaisir, car les malades doivent avant suivre l'avis de leur médecin : le vent (mistral) et la pous- Il faut aussi tenir compte du plus ou moins d'éloignement mer. En tête des Chapitres de ce Guide, nous donnons, pour chaque station hivernale, des renseignements sur les moyens d'accès et sur les conditions d'existence. Les renseignements pratiques (hôtels, restaurants, voitures, etc.) sont à l'*Index alphabétique*, à la fin du Guide (dans presque tous les hôtels du littoral, le vin n'est pas compris dans les prix de table d'hôte).

Recommandations générales. — Aux personnes qui séjournent sur le littoral, nous recommandons :

1° De ne jamais s'installer dans un immeuble, appartement ou villa, sans avoir au préalable eu la preuve que les locaux ont été désinfectés depuis le départ du dernier locataire, mesure d'hygiène indispensable dans des endroits fréquentés par des malades.

2° De faire dresser l'inventaire du mobilier par l'agence de location, ou par un homme d'affaires, si l'on a traité directement avec le propriétaire, pour éviter des ennuis et des réclamations au moment du départ.

3° De bien se rendre compte de l'orientation de l'appartement et surtout des chambres à coucher. Dans la même maison, pendant l'hiver, la température nocturne reste douce et agréable dans les pièces orientées au midi, tandis qu'elle est glaciale dans les pièces exposées au nord.

4° De ne porter, même dans le plein de la journée, que des vêtements de laine.

5° De ne jamais rester au soleil sans s'abriter sous une ombrelle.

Et 6°, à moins que l'on ne soit tout à fait bien portant, de ne sortir qu'une heure après le lever du soleil et de rentrer une heure avant son coucher. Les personnes en bonne santé elles-mêmes devront toujours, le matin et le soir, se vêtir chaudement et se munir d'un pardessus, et même d'un cache-nez.

DE PARIS A VINTIMILLE

1123 k. — Chemin de fer (gare P.-L.-M., boulevard Diderot, 20; certains rapides, qui amènent les voyageurs d'Angleterre, partent de la gare du Nord, mais ils se rendent toujours à la gare de Lyon, de sorte que c'est à cette gare qu'il faut prendre le train quand on part de Paris). — Pour la durée du trajet et les prix des places, *V.* en tête de chaque Chapitre. — Si on ne voyage pas en wagon-lit, on fera bien, pour rendre le trajet moins fatigant, de coucher à Marseille.

TRAINS ET VOIT. DE LUXE; VOIT. DIRECTES. — *V.* les détails donnés en tête de chaque Chapitre.

Trains de luxe (wagons-lits et restaurant) organisés, durant la saison d'hiver, par la Cie internationale des Wagons-lits : — le *Calais-Méditerranée-Express* (Londres à San Remo), quatre fois par semaine; — le *Méditerranée-Express* (Paris à San Remo), 3 fois par sem.; — le *Riviera-Express* (Berlin à San Remo), quotidien du 1er déc. au 30 avril; — le *Vienne-Nice-Cannes-Express* (Vienne à Cannes, par Pontafel, Milan, et Nice), quotidien; — le *Saint-Pétersbourg-Berlin-Paris-San Remo*, combinaison du *Nord-Express* (Saint-Pétersbourg à Paris) avec le Calais-Méditerranée et le Méditerranée-Express; — et le *Nord-Sud-Brenner-Express* (Berlin à Cannes, par Vérone et San Remo) 3 à 7 fois par sem., selon l'époque. — Pour retenir les places et pour renseignements, s'adresser à la Cie des Wagons-lits, place de l'Opéra, 5.

En outre, un train *extra-rapide* du soir (1re cl., places à retenir à l'avance), et trois trains *rapides* quotidiens, l'un partant le mat., les deux autres, composés de voit. de 1re cl., de lits-salons et de wagons-lits, partant le soir, circulent en hiver de Paris à Vintimille; l'un des rapides du s. correspond à la gare de Paris-Nord avec le train d'Angleterre dont sont détachées les voit. directes de 1re cl. et lits-salons *Calais-Vintimille* et *Boulogne-Vintimille*, qui sont attelées à la gare de Paris-Nord au rapide pour Vintimille.

Outre ces voit. de Calais et de Boulogne, il existe encore dans la saison des voit. directes; — *Bâle-Vintimille* (wagons-lits, 1re et 2e cl.); — *Paris (Nord)-Hyères* (1re cl.); *Paris (Nord et Lyon)-Vintimille* (wagons-lits, lits-salons, fauteuils, 1re, 2e et 3e cl., voit. de 2e et de 3e cl. de Paris-Lyon seulement) et *Paris-Menton* (wagons-lits, lits-salons, 1re cl.); — *Genève-Vintimille* (lits-salons, 1re cl.).

WAGONS-RESTAURANTS. — Entre Paris et Marseille et *vice versa*, aux rapides partant le matin de Paris et de Marseille; — de

Paris à Marseille, 3 séries de déj. entre Paris et Dijon ; 3 fr. 50, vin non compris; vin ordinaire de Bordeaux ou de Bourgogne, 1 fr. 50 la bout., 1 fr. la 1/2 bout.; 3 séries de dîners entre Lyon et Avignon, 5 fr., vin non compris; — de Marseille à Paris, 3 séries de déj. entre Avignon et Lyon, 3 séries de dîners entre Dijon et Paris; prix comme ci-dessus; retenir ses places soit d'avance, place de l'Opéra, 3, soit au départ, au receveur du wagon-restaurant, en spécifiant la série. — Un wagon-restaurant est attelé, entre Paris-Nord et Paris-Lyon, au rapide d'Angleterre du s. (dîner, 5 fr., vin non compris) et entre Paris-Lyon et Paris-Nord le mat. (pet. déj. 1 fr. 50 ; déj. 3 fr. 50, vin n. c.).

Buffets. — Le buffet de Paris sert des déj. à 3 fr. 50 et des dîners à 5 fr. (retenir sa table d'avance); le buffet de Marseille a une table d'hôte à 4 fr., des repas à 3 fr. et à 5 fr. ; les buffets de Toulon, des Arcs et de Nice donnent des repas à 4 fr., 5 fr., 1 fr. 50 et à la carte; à ces buffets, celui de Nice excepté, on trouve des paniers à emporter. Le vin est compris dans les prix des repas à prix fixe de tous les buffets. — Par les deux rapides partant de Paris, le s., on trouve le café au lait et le chocolat servis sur le quai de la gare d'Avignon; les voyageurs du premier rapide déjeunent au buffet des Arcs (4 fr.), ceux du second rapide au buffet de Toulon (4 fr.); au ret., les voyageurs du premier rapide dînent au buffet de Marseille (4 fr.), ceux du second rapide au buffet de Toulon (4 fr.), et le petit déj. est prêt au passage des rapides à Laroche, dans la salle du buffet.

Terminus-hôtel P.-L.-M., à la gare de Marseille (*V.* l'*Index alphabétique*).

Oreillers et couvertures. — En location au prix de 1 fr. à la gare de Paris et aux principales gares du réseau. Arrivé à destination, on laisse tout simplement l'oreiller ou la couverture dans le compartiment.

Billets d'aller et retour collectifs. — 1° *Pour toutes les stations hivernales.* — Délivrés du 15 octobre au 15 mai, dans toutes les gares du réseau P.-L.-M., sous condition d'effectuer un parcours minimum simple de 150 k., aux familles d'au moins 4 pers. payant place entière et voyageant ensemble, en 1re, 2e ou 3e cl., pour Hyères et toutes les gares situées entre Saint-Raphaël, Grasse, Nice et Menton inclusivement. Le prix s'obtient en ajoutant au prix de 6 billets simples ordinaires (pour les 3 premières personnes) le prix d'un billet simple pour la 4e, la moitié de ce prix pour la 5e et chacune des suivantes. — Validité : 33 j. — Arrêts facultatifs. — Faire la demande 4 j. avant le départ.

2° *Pour Cannes et toutes les gares jusqu'à Menton.* — Billets d'all. et ret. de 2e et de 3e cl., délivrés du 1er octobre au 15 novembre, sous condition d'effectuer un parcours simple de 400 k. au minimum, aux familles d'au moins 3 pers., les serviteurs étant considérés comme faisant partie de la famille. Le prix de ces billets est calculé comme suit : 4 billets simples pour les 2 premières pers., un billet simple pour la 3e pers., la moitié du prix d'un billet simple pour chacune des pers. en sus de la 3e. — Validité : jusqu'au 15 mai. — Arrêts facultatifs. — Faire la demande 4 j. avant le départ.

Billets d'aller et retour de bains de mer. — Individuels et collectifs, val. 33 j., avec faculté de prolongation, en 1re, 2e et 3e cl., à destination d'Antibes, Bandol, Beaulieu, Cannes, Golfe-Jouan-Vallauris, Hyères, Juan-les-Pins, la Ciotat, la Seyne-Tamaris-sur-Mer, Menton, Monaco, Monte-Carlo, Nice, Ollioules-Sanary, Saint-Raphaël, Toulon et Villefranche-sur-Mer. Ces billets sont délivrés du 1er juin au 15 septembre (en tête de chaque Chap. nous indiquons les prix des billets individuels).

Billets d'aller et retour a prix réduits. — Délivrés du 15 déc. au 5 février, val. 20 j., avec faculté de 2 prorogations de 10 j. (10 % de suppl. pour chacune), de Paris et des principales gares P.-L.-M. pour Cannes, Nice et Menton ; de Paris à Cannes et ret., 177 fr. 40 en 1re cl. et 127 fr. 75 en 2e cl., à Nice 182 fr. 60 et 131 fr. 50, à Menton 186 fr. 80 et 134 fr. 50.

Carnets a itinéraires facultatifs. — Barème et conditions dans le *Livret-guide* et dans l'*Indicateur Chaix*.

Billets circulaires combinés P.-L.-M. et Sud-France. — 1° Toulon à Toulon par Hyères, le Sud-France, Saint-Raphaël, Cannes, Antibes, Nice, Fréjus, les Arcs, val. 15 j. : 29 fr. en 1re cl., 21 fr. en 2e cl., 14 fr. en 3e cl. — 2° Cannes, Antibes, Cagnes, Nice, Colomars, Vence, le Loup, Grasse, Cannes, val. 15 j. : 8 fr. 50, 6 fr. et 4 fr. 50 ; — 3° les Arcs, Fréjus, Saint-Raphaël, Cannes, Antibes, Nice, Colomars, Vence, le Loup, Grasse, Tanneron, gorges de la

Siagne, Draguignan, les Arcs, val. 15 j. : 17 fr., 14 fr. 50 et 10 fr. 50.

ENLÈVEMENT ET LIVRAISON DES BAGAGES A DOMICILE. — **Départ.** — Adresser les demandes 24 heures à l'avance, à l'*Agence des Voyages Duchemin*, 20, rue de Grammont, ou à la gare, 20, boulevard Diderot. Lorsque l'enlèvement des bagages a lieu dans la matinée, les voyageurs peuvent prendre tous les trains de l'après-midi, à partir de 2 h. Si les bagages sont enlevés dans l'après-midi, les voyageurs peuvent prendre les trains du soir, à partir de 7 h., ou les trains du lendemain matin. — Sur la présentation à la gare du reçu qui leur aura été remis à leur domicile, les voyageurs recevront leurs billets de place et leur bulletin de bagages, contre le paiement de leur montant et du prix de l'enlèvement des bagages qui est de 30 c. par fraction indivisible de 10 kilogr. avec minimum de 2 fr. 50 (il est perçu une surtaxe de 1 fr. pour les transports effectués dans les quartiers du 14e au 20e arrondissement).

Un service analogue fonctionne l'hiver à Cannes, Nice et Menton (prix, 20 c. par fraction de 10 kilogr., avec minimum de 2 fr.); s'adresser aux gares ou aux succursales de l'agence Duchemin. — **Arrivée.** — A l'arrivée dans ces villes et à Paris, le service fonctionne aux mêmes conditions (bureaux spéciaux dans les gares).

DE PARIS A MARSEILLE

865 k. — 11 h. 30 à 17 h. par les trains rapides et express. — 96 fr. 75; 65 fr. 55; 42 fr. 65; places de luxe, y compris le billet de 1re cl. : fauteuils-lits 141 fr. 75 train de luxe, 123 fr. 75 rapide, 114 fr. 75 express ou direct; lits-salons et wagons-lits, 159 fr. 75 luxe, 141 fr. 75 rapide, 123 fr. 75 express ou direct.

La voie franchit la Marne, puis l'Yères (joli coin au passage à Brunoy, à g.). — Pont sur la Seine. — 45 k. Melun. — On traverse la forêt de Fontainebleau. — 59 k. Fontainebleau. — Viaduc courbe de Changis (30 arches). — 67 k. Moret. — Viaduc courbe de Moret (30 arches), sur le Loing. A g., on côtoie la Seine. — 79 k. Montereau. — On remonte la vallée de l'Yonne (jolis paysages). — 113 k. Sens. — 146 k. Joigny. — Pont sur l'Yonne.

155 k. Laroche (1er arrêt du rapide). — Vallée de l'Arman-

Guides Joanne

PROVENCE

Hachette et C^ie_ Paris

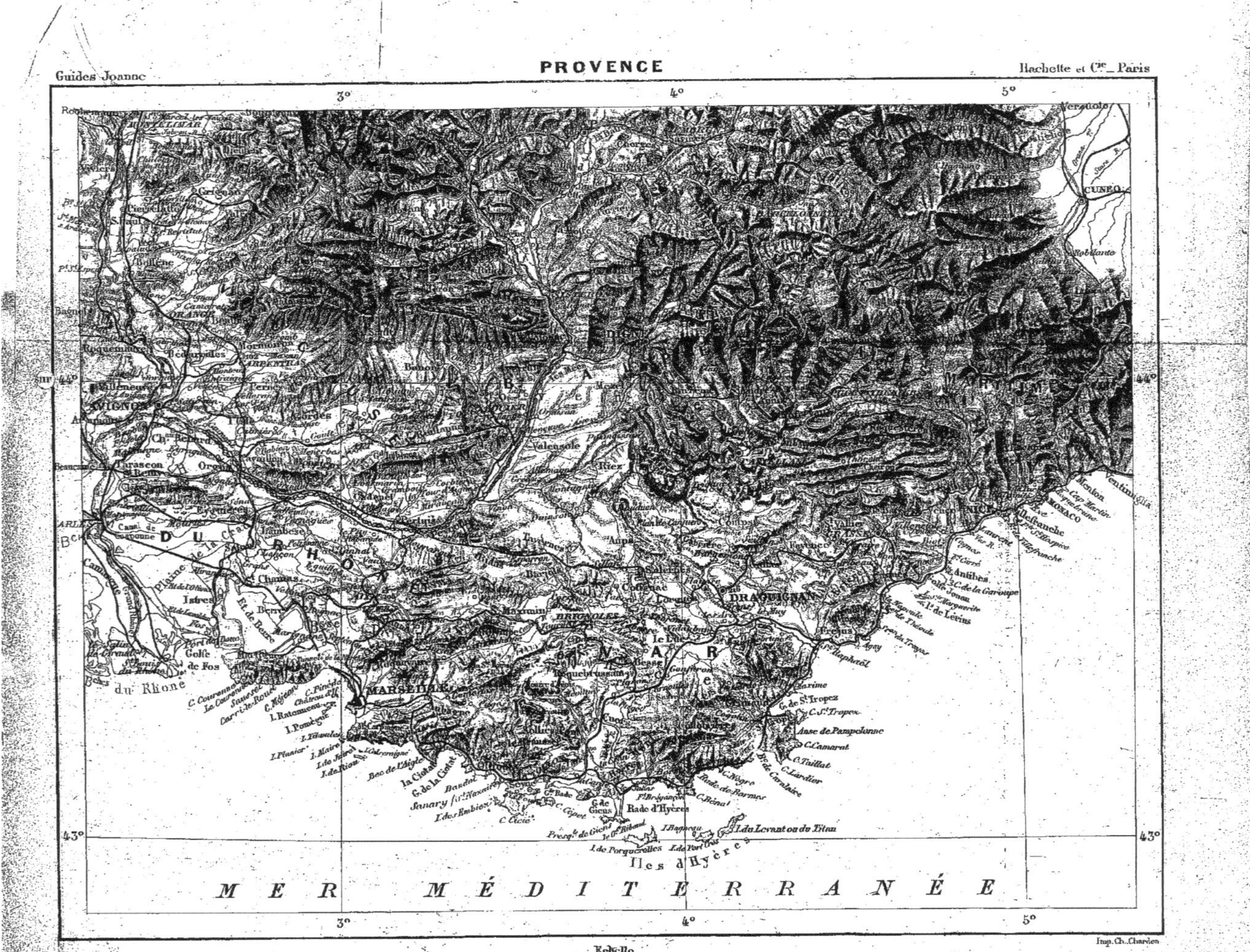

çon. — 197 k. Tonnerre. — 257 k. Les Laumes. — A dr., on voit, sur le *Mont Auxois*, la statue colossale de *Vercingétorix*, par Millet. — 288 k. Blaisy-Bas et **tunnel de Blaisy** (4100 m.), par lequel on passe du bassin de la Seine dans celui du Rhône. — Tunnels, tranchées, viaducs.

313 k. Dijon (2e arrêt du rapide). — Viaduc sur l'Ouche, puis pont sur le canal de Bourgogne. — A dr., célèbres vignobles de la *Côte d'Or*. — 352 k. Beaune. — A dr., vignobles renommés de *Pommard* et de *Volnay*. — 367 k. Chagny. — 383 k. Chalon-sur-Saône. — A g. la Saône et, à l'horizon, le Jura. 409 k. Tournus, sur la Saône.

441 k. Mâcon (3e arrêt du rapide). — Trajet très pittoresque entre Mâcon et Lyon; à g., puis à dr., groupe du Mont-d'Or; vallées de l'Azergues et de la Saône. — Après la gare de Vaise (faubourg de Lyon), *tunnel de Saint-Irénée* (2175 m.), puis pont sur la Saône (belle vue).

512 k. Lyon-Perrache (4e arrêt du rapide). — Pont sur le Rhône (belle vue, en arrière, sur Lyon, Notre-Dame de Fourvière et les collines du Lyonnais). — Plus loin se montrent à dr. le massif du Mont-Pilat, et la vallée resserrée du Rhône, dont on suit la rive g. — 514 k. Vienne. — 577 k. Saint-Rambert-d'Albon. — A dr., au delà du Rhône, les Cévennes de l'Ardèche; à g., au loin, les Alpes, souvent peu distinctes, si ce n'est le premier plan. — 600 k. Tain. — On franchit l'Isère.

618 k. Valence (5e arrêt du rapide). — A dr., sur un rocher, ruines de Crussol. La vallée prend un aspect méridional. On franchit la Drôme (belle vue). — 663 k. Montélimar. — Viaduc de 23 arches; plus loin se montre, à dr., Viviers avec sa cathédrale. Au delà de Donzère, le Ventoux se dresse à g., en face des Cévennes du Vivarais. — 715 k. Orange. — Riche et plantureuse vallée du Rhône.

743 k. Avignon (6e arrêt du rapide). — Pont de 534 m. sur la Durance.

764 k. Tarascon (arrêt du rapide, déj.). — A dr., sur le Rhône, pont suspendu de Beaucaire et beau viaduc de la ligne de Nîmes. Du même côté s'étend la monotone plaine de la Camargue, tandis qu'à g. se hérissent les superbes dentelures des Alpilles. — 778 k. Arles. — Viaduc d'Arles (31 arches; 769 m.). La voie parcourt la triste plaine de la Crau (herbe maigre parmi les cailloux). — 811 k. Miramas. — Viaduc de Saint-Chamas (19 arches) sur le Touloubre. — A dr., on côtoie à petite distance l'étang de Berre. Le trajet redevient très intéressant. — **Tunnel de la Nerte** (4638 m.), au sortir duquel on a, à dr., une admirable vue sur Marseille et sur la mer, que l'on domine de haut. — Tunnel de Saint-Louis (475 m.) et belle vallée des Aygalades (maisons de campagne).

863 k. Marseille (arrêt du rapide; buffet, hôtel-terminus dans la gare).

MARSEILLE[1]

Marseille *, ch.-l. du départ. des Bouches-du-Rhône, V. de 491 769 hab., sur la Méditerranée, l'antique cité fondée par les Phocéens, vers l'an 599 avant J.-C., la première place maritime de la France, est située au fond d'une baie formée à l'E. par le golfe de Provence. La *vieille ville* s'élève pêle-mêle sur une colline, entre le port, la Cannebière, le cours Belsunce, la rue d'Aix et le boulevard des Dames. La rue de la République la traverse. La *nouvelle ville*, située en grande partie au fond de l'ancien port, se prolonge au S. le long de la colline de Notre-Dame de la Garde. Si l'on veut jouir du magnifique panorama de Marseille et de ses environs, il faut monter à Notre-Dame de la Garde ou se rendre au Jardin zoologique (*V.* ci-dessous). Moyennant 1 fr., tout compris, on peut, en 1 h. 30 aller et retour, partir en omnibus du cours du Chapitre, à proximité de la gare, monter par l'ascenseur (service interrompu de midi à 1 h.) à Notre-Dame de la Garde, descendre et revenir en omnibus au cours du Chapitre.

Une journée suffit, à la rigueur, pour visiter Marseille. L'itinéraire que nous indiquons nécessite une voiture le matin, au moins jusqu'au palais des Arts de Longchamp. De là, si l'on ne veut pas garder sa voiture, on reviendra par le tramway déjeuner au centre de la ville. L'après-midi on pourra aller à pied prendre l'ascenseur de Notre-Dame de la Garde et descendre à pied prendre le tramway du Prado et de la Corniche.

De la gare Saint-Charles on descend, par de larges boulevards, à la **rue Noailles**, belle voie que continue la Cannebière.

En descendant la **Cannebière**, rue d'une renommée proverbiale, au centre de la ville, très animée, bordée de belles maisons avec de beaux cafés, on atteint bientôt, à dr., le **palais de la Bourse** (1852 à 1860) et, à g., le square de la Bourse.

La Cannebière débouche sur le quai de la Fraternité, au fond du **Port-Vieux**. On suit, au N., le *quai de la Fraternité*, on laisse à dr. l'*église Saint-Ferréol*, à l'entrée de la *rue de la République*, que parcourt un tramway qui mène à la place de la Joliette, on contourne le Port-Vieux, et, par le *quai du Port*, on arrive à l'**hôtel de ville**, dont la façade, précédée d'un bel escalier moderne, porte un écusson aux armes de la ville, par Puget. De là, pour se faire une idée des rues du Vieux Marseille, il suffit de se rendre au *calvaire des Accoules* et à l'*Hôtel-Dieu*, près duquel est le

1. Pour la description détaillée de Marseille, *V.* la monographie de *Marseille* ou le guide *Provence*.

Marseille. — Quai de la Fraternité et vieux port, d'après une photographie de M. Lezer.

Musée maritime et de pêche (ouvert aux étrangers t. l. j. de 10 h. à midi et de 2 h. à 4 ou 5 h.). Continuant à longer le port, on vient passer à g. près de la **Consigne** (bureau de la Santé; dans la salle principale, bas-relief inachevé de Puget, la *Peste de Milan*, et tableaux de David, Gérard, Tanneur, Horace Vernet, etc.).

On gagne le quai de l'*esplanade de la Tourette*, séparé du *fort Saint-Jean* par le canal de jonction de la Joliette, puis on atteint bientôt le *quai de la Joliette* et l'escalier monumental par lequel on accède à la **cathédrale**, vaste édifice du style néo-byzantin. A dr. de la cathédrale s'élèvent l'ancienne, dite *la Major*, et le *palais épiscopal*.

En suivant le quai, on côtoie le bassin de la **Joliette** et l'on atteint la *place de la Joliette*, où s'élève la *Gare maritime*, séparée par le quai du Lazaret des *docks de la Douane* et de ceux *du Commerce*. Un pont conduit à la **grande jetée**, longue de 3500 m. env., d'où l'on découvre l'admirable tableau de la rade.

De la place de la Joliette, on se rendra par la *place d'Aix*, où s'élève un *arc de triomphe* (1825-1835) avec bas-reliefs et statues par Ramey et David d'Angers, et en traversant la partie N. de la ville, au **Palais des Arts de Longchamp**, construit (1862-1870) par Espérandieu (en partie d'après un plan primitif de Bartholdi) et comprenant deux bâtiments, le musée de peinture et le musée d'histoire naturelle, reliés par une colonnade à jour, au milieu de laquelle se détache le **Château-d'Eau** avec cascade de 39 m. qu'alimente le *canal de Marseille*. Les sculptures principales sont de Barye et de Cavelier.

Le **Musée de peinture** (aile dr. du palais), ouvert au public t. l. j., excepté les lundis et vendredis, de 9 h. à midi et de 2 h. à 5 h., contient une riche collection d'ouvrages des écoles italienne, allemande, flamande, hollandaise, française et provençale : la salle du fond, à g., au rez-de-chaussée, est plus spécialement consacrée à **Pierre Puget** et aux vieux maîtres provençaux ; la salle du fond, à dr., au 1er ét., à l'école provençale moderne.

Le *Musée d'histoire naturelle* est ouvert aux mêmes jours et heures que le musée de peinture; les collections les plus remarquables sont : la *galerie conchyliologique* (30 000 sujets), la collection des *oiseaux de Provence* et les *ammonites* (14 000).

Derrière le palais s'étend, sur le plateau de Longchamp, le **Jardin zoologique** (entrée libre).

Au N. s'élève l'*Observatoire*.

Par le *boulevard Philippon* ou le *boulevard du Jardin-Zoologique*, on vient prendre le tramway qui suit le *boulevard de la Madeleine*, les **Allées de Meilhan**, promenade favorite des

Marseille. — Palais de Longchamp, d'après une photographie de M. Lezer.

Marseillais, et la rue Noailles.

Dans la seconde moitié de la journée, partant de la Cannebière, on suivra la *rue Saint-Ferréol*, une des plus animées de la ville, qui aboutit à la *Préfecture*. Là, on prendra à dr. le *boulevard du Muy*, qui conduit au *cours Pierre-Puget*, planté d'arbres magnifiques et que l'on remontera. A dr., place ornée de la *statue de Berryer*, et au fond de laquelle s'élève le **Palais de Justice**.

Le cours Pierre-Puget aboutit à la *Colline*, charmante promenade (cascade d'un bel effet).

Un peu avant la Colline, sur le cours Pierre-Puget, se détache, à g., le *boulevard-Notre-Dame*. A dr. de ce boulevard, à l'extrémité de la rue Dragon, est située la gare de départ de l'**ascenseur** (dans le jardin, *Diorama de N.-D. de la Garde*), haut de 80 m., qui monte à la **chapelle de Notre-Dame de la Garde**, construite sur la colline de ce nom, à 150 m. d'alt., par Espérandieu, dans le style romano-byzantin. La tour, haute de 45 m., est surmontée d'une statue de la Vierge en cuivre doré. L'intérieur (nombreux ex-voto) est richement décoré en marbres de couleur, avec peintures de Muller. De la passerelle, longue de 100 m., qui réunit la gare d'arrivée de l'ascenseur à la chapelle, on jouit d'une vue admirable.

Revenu au boulevard Notre-Dame, on descendra, par la *rue Dragon*, à la *rue de Rome*, où l'on prendra (dans la direction de dr.) le tramway du Prado (de Belsunce à la mer, 35 c.). Contournant la *place Castellane*, le grand bassin et l'obélisque qui la décorent, on suit la magnifique **avenue du Prado**, qui mène en 25 min. environ à la mer.

Un peu avant la mer, une avenue à g. conduit au **château Borély**, au milieu d'un parc. Il renferme le **musée archéologique** (ouvert aux étrangers t. l. j. de 2 h. à 4 h. 1/2 ou 6 h.), où l'on voit de beaux sarcophages, un fragment d'une galère antique, des cippes, des inscriptions dont une, phénicienne, trouvée près de la Major, des stèles trouvées rue de la République, des objets de verrerie et de céramique, etc. A g. du château se trouve une *statue de Pierre Puget*, par Ramus; à dr. s'étend le champ de courses.

De la plage (établissement de bains de mer) on devra revenir à Marseille par la **route de la Corniche** (belles villas); trajet très recommandé, à faire en tramway, qui longe le bord de la mer, en passant à l'*établissement de bains du Roucas Blanc*, à la *Réserve de Roubion*, restaurant renommé par ses bouillabaisses, aux *Catalans* (établissement de bains de mer) De là, on revient, par le *boulevard de la Corderie* (à g., *château du Pharo*), à la *place de Rome*, d'où l'on peut gagner la gare.

DE MARSEILLE A NICE

PAR TOULON, FRÉJUS,
SAINT-RAPHAËL, CANNES, ANTIBES.

225 k. — 4 h. à 7 h. 30. — 25 fr. 20; 17 fr.; 11 fr. 10.

La ligne de Toulon franchit plusieurs fois l'Huveaune, puis le canal de la Durance.

17 k. *Aubagne*. — On franchit encore l'Huveaune, puis le Merlançon, et bientôt on passe dans le *tunnel du Mussaguet* (2600 m.), le plus long de la ligne. A dr. se montrent le cap Canaille et la mer.

27 k. *Cassis*, sur la Méditerranée. — *Tunnel de Colonges* (140 m.), puis *tunnel des Jeannots* (1600 m.). — Traversant une vaste plaine, on aperçoit le golfe des Lecques. Belle vue sur la mer.

37 k. **La Ciotat**, au pied du *Bec-de-l'Aigle*, et où sont installés les énormes *Ateliers* des Messageries maritimes pour la construction des machines à vapeur et des coques de navires.

La voie se rapproche de la mer. — 44 k. *Saint-Cyr*.

51 k. **Bandol** (*V*. Chap. I).

58 k. *Ollioules-Sanary*, gare qui dessert (3 k. 5 N.-E. ; omnibus) *Ollioules* et (2 k. S.-O. ; omnibus) **Sanary**, station hivernale (*V*. Chap. I).

A dr., sur un rocher, v. de *Six-Fours*

62 k. *La Seyne-Tamaris*, gare qui dessert : 1° **la Seyne**, V. de 12 000 hab., sur le rivage O. de la petite rade de Toulon (beaux *chantiers de constructions navales* de la Société des Forges et Chantiers de la Méditerranée). — 2° (5 k. S.-E. ; omnibus, le retenir d'avance) **Tamaris** (*V*. Chap. I).

67 k. **Toulon** (buffet ; on change de train pour Hyères, si l'on n'est pas dans la voit. directe ; *V*. Chap. II).

La voie décrit vers le S. une grande courbe, avant de reprendre la direction de l'E.

75 k. *La Garde*, avec un pittoresque château en ruine. — Plaine d'oliviers. Au N., montagne du Coudon.

78 k. **La Pauline**. — A dr., embranchement d'Hyères (*V*. Chap. II).

81 k. *La Farlède* ou *Solliès-Farlède*. — On remonte la vallée du Gapeau, puis on le franchit.

84 k. *Solliès-Pont*. — Les ruines du château d'Hyères se montrent à l'horizon.

90 k. *Cuers-Pierrefeu*, gare qui dessert (5 k. E. ; omnibus) Pierrefeu (*V*. Chap. II) et (1 k. O. ; omnibus) *Cuers*.

[Une bonne route mène de Cuers à (24 k.) Hyères par Pierrefeu (où elle rejoint la route de Collobrières, *V*. Chap. II), le vallon du Réal-Martin et la vallée de Sauvebonne (*V*. Chap. II).]

98 k. *Puget-Ville*.

102 k. *Carnoules* (buffet ; chapelle de N.-D. de Carnou-

les). — A g., ligne de Gardanne. Les collines se rapprochent des deux côtés.

105 k. *Pignans*. Au S.-E. l'ermitage de *Notre-Dame des Anges* occupe le sommet d'une colline de 779 m. (hôtellerie; magnifique panorama).

La voie ferrée s'élève vers le petit *col de Gonfaron* (200 m.).

110 k. *Gonfaron*. — On s'engage dans des tranchées de grès rouge ou violet, puis on traverse la plaine de l'Aille. A dr., chaîne boisée des Maures; au loin, à g., apparaissent des montagnes couvertes de neige en hiver et au printemps; plus près, sur deux éminences, le Luc et le Cannet.

121 k. *Le Luc et le Cannet*. — *Le Luc* (belle tour du XVIe s.), sur le Riotord, est à 3 k. O. (omnibus, 30 c.) de la station, et près de **Pioule-les-Eaux** (*V. la Provence*). — A dr., *chapelle de Sainte-Brigitte* (panorama splendide).

130 k. *Vidauban*, sur la rive dr. de l'Argens, que l'on franchit plus loin.

136 k. **Les Arcs*** (buffet; bifurcation pour Draguignan). — La voie côtoie, à g., la base de montagnes couvertes de forêts de pins, puis, près du Muy, franchit la Nartubie à son confluent avec l'Argens.

144 k. *Le Muy*, à g. — La voie franchit l'Endre. A dr., au delà de l'Argens, la terrasse granitique de la Roquette porte une *chapelle* de la Vierge et un ancien couvent.

150 k. *Roquebrune*, à 2 k. de la station (omnibus) sur la dr., est blotti au pied du sommet de la Roque, qui se termine par trois pics appelés les *Croix de Roquebrune*.

154 k. *Puget-sur-Argens*. — A 500 m. env. en deçà de la station de Fréjus, on remarque, à g., près de la voie, les ruines de l'amphithéâtre romain.

158 k. **Fréjus** (*V.* Chap. III, 2°).

162 k. **Saint-Raphaël** (*V.* Chap. III). — A partir d'ici jusqu'à Vintimille, les vues, toujours variées, que l'on a à dr., sur la mer, les découpures de la côte et les montagnes sont un véritable enchantement. — On traverse des bois de pins.

165 k. *Boulouris*, station (*V.* Chap. III, 3°). — On laisse à dr., sur une cime conique et très pittoresque (140 m.), un sémaphore moderne et la vieille tour d'Armont (*V.* p. 76).

170 k. **Agay** (*V.* Chap. III). — La voie franchit le ruisseau d'Agay, pénètre dans un tunnel et passe sur le *viaduc d'Anthéore* (9 arches). Plus loin à g., s'élève le *cap Roux* (453 m.; rochers pittoresques; magnifique panorama), formé de porphyre rougeâtre. Au-dessus de la voie, à g., *grotte de Saint-Barthélemy*.

On passe dans de nombreuses tranchées rocheuses et dans un tunnel.

180 k. *Le Trayas* (*V.* Chap. III). — Après avoir traversé un court tunnel, on entre dans le *tunnel des Saoumes* (810 m.), puis on

contourne l'anse de Théoule.

185 k. **Théoule** (*V.* Chap. IV). — On franchit le ravin de la Rague. A dr. se montrent les deux tours carrées du vieux château de la Napoule.

187 k. *La Napoule* (*V.* Chap. IV). On traverse le torrent de

Marseille. — Notre-Dame de la Garde et son ascenseur, d'après une photographie de M. Lezer.

l'Argentière, puis le lit de la Siagne, pour contourner le golfe de la Napoule, en suivant le bord de la plaine sablonneuse de Laval, qui permet d'apercevoir un instant à l'horizon (sur la g.) de hautes montagnes souvent couvertes de neige, et plus près, la ville de Grasse.

191 k. *La Bocca.* — Après avoir laissé à g. l'embranchement de Grasse, on passe sous la ville de Cannes, dans un souterrain de 95 m.

194 k. **Cannes** (*V.* Chap. IV). A dr., cap de la Croisette, en face de l'île Sainte-Marguerite. — La voie côtoie la mer.

200 k. *Golfe Jouan-Vallauris* (*V.* Chap. IV).

203 k. **Juan-les-Pins** (*V.* Chap. V).

La voie franchit l'isthme de la péninsule du Cap d'Antibes.

205 k. **Antibes** (*V.* Chap. V).

La voie côtoie le golfe de Nice (vue magnifique). On franchit le Loup près de son embouchure.

213 k. **Cagnes** (*V.* Chap. V); voit. de corresp. pour (10 k. N., en 45 min.; 1 fr.) Vence, sur le chemin de fer de Nice à Grasse (*V.* Chap. VI).

On franchit la Cagne. — 214 k. *Cros-de-Cagnes* (*V.* Chap. V).

217 k. *Saint-Laurent-du-Var*. — On franchit le Var sur un magnifique **pont-viaduc** où passe aussi la route de terre.

219 k. *Var*, station qui dessert l'hippodrome de Nice, à dr. — Les villas et les jardins se multiplient.

225 k. **Nice** (*V.* Chap. VI).

DE NICE A VINTIMILLE

A. Par le chemin de fer.

35 k. — 1 h. 5 à 1 h. 30. — Prix des billets : de Nice à Monaco, 1 fr. 80, 1 fr. 20, 80 c.; aller et ret., 2 fr. 70, 1 fr. 95, 1 fr. 25; de Nice à Monte-Carlo, 1 fr. 90, 1 fr. 30, 85 c.; aller et ret., 2 fr. 85, 2 fr. 05, 1 fr. 35; de Nice à Menton, 2 fr. 80, 1 fr. 90, 1 fr. 25; aller et ret., 4 fr. 20, 3 fr., 1 fr. 95; de Nice à Vintimille, 4 fr. 10, 2 fr. 75, 1 fr. 90; aller et ret., 6 fr. 50, 4 fr. 50, 3 fr.; billets d'aller et ret. de Nice, Monte-Carlo et Menton à Bordighera et San Remo, ou réciproquement, val. 10 j., avec faculté d'arrêt à toutes les gares; prix de Nice à Bordighera et ret., 9 fr. 75, 6 fr. 65, 4 fr. 40; de Nice à San Remo et ret., 12 fr. 55, 8 fr. 65 et 5 fr. 50. — Pendant la saison, trains supplémentaires très fréquents entre Cannes, Nice et Monte-Carlo, un certain nombre jusqu'à Menton, quelques-uns jusqu'à Vintimille; consulter l'*Indicateur*. — *Trajet très intéressant; se placer à dr.*

Tunnel sous la colline de Cimiez, puis pont sur le Paillon.

2 k. *Nice-Riquier*. — Tunnel sous le col de Villefranche.

4 k. **Villefranche** (*V.* Chap. VI); à dr., belle vue.

La voie longe la mer et traverse de charmants bois d'oliviers derrière la presqu'île de Saint-Jean.

6 k. **Beaulieu** (*V.* Chap. VI). — On longe la base des escarpements de la Petite-Afrique et on passe dans un court tunnel, au sortir duquel on aperçoit (pendant un instant seulement) à g., au sommet d'une paroi rocheuse, le petit village d'Èze.

9 k. **Èze**, station au bord d'un golfe charmant, au-dessous de la colline escarpée qui porte le village (1 h. 15 à pied; 45 min. à la descente).

La voie contourne le littoral en coupant tous les promontoires par des souterrains. Sept tunnels se succèdent à peu de distance.

12 k. *La Turbie-sur-Mer**, station hivernale. — En sortant du 6ᵉ tunnel, on a devant soi le superbe rocher de Monaco et, dans le lointain, à dr., à près de 30 k., on distingue Bordighera.

15 k. **Monaco** (*V.* Chap. VII). — La voie franchit (beau *viaduc* de 6 arches) le vallon de Sainte-Dévote, traverse un petit tunnel et longe les murs de soutènement des jardins du Casino de Monte-Carlo.

17 k. **Monte-Carlo** (*V.* Chap. VII). — On longe la côte sur remblais (très belles vues).

20 k. *Cabbé-Roquebrune*, station bâtie au bord de la mer, bien au-dessous de Roquebrune (*V.* Chap. VIII). — La voie traverse (tunnel de 560 m.) le cap Martin, longe des casernes et franchit le Gorbio et le Borrigo.

24 k. (249 k. de Marseille). **Menton** (*V.* Chap. VIII).

La voie franchit le Careï, traverse le Val de Menton, passe sous Menton (tunnel de 503 m.) et débouche dans le quartier de Garavan.

26 k. *Garavan* (*V.* Chap. VIII). — On franchit (pont de 9 m.), au-dessous de la route de terre, l'étroite gorge du torrent Saint-Louis, qui sépare la France de l'Italie. Cinq tunnels et de nombreuses tranchées se succèdent. On a à peine le temps de voir, sur la g., les vallées de Sorba et de Latte, sur la dr. la mer, et l'on passe sous la ville de Vintimille (tunnel de 550 m.), puis on franchit la Roja (Roya).

35 k. **Vintimille** (*V.* Chap. IX).

B. Par les routes de voitures.

45 k. — Routes très pittoresques; traj. recommandé de Nice à Monte-Carlo par la Corniche, ret. par la route du bord de mer.

Pour la description de ces routes, *V.* Chap. VI (Excursions: route de la Corniche et route de Nice à Monaco) et IX.

N. B. — Les touristes qui voudront plus de détails sur la région décrite dans ce volume, consulteront notre guide *Provence* ou nos monographies spéciales (*Marseille*, *L'Estérel*, *Cannes et Grasse*, *Nice*, *Beaulieu et Monaco*, *Menton*, etc.).

CHAPITRE I

BANDOL. — SANARY. — TAMARIS[1]

De Paris à Bandol, 914 k. en 15 h. 16 à 22 h. 8; à Sanary, 920 k. en 15 h. 28 à 22 h. 22; à Tamaris, 925 k. — On change toujours de train à Marseille. — Prix : pour Bandol, 102 fr. 45 en 1re cl., 69 fr. 20 en 2e cl., 45 fr. 15 en 3e cl.; pour Ollioules-Sanary, 103 fr. 15, 69 fr. 65 et 45 fr. 45; pour la Seyne-Tamaris, 103 fr. 70, 70 fr. 05 et 45 fr. 70.

Places de luxe (prix comprenant la place de 1re cl. de Paris jusqu'à destination et la place de luxe *jusqu'à Marseille seulement*) : — *Méditerranée-Express*, de Paris à Bandol, 165 fr. 45; à Sanary, 166 fr. 15; à Tamaris, 166 fr. 70; — *Calais-Méditerranée-Express*, de Calais à Bandol, 216 fr. 95; à Sanary, 217 fr. 75; à Tamaris, 218 fr. 20. — *Dans les rapides* (de Paris) : place de wagon-lit ou de lit-salon, 147 fr. 45, 148 fr. 15, 148 fr. 70; de fauteuil-lit, 132 fr. 45, 133 fr. 15, 133 fr. 70. — *N. B.* Certains trains (consulter le plus récent *Indicateur*) ont des voitures *directes* de 1re cl. et des lits-salons entre Boulogne, Calais, Genève, Paris, Lyon et Marseille, et *vice versa*; il circule aussi des voit. *directes* (lits-salons, 1re et 2e cl.) entre Bâle et Marseille, et *vice versa*.

Billets a prix réduits. — Pour les conditions, *V.* p. 5. — Prix des billets de bains de mer individuels, valables 33 j., aller et retour compris, de Paris à Bandol, à Sanary ou à Tamaris, 111 fr. en 1re cl., 84 fr. en 2e cl., 56 fr. en 3e cl.

Renseignements de séjour. — Bandol, bien situé et abrité, a deux hôtels confortables (pens. de 5 à 8 fr. par j., vin compris). On trouve aussi de petites villas meublées (100 à 200 fr. par mois) et des appartements meublés (60 à 120 fr. par mois, pour un étage de 3 ou 4 pièces), mais en petit nombre, et pas

1. Pour les renseignements pratiques (hôtels, restaurants, voitures, etc.), *V. l'Index alphabétique.*

de grandes villas. Dans les prix de location, le linge, la vaisselle, l'argenterie et l'eau sont généralement compris. La ville est bien approvisionnée, grâce au voisinage de Toulon (17 k.; 30 min. en chemin de fer, 1 h. 30 en voit.). L'eau potable, amenée dans la ville, est bonne; les appartements-meublés en sont alimentés; les villas sont approvisionnées par leur propre citerne où l'on recueille l'eau de pluie. Le gaz n'est pas installé à Bandol. — Aux environs, beaucoup de buts de promenade en voit., à des distances comprises entre 4 et 17 k.; les deux hôtels fournissent des voit. à 2 chev. (4 ou 5 places, 2 fr. l'h., 12 fr. la journée). On peut aussi faire sur mer des promenades intéressantes, exigeant de 1 h. à 5 h.; bateaux de plaisance (s'adresser aux hôtels) pour 4, 5 ou 6 personnes (1 h., 2 fr.; 2 h., 3 fr.).

Sanary, au bord de la mer, a un excellent climat; cette station hivernale est surtout bain de mer; deux hôtels, villas et chambres meublées, de prix modérés. Vie à bon marché.

Tamaris, desservi par la gare de la Seyne et par des bateaux à vapeur de Toulon, a un très bon hôtel (pens. dep. 8 fr. par j.) et de jolies villas (800 à 1500 fr. pour la saison). La facilité des communications avec Toulon rend les approvisionnements faciles; mais ce voisinage même fait de Tamaris, les jours fériés, un déversoir de la population toulonnaise. Promenades ravissantes. Station pour bourses moyennes.

BANDOL.

Bandol*, 1930 hab., est une station hivernale et balnéaire (*V*. p. 18), dans un site ravissant (climat très doux), le long et au-dessus de la baie du même nom. La pêche y est fructueuse et importante (70 bateaux). La culture en grand de l'immortelle et le commerce des primeurs (artichauts en quantité) sont les principales industries de Bandol, dont le terroir produit de bons vins. L'animation se concentre sur le *quai* (où aboutit la route qui descend en 6 à 7 min. de la gare), ombragé d'eucalyptus et de palmiers, et qui se déroule en hémicycle vers le S.-O. jusqu'au petit *port* (feu fixe rouge) protégé par un étroit promontoire s'avançant dans la mer; la pointe extrême de ce cap (belle vue; en face, *île de Bandol*) porte un *château* construit par Vauban et en partie ruiné. En arrière du quai qui, au delà du port, borde vers l'E. une plage d'un sable extrêmement fin (*Grand Hôtel des Bains*, un peu en dehors de la ville), le *boulevard Victor-Hugo* occupe une terrasse qui commande tout le panorama de la baie. Là s'élèvent le *Grand Hôtel de la Ville* et de coquettes villas avec jardins, qui se multiplient et escaladent de toutes parts la falaise.

[Nombreuses promenades en mer et intéressantes courses de voit., notamment à (5 k. S.-E.; voit. à 4 ou 5 pl., avec 1 h. d'arrêt, 4 fr.) Sanary (*V.* ci-dessous), à (10 k. E.-N.-E.; voit., 6 fr.) Ollioules (*V.* p. 15) et aux gorges d'Ollioules et à (17 k. S.-E.) Toulon (*V.* p. 42; 1 h. 30 en voit.; 30 min. par le chemin de fer). — Course de 8 h., très recommandée aux bons marcheurs, de Bandol à *Valdaren*, au *col de la Toulousane*, ascension du *Gros-Cerveau* (443 m.; vue étendue) et descente sur Ollioules, où l'on trouve le tramway électrique pour Toulon (25 centimes). On peut se faire conduire de Bandol au Gros-Cerveau en voit., en passant par Sanary et Ollioules (voit. à 2 chev., 4 ou 5 pl., 15 fr.); cette promenade, très intéressante, demande 4 h. à l'aller, guère plus de 2 h. au ret. — Pour la description de ces excursions, *V.* la *Provence*.]

SANARY.

Sanary*, naguère *Saint-Nazaire*, station hivernale et de bains de mer (*V.* p. 19), 2347 hab., située à 2 k. S.-O. de la gare d'Ollioules-Sanary (omnibus), au fond d'une petite anse et au pied d'une colline qui porte l'ancienne *chapelle de Notre-Dame de Cicié*. Une haute tour carrée domine la ville. Sur le *quai Victor-Hugo*, une *fontaine* est surmontée d'une statue de la *Marine*. — Le *port*, très bien abrité, est précédé d'une grande rade. Ses quais se développent sur une longueur de 560 m. et offrent de très belles vues.

[Excursion recommandée (au S.-E. ; une demi-journée à pied, aller et retour ; voit. jusqu'au Brusq) au (5 k. 5) *Brusq** et à la *chapelle Notre-Dame de la Garde*, sur le sommet le plus élevé des collines de *Cicié* (360 m. ; vue magnifique).]

TAMARIS.

Tamaris est desservi par la gare de la Seyne-Tamaris-sur-Mer, à 5 k. N.-O. (omnibus à t. les trains et voit. part. [aussi à la gare de Toulon] sur commande d'avance à l'hôt. de Tamaris). Si l'on n'a pas de gros bagages, il est préférable d'aller à Tamaris par Toulon et le bateau à vapeur (dép. t. l. 30 min. du quai du Port, en face de la rue Méridienne; consulter l'horaire, variant suivant la saison; 18 min. ; 20 c., 15 c.).

Tamaris* doit son nom à la présence du tamaris narbonnais, qui croît spontanément sur le rivage, le long des fosses que la mer remplit dans ses jours de colère. George Sand a habité pendant quatre mois la bastide ou maison Trucy, à Tamaris, et c'est le nom même de ce quartier qu'elle a donné à l'un de ses derniers et de ses plus intéressants romans. De cette bastide et de ses environs on découvre d'ailleurs un magnifique point de vue : « au N., une colline boisée que dépasse la cime plus éloignée du Coudon, une belle masse de calcaire blanc et nu, brusquement coupée en coude, comme son nom semble l'indiquer ; à l'E., des côtes ocreuses et chaudes, festonnées de vieux forts dans le style élégant de la Renaissance ; l'entrée de la petite rade de Toulon et quelques maisons de la ville ; puis la grande rade s'enfonçant à perte de vue dans les montagnes et finissant à l'horizon par les lignes indécises de la presqu'île de Giens et les masses vaporeuses des îles d'Hyères. »

Depuis que l'illustre écrivain a connu ce quartier alors peu fréquenté, il s'est complètement transformé sous la baguette magique d'un riche propriétaire, Michel-Pacha, le créateur des phares de l'Empire ottoman, dont on voit, au-dessus de la plage, le château oriental à coupole (beau parc; aquarium). Tamaris est devenu à la fois station d'hiver pour les étrangers et station d'été pour les familles toulonnaises (*V.* p. 19). En face du débarcadère se dresse le *Grand-Hôtel des Tamaris* (Just), avec restaurant de premier ordre (pens. dep. 8 fr. par j.); à côté se trouve la *Villa des Palmiers* (appartements meublés à louer), et tout autour s'élèvent de coquettes villas qui se louent meublées ou non meublées. — *Institut biologique.*

[Une route, longeant le canal creusé par Michel-Pacha pour les bateaux à vapeur, conduit aux (2 k.) *Sablettes-les-Bains* *, la plage à la mode de Toulon. En descendant du bateau à vapeur, on traverse en face de soi l'étroite langue de sable (vases à g.) qui réunit la presqu'île du cap Cicié à celle du Lazaret, et l'on arrive sur une superbe plage, en face du *Grand-Hôtel et Casino* (entrée de l'hôtel par la rue qui s'ouvre à dr.), précédé d'un jardin. Cet établissement a de nombreuses cabines de bains et une belle terrasse sur la Méditerranée. Tout autour du petit port des Sablettes, fermé par une jetée, se trouvent des guinguettes-restaurants; quelques villas avoisinent l'établissement, offrant de belles vues, d'une part sur la mer, d'autre part sur la rade de Toulon et les montagnes qui la dominent.

Charmantes promenades dans la *presqu'île de Saint-Mandrier*, au *cap Cépet*, à la Seyne, etc. (*V.* la *Provence*).]

CHAPITRE II

HYÈRES ET SES ENVIRONS[1]

950 k. de Paris en 15 h. (rapide). On change toujours de train à Toulon, sauf par le 2e rapide du s., qui a une voit. de 1re cl. *directe* de Paris-Nord par la Ceinture et Paris-Lyon à Hyères; le train partant d'Hyères à 4 h. 57 s. (contrôler sur le plus récent *Indicateur*) a aussi une voit. de 1re cl. *directe* pour Paris-Nord. — Prix : de Paris, 106 fr. 50 en 1re cl., 71 fr. 90 en 2e cl., 46 fr. 90 en 3e cl.; — de Londres : *A* par Calais, 177 fr. 50 en 1re cl., 121 fr. 40 en 2e cl.; *B* par Boulogne, 169 fr. 85 en 1re cl., 115 fr. 85 en 2e cl.; *C* par Dieppe, 150 fr. 05 en 1re cl., 104 fr. 20 en 2e cl.; aller et ret., val. 45 j. : 279 fr. 35 et 203 fr. 05 *via* Calais (suppl. de prolongation pour 15 autres j. : 72 fr. 30 et 57 fr. 30); 273 fr. 15 et 197 fr. 90 *via* Boulogne (suppl. 71 fr. 15 et 56 fr. 70); 232 fr. 75 et 168 fr. 05 *via* Dieppe (suppl. 66 fr. 95 et 39 fr. 95).

PLACES DE LUXE (ces prix comprennent la place de 1re cl. de Paris à Hyères et la place de luxe *jusqu'à Toulon*); — *Méditerranée-Express* : de Paris à Hyères, 176 fr. 50; — *Calais-Méditerranée-Express* : de Calais à Hyères, 228 fr. 10. — *Dans les rapides* : place de wagon-lit ou de lit-salon, 156 fr. 50; de fauteuil-lit, 136 fr. 50. — *N. B.* Certains trains (consulter le plus récent *Indicateur*) ont des voit. *directes* de 1re cl. et des lits-salons entre Boulogne, Calais, Genève, Paris et Toulon, et *vice versa*; il circule aussi des voit. *directes* (wagons-lits, 1re et 2e cl.) entre Bâle et Toulon, et *vice versa*.

BILLETS A PRIX RÉDUITS. — Pour les conditions, *V.* p. 5. — Prix d'un billet de bains de mer individuel, val. 33 j., de Paris à Hyères et ret. : 111 fr. en 1re cl., 84 fr. en 2e cl., 56 fr. en 3e cl. — Billets collectifs (demander le barème à la Cie).

Renseignements de séjour. — Hyères. VILLAS ET APPARTEMENTS MEUBLÉS : très nombreux, dep. l'appartement de 400 à 500 fr. pour

1. Pour les renseignements pratiques, *V.* l'*Index alphabétique.*

la saison jusqu'à la villa de 5000 et 6000 fr. soit à Hyères même soit dans le quartier de Costebelle (aristocratique et fréquenté par les Anglais). — La location comprend le linge de lit, de table, de toilette, la vaisselle, tous les ustensiles de ménage, l'argenterie, dont inventaire est dressé à l'entrée (il est recommandé de faire dresser le bail et l'inventaire par l'agence de location, et de faire procéder aussi par cette agence à la vérification, à la sortie). — Maisons meublées généralement pourvues d'eau potable à la pile de la cuisine, qui est la source d'alimentation de tous les appartements et des W. C., ces derniers alimentés directement, de même, dans certaines maisons, que les lavabos. Eau potable excellente, amenée par conduits souterrains des nappes de la plaine alimentées par les montagnes du centre du département. L'eau est généralement comprise dans le prix de la location. — Peu de maisons meublées sont éclairées au gaz, dont le prix est de 35 c. le mètre cube. — HÔTELS : pension de 6 fr. à 12 et 15 fr. par j. (*V.* l'*Index*).

Carqueiranne, sur la magnifique côte entre Toulon et Hyères, a un bon hôtel (pens., dep. 8 fr. par j.).

L'admirable *côte des Maures*, entre Hyères et Saint-Raphaël, desservie par le chemin de fer Sud-France, offre plusieurs stations naissantes. C'est d'abord le groupe Bormes-Lavandou; *le Lavandou*, avec un hôtel très important, et quelques appartements très simples, est plutôt une station d'été (bains de mer); à *Bormes*, perché sur la colline, au-dessus du Lavandou, existe un bon petit hôtel propre (pens. 5 fr. par j.). — *Cavalaire*, dans la superbe baie de ce nom, est aussi à l'état naissant; on n'y trouve qu'un modeste hôtel (pens., 6 à 7 fr. par j.); le véritable séjour à recommander sans réserve aux familles, sur cette baie de Cavalaire, est le **Château-Pardigon** (pens. 6 à 8 fr. par j., vin compris), desservi par la halte de *Pardigon*. — *Saint-Tropez*, exposé au N., est trop battu du mistral pour devenir une station d'hiver; on trouve cependant à louer des maisons et des appartements aux environs dans des coins abrités. Prix modérés; vie à bon marché. — En face de Saint-Tropez, **Sainte-Maxime** est devenue la plus prospère des stations d'hiver des Maures, grâce à sa situation en plein midi, à l'abri du mistral, et est aussi fréquenté l'été. Le **Grand Hôtel de Sainte-Maxime** (ouvert toute l'année ; pens. 6 à 8 fr. par j., vin compris) est excellemment tenu. Ni à l'hôtel Château-Pardigon ni au Grand Hôtel de Sainte-Maxime, *on ne reçoit les malades de la poitrine* ; les familles peuvent donc s'y installer en toute sécurité. Villas et appartements meublés, de 400 à 1200 fr. Paysage ravissant ; approvisionnements rendus faciles par le chemin de fer et la proximité de Fréjus ; vie simple et peu chère.

Situation et climat.

Hyères*, ch.-l. de c., la plus ancienne des stations hivernales de la côte méditerranéenne, V. de 17 708 hab. (9 027 agglomérés), occupe, à 4 k. de la mer, le versant S. d'une colline escarpée (204 m.), dont le sommet est couronné d'une enceinte de murailles en ruine, garnie de tours et de créneaux. Son territoire mesure 22 000 hect. ; il comprend, outre la ville, Costebelle, la Plage, les Salins, la presqu'île de Giens et les îles d'Hyères. Au point de vue des étrangers, c'est donc, de par son étendue même, une station très complexe et de parties fort dissemblables ; elle a des coins très abrités, d'autres assez exposés au mistral, et représente plusieurs climats assez différents pour nécessiter de minutieuses investigations de la part des malades qui viennent y séjourner.

La ville elle-même a trois quartiers qui ne se ressemblent pas : le centre ou quartier du commerce, qui comprend l'avenue Alphonse-Denis, la place de la Rade et les rues étroites qui grimpent au N. vers le château, avec celles récemment ouvertes qui s'étendent au S. vers la voie ferrée du Sud-France ; le quartier de l'O. (avenue et boulevard des Iles-d'Or), et le quartier de l'E. (boulevard d'Orient), tous deux fréquentés par la colonie étrangère.

Tout autour, et particulièrement vers le S., s'étend une riche et fertile campagne où se fait en grand la culture des primeurs (surtout des artichauts) et des fleurs : au printemps, cette plaine n'est qu'un immense champ de roses. La végétation est superbe, et nulle part sur la côte on ne trouve des palmiers qui atteignent les dimensions de ceux d'Hyères. Le climat est fort bénin : la température moyenne en hiver et au milieu du jour est en effet, à l'ombre, de 10° à 15° au-dessus de zéro, et, au soleil, de 25° à 30°.

Hyères n'est pas, comme Cannes, par exemple, une station créée de toutes pièces pour les étrangers et vivant uniquement d'eux; elle a des ressources assurées par l'important commerce qu'alimentent ses cultures maraîchère et florale, ce qui rend les Hyérois très indépendants.

Une journée suffit au touriste pour voir Hyères et ses environs immédiats. Dans la matinée, on parcourra rapidement la ville, on montera au château, et, après avoir déjeuné de bonne heure, on prendra une voit. de place (2 fr. l'heure à 2 pl., 3 fr. l'h. pour un landau à 4 pl., dans le périmètre, trop restreint; pour les courses ci-dessous, recommandées, les cochers ne veulent généralement pas du tarif à l'heure, et il faut traiter à forfait; 15 fr. pour l'après-midi; marchander) et l'on se fera conduire à Costebelle, à Giens et à la Plage, ou bien à Costebelle, à Carqueiranne et à la Plage; il faut avoir soin de recommander au cocher d'aller à Costebelle par une route et de revenir aussi par Costebelle, mais en prenant l'autre route.

La ville et ses monuments.

La gare du chemin de fer P.-L.-M. se trouve à 15 min. à pied de la ville (omnibus; voit. de place, 1 fr.), en face de la gare du Sud-France pour Saint-Raphaël (gare d'échange; les voyageurs qui partent de *la ville* d'Hyères vont, de préférence, prendre le train à la gare d'Hyères-Ville, *V.* p. 49).

A la sortie de la gare, on a devant soi l'*avenue de la Gare* (palmiers), sur laquelle se trouve l'entrée des *Jardins du Gros-Pin*, établissement d'horticulture très remarquable où l'on cultive le *Phœnix canariensis* et une grande variété d'autres palmiers (on peut visiter). L'avenue de la Gare aboutit à un rond-point, où elle se scinde en deux branches ; à dr., l'*avenue Riquier-Olbius*, qui conduit au *Jardin Riquier-Olbius*, ouvert au public ; et, inclinant vers la g., l'*avenue Gambetta*, que l'on suit (à dr., *avenue* ou *boulevard des Palmiers*, avec la *poste* et le *télégraphe*) et qui se termine à la petite *place du Portalet*, où elle rencontre la route de Toulon à Saint-Tropez traversant Hyères de part en part sous le nom d'avenue des Iles-d'Or à l'O. (g.) et d'*avenue Alphonse-Denis* à l'E. (dr.). L'avenue Alphonse-Denis est l'artère la plus vivante et la plus animée de la ville; jusqu'à la place de la Rade, où elle aboutit, elle est bordée de magasins et de cafés, et les flâneurs stationnent surtout à son extrémité E. et autour du jardin public.

La **place de la Rade** (*statue de Massillon*, offerte à la ville d'Hyères par M. Mignon) est le point de départ des voit. publiques pour Toulon, Carqueiranne, etc. Elle est fermée à l'E. par la modeste demeure dite Château Denis, acquise par la ville de la veuve de l'ancien maire de ce nom, avec le beau jardin qui l'entoure, et qui sert de **jardin public.**

Le *Château Denis* (entrée dans le jardin) contient, au rez-de-chaussée, la *bibliothèque* (10 000 vol.; ouverte de 9 h. à 11 h. du m. et de 1 h. à 4 h. du s.; salle de lecture, avec les principales revues) et, à l'étage, le **musée**, ouvert le dimanche et le jeudi, et qui possède de belles collections.

On y remarque : dans le vestibule, le buste de Massillon; au 1er étage un tableau de fleurs de *Grivolas*, un tableau de fruits de *Manoyer*, des collections d'insectes, de fossiles, de coquilles, de minéraux et d'ornithologie ; au 2e étage diverses collections.

Derrière le jardin Denis, au N., s'ouvre le superbe **boulevard d'Orient**, qui s'élève à l'E.-N.-E. jusqu'à l'*hôtel Chateaubriand*, et forme la principale voie du quartier E., qui se partage avec le quartier O. la faveur des hôtes d'hiver d'Hyères, et où l'on trouve de belles villas, offrant des vues magnifiques.

Au N.-E. de la place de la Rade débouche le *cours de Strasbourg*, où se trouve, à dr., le *théâtre* (représentations en hiver).

A l'O. de la place de la Rade est l'ancienne *porte des Salins*, ouvrant sur la vieille ville, dont les ruelles enchevêtrées et pittoresques offrent à peu près la même apparence qu'à l'époque féodale.

Au N.-O., la place de la Rade communique avec la **place de la République**, longue terrasse ombragée d'arbres. A dr. (côté E.) s'élève l'**église Saint-Louis**, ancienne église des Cordeliers, construite au XIIIe s., et complètement restaurée de 1822 à 1840. Les trois portes cintrées de la façade sont fort belles.

A l'int., en contre-bas et très obscur, on remarque : les *stalles* du chœur et une *chaire*, sculptées dans le style du XVe s. ; des vitraux modernes, par Maréchal, de Metz ; dans la chapelle de la Vierge (à dr. du maître-autel), un *retable* en pierre avec six *bas-reliefs* par Fabiche, sculpteur lyonnais, et une statue de la *V. à l'Enfant*, par Mlle de Fauveau.

La rue qui longe au N. la place de la République mène, à g., à la *rue Massillon*, qui monte à dr. à la *place Massillon*, où sont la *Poissonnerie* et, à g., l'*hôtel de ville*, occupant l'ancienne chapelle d'une commanderie de Templiers. La tour ronde qui flanque l'édifice S. est d'un aspect très pittoresque. On peut voir, dans une salle basse de l'hôtel de ville, une *mosaïque* gallo-romaine trouvée dans le voisinage.

Hyères. — Colline du Château.

Près de la tour, au n° 7 de l'étroite *rue Rabaton*, à g., se voit la *maison* où *Massillon* naquit le 24 juin 1663.

Derrière l'hôtel de ville, par la *rue du Vieux-Cimetière* et la *rue du Repos*, on monte à la *place Saint-Paul*, terrasse (belle vue; *crèche*) d'où un escalier de la Renaissance, dominé par une pittoresque tour en encorbellement, donne accès à l'*église Saint-Paul*, construction très irrégulière, du XIIe s., souvent remaniée. Autour s'élèvent plusieurs *maisons* du moyen âge et de la Renaissance.

Au N. de l'église s'ouvre la *rue Saint-Bernard*, qu'il faut suivre si l'on veut voir ce qui reste du château, du donjon et des remparts du moyen âge.

Les *remparts* (XIIe ou XIIIe s.), souvent réparés, entourent encore toute la partie N. de la ville et sont flanqués d'une dizaine de tours rondes ou carrées presque intactes. Dans l'intérieur de la ville, à mi-flanc de la colline, on voit des restes de la *Barbacane*, muraille qui partageait Hyères en deux bourgs fortifiés. Sur l'emplacement qu'occupait autrefois le château, s'étendent aujourd'hui les jardins et les vignobles d'une villa (écriteau indiquant l'entrée; s'adresser au concierge; pourboire) d'où l'on s'élève par de faciles sentiers en zigzag sur le flanc de la **colline du Château** jusqu'au rocher terminal (20 min. env. depuis le bas de la ville; vue magnifique) qui portait le donjon. Sur la plate-forme se trouvent divers monuments de style rococo érigés par l'ancien propriétaire.

On peut descendre au N. par le *chemin du Château*, qui aboutit à une rue conduisant à g. au *boulevard de la Pierre-Glissante*. Ce boulevard rejoint à dr. l'*avenue des Iles-d'Or*, que l'on suivra à g. pour rentrer en ville. A dr. sont les bâtiments et jardins de l'*hôpital*; plus loin, du même côté, s'ouvre l'*avenue Victoria* (*établissement d'horticulture Huber*, qu'on peut visiter; entrée en face d'une fontaine à vasque de bronze, avec figures). Suivant toujours

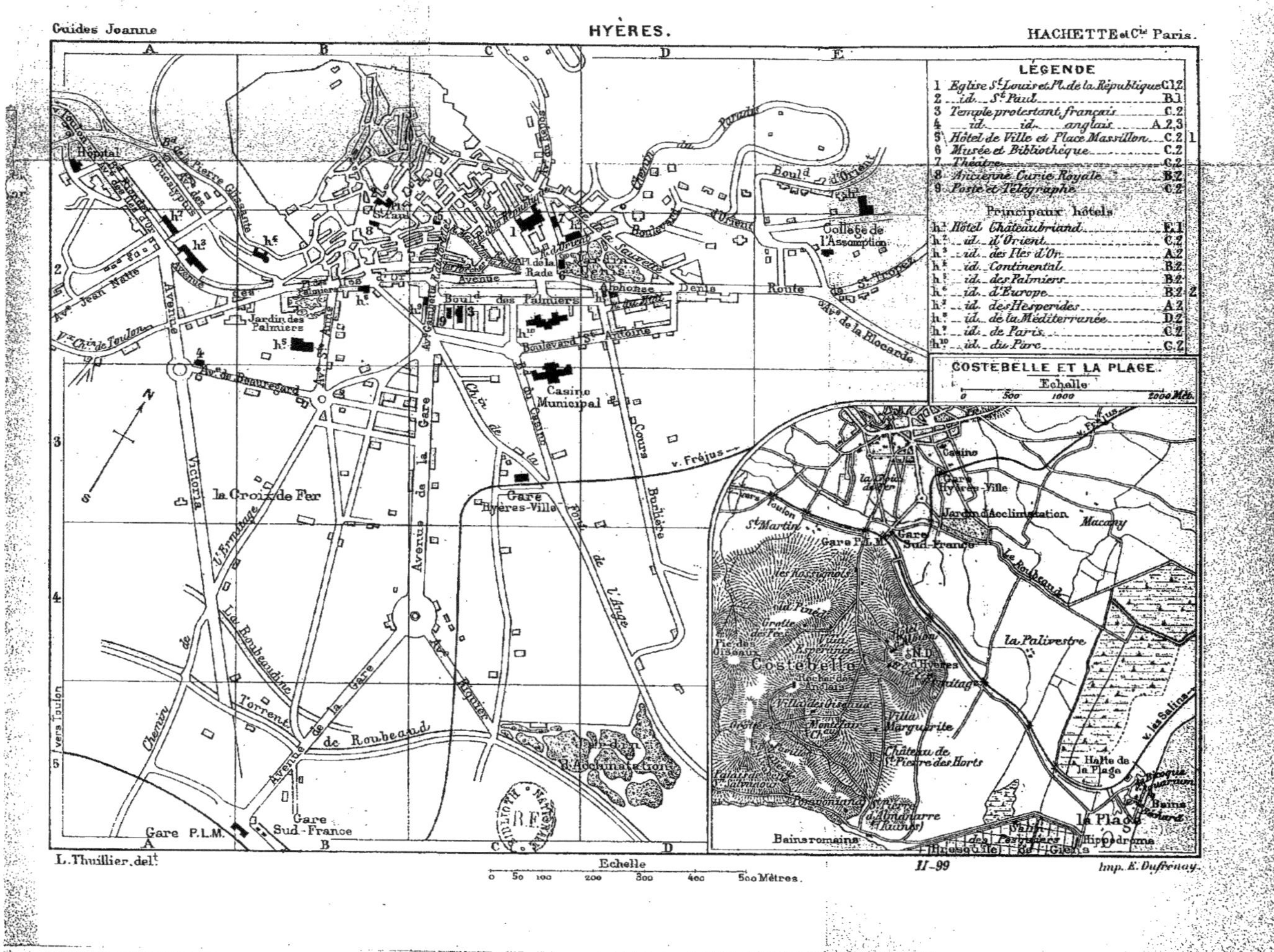
Guides Joanne
HYÈRES.
HACHETTE et Cie Paris.
LÉGENDE
1 Eglise St Louis et Pl. de la République C.1.2
2 id. St Paul B.1
3 Temple protestant français C.2
4 id. id. anglais A.2.3
5 Hôtel de Ville et Place Massillon C.2
6 Musée et Bibliothèque C.2
7 Théâtre C.2
8 Ancienne Curie Royale B.2
9 Poste et Télégraphe C.2
Principaux hôtels
h.1 Hôtel Châteaubriand E.1
h.2 id. d'Orient C.2
h.3 id. des Iles d'Or A.2
h.4 id. Continental B.2
h.5 id. des Palmiers B.2
h.6 id. d'Europe B.2
h.7 id. des Hesperides A.2
h.8 id. de la Méditerranée D.2
h.9 id. de Paris C.2
h.10 id. du Parc C.2
COSTEBELLE ET LA PLAGE.
Echelle
0 500 1000 2000 Mèt.
Hôpital
Bd de la Pierre Glissante
Av. des Eucalyptus
Av. Jean Natte
Vx Ch. de Toulon
Jardin des Palmiers
Av. de Beauregard
Avenue Victoria
la Croix de Fer
L'Ermitage
La Roubeaudine
Torrent de Roubeaud
Chemin de
Avenue de la Gare
Boul. des Palmiers
Boulevard St Antoine
Casino Municipal
Ch. du Casino
Gare Hyères-Ville
Cours Burlière
Fond de l'Ange
Av. Riquier
v. Fréjus
Jardin d'Acclimatation
Route de St Tropez
Av. de la Blocarde
Collège de l'Assomption
Boulevard d'Orient
Chemin du Paradis
Gare P.L.M.
Gare Sud-France
vers Toulon
Casino
Macany
Le Roubeaud
St Martin
Costebelle
la Palivestre
Villa Marguerite
Château de St Pierre des Horts
Halte de la Plage
la Plage
Hippodrome
Bains romains
v. les Salins
L. Thuillier, delt
Echelle
0 50 100 200 300 400 500 Mètres.
II-99
Imp. E. Dufrénoy.

l'avenue des Iles-d'Or (à g., *temple protestant anglais*) on arrive à dr. à la **place des Palmiers**, plantée de dattiers; au centre, *obélisque* élevé à la mémoire du baron Stulz, tailleur badois anobli, mort à Hyères; au S., kiosque de musique dominant un *jardin public* en contre-bas de la place. L'avenue des Iles-d'Or rejoint l'avenue Alphonse-Denis, à l'entrée de l'avenue Gambetta.

Il ne faut pas quitter Hyères sans voir le **jardin de la Blocarde**, le plus beau de la localité pour la rareté et le choix des plants (on peut le visiter; 7 hect. de superficie; cocotiers du Brésil et goyaviers des Antilles, dont les fruits viennent à maturité; jolie vue). Pour s'y rendre, il faut suivre la route de Saint-Tropez, continuation à l'E. de l'avenue Alphonse-Denis (*V.* p. 27) jusqu'à l'octroi, et là, prendre à dr. (poteau indicateur) le *chemin de la Blocarde* (en face, vue de la mer et de la pointe des Mèdes de l'île de Porquerolles), qui longe bientôt à dr. une belle haie de rosiers du Bengale clôturant le jardin. On y entre par une avenue de superbes palmiers (*Phœnix canariensis*); on y voit de beaux orangers. C'est le propriétaire, M. Dellor, qui a introduit à Hyères la culture des roses et les industries qui en découlent; il a importé la flore et les végétaux les plus remarquables de l'Australie. — On peut aussi visiter à la *Dindonne* (2 k. d'Hyères) l'*École d'horticulture et d'agriculture*, installée dans le domaine légué à la ville par M. Riondet.

Excursions

La promenade d'Hyères à Toulon et ret. en voit. (20 fr.), aller par la Valette, ret. par Carqueiranne et Costebelle, peut agréablement occuper une après-midi. Quant aux courses des Maures, elles sont singulièrement facilitées par le chemin de fer Sud-France, qui suit toutes les indentations de la côte, dans sa plus belle partie. On peut, avec un billet d'aller et ret., visiter tour à tour, en consacrant une journée à chacune de ces courses, le Lavandou et le cap Bénat, Bormes et Bréganson, la baie de Calvaire, Gassin, Saint-Tropez, Cogolin, la vallée de la Mole par Cogolin, Grimaud, Sainte-Maxime, Fréjus et Saint-Raphaël. La plupart de ces courses se feraient en voit., mais beaucoup demandent 2 j., et les loueurs réclament des prix élevés; ils demandent (voit. à 4 pl.) 20 fr. pour Bormes, 35 fr. pour la Mole, 40 fr. pour Cogolin, 50 fr. pour Saint-Tropez, 50 fr. pour Grimaud, 40 fr. pour le fort Bréganson (en marchandant, on obtient la voit. pour 20 fr.), 40 fr. pour Collobrières, 50 fr. pour la Verne, 40 fr. pour les gorges d'Ollioules, 50 fr. pour le Beausset, 40 fr. pour Montrieux, 40 fr. pour le Coudon, 80 fr. pour la Sainte-Baume, etc. A ce taux onéreux, beaucoup de touristes y renoncent. Les personnes qui séjournent quelque temps à Hyères ont intérêt à faire d'avance marché avec un loueur, qui, pendant leur séjour, leur fournira une bonne voit. à raison de 20 fr. par j. Nous engageons vivement les hôtes d'Hyères à ne pas manquer d'aller en voit. à la Verne et à la Chartreuse de Montrieux (les Chartreux ayant quitté le couvent, s'informer si on peut visiter); ce sont deux courses ravissantes et les seules qui, d'Hyères, ne puissent se faire agréablement qu'en voit. Dans la saison, le loueur Emile Salusse près de la poste) organise des excursions en groupe à Montrieux, et le loueur Baptiste Salusse (près de l'hôtel Chateaubriand) en organise à la Verne, par Collobrières; on fera bien de profiter de ces occasions. Personne, parmi les étrangers qui séjournent à Hyères, ne devrait non plus quitter cette localité sans aller à Porquerolles par le vapeur qui part 2 fois par j. de la Tour-Fondue dans la presqu'île de Giens.

1° Costebelle, l'Ermitage, Pomponiana (au S.; 9 k. 6; promenade de 2 h. 30 en voit., arrêts compris; 3 à 4 h. à pied; voit. de place, 3 fr. 50; le loueur Emile Salusse a, pendant la saison, un service d'omn. pour le quartier de Costebelle, l'hôtel d'Albion et l'Ermitage: nous décrivons le trajet pour piétons, du reste à peu près le même que celui en voit.). — On sort d'Hyères par l'*avenue de Costebelle*, qui s'ouvre au S. (à g.) sur l'avenue des Iles-d'Or, avant le terre-plein du kiosque. Au rond-point, il faut incliner à dr. — 1 k. 2. On franchit le chemin de fer de Toulon.

— On s'élève alors à travers des champs d'artichauts et de roses; au delà desquels, à g., se dresse une colline tapissée de pins.

1 k. 5. A dr., en face d'une petite chapelle, propriété des *Rossignols*. — On est sur un plateau. Plus loin, à dr., propriété dite *la Luquette* (cactus, oliviers, roses). A g., sur la hauteur, se montrent l'Ermitage et la statue de la Vierge (*V.* ci-dessous). Du même côté, on laisse successivement l'avenue particulière de l'*hôtel d'Albion* et celle à travers bois de l'*hôtel de l'Ermitage*; puis on descend dans les pins, pour laisser ensuite à g. l'entrée du *Grand Hôtel de Costebelle*, que l'on voit sur la hauteur. Là, la route se bifurque; il faut prendre la section de g. (à la bifurcation, on a, en face, la mer, les Salins-Neufs et Giens). Le chemin s'élève (vues superbes). A g. un grand lacet ramène au-dessus de la terrasse primitive de la route. On passe alors devant le Grand Hôtel d'Albion (à g.), puis, toujours à g., devant les entrées des hôtels de l'Ermitage et de Costebelle; et, en face de ces entrées, la route monte à dr. à un terre-plein précédé d'un escalier et sur lequel se trouve N.-D. d'Hyères.

2 k. 4. **Notre-Dame d'Hyères ou l'Ermitage** (98 m. d'alt.), lourde bâtisse à piliers romans et à voûte ogivale, que domine un clocher moderne portant une massive statue de la Vierge (bancs de repos devant la chapelle; nombreux *ex-voto*).

Il faut faire le tour de l'Ermitage, en prenant à g. l'étroit sentier en corniche qui aboutit à une **terrasse** (vue immense) entourée d'une balustrade, avec une grande croix érigée en 1894.

On revient au terre-plein de la chapelle, en passant à dr. devant un magasin d'objets de piété, et l'on descend à g. sur la route primitivement suivie, en laissant à dr. un chemin qui conduit à l'*église anglicane*, petite construction avec toit en chaume. On atteint ainsi le *boulevard Notre-Dame*, au *quartier de la Font-des-Horts* : ce boulevard n'est achevé que jusqu'à l'église anglaise; au delà, il se transforme en un chemin pierreux et se continue par une quantité de sentiers qui tous descendent dans la plaine (en voit., il faut faire un détour pour y aboutir), dans la direction de la voie ferrée de la Plage et des Salins et de la route de Saint-Pierre-d'Almanarre, qu'il faut suivre au S.

4 k. 9. *Saint-Pierre-d'Almanarre*, restes d'un couvent dont le

nom, d'origine arabe (*al Manar*, le fanal), semble rappeler l'existence d'un phare. — On laisse à dr. la route de Carqueiranne (*V.* ci-dessous).

Au delà, près de *cabanons* en planches, en face de la *villa Pomponiana*, se trouvent les ruines de la ville gallo-romaine de **Pomponiana**, consistant principalement dans de vastes substructions disséminées sur une étendue de 4 à 5 hect. Les débris les plus importants sont ceux d'un *castellum*, de plusieurs *aqueducs*, d'un *quai* et de *bains* dont les substructions s'avancent dans la mer. De ces constructions, la mieux conservée, se terminant en hémicycle, est située entre deux petits groupes de cabanons, à 200 m. O. de l'isthme de la presqu'île de Giens; elle sert actuellement de remise à chaloupes.

5 k. 1. Laissant à dr. un chemin qui longe au N. les Salins-Neufs, on tourne à g. et l'on s'éloigne de la mer pour se diriger vers le N. par *Saint-Pierre-des-Horts* (des jardins; *château* avec parc, qui se loue meublé, en totalité ou par appartements; villas). A 400 m. à g. de la route, ruines de la *Font-des-Horts*, ancienne villa romaine, ainsi nommée d'une fontaine jaillissant sous une arcade.

Plus loin, à g., le boulevard de l'Ermitage s'élève sur les flancs de la colline portant la chapelle de Notre-Dame d'Hyères (*V.* p. 33). A 1,200 m. de là, le chemin de la plage s'embranche à dr., en deçà du chemin de fer des Salins, sous lequel on passe ; puis on croise la ligne du Sud-France et, laissant sur la g. la gare d'Hyères, on franchit le torrent du Roubaud, qui arrose de magnifiques prairies.

9 k. 6. Hyères.

2° **Sylvabelle, les Grottes, la Vallée Verte, le Rocher des Anglais, le Pic des Oiseaux, San-Salvadour et Carqueiranne** (au S.-O.; une demi-journée en voit. : la voit. ne peut pas suivre complètement l'itinéraire ci-dessus ; elle s'arrête aux points principaux, pour laisser aux touristes la faculté de visiter les sites accessibles à pied seulement ; les piétons feront bien de partir d'Hyères vers 9 h. du mat., de déj. à Carqueiranne à l'*hôtel Beau-Rivage*, et de revenir à Hyères dans l'après-midi). — On sort d'Hyères par l'avenue de Costebelle (*V.* ci-dessus, 1°). — 1 k. 2 (15 min.). Le chemin de fer de Toulon franchi, on laisse à dr. le chemin de (800 m.) *Saint-Martin* et (3 k. 9) *la Moutonne* (à dr., vue des montagnes calcaires de Toulon). On prend, en face de la *villa Espérance*, à dr., un chemin de voit. non kilométré, qui domine, à g., un beau vallon boisé.

25 min. *Parc de Saint-Côme*, superbe propriété (dans le parc, villa *les Charmettes* et *Pavillon de Saint-Côme*, à louer pour la saison). — Longeant le parc (belle vue), on laisse à g. une allée descendant à l'hôtel-pens. *les Mimosas*.

40 min. Bifurcation. Laissant à g. la descente de Saint-Pierre-des-Horts, on prend à dr. la route de la vallée de Sylvabelle, sur laquelle, à g., se trouve la *villa Sylvabelle*, dont on longe la grille.

1 h. 5. Nouvelle bifurcation : à g. (poteau indicateur) descente des grottes et de la Vallée Verte ; à dr. (poteau indicateur) *avenue Germain-de-Saint-Pierre*, qui conduit au Rocher des Anglais ; en face (pas de poteau) sentier qui monte, en 1 h. à 1 h. 30, à travers bois, au **Pic des Oiseaux** (306 m.; vue splendide), boisé jusqu'à la cime et fermant absolument la vallée de Sylvabelle. Prenant d'abord à g. (banc de repos à l'entrée du chemin) le sentier de la Vallée Verte, on descend, et, au bas de la descente, en tournant à dr., un sentier entre roches conduit aux (1 h.) *grottes*, excavations sans intérêt (ouverture assez haute, petit boyau au delà ; ni stalactites ni stalagmites).

Revenu à la bifurcation (on peut très bien se passer d'aller aux grottes), on monte l'avenue Germain-de-Saint-Pierre (*V.* ci-dessus).

1 h. 15 (10 min. de la bifurcation). **Rond-point** où cesse le chemin carrossable, et d'où l'on a une **vue superbe**. — De là, un sentier, continué par des marches rocheuses, monte au (1 h. 18) **Rocher des Anglais**, bloc de roc ombragé par un pin et qui n'offre rien de remarquable (banc de repos ; vue moins belle que du rond-point).

Redescendant à (1 h. 22) la bifurcation, on voit, au delà d'un tournant, s'ouvrir à dr. dans les bois le joli *sentier du Pavillon* (poteau indicateur), assez glissant, très accidenté, et qui aboutit (1 h. 28) à une route de chars, que l'on descend à g., et qui amène derrière le château de San-Salvadour.

1 h. 45. *Château de San-Salvadour* (belle grille ; vaste parc ;

dans le château, peintures de Cabanel ; on ne peut visiter qu'avec une autorisation). Près de là, au pied de collines boisées, construction romaine dite *fontaine de San-Salvadour*.

Du château on va, en 40 min., par les *Kermès* (villas), à **Carqueiranne***, 1387 hab., lieu de villégiature assez fréquenté.

Au retour, laissant à g. l'église de Carqueiranne, on prend le chemin qui suit une dépression solitaire et boisée, entre la Colle-Noire, à g., et la montagne des Oiseaux, à dr. — A g., fourrés et combes boisées. Le chemin franchit un petit col, d'où l'on a, au S., une vue de mer par une échancrure en triangle renversé ; au N., montagnes de Toulon et villages éparpillés dans la plaine.

20 min. de Carqueiranne. On rejoint la route de voit. qui vient à g. de (2 k. 3) Carqueiranne et va à dr. à (3 k. 5) Hyères, et on la suit dans cette dernière direction, en laissant à dr. un sentier qui monte au sommet 202 de la crête des Oiseaux. — La route décrit ensuite un grand coude et descend rapidement à g. Un nouveau coude et une descente à dr. amènent en vue d'Hyères, de l'extrémité O. de la chaîne des Maures et de la rade d'Hyères. On traverse une belle plaine cultivée et plantée d'oliviers superbes.

35 min. (3 k. 4). Bifurcation : à g. route de la Moutonne ; à dr. route d'Hyères (2 k. 4), que l'on prend. — On laisse à dr. un chemin carrossable qui, longeant le chemin de fer de Toulon, conduit à la gare d'Hyères-P.-L.-M. ; on passe sous la voie ferrée, puis on franchit un ruisseau.

50 min. (4 k. 6). On laisse à dr. le chemin qui conduit (300 m. au Roubaud ; à g., plus loin, la route de (8 k. 2) la Pauline et l'on prend à dr. à 500 m. d'Hyères, où l'on entre par la *rue du vieux chemin de Toulon*. Cette rue aboutit, par une assez forte rampe, à la route de Toulon, dans l'avenue des Iles-d'Or, en face de la *montée de Sainte-Croix*.

1 h. 5 à 1 h. 10 (5 k. 8) de Carqueiranne. Hyères.

3° **Presqu'île de Giens** (14 k. 6 S. ; route de voit. ; voit. de place, 10 fr. ; omn. partant 2 fois par j., à 8 h. m. et à 2 h. s., du Portalet, et s'arrêtant à la gare P.-L.-M., 1 fr. ; *excursion très recommandée*). — Sortant d'Hyères par l'avenue Gambetta et l'avenue de la Gare, on prend à g., un peu en deçà de la station, la route de Carqueiranne, qui passe sous la voie ferrée des Salins. — 1 k. 8. Tout de suite après, on laisse à dr. la route de (7 k. 6) Carqueiranne (*V.* ci-dessus) pour suivre en face la route de la Plage, qui longe d'abord à g. la voie ferrée, puis on arrive à un bois de pins, où se détache à g. le chemin de la Plage.

4 k. env. Laissant à g. ce chemin (*V.* ci-dessous) et, du même côté, celui (sous bois) de l'*hippodrome d'Hyères*, on atteint les Salins-Neufs et la racine de la péninsule qui rattache au continent l'ancienne île de Giens. Laissant à dr. un chemin carrossable qui, longeant au N. les salines, va aboutir sur la route de Carqueiranne, près des ruines de Pomponiana, on suit l'isthme E., dont la largeur moyenne est de 200 m. Cet isthme est connu sous le nom de *terre d'Acaple* (*accipio*), à cause du sauvage droit de bris que les seigneurs exerçaient jadis sur les embarcations naufragées. A dr. s'étendent les *Salins-Neufs* (536 hect.), produisant en moyenne 10,000 ton. de sel par an. Le reste de l'étang est plus spécialement connu sous le nom de *Pesquiers* (pêcheries).

6 k. 5. Poste de douane. La route franchit le Grau ou canal qui relie les Pesquiers à la mer, et qui permet aux gabares d'aller prendre leur chargement dans les Salins-Neufs, et passe entre un petit bois de pins à g. et l'étang à dr. Au delà, elle entre dans la **presqu'île de Giens,** longue de 7 k. sur 1 k. de largeur moyenne; plusieurs de ses vallons, exposés au S., offrent des sites ravissants et abrités. Là, après avoir laissé à dr. un chemin sablonneux qui sert à l'entraînement des chevaux de l'écurie du comte de Beauregard, la route s'élève sur une colline couronnée d'un bois.

10 k. 2. On quitte la route de la Tour-Fondue (*V.* ci-dessous) pour prendre à dr. le chemin carrossable de Giens.

11 k. 6. **Giens** *, ham. que dominent, à 60 m. à l'O., les ruines peu importantes de l'ancien *château* (quadrilatère de murailles enfermant une cour et quelques caves; **vue splendide**). Au S. (6 à 7 min.), au fond d'une anse charmante et retirée, se trouve le *sanatorium René-Sabran* (300 lits), hospice fondé par René de Sabran, de Lyon, pour les enfants scrofuleux (pour visiter, s'adresser au directeur). On fera bien de monter à l'O. (40 min.) au *sémaphore* (121 m. d'alt.), et (10 min. plus au S.-O.) à la *pointe Escampobariou* (119 m.); c'est de ces deux sites qu'on a les plus belles vues.

On revient à (13 k.) la route au point où on l'a quittée pour aller à Giens, si on veut (peu utile, si on ne prend pas le bateau pour Porquerolles) se rendre à la Tour-Fondue.

14 k. 6 (11 k. 8 d'Hyères). *Tour Fondue*, fortin (**vue admirable**) remplaçant un ancien château, sur un rocher isolé, relié par un pont à la presqu'île, et qui commande le détroit ouvert entre la péninsule et Porquerolles. C'est du pied du rocher que part 2 fois par j. le petit vapeur pour Porquerolles.

4° **La Plage** (au S.-E.). — *A*. En chemin de fer (4 k.; 7 à 13 min.; 65 c., 45 c., 30 c.). — L'embranchement de la Plage et des Salins, continuation de celui de Toulon, se dirige vers le S.-E., passe au-dessus de la route de Carqueiranne, et longe à g. la prairie marécageuse du *Palivestre*, en décrivant une courbe.

4 k. *La Plage**, station qui dessert la plage d'Hyères (*V*. ci-dessous, *B*; en sortant de la gare, on a la plage devant soi, au bout d'une avenue dont l'angle avec le bord de mer, à dr., est occupé par la propriété Godillot).

B. En voiture ou a pied (5 k. 1 ; route et sentiers; voit. de place, 4 fr.; voit. publique partant à 1 h. de l'après-midi du Portalet et repartant de la Plage à 3 h.; 50 c.). — 4 k. d'Hyères au point où le chemin de la Plage se sépare de celui de Giens (*V*. p. 37). — Laissant à dr. la route de Giens et de la Tour-Fondue, le chemin de voit. de la Plage oblique à g., dessert des villas blotties dans des bois de pins, entre la mer et la route, et aboutit à la station du chemin de fer. Si l'on est à pied, au point de séparation d'avec la route de Giens, on laissera cette route à dr. (ne pas traverser le bois de pins, en face; interdit), on prendra à g., puis, un peu plus loin, à dr., le joli *sentier des Pâquerettes*, auquel se raccorde bientôt, à g., le *boulevard de l'Hippodrome*. A g., le sentier, réservé aux piétons, est bordé par des clôtures de villas; à dr., un rideau d'eucalyptus et d'acacias le sépare du lit d'un ruisseau stagnant, encombré de roseaux.

1 h. d'Hyères. On aboutit au *boulevard des Étrangers*, promenade du bord de la mer, tracée au-dessus d'une jolie plage de sable. Suivant ce boulevard à g., on arrive à une petite *jetée* (colonne surmontée d'une Vierge), puis à g., au coin de l'*avenue de la Gare*, à *la Bicoque*, propriété de M. Godillot (*parc* et *aqua-*

rium ouverts aux étrangers; s'adr. au gardien, à l'entrée). On peut, soit revenir par le chemin de fer (*V.* ci-dessus, *A*), soit, longeant au N.-E. la *plage du Ceinturon* (vieux murs ruinés d'un port que Henri IV fit creuser en partie, dans l'intention de transférer la ville d'Hyères au bord de la mer), après être passé devant le *café-restaurant de la Plage*, franchir le Roubaud et prendre à g. le chemin du Ceinturon (assez mauvais, surtout après la pluie; curieuse végétation), qui ramène en 1 h. 15 à Hyères, où l'on rentre après avoir traversé à niveau la voie du Sud-France, par le cours Burlière.

5° **Les Salins-d'Hyères ou Vieux-Salins** (à l'E.-S.-E.) — *A*. En chemin de fer (8 k.; 16 à 22 min.; 1 fr., 70 c., 45 c.; les Vieux-Salins sont aussi desservis, mais moins directement, par la halte de Saint-Nicolas-Mauvanne, du chemin de fer Sud-France). — 4 k. jusqu'à la Plage (*V.* ci-dessus, 4°, *A*). — La voie remonte vers le N.-E., près du rivage, et franchit le Gapeau.

8 k. *Les Salins-d'Hyères** ou *Vieux-Salins*, assez visités, doivent une certaine importance à leurs *salines* (400 hect.; récolte du sel en juin, juillet et août), propriété de la Compagnie des Salins du Midi, et à la fréquente présence dans la rade de l'escadre d'évolutions, pour les besoins de laquelle un quai-embarcadère a été créé près de la gare (restaurant), au *port Pothuau* (feu fixe vert). C'est aux Salins que débarqua saint Louis, de retour de sa première croisade. Le village, sans intérêt, est échelonné entre la gare du chemin de fer et les salines, au bord de la mer.

B. En voiture ou a pied (6 k. 8; route de voit.; voit. de place, 5 fr.).—On sort d'Hyères à l'E. par la route de Saint-Tropez, continuation de l'avenue Alphonse-Denis. On laisse d'abord à dr., à l'octroi, le chemin de la Blocarde (*V.* p. 31).

2 k. On laisse à peu de distance, sur la dr., l'établissement des pompes qui servent à élever les eaux dans le bassin-réservoir situé au-dessus du quartier d'Orient.

2 k. 8. A g., route de (8 k.) la Crau. —3 k. 2. Pont métallique sur le Gapeau, dont les bords sont superbement ombragés; de hautes berges gazonnées et bordées d'arbres dérobent la rivière aux regards. — Le pont franchi, on laisse à g. la route de Pierrefeu,

Cuers et Collobrières ; puis on quitte la route de Saint-Tropez ; le tronçon des Vieux-Salins se détache à dr. et longe les salines.

6 k. 8. Les Salins-d'Hyères (*V.* ci-dessus, 5° *A*).

6° **La Londe, les vallons du Pansard et du Borrel** (à l'E. et au N.-E. ; course d'une bonne demi-journée, très intéressante pour les personnes qui ne pousseront pas plus avant dans les Maures, et qui auront ainsi une idée des vallées et de l'intérieur du massif; prendre, *à la gare d'Hyères-Ville*, le chemin de fer Sud-France pour la Londe ; 8 k. en 23 à 30 min.; 75 c. et 55 c.; aller et ret., 1 fr. 15 et 85 c.; on peut aussi prendre l'omnibus qui part 5 fois par j. de la place de la Rade pour la Londe, 50 c.; si l'on ne veut pas beaucoup marcher, on pourra se faire conduire en voit. de place aux Jassons : 7 fr., et, au ret., se faire prendre en voit. au Borrel : 6 fr.; à la rigueur, on peut même se faire conduire, bien que la route ne soit pas très bonne, en voit. jusqu'à N.-D.-des-Maures : 10 fr.; le chemin devant être rendu carrossable entre N.-D. des Maures et le Borrel, il faut se renseigner). — 8 k. de la station d'Hyères-Ville à celle de la Londe (*V.* p. 49).

En sortant de la station, on prend la route qui longe à dr. la voie ferrée, en passant par le village, puis la traverse à dr., à niveau, et remonte au N., à quelque distance de la rive g., la large vallée du Pansard (culture maraîchère). — 10 min. *Les Jassons*, ham. — 25 min. La vallée se rétrécit ; les cultures cèdent la place aux chênes-liège et aux broussailles. — 35 min. On franchit le Pansard (gué pavé pour les voitures; grosses pierres pour les piétons). Quelques vignes. On monte sur un petit plateau de cultures et d'oliviers.

40 min. A dr., au delà du Pansard, ham. de *Notre-Dame-des-Maures* (la chapelle n'existe plus). — La région est plantée d'oliviers, de chênes-liège et de quelques pins.

55 min. *Pont du Pas-du-Cerf* (bergerie; énorme chêne-liège), où s'embranche à g. la route du Borrel, qui s'élève en pente douce (quelques vignes). — 1 h. 10. On passe à gué le Borrel, qui descend de dr., et le chemin monte sur un petit plateau cultivé. — 1 h. 25. Nouveau passage à gué. L'horizon se rétrécit; on descend dans un val sombre et boisé. — 1 h. 30. Autre gué et montée sur un plateau. La route s'élargit et devient bonne,

carrossable. Vignobles. A g. le ruisseau, souvent presque à sec.

1 h. 45. Ham. du *Borrel*, à dr. de la route, qui se tient sur un plateau de vignes et de cultures. — 1 h. 55. Pont de pierre. — 2 h. Avant de franchir de nouveau le ruisseau, le Fenouillet se montre un instant, à dr., par une échancrure. — 2 h. 10. A dr., le Fenouillet grandit et domine les bois des Maures. Un peu plus loin à g., le paysage devient plat; en face, éperon boisé.

2 h. 15. On aboutit à la route de Pierrefeu (à dr.; 11 k. 8) et de Cuers (même direction; 17 k. 4), à 7 k. du Pas du Cerf, et l'on suit cette route à g. vers Hyères, sur la rive g. du Gapeau, dans un frais paysage. Le Gapeau coule entre de hauts talus gazonnés ombragés; on ne peut le voir qu'en montant sur les berges.

2 h. 55. Route de Saint-Tropez, que l'on suit à dr.; on franchit le Gapeau. — 3 k. 2 du pont à (3 h. 15) Hyères (*V.* ci-dessus).

7° **Château des Bormettes** (à l'E.-S.-E., par le ch. de fer du Sud jusqu'à la gare de la Londe, *V.* 6°, d'où une route de 3 k. y conduit, ou en voit. en 1 h. 15; recommandé). — On visite les superbes jardins du château, bâti sur les plans d'Horace Vernet (vue splendide). Dans le domaine est exploitée une riche mine de plomb argentifère, dont les produits sont traités sur place dans une usine métallurgique.

8° **Les Maurettes; le Fenouillet** (au N.-O.; ascens. recommandée, de 1 h. 30 à 2 h.). — On monte au Fenouillet, soit par le cours de Strasbourg, la rue Bourgneuf et le château, soit en suivant pendant 2 k. à l'O. la route qui mène à la station de la Pauline, puis le chemin de Solliès-Farlède, qui contourne à dr. la base du Fenouillet, et d'où plusieurs sentiers montent au sommet (pentes assez raides). Les personnes qui craignent la fatigue peuvent prendre le train pour la Crau ou s'y faire conduire en voit., ou encore s'y rendre par l'omnibus qui part 4 fois par j. de la place de la Rade; là, elles se feront indiquer le sentier, assez facile, qui monte au Fenouillet.

1 h. 30 à 2 h. Sommet (293 m.), près duquel se trouve un petit ermitage et que couronne une dent de rocher presque à pic : c'est la cime culminante des **Maurettes**. Vue splendide. Descente sur la Crau recommandée, ou encore par les bois des Maurettes (très intéressant). Dans un vallon incliné vers le Gapeau, au

N.-E. des Maurettes, on visite souvent la belle propriété du *Plan-du-Pont*. — On peut faire des promenades variées dans ce petit massif des Maurettes.

9° **Toulon** (21 k. O.; chemin de fer en 40 min.; 2 fr. 35, 1 fr. 60, 1 fr. 05; on peut aussi faire cette excursion en voit. en la combinant avec celles de Costebelle et de Carqueiranne, *V.* ci-dessus, 1° et 2°; voit. partic., aller et retour, 20 fr.). — Le chemin de fer dessert (7 k.) *la Crau* et rejoint à (10 k.) la Pauline la ligne de Marseille.

Toulon*, V. de 95 276 hab., sur la Méditerranée, au pied de hautes collines et au bord d'une baie profonde dont l'entrée est fermée par la presqu'île du cap Cépet. Cette baie est dominée au N. par des montagnes élevées (le Faron et le Coudon) qui lui forment un abri; à l'O. s'étend la presqu'île du cap Cicié, d'où se détache à l'E. la presqu'île du cap Cépet.

A Toulon, on pourra visiter l'*arsenal* (visible t. l. j. à 2 h., jours fériés exceptés, avec une permission qui se délivre aux visiteurs *français* présents à 2 h. précises aux bureaux du major général de la marine, rue de l'Arsenal), puis se promener sur le *quai de Cronstadt* (*hôtel de ville* orné de deux cariatides, œuvre célèbre de Puget; en face de l'hôtel de ville, sur le quai, le *Génie de la Navigation*, en bronze, par Daumas).

Du quai de Cronstadt des bateaux à vapeur (25 et 20 c.; promenade recommandée) conduisent en 35 min. à *l'hôpital militaire de Saint-Mandrier*, dans une position admirable, sur la presqu'île du cap Cépet.

On pourra encore visiter à Toulon le *musée-bibliothèque* (au rez-de-chaussée, histoire naturelle, sculptures, moulages, céramique; au 1er étage, bibliothèque et musée de peinture) et, à côté, le *jardin de la ville*, situés tous deux sur le boulevard de Strasbourg; non loin, sur la *place de la Liberté*, *monument de la Fédération*.

10° **Iles d'Hyères**. — Moyens d'accès. — *A*. **De Toulon**. — Le bateau à vapeur *Courrier des Iles d'Hyères* part régulièrement (sauf modifications requises par l'autorité militaire) du quai Cronstadt, au bas de la rue d'Alger, le mardi, le jeudi et le samedi, à 7 h. du mat., pour Porquerolles et Port-Cros; on arrive à Porquerolles à 9 h., on en repart vers 10 h., pour arriver à Port-Cros vers 11 h. et en repartir vers midi; départ de Porquerolles entre 1 h. et 2 h., et retour à Toulon vers 4 h. s.; 2 fr. 50 en 1re cl. et 1 fr. 50 en 2e cl. pour Porquerolles, 3 fr. et 2 fr. pour Port-Cros. — A Port-Cros, voilier en corresp. avec le bateau à vapeur de Toulon, pour l'île du Levant.

B. **D'Hyères.** — Un omnibus part 2 fois par j., le matin à 8 h. et l'après-midi à 2 h. du Portalet, en s'arrêtant à la gare du P.-L.-M., pour (11 k. 8; 1 fr.) la Tour-Fondue (à l'extrémité S.-E. de la presqu'île de Giens), en corresp. avec le bateau à vapeur pour (1 fr.) Porquerolles *seulement*. — Retour de Porquerolles à Hyères aussi 2 fois par j., à 8 h. 30 mat. et 2 h. 30 s., dans les mêmes conditions.

C. **Du Lavandou.** — On peut louer, au Lavandou, une barque à voiles (prix à débattre) pour Port-Cros (trajet en 2 h. env. par temps ordinaire); c'est le trajet le plus direct (14 k.; 8 k. de la pointe de Bénat) du continent à cette île.

Le trajet de Toulon à Porquerolles, par beau temps, est une charmante promenade. De la petite rade, on passe dans la grande rade en doublant la jetée de la Grosse-Tour; puis on aperçoit successivement les péninsules du Lazaret et de Cépet et la jolie côte du cap Brun et de la Garonne; au delà de la pointe de Carqueiranne, le gros morne du cap Cicié surgit à l'O.; à l'E., la presqu'île de Giens lui fait pendant. — Si l'on vient de la Tour-Fondue par le vapeur, on passe à côté de l'îlot du *Grand-Ribaud* (52 m.), où un feu fixe de 5e ordre indique l'entrée de la *Petite-Passe* des îles d'Hyères, de l'autre côté de laquelle se trouve Porquerolles.

2 h. de Toulon (30 min. env. de la Tour-Fondue). **Port de Porquerolles**, petite anse sur la côte N., en face la rade d'Hyères, au fond d'une baie semi-circulaire de près de 3 k. de diamètre; ce port rend de grands services comme lieu de refuge.

Porquerolles, l'ancienne *Protè* (la première), la plus importante du groupe, a 560 hab. et une surface de 1254 hect. Sa rive N. offre une succession de ravissantes plages de sable bordées d'une épaisse végétation de pins, de bruyères et de myrtes. Le terrain, en arrière, s'élève assez rapidement et aboutit au sommet d'une falaise haute de 100 m. (phare de 1er ordre) qui s'abaisse vers l'O. jusqu'aux *Langoustiers*, îlots rocheux (anciennes fortifications).

La falaise s'élève au contraire assez rapidement vers l'E., puis s'infléchit brusquement au N. par un redressement vertical des quartzites, et se termine au cap des Mèdes par une arête aiguë se prolongeant en des récifs. L'intérieur est une admirable forêt de pins, aux sous-bois délicieux, avec quelques courts vallons; de jolis sentiers permettent d'y faire de charmantes promenades. La pêche sur les côtes est facile et très fructueuse, et les amateurs pourront s'entendre avec des pêcheurs de profession pour organiser des parties (ne pas trop s'éloigner du rivage). Le climat de Porquerolles — et il en est de même de Port-Cros — est excellent, plus bénin que celui du continent d'en face, et toujours plus égal. Les moustiques sont presque inconnus dans les îles.

En quittant le port, que domine au N. la silhouette du *château* ou *Fort Sainte-Agathe*, juché sur une protubérance rocheuse, on suit la petite jetée, puis, laissant à g. la montée qui commence le chemin du cap des Mèdes (*V.* ci-dessous), on longe le port à dr., et l'on a devant soi la principale rue du ham. de *Porquerolles** (appartements à louer), où se trouvent, à g., la demeure du propriétaire de l'île et, à dr., le *presbytère* (petit *musée* local intéressant; collections d'histoire naturelle; ficoïdes; *gallium minutulum*, plante spéciale à l'île; numismatique; visiter autant que possible vers 11 h. du mat.), puis l'*hôtel-restaurant de l'Ile d'Or* (excellente table; déj., 3 fr.). En face s'étend une place assez vaste (à g., poste et télégraphe), dont le fond est occupé par l'*église*. De quelque côté que l'on se dirige, en dehors du ham., le spectacle est magnifique.

Nous recommandons surtout les promenades suivantes : — **cap des Mèdes** (3 h. à 3 h. 30 aller et ret., au N.-E., haltes comprises; les touristes pressés pourront faire la course en 2 h. 20 aller et ret.), d'où l'on a une **vue idéale** de la chaîne des Maures, au delà de la rade d'Hyères; retour au ham. de Porquerolles en 1 h. 5 à 1 h. 15, par la route; — (1 h. 0. ; *très recommandé*) *fort du Grand-Langoustier* (vues admirables; splendide terrasse tapissée de ficoïdes). — *N. B.* Tous les chemins de Porquerolles sont, non pas des routes de voit., mais des chemins tracés par le génie et praticables à l'artillerie. *Il faut se méfier des sentiers de charbonniers, souvent sans issue et se perdant dans d'épais fourrés.*

Après avoir doublé le cap des Mèdes, le bateau s'engage dans

Rade de Porquerolles, d'après une photographie de M. H. Ferrand

la *Grande-Passe* des îles d'Hyères, qui sépare Porquerolles de Bagau et de Port-Cros ; puis il contourne l'île de *Bagau*.

1 h. de Porquerolles. **Havre de Port-Cros,** anse admirablement encadrée et très sûre, en forme de « creux », et dominée par de belles falaises.

L'île de Port-Cros, la *Messé* (île du Milieu) des anciens, très escarpée du côté du large, présente sur le littoral opposé une côte rocheuse et à peu près inabordable. Elle est beaucoup plus accidentée que Porquerolles. Sa superficie est de 640 hect., et sa population de 162 hab. Port-Cros, en grande partie couvert de forêts où abondent, dit-on, les couleuvres, s'est transformé depuis quelques années, grâce à son propriétaire actuel, M. le marquis Costa de Beauregard. On y cultive les primeurs de toute sorte, et c'est la seule des îles d'Hyères où l'eau soit abondante.

Le ham. de *Port-Cros* *, composé du château de M. le marquis Costa de Beauregard, des magasins du génie et de l'artillerie, d'un hôtel-restaurant, de quelques maisons de pêcheurs et d'une église, le tout dominé par un ancien château fort, s'étale autour de la baie. Au fond de l'anse, se voient les baraquements en bois du sanatorium établi à Port-Cros après la campagne du Tonkin.

Un voilier qui part après l'arrivée du bateau à vapeur de Toulon prend la poste et les passagers pour (75 c. ; 40 min. env.) l'**île du Levant** (on peut y déj. chez les gardiens du sémaphore, qui donnent l'hospitalité aux touristes munis d'une autorisation de la Préfecture maritime), arête montagneuse de 8 k. de long sur 1,500 m. de larg. maximum, peu intéressante pour les simples touristes.

Pour les autres excursions, à faire de Toulon, et dont nous indiquons les principales ci-après, V. notre Guide *Provence*.

11° **Chartreuse de Montrieux.** — Très recommandée; 30 k. N.-O.; route de voit.; voit. partic., 40 fr.; pendant la saison, le loueur Émile Salusse, près de la poste, organise des excursions en groupe. On peut aussi prendre le chemin de fer jusqu'à Solliès-Pont, d'où la voit. publ. de Méounes conduit au point où se détache à g., à 11 k. 5 de Solliès-Pont, le chemin de (3 k. 5) la

Chartreuse. S'informer si on peut visiter, les Chartreux étant partis.

12° **Le Coudon.** — Au N.-O.; une journée, allée et retour; route de voit.; voit. partic., 40 fr. On peut prendre la voit. publ. (dép. t. l. h. de la place de la Rade) de Toulon jusqu'à (13 k.) la Valette, d'où l'on va à pied au sommet. Cette excursion perd beaucoup de son intérêt si l'on n'obtient pas l'autorisation d'entrer dans le fort, qui se donne très rarement.

13° **Pierrefeu et Collobrières.** — Route de voit. pour (20 k. N.) Pierrefeu et (37 k. N.-E.; voit. partic., 40 fr.) Collobrières. On peut aller en chemin de fer d'Hyères à Cuers-Pierrefeu (*V.* p. 13.) d'où une voit. publ. conduit à (22 k. E.; 2 fr.) Collobrières, qu'une superbe route de voit. relie à (23 k. S.-S.-E.) Bormes (*V.* p. 50), sur le chemin de fer du littoral.

14° **Chartreuse de la Verne** (très recommandée). — *A. Par Pierrefeu et Collobrières.* On loue une voit. particulière pour (37 k.; 40 fr.) Collobrières, et, à Collobrières, une jardinière à 2 roues (8 à 10 fr.) pour la Verne (2 h. 20 à 3 h. à pied, 2 à 3 h. en voit. de Collobrières); ou bien, en payant 50 fr. à Hyères au loueur, celui-ci se charge de vous transporter jusqu'à la Verne; dans la saison, le loueur Baptiste Salusse, près de l'hôtel Chateaubriand, à Hyères, organise des excurs. en groupe pour la Verne, par Collobrières; s'informer. — *B. Par la Mole.* On loue une voit. particulière pour (34 k.; charmante promenade; 35 fr.) la Mole, où le facteur des postes, *disponible l'après-midi*, possède une carriole et, pour 5 fr., mène les touristes à (1 h. 30 de la Mole) Pertuade, ferme où l'on quitte la voit., puis, toujours accompagné du facteur, on monte de Pertuade en 1 h., à pied, à la chartreuse, d'où on revient de même, partie à pied (45 min. jusqu'à Pertuade) et partie en carriole, reprendre sa voit. à la Mole; il ne faudrait guère plus de temps pour faire le trajet total à pied de la Mole, qu'en utilisant la carriole, mais il est bon de prendre un guide, car le sentier n'est pas bien tracé, et il faut franchir plusieurs fois la rivière de la Verne, qui paresse dans des « dormants ». — *C. Par les Campaux.* On loue une voit. particulière pour (29 k.; même route que pour la Mole; 30 fr.) l'auberge des Campaux, d'où il faut 2 h. 30 à pied pour aller à la Verne, en remontant le vallon des Campaux (prendre un guide à l'auberge, ou se faire accompagner par le conducteur de la voit., *s'il connaît les chemins*).

15° **Le Luc, par Grimaud et la Garde-Freinet** (très recommandée). — 91 k. N.-E.; chemin de fer d'Hyères à (54 k. E.) la Foux (V. p. 51); tramway à vapeur de la Foux à (4 k. 2 O.) Cogolin (V. p. 54); voit. publ. de Cogolin au (35 k. 5 N.) Luc (cette voit. part de Saint-Tropez le matin; trajet en 5 h. de Saint-Tropez au Luc pour 4 fr.; une voit. partic. coûte 30 fr.). Du Luc on peut revenir à Hyères en chemin de fer par Carnoules et la Pauline.

D'Hyères à Saint-Raphaël, par le littoral. Les montagnes des Maures.

83 k. — Chemin de fer du Sud de la France (deux gares à Hyères : Hyères-Sud-France, gare d'échange, en face celle du P.-L.-M., et Hyères-Ville, dans la ville même). — Trajet en 3 h. 40 à 3 h. 54. — Prix : 6 fr. 40 en 1re cl.; 4 fr. 70 en 2e cl. (pas de 3e classe). —Bons hôtels à Bormes, au Lavandou, à Pardigon et à Sainte-Maxime; petits hôtels propres à Cavalaire, à la Foux (bifurcation pour Cogolin et Saint-Tropez; le buffet-hôtel de la Foux, privé, est en dehors de la gare, en face la sortie) et à Saint-Ayguef. — Billets d'aller et ret., val. 2 j., réduits de 25 0/0, et billets d'excursion réduits de 50 0/0 (ces derniers billets délivrés aux groupes d'au moins 10 excursionnistes). — Vagon-salon à la disposition des touristes (30 0/0 de supplément; demander 24 h. à l'avance à la gare de Saint-Raphaël). — Se placer à dr.

Observation importante. — Des billets directs, simples et d'aller et ret., sont délivrés entre les stations du réseau du S.-F. et certaines gares du P.-L.-M., notamment Marseille, Toulon, Cannes, Nice, Draguignan, etc., et vice versa, et les bagages sont enregistrés directement et transbordés d'un réseau sur l'autre par les soins des compagnies, *sauf toutefois en ce qui concerne les localités desservies à la fois par les deux réseaux* : ainsi on peut prendre à Marseille, à Toulon, à Cannes, à Nice, etc., un billet direct et faire enregistrer son bagage pour Saint-Tropez, Cogolin, Cavalaire, le Lavandou, etc.. gares du Sud-France, mais

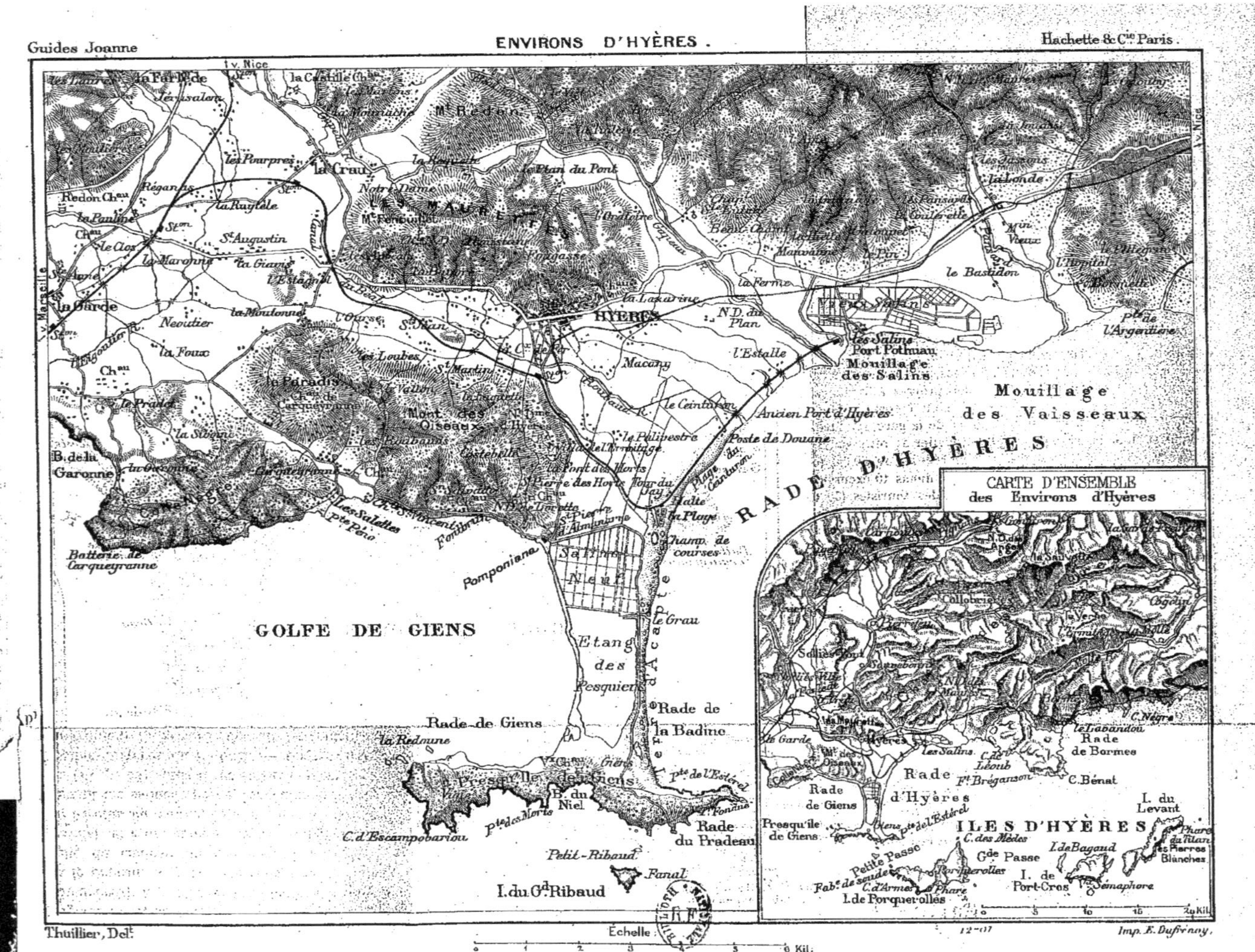
Guides Joanne
ENVIRONS D'HYÈRES.
Hachette & Cie Paris.
GOLFE DE GIENS
RADE D'HYÈRES
Mouillage des Vaisseaux
Mouillage des Salins
HYÈRES
la Crau
les Salins
Port Pothuau
Etang des Pesquiers
Salins Neufs
Rade-de Giens
Rade de la Badine
Rade du Pradeau
I. du Gd Ribaud
Petit-Ribaud
Presqu'île de Giens
C. d'Escampobariou
Batterie de Carqueyranne
B. de la Garonne
Mont des Oiseaux
le Paradis
Pomponiana
Champ de courses
Ancien Port d'Hyères
Poste de Douane
l'Estalle
N.D. du Plan
le Bastidon
Pte de l'Argentière
CARTE D'ENSEMBLE des Environs d'Hyères
ILES D'HYÈRES
I. de Porquerolles
I. de Port-Cros
I. du Levant
Rade de Bormes
C. Bénat
Thuillier, Delt
Échelle
0 1 2 3 4 5 6 Kil.
Imp. E. Dufrénoy.

on ne peut pas le faire à Marseille et à Toulon pour Saint-Raphaël, ni à Cannes, Nice ou Draguignan pour Hyères *par le Sud-France*, Saint-Raphaël et Hyères ayant des gares du P.-L.-M. et cette Cie ne délivrant des billets et n'enregistrant des bagages pour ces destinations que *par toute voie P.-L.-M.*

« Le groupe de montagnes, dit Élisée Reclus, qui servit de boulevard aux Maures pendant le cours des IXe et Xe s., et qui conserve encore le nom de ses conquérants africains, forme à lui seul un système orographique parfaitement limité. Ses massifs de granit, de gneiss et de schistes sont séparés des montagnes calcaires environnantes par les profondes et larges vallées de l'Aille, de l'Argens, du Gapeau. En réalité, il constitue un ensemble aussi distinct du reste de la Provence que s'il était une île éloignée du continent.

Ces montagnes, dignes au plus haut degré de l'intérêt du savant par la constitution géologique de leurs roches et le nombre de leurs plantes rares, devraient être également visitées par les simples touristes, amoureux de la nature. Aussi bien que les Alpes et les Pyrénées, le système des Maures, qui couvre seulement une superficie de 800 k. carrés et dont la hauteur moyenne ne dépasse pas 400 mèt., a sa chaîne principale et ses chaînons latéraux, ses vallons et ses gorges, ses torrents et ses rivières; il a même son bassin fluvial complètement fermé, offrant en miniature tous les phénomènes que présentent les vallées des grands fleuves. »

Après avoir décrit une courbe vers le N. pour desservir la gare d'*Hyères-Ville*, la voie traverse des jardins (à g., belle vue sur Hyères). A g. s'ouvre la vallée de Sauvebonne. On franchit le Gapeau. A g. se montrent les beaux arbres et la tourelle du château du comte de Beauregard (la *Grande Bastide*), et à dr. apparaît la rade d'Hyères.

7 k. *Saint-Nicolas-Mauvanne*, halte qui dessert (1 k. 5 S.; route traversant les salines; péage) les Salins-d'Hyères ou Vieux-Salins (*V.* p. 59), plus directement desservis par la gare des Salins-d'Hyères du P.-L.-M. — On traverse une riche plaine (vignes). En arrière apparaît le Coudon, domi-

nant le Fenouillet et le petit massif des Maurettes. A dr., la vue s'arrête sur des collines boisées; au dernier plan se montre le sémaphore du cap Bénat. On franchit le Pansard, et l'on passe au-dessus de la voie ferrée des mines d'argent des Bormettes.

11 k. *La Londe.* — S'écartant de la mer pour couper la base de la presqu'île du cap Bénat, la voie franchit la Maravenne, s'élève d'abord en serpentant, puis, au delà d'une tranchée, descend dans le vallon du Bataillier.

17 k. *La Verrerie*, halte à 1 k. env. avant l'intersection des routes de Saint-Tropez et du Lavandou. — On franchit le Bataillier.

21 k. **Bormes***, c. de 2 059 hab. (673 agglomérés), dont fait partie le Lavandou (*V.* p. 51), à g. et au-dessus de la gare, sur le flanc d'une colline que couronne son château ruiné, et station hivernale naissante (*V.* p. 24; climat excellent, mimosas, cactus, eucalyptus, etc.), mérite une visite. Peu de localités sont aussi avantageusement situées que Bormes, relié par de superbes routes à Hyères, à Collobrières (23 k.; trajet recommandé), à la Mole, Cogolin et Saint-Tropez, et au Lavandou; en outre, des routes et sentiers forestiers permettent de parcourir la *forêt domaniale du Dom de Bormes* (sous-bois ravissants). Les touristes qui seront partis d'Hyères par le premier train du mat. pourront visiter Bormes et descendre déj. au Lavandou (1 h. à pied).

En sortant de la gare, au lieu de suivre la route, on peut prendre, à côté d'une buvette, un chemin ombragé qui abrège le trajet, rejoint la route, la traverse, et continue à monter en face, jalonné par les poteaux du télégraphe. En 10 à 12 min. (il en faut 20 par la route), on atteint l'excellent *hôtel Bellevue* ou *Faraut*, sur une terrasse (belle vue) d'où, à l'O., dégringolent les rues pittoresques de la vieille bourgade. L'une des principales parmi les artères de ce vieux Bormes porte le nom caractéristique de *rue Rompe-Cul*; dans le bas, on montre une maison où coucha Bonaparte.

A l'E. de la terrasse mentionnée plus haut, dans le nouveau Bormes, sur la *place de la Liberté*, *statue de saint-François de Paule*; plus loin, sur la *place Gambetta*, *mairie*, *écoles*, petit *monument de la Fédération*. Une spacieuse promenade monte (recommandé) à la terrasse du *château* (débris peu importants), d'où la vue est idéale, plus étendue encore si l'on monte (30 min.) à la chapelle de Notre-Dame de Bormes (312 m.).

25 k. **Le Lavandou** *, ham. de Bormes et petit port de pêche, a pris une certaine importance comme bain de mer. Le confortable *Hôtel de la Méditerranée* s'élève sur la plage même, de sable peu résistant (on perd pied à quelques m. du rivage; les baigneurs ne sachant pas nager devront y prendre garde).

Au delà du Lavandou, la chaîne des Maures se rapproche tout à fait de la mer, dans laquelle viennent plonger brusquement ses derniers contreforts. La voie suit presque constamment la côte; c'est une succession ravissante de petites baies et plages, de tunnels minuscules, de courtes tranchées ménageant les échappées de vue les plus pittoresques. — 26 k. *La Fossette*. — Petit tunnel. — Jolie plage.

29 k. *Cavalière* *, au bord d'une très jolie baie (en face de la gare, bon restaurant, bouillabaisse et gibier en toute saison). A g., à mi-côte, belle propriété *Adam*, avec *chapelle*. — La voie coupe à sa base la petite presqu'île du cap Nègre, et les îles d'Hyères reparaissent à dr., avec la mer.

32 k. *Pramousquier*, halte. — De là à Cavalaire, **le trajet est merveilleux** : la chaîne des monts Pradels dresse au-dessus du rivage ses hautes croupes boisées et austères, et l'on traverse d'admirables bois de chênes-liège.

— 33 k. *Le Canadel*, halte, au pied d'une gorge boisée. En face commence à se dessiner la pointe du cap Lardier; en arrière, la partie E. de l'île de Porquerolles se détache au large du cap Bénat. La voie s'écarte de la mer et pénètre dans les bois. — Belle plage.

37 k. *Le Dattier*, halte, lieudit très abrité (quelques villas; au sommet de la croupe surplombant la mer à l'E., *villa Foncin*), où les fruits des palmiers mûrissent souvent. — Au delà de nouveaux ravins boisés, la voie s'engage dans le *tunnel de Bonporteau* (285 m.), franchit une gorge et débouche sur la plage de Cavalaire.

40 k. **Cavalaire** * (hôtel; pens., 6 à 7 fr. par j.), station hivernale (*V.* p. 24) avantageusement située, se compose d'un ham. insignifiant à g., et de quelques propriétés. La baie est admirable, largement ouverte entre le *cap de Cavalaire*, en arrière duquel se dressent le *château de Cavalaire* et des maisons, au-dessous des ruines de l'ancien *château des Montaigu*, à l'O., et le *cap Lardier*, à l'E. La *plage*, de sable fin et solide au pied, est excellente et absolument sûre à dr. ou à l'O. du pont de la route et du chemin de fer; de l'autre côté, la déclivité est plus brusque. La pêche y est très fructueuse; mais le mouillage est dangereux par gros temps d'E.

Cavalaire est l'un des points du littoral les plus abrités et peut-être celui qui jouit de la température la plus régulière. Les pluies sont très rares l'hiver, et le refroidissement si redoutable sur le littoral, dès 4 h. du soir, est moindre là que partout ailleurs, à cause de l'action des montagnes très rapprochées et très boisées, qui renvoient toute la nuit la chaleur accumulée par les bois dans la journée (différence entre la température diurne et la température nocturne, 8° à 10° au plus). La baie est très abritée contre tous les vents, à l'exception de celui du large ou du S.

La voie borde le rivage de si près que la mer l'envahit

par les tempêtes, puis elle s'en écarte au milieu des bois et des cultures.

42 k. *Pardigon* *, halte qui dessert (10 min. à pied) le confortable hôtel *Château-Pardigon* (pens. 6 à 8 fr. par j., vin compris; chapelle catholique), ouvert toute l'année. Une avenue large de 30 m. et longue de 600 m., plantée d'une double rangée de palmiers et de mimosas, conduit de l'hôtel à la *plage*, de sable fin et résistant. La caserne des douanes est bâtie sur l'emplacement d'une tuilerie romaine.

46 k. *La Croix*, halte qui dessert le grand et magnifique **domaine de la Croix-de-Cavalaire**, que les touristes peuvent visiter. — En sortant de la halte (à g., hôtel-café rest. de la Gare; voit. de louage), après avoir traversé la voie, on trouve, à côté d'une énorme *croix* en pierre, érigée par les propriétaires du domaine au lieu même où la tradition fixait une apparition de la Croix de Constantin, l'entrée de la propriété, allée spacieuse sur laquelle, à dr., sont les bureaux de l'administration. Le vignoble (150 hectares), placé au milieu d'un océan de verdure et sillonné de ruisseaux, collé au flanc des montagnes, est peut-être unique en son genre. Les vins actuellement récoltés sont d'une grande finesse, et ne ressemblent en rien aux vins dits du Midi. Des fouilles ont amené la découverte d'un grand nombre de débris antiques. La station d'hiver et d'été de la Croix-de-Cavalaire a pris une grande extension; on y trouve boucher, épicier, boulanger. Deux grandes artères ont été percées à travers le domaine : l'une, le **boulevard Valmer**, long de 6 k. (de la Croix à la propriété Berger, à Cavalière-de-Cavalaire), qui se tient à mi-côte dans des bois odoriférants et dessert le *Sanatorium des Pères des missions africaines*, le *Sanatorium des sœurs des missions africaines* (on reçoit des dames pensionnaires; installation luxueuse) et le magnifique *pensionnat des Dames de*

Nazareth; l'autre, le **boulevard de la Croix**, long de 2 k. 5, conduit à l'hôtel du Château-Pardigon par la gorge de la « Petite Suisse ».

La voie passe dans un petit tunnel, et, séparée de la mer par la presqu'île du cap Camarat, descend par des rampes d'où l'on découvre les montagnes de Grimaud.

49 k. **Gassin** *, station d'où une route de voit. monte à dr., à travers bois, au (1 h. 15) v., perché à 201 m., au haut d'un promontoire (de la terrasse de l'*église*, admirable panorama).

La voie longe, à dr., le Bourrian, ruisseau bordé de roseaux; très belle vue à dr. sur le golfe de Saint-Tropez. A g. de la voie s'étend la belle plaine, couverte de cultures et d'arbres, qui va jusqu'au pied des hauteurs de Cogolin et de Grimaud (élevage de chevaux réputés).

54 k. **La Foux** * (pron. *Fousse*), station établie au fond du golfe, dans un paysage très caractéristique, au milieu d'une plaine sableuse où se disséminent des bouquets de superbes pins, à côté (à dr. de la voie, entre celle-ci et le golfe) de l'*hippodrome de la Foux* (en juillet, courses intéressantes par la réunion de beaux spécimens de la race chevaline des Maures, les *Eygues*, qui a conservé dans toute sa pureté le type sarrasin).

[De la Foux, tramway à vapeur pour (4 k. 2; 16 min.; 60 c. et 40 c.) **Cogolin** *, 2054 hab., bourgade commerçante et animée (station d'étalons de l'État). En descendant du tramway, on se trouve à 200 m. de la *place de la Mairie*, plantée de platanes (*mairie* à dr.; *hôtel Cauvet*, propre; *poste* et *télégraphe*). Une rue qui s'ouvre en face de l'hôtel Cauvet contient la *pâtisserie Toucas* (spécialité de croquettes); et des artères étroites qui se détachent de cette rue, sur la dr., gravissent les flancs de la montagne : c'est là que se trouvent, dans le vieux Cogolin, l'*église*, de la Renaissance, en partie du XIe s., et une *tour* carrée servant de beffroi, et qui faisait partie du château édifié par Gibalin et Grimaldi. A 40 min. O.-N.-O., aller et retour, *terrasse du Vieux-Moulin* (vue splendide, surtout au coucher du soleil).

De la Foux, tramway à vapeur pour (5 k. 1; 24 min.; 75 c. et 45 c.) Saint-Tropez, desservant (1 k. 5) *Bertaud*, halte près du célèbre **pin de Bertaud** (10 m. de circonférence à la base, près de 5 m. à hauteur d'homme), sis sur la route, en face l'entrée du *château de Bertaud*; cette halte dessert (route de voit. qui se détache à dr. de celle de Saint-Tropez) Gassin (5 k. 7; *V.* p. 54) et Ramatuelle (6 k. 5; *V.* p. 57).

Saint-Tropez*, ch.-l. de c. de 3 599 hab., dans une charmante situation, sur la rive S. du beau *golfe de Saint-Tropez*, admirable et profond bassin en face de Sainte-Maxime (*V.* p. 58), est bâti autour d'une petite anse que le promontoire de la Citadelle sépare à l'E. de la baie des Canébiers. Trop battu du mistral, Saint-Tropez ne deviendra jamais une station hivernale fréquentée, bien que les alentours offrent des retraites très abritées, où la végétation est magnifique. Mais Saint-Tropez est le meilleur centre d'excursion des Maures, et nulle part dans la région les touristes ne trouvent un aussi grand confort.

La ville se divise en deux parties : la ville neuve, qui s'étend autour de la darse; la vieille ville, très pittoresque, qui va du rivage à la citadelle, et dont les femmes ont une réputation méritée d'élégance et de beauté.

La gare est tout près de la ville, à côté des chantiers de constructions navales et non loin du quai, centre de la petite animation tropézienne : sur ce quai, exposé au mistral, et à l'ombre toute la matinée, se trouvent la *statue* en bronze *du bailli de Suffren*, l'hôtel Sube, des cafés et, tout près de l'hôtel, l'ancienne *maison des Corsaires* (on peut visiter; superbe *escalier* Henri II; beaux chapiteaux des colonnes; panneaux sculptés en plâtre; dans une chambre du 1er étage, belle *cheminée*). Du *môle* qui ferme le port à l'E.-N.-E. (*phare* à feu fixe rouge) on a, par temps serein et surtout par mistral, une vue splendide des Alpes neigeuses. A l'E. de la jetée, sur le quai, curieuses constructions, dont les murailles des rez-de-chaussée sont inclinées de manière à former, avec les étages supérieurs, une courbe rentrante semblable à celle des murs des briselames. Une seule porte s'ouvre à la base de ces murailles et permet aux habitants de descendre sur le quai ; mais cette porte est, en général, hermétiquement fermée. A l'autre bout du quai (côté O.) se trouve le nouveau marché couvert.

Du quai, la *rue Allard* (belle *porte* en serpentine de la fin du XVIe s.; de part et d'autre de l'entrée, deux portes de boutique en plein cintre; la clef de celle de dr. offre, sculptée en ronde bosse, une tête de Kabyle d'une grande vérité) conduit à l'entrée de Saint-Tropez par la route de Cogolin, au commencement de la **promenade des Lices** (sur le côté N., *maison* de style oriental; beaux lauriers-roses), ombragée de beaux platanes, et rendez-vous des promeneurs dans l'après-midi, quand le soleil donne sur le quai; au bout (côté S.), une montée rapide conduit à la *citadelle*, pittoresquement située sur un mamelon, à l'E. de la ville, et inoccupée (on n'y pénètre pas; faire le tour des glacis; très belle vue). De la citadelle, une rue à arcades descend au petit **port de la Pointe**, au centre du quartier des pêcheurs; ce portelet, fermé à g. par la *tour de la Gaye* et à dr. par une petite jetée, est, avec la curieuse *rue de la Gaye*, qui aboutit à l'hôtel de ville (*V.* ci-dessous), ce qu'il y a de plus artistique et de plus empreint de couleur locale à Saint-Tropez.

A l'extrémité des Lices (côté N.), s'ouvre la *rue Gambetta*, qui conduit (*poste et télégraphe*, à dr.) à l'hôtel de ville (*V.* ci-dessous) et au quai; les curieux préfèrent, — après avoir vu l'extérieur de la *chapelle de la Miséricorde* (porte du XVIIe s., encadrée de serpentine), qui précède la curieuse *rue de la Miséricorde*, enjambée par des arceaux surbaissés, — prendre, aussi à dr., la *rue des Quatre-Coins*, puis la *rue Sibille*, qui lui fait suite, et dans laquelle s'ouvre, à dr., la *rue de l'Église*, conduisant à l'*église*; celle-ci n'offre d'intéressant qu'un curieux buste de saint Tropez (côté g.), avec les attributs de sa légende (une barque dans laquelle est le corps du saint, décapité, entre un chien et un coq), et considéré par les habitants comme le palladium de la ville; il est chaque année porté processionnellement aux *fêtes de la Bravade*, célébrées du 16 au 18 mai, en commémoration de l'héroïque attitude des marins qui repoussèrent seuls, en 1637, l'attaque de la flotte espagnole. De l'église, la *rue Commandant-Guichard* débouche sur la *place de l'Hôtel-de-Ville*, en face l'*hôtel de ville* (à l'int., curieuses peintures représentant la levée du siège par les 21 galères espagnoles, le 15 juin 1637); on se rend au port par une descente à l'angle de laquelle (à dr.) se trouve l'ancien *château du bailli de Suffren* (plaque commémorative).

Le port est protégé contre la houle du large par une jetée de 300 m. (phare). La darse a des profondeurs de 4 à 5 m., mais elle n'est guère fréquentée que par des caboteurs et par un service hebdomadaire de bateaux à vapeur entre Marseille et Antibes, avec escale à Saint-Tropez. Saint-Tropez a deux chantiers de construction, un poste de torpilleurs, une école d'hydrographie de l'État et une usine de fabrication de câbles télégraphiques sous-marins.

Intéressante excursion au (28 k. 8 aller et ret.; 14 k. de Saint-Tropez à Camarat; 8 k. du phare de Camarat à Ramatuelle; 6 k. 5 de Ramatuelle au Pin de Bertaud; 3 k. 3 de là à Saint-Tropez; bonnes routes de voit.; course d'une grande après-dînée; déj. à 10 h. 30; partir à 11 h. 30; landau, 15 à 17 fr.; course très recommandée) *phare de Camarat* (on visite; s'adresser aux gardiens; vue admirable) et **Ramatuelle***, à 146 m., sur un mamelon, à mi-côte des *moulins de Paillas*, point culminant de la péninsule (325 m.; montée en 25 min. de Ramatuelle; vue splendide), le plus étonnant v., avec Gassin, de tout le pays des Maures (faire surtout le tour des *remparts*).]

La voie ferrée franchit le petit estuaire de la Foux et contourne le golfe.

56 k. **Grimaud** *, station reliée par une route de 5 k. 5 au ch.-l. de c. de ce nom (1 062 hab.), étagé à 102 m., entre les ruines de son castel féodal et la route, et admirablement exposé au midi; c'est, l'hiver, l'un des endroits les plus chauds du littoral, et la végétation y est superbe et tropicale. Avec ses vieilles rues pittoresques et le profil hautain de son château ruiné, Grimaud est, pour les artistes et les archéologues, la localité la plus intéressante du golfe qui lui doit son nom.

Par d'étroites ruelles, on monte en 5 min. aux ruines du *château* (deux tours rondes ornées de cordons de serpentine; enceinte presque entière; très belle vue), et, descendant sur la g., on trouve la *rue des Juifs* (arcades gothiques à l'italienne), qui aboutit à une petite place en pente (gros mûriers; à dr., l'*église*, romane, avec beau *bénitier*); de là, on descend à une autre place en terrasse (beaux alisiers; vue admirable) et passant sous une arcade, on se trouve à l'*hôtel du Midi*, d'où l'on descend à une troisième place (alisiers, *fontaine* monumentale entourée de palmiers); descendant toujours, on rejoint la route. — On peut encore se faire montrer, au milieu du v., le *puits du Cros*, très profond.

La voie remonte vers le N.-E., suivant toujours la côte, en face de Saint-Tropez. En arrière on voit encore Gassin, et, sur la dr., on aperçoit un instant, par-dessus les collines, le phare de Camarat. A g., sur la route de la Foux, entrée monumentale de la *villa Dubouchage*. — 59 k. *Guerrevieille*, halte (vestiges romains), petite station hivernale. — On franchit la rivière de Sainte-Maxime.

62 k. *Sainte-Maxime-Plan-de-la-Tour*, gare qui dessert, entre (9 k. 5 N.-O.; route de voit.; omnibus) *Plan-de-la-Tour*, **Sainte-Maxime** *, 1 020 hab., dans une position idéale, en face de Saint-Tropez (bateau passeur; 50 c.), en bordure sur la côte N. ou E. du golfe de Saint-Tropez. Ce v. est devenu la station hivernale la plus importante des Maures et est fréquenté l'été pour les bains de mer. En venant de la gare, on arrive, par la route qui longe le rivage, à la *mairie*, entre la *place des Palmiers*, à dr., et une autre place plantée d'arbres, à g. (*statue de la Vierge*), avec une balustrade sur le golfe. L'*église* est en face de la mairie et est précédée d'une terrasse ombragée d'où l'on a une **vue superbe** sur Saint-Tropez, le golfe et les montagnes. La place des Palmiers est ornée d'une *fontaine* avec colonne surmontée d'un bronze, et portant une inscription commémorative de l'inauguration des eaux en

novembre 1896. A l'extrémité du bourg, sur une terrasse qui domine la route et le golfe, se trouve le confortable *Grand Hôtel de Sainte-Maxime* (pens. 6 à 8 fr. par j., vin compris; voit. pour promenades). — Villas à louer (s'adr. à M. Jules Santin, *Agence des Étrangers*). — Promenade très recommandée au (30 min. N.-N.-E.; route charretière) *sémaphore*, à 124 m., sur une terrasse (vue admirable).

Quittant un instant la côte, la ligne laisse à dr. la pointe des Sardinaux et décrit une série de rampes et de courbes à travers des bois et des cultures. A dr. on aperçoit les deux balises indiquant des écueils, et, plus au large, la tour de la Moutte (noire).

65 k. *La Nartelle*, halte où l'on rejoint le rivage. Dès qu'on a dépassé cette halte, le cap de Saint-Tropez apparaît au large de la pointe des Sardinaux. La voie ferrée suit le contour de la baie de Bougnon ou des Sardinaux, laissant en arrière le sémaphore de Sainte-Maxime, et franchit la Garonnette.

69 k. *La Garonnette*, halte. — Jusqu'à la pointe des Issambres, on aperçoit pour la dernière fois Saint-Tropez, et, par-dessus le cap, le phare et le sémaphore de Camarat. Puis, brusquement, le décor change, et c'est le golfe de Fréjus qui se montre, avec Saint-Raphaël, le sémaphore d'Armont, le cap Roux, l'Estérel, et, fermant l'horizon, les hautes chaînes auxquelles appartient la *montagne de l'Achens*, point culminant du département du Var (1 713 m.).

73 k. *La Gaillarde*, halte (à 300 m. de la halte, près d'une ferme, dans le bois, mosaïque romaine récemment découverte). — La voie traverse des bois (jolies échappées de vue).

75 k. *Saint-Aygulf**, station d'hiver et d'été qui se compose d'un modeste hôtel-café-restaurant et de villas bâties le long de boulevards tracés dans les pins et les chênes-liège; on remarque surtout la villa de Carolus

Duran, le « découvreur » de Saint-Aygulf. — A g., entre la voie et la route, sur un petit tertre, vieille *chapelle de Saint-Aygulf* (belle vue). — La voie franchit sur plusieurs ponts, l'étang de Villepey (paysage caractéristique) et les lagunes formées par l'estuaire de l'Argens et du Reyran, et, s'éloignant de la mer, traverse les riches cultures de la campagne de Fréjus. A g., la vue s'étend sur la vallée de l'Argens et les montagnes; à dr., sur la mer, Saint-Raphaël et l'Estérel.

80 k. Fréjus (*V.* p. 68; la ville est à 7 à 8 min. à g.). — On voit à g. la Lanterne d'Auguste, et l'on se rapproche du rivage.

83 k. Saint-Raphaël (la gare du Sud-France communique avec celle du P.-L.-M., dont les voies sont à dr. des siennes; — *V.* Chap. III).

CHAPITRE III

SAINT-RAPHAËL. — VALESCURE BOULOURIS. — AGAY. — LE TRAYAS[1]

LA CÔTE DE L'ESTÉREL.

De Paris à Saint-Raphaël, 1024 k.; Agay, 1033 k. — Prix : de Paris à Saint-Raphaël, 114 fr. 80 en 1re cl., 77 fr. 50 en 2e cl., 50 fr. 55 en 3e cl.; à Agay, 115 fr. 80, 78 fr. 20, 51 fr.; — de Londres à Saint-Raphaël : *A* par Calais, 185 fr. 80 en 1re cl.; *B* par Boulogne, 178 fr. 15; *C* par Dieppe, 158 fr. 35 en 1re cl., 109 fr. 80 en 2e cl. (on ne délivre pas de billets d'all. et ret. par aucune voie).

PLACES DE LUXE. — *Méditerranée-Express*, de Paris à Saint-Raphaël, 191 fr. 80; — *Calais-Méditerranée-Express*, de Calais à Saint-Raphaël, 243 fr. 40. — *Dans les rapides*, de Paris à Saint-Raphaël : wagon-lit ou lit-salon, 169 fr. 80; fauteuil-lit, 147 fr. 80.

BILLETS A PRIX RÉDUITS. — Pour les conditions, *V.* p. 5. — Prix d'un billet de bains de mer individuel, valable 33 j., de Paris à Saint-Raphaël et ret., 124 fr. en 1re cl., 93 fr. en 2e cl., 62 fr. en 3e cl.

Renseignements de séjour. — SAINT-RAPHAËL, où se sont élevés de beaux hôtels et de splendides villas, se compose de trois stations bien différentes : Saint-Raphaël proprement dit, station hivernale dont le séjour est surtout efficace aux rhumatisants et station de bains de mer; *Valescure*, station hivernale abritée, aristocratique et austère, composée de deux hôtels de premier ordre et de villas somptueuses; et *Boulouris*, beaucoup plus à l'abri du mistral que Saint-Raphaël, et qui a un bon hôtel et des villas dont fort peu sont à louer meublées. Boulouris est aussi un très bon point de départ pour des courses en voit. dans le massif de l'Estérel (voit. au *Grand Hôtel*). A Saint-Raphaël : villas meublées, de 1500 à 3000 fr.; appartements meublés, de

1. *V.* les renseignements pratiques à l'*Index alphabétique.*

750 à 1000 fr. pour la saison, 150 à 200 fr. par mois pour les bains de mer. La location comprend le linge, la vaisselle, l'argenterie et l'eau (excellente eau provenant des sources de la Siagnole). Le gaz coûte 30 c. le mètre cube. Approvisionnement facile; installations plutôt pour les bourses moyennes que pour les petites bourses.

Fréjus a deux hôtels modestes; appartements meublés dans la ville, dep. 400 fr. Approvisionnement très complet; vie à bon marché, mais sans distractions.

Sur la merveilleuse **côte de l'Estérel**, bien abritée, *Agay* possède un bon hôtel-pension (7 fr. par j.); *le Trayas* a un confortable hôtel-pension (10 fr. par j.); en hiver, on y trouve des mulets et des guides pour les promenades dans l'Estérel, pour lesquelles le Trayas est un centre sans rival. Cette côte de l'Estérel est appelée à un grand avenir par la construction, sur l'initiative du Touring-Club de France, de la **route de la Nouvelle Corniche**, qui doit être achevée en 1903 ou 1904; déjà le rivage desservi par la partie construite de la route, entre Agay et Anthéore, se couvre de villas, dont plusieurs appartiennent à des écrivains notoires (Maurice Donnay, Brieux).

SAINT-RAPHAËL. — VALESCURE. — BOULOURIS.

Saint-Raphaël, V. de 5000 hab., station hivernale et balnéaire (*V.* p. 61), se compose de deux parties bien distinctes : la vieille bourgade, tassée autour et au-dessus du port, et qui n'offre d'intéressant aux touristes que son église du XIIe s., et sa population de Maures dans le haut village et de Génois dans le quartier de la Marine; et la ville neuve ou la ville des étrangers, bâtie au pied des derniers contreforts O. de l'Estérel. Cette ville nouvelle, aux artères rectilignes et proprettes, bordées de jardins, d'hôtels et de villas, s'étend le long du rivage, sur une long. de 4 k., jusqu'à Boulouris (le territoire de Saint-Raphaël comprend presque toute la côte de l'Estérel, jusques et y compris le Trayas), et, en arrière, avec des lacunes, elle s'étend au N.-O. jusqu'à Valescure, qu'elle se partage avec Fréjus, dans une zone tourmentée, rocheuse, coupée de ravins et très caractéristique, avec une végétation arborescente intermédiaire entre la brousse et la forêt.

C'est de la balustrade du boulevard Félix-Martin, devant le kiosque et le Continental Hôtel et des Bains, qu'il faut embrasser le paysage de mer de Saint-Raphaël, terminé à

Saint-Raphaël. — Villa hollandaise et temple protestant.

l'E. par une falaise hardie que prolongent en mer deux superbes rochers rouges, semblables à des lions couchés, le Lion de Terre et le Lion de Mer, et à l'O., au delà de la plage basse et sablonneuse du golfe de Fréjus, dite *plage de Saint-Raphaël*, par la côte des Maures, depuis la pointe de Saint-Aygulf jusqu'au superbe rocher de Roquebrune.

Les eaux de la mer y étant d'une remarquable limpidité et

très poissonneuses, Saint-Raphaël a une clientèle d'été de baigneurs et d'amateurs de pêche ; c'est, de plus, le meilleur centre d'excursions du littoral du Var ; sa situation entre les Maures et l'Estérel en fait un excellent point de départ pour les courses dans ces deux massifs, facilitées par la voie ferrée du Sud-France, de Saint-Raphaël à Hyères, avec embranchement sur Cogolin et Saint-Tropez, et par celle du P.-L.-M., de Saint-Raphaël à Cannes, desservant Agay, le Trayas, etc.

La gare du P.-L.-M. (en face de la gare du Sud-France, avec laquelle elle communique) est bâtie entre les deux parties de la ville. En sortant de cette gare, on se trouve sur la *place Alphonse-Karr*, d'où, à dr., la *rue Alphonse-Karr* conduit au **cours Jean-Bart**, planté de platanes, et que continue le *boulevard de la Plage*. Au milieu du cours Jean-Bart, une *pyramide* a été élevée par la municipalité en commémoration du débarquement de Bonaparte de retour de l'expédition d'Égypte, le 17 vendémiaire an VIII (9 oct. 1799) ; en arrière de cette pyramide, des *fontaines monumentales* à vasques sont alimentées par les eaux de la Siagnole, amenées à Saint-Raphaël en suivant sur une grande partie du parcours l'ancien tracé de l'aqueduc des Romains qui alimentait Fréjus. A g. du cours Jean-Bart, le *quai de Saint-Tropez* conduit au *port* (*jetée* avec feu fixe).

De la place Alphonse-Karr partent : 1° l'*avenue de la Gare* (à g., *place P.-Coulet* avec *fontaines*, et bel *hôtel des postes et télégraphes*), qui conduit au port ; 2° le beau **boulevard Félix-Martin**, planté de palmiers, et qui passe (à dr.) devant la belle **église Notre-Dame-de-la-Victoire**, de style byzantin, œuvre de M. Aublé (en face, *Agence méridionale* : ventes et locations, renseignements gratuits), puis (toujours à dr.), devant l'ancien casino (belle fontaine commémorative de l'adduction des eaux de la Siagnole ; de la terrasse, vue splendide de la mer et des montagnes). Au delà le boulevard tourne à g., en longeant le rivage (jolie balustrade). A g. s'élève le *Continental-Hôtel et des Bains*, devant lequel un hémicycle porte le nom de *terrasse des Bains* (jardin; bancs de repos; kiosque de musique; vue splendide). Devant le kiosque de musique, entouré d'un grillage, *borne milliaire* de la Voie Aurélienne, tirée du vallon de la Sainte-Baume, dans l'Estérel, en 1885. Après est l'*établissement des bains de mer*, en face du *café des Bains*. Plus loin, on passe devant l'*hôtel Beau-Rivage* (fermé en 1901) et de nombreuses villas (*Maison close*, où mourut Alphonse Karr en 1890). On peut continuer jusqu'à la jolie *anse des Corailleurs*, en face du *Lion de Terre* (vestiges d'un phare antique) et du *Lion de Mer*, et là, comme le boulevard, devenu *route de Boulouris*, s'éloigne du rivage (à moins qu'on ne veuille aller au parc Calvet, ce qu'il ne faut pas manquer de faire, si la visite du parc Calvet n'est pas prévue au cours d'une excurs. postérieure à Boulouris et à Agay; *V.* p. 72), rétrograder pour monter, à dr., par le charmant ravin du Ribori, à l'*avenue du Grand-Hôtel* qui passe devant la *villa Meryem* (ancienne villa Janszen; *temple protestant*, sur le modèle d'un édifice élevé par le roi de Suède dans une de ses résidences d'été; culte français) et devant le *Grand-Hôtel*.

Du Grand-Hôtel, on peut, en passant au-dessus de la voie ferrée entre le *boulevard des Cistes*, à dr., et le *boulevard des Myrtes* (*Agence immobilière*; ventes et locations), à g., et en laissant à dr. la *chapelle anglicane* (à côté se trouve le *lawn-tennis*) et, à g., la *villa Saint-Georges*, descendre pour rejoindre le boulevard Félix-Martin (*V.* ci-dessus).

Mentionnons aussi, au N. de la ville, la *vieille église* (XIIe s.; tour du XIe s.), et sur le vieux chemin d'Agay, dans le *nouveau cimetière*, le *tombeau d'Alphonse Karr*, monolithe en porphyre de l'Estérel.

Environs.

1° **Valescure** (3 k. N.-N.-O.; route de voit.; voit. de place, 2 fr. 50 l'heure, à 2 pers.; plus de 2 pers., 3 fr. l'heure). — On sort de la ville par le *boulevard de Châteaudun*, à l'extrémité duquel on prend le *grand boulevard de Valescure*, qui laisse à g. la route de Fréjus, puis franchit la Garonne. La route s'enfonce dans la vallée, puis gravit une petite colline couverte de pins et de chênes-liège. — 1 k. 4. On croise le chemin de Fréjus à Agay (*boulevard Suveret*) et là commence le *boulevard* proprement dit *de Valescure*, tracé au flanc de coteaux boisés. On rencontre plusieurs villas, notamment : *Mariani, l'Ile Verte, Roly*; *Mon Repos* (Dr G. de Mussy); la *villa Marguerite* (Dr Léon Labbé; jardin d'orangers, palmiers, lauriers-roses). Au-dessus, la *villa Carvalho* s'élève à l'extrémité de l'avenue du même nom (dans le jardin, colonnes et cariatides provenant des ruines du palais des Tuileries). On traverse ensuite le *vallon du Pédegal* sur un viaduc de 7 arches. Sur la rive dr., et en face de ce viaduc, on remarque, après avoir laissé à dr. le *boulevard des Gondins*, une *chapelle* moderne (style roman; tour carrée); plus loin un kiosque de concert entouré d'un joli jardin; la *villa Clythia* (Dr Henry de Mussy); la *villa Saint-Dominique*; puis, à g., le *Grand Hôtel de Valescure*, qui, avec l'*hôtel des Anglais* et quelques autres villas, complète la station de **Valescure*** (*Vallis Obscura*, selon d'autres *Vallis Curans*), austère et solennelle, d'où l'on peut faire de très belles promenades dans la forêt, et qui jouit, grâce à sa situation abritée et à son éloignement de la mer, d'une bonne réputation dans le monde médical : c'est le séjour préféré des Anglais. Dans la saison, des omnibus (50 c.) y conduisent de Saint-Raphaël (place de la Mairie).

2° **Fréjus** (au N.-O.). — On peut s'y rendre soit par le chemin de fer P.-L.-M., soit par le Sud-France (*V.* p. 48), soit par la route directe (3 k. 2; voit. publ. t. l. h. de la place de la Mairie, 25 c.), soit par Valescure (*V.* ci-dessus 1°; la route ou grand boulevard de Valescure vient rejoindre la route de l'Estérel au commencement de l'avenue de Cannes, à l'entrée de Fréjus

Guides Joanne.

St RAPHAËL

HACHETTE & Cie Paris.

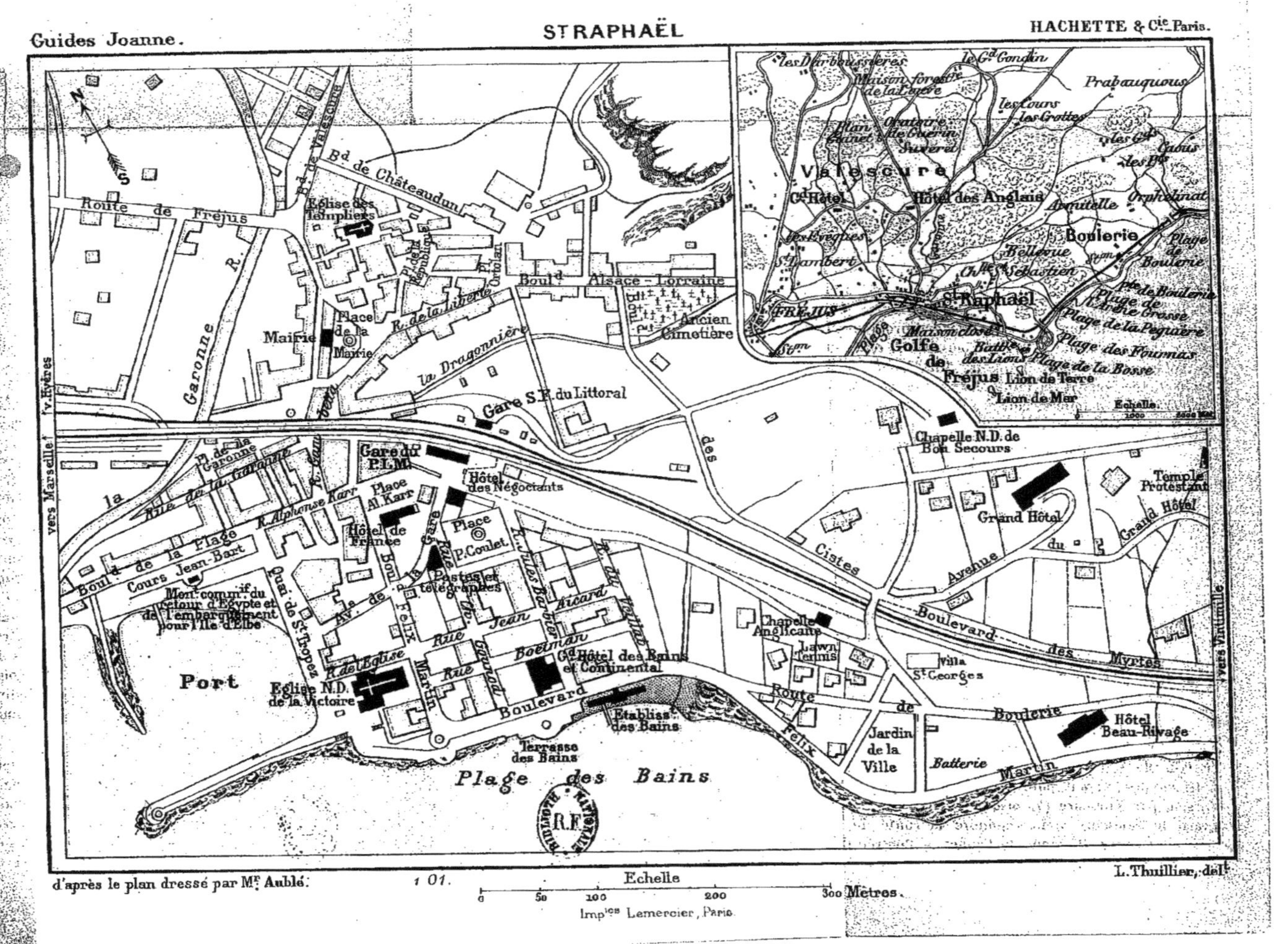

d'après le plan dressé par Mr Aublé.

1 01.

Echelle

0 50 100 200 300 Mètres.

Imp^ies Lemercier, Paris.

L. Thuillier, del^t

Saint-Raphaël. — Cliché Neurdein.

de ce côté; très belle course de 5 k.; avec une voit. particulière, prix à débattre, on pourra aller par cette voie et revenir par la route directe ou *vice versa*). — *N. B.* Il est intéressant d'assister à Fréjus à la fête de Saint-Vincent-de Paul, le 2e dimanche après Pâques.

Fréjus*, V. de 3510 hab., siège d'un évêché, située sur un monticule d'où l'on aperçoit la plaine et les embouchures de l'Argens, est une des plus anciennes villes du midi de la France; elle est célèbre par ses monuments antiques.

Après avoir traversé le jardin qui précède la gare, on tourne à dr. et l'on entre dans la ville. A g., en face de l'hôtel du Midi, s'étend une promenade ornée de platanes (belle vue); au N. de laquelle on remarque l'*église Saint-François*.

Traversant en diagonale cette promenade, on sort par une porte qui s'ouvre sur un chemin par lequel on se rend en 5 min. aux arènes dont l'entrée est signalée par une Vierge. Les **arènes**, qui ont été, en 1868-1869, l'objet d'importantes réparations, ont conservé une partie des arcades qui les soutenaient jusqu'à une grande hauteur. Les galeries voûtées, servant de vomitoires, existent encore en partie au rez-de-chaussée, surtout dans la partie S.-E., où elles sont presque intactes; celles du premier étage ont à peu près entièrement disparu. La longueur du grand axe extérieur est de 113 m. 85, celle du petit axe extérieur, de 82 m. 20; le grand axe intérieur a 67 m. 71, le petit axe intérieur 39 m. 07.

Si, laissant à g. la promenade par laquelle on se rend aux arènes, on entre dans la ville, on arrive bientôt à la place de la Liberté, où se dresse le pavillon qui sert de marché. Prenant en face la rue Siéyès, on voit à dr. (n° 8) une *porte* remarquable ornée de deux cariatides, puis bientôt, à g., une place, ornée d'une *fontaine* (statue drapée en marbre antique) adossée contre le *palais épiscopal* (dans le mur, pilastres cannelés qui ont dû appartenir à de grands édifices antiques).

A côté se dresse la **cathédrale Saint-Étienne**. Les tours, dans leurs parements, renferment des portions de pilastres antiques pareils à ceux de l'évêché. — Au bas de l'escalier qui descend à l'église, et à g. du porche, *chapelle* octogonale *du Baptistère*, ornée de huit colonnes formées chacune d'un seul bloc de

Fréjus. — Amphithéâtre romain.

granit gris. — Porte d'entrée avec remarquables sculptures sur bois préservées par des volets mobiles, qu'on enlève pour les visiteurs. — Dans l'église, à g., *monument* (statues en marbre à genoux) des frères de Camelin, évêques de Fréjus. Les tombeaux de ces évêques sont ailleurs, dans la chapelle, à g. du maître-autel. Le chœur renferme de remarquables boiseries du XVIe s. — Au N. et près de la cathédrale, *cloître* clos, à colonnettes de marbre blanc, accouplées et très légères, datant probablement du XIIe s., perdues dans des constructions ; dans la maison à côté, chambre où ont habité Saint-François et Napoléon Ier.

De la place de l'Évêché, la rue Raynaude conduit, au N.-E. de la ville, au *Cours* (square ; vue superbe).

Si, de la place de la Liberté, on prend à g. au lieu de suivre la rue Sieyès, on passe devant la *mairie* (plaque en marbre de Carrare), auprès de laquelle se trouve le *musée* (belle tête en marbre de Jupiter, tombeau de Pescennius, etc.).

Au delà du musée, la route d'Italie, bordée d'oliviers séculaires, passe, à peu de distance de la ville, non loin du **théâtre** (à g.), dont la scène n'existe plus, mais qui offre encore d'assez importants débris. Le grand diamètre avait 72 m., le petit, 30 m.

En sortant de la ville, on a déjà aperçu à g. les restes de l'**aqueduc** qui se détache des remparts, près de la porte Romaine, et suit la rive g. du Reyran. Le canal, porté sur 87 arcades, avait un développement total de 50 k. ; il amenait à Fréjus les eaux de la Siagnole, prises près du village de Mons. L'un des fragments les plus intéressants est celui qui se trouve aux portes mêmes de la ville : ses piliers massifs, revêtus de lierre et d'autres plantes grimpantes, s'élèvent à la hauteur de 18 m.

Si, au lieu de suivre la rue de la Mairie, on prend au S. la rue Grisolle, on passe, à l'angle S.-E. des remparts du XVIe s., près de la **porte d'Orée** ou **Dorée** (restaurée en partie), située au milieu de restes d'édifices dont la plupart, attenant aux remparts, offrent des niches demi-circulaires.

Les **remparts** de la ville antique, cinq fois plus grande que la ville actuelle, offrent des restes du plus haut intérêt. Ils aboutissent, à l'O., à l'amphithéâtre; de l'amphithéâtre, se dirigeant vers le S.-E., ils servent d'appui à un petit édifice. Près de la station se trouve la *porte des Gaules*, percée dans une demi-lune flanquée de deux tours. En cet endroit, les murs ont conservé leur chemin de ronde; mais les arcades de la porte sont détruites. Au S., le mur d'enceinte forme un ouvrage

Fréjus. — Aqueduc romain.

avancé appelé la *butte Saint-Antoine*, flanquée de trois tours cylindriques dont une est assez élevée, et servant d'appui à diverses constructions. De cette butte se détache, vers l'E., un mur qui fermait l'ancien port, et contre lequel s'appuie, entre autres constructions, une tour octogonale avec pyramide en pierre appelée la *Lanterne d'Auguste* (elle servait sans doute de phare). Au N. de ce mur, à côté du port romain traversé par le chemin de fer, se voient d'autres murailles qui le défendaient. A l'extrémité E. de l'enceinte, les remparts sont soutenus par des contre-forts; dans le sol intérieur se voient des *salles voûtées*. Au N. d'une seconde plate-forme qui fait suite à cette terrasse, se voient les débris de la *porte de Rome* : un seul jambage subsiste, surmonté d'une croix en bois. A cet endroit, au milieu d'un massif confus de murailles, l'aqueduc vient se joindre aux remparts, qui portent le canal sur une partie de leur front N. De ce côté sont trois tours demi-circulaires dont une assez bien conservée et fort intéressante. Le chemin du Reyran longe, près des remparts, deux murs assez élevés.

3° **Parc Calvet, Boulouris, Agay** (8 k. E. ; on peut se rendre à la Boulerie et à Agay par le chemin de fer, V. p. 14; mais nous conseillons de louer une voit. particulière, 8 à 10 fr., et d'aller à Agay par la route du bord de mer ; très jolie promenade). — On sort de Saint-Raphaël par le boulevard Félix-Martin, que continue la route de Boulouris. Au delà de la plage des Corailleurs (V. p. 65), on s'éloigne un peu de la mer, à g.

2 k. *Parc Calvet* (ne pas manquer de visiter ; sonner à la grille ; pourboire au gardien ; superbes falaises, dites *les Moines* ; très beau panorama). — On rejoint un instant le rivage, dont on est ensuite tenu éloigné par des villas.

4 k. **Boulouris** ou *la Boulerie*, délicieuse station composée de belles villas qui accaparent la côte (très accidentée ; falaises ; nombreuses calanques), et qui communique aussi avec Saint-Raphaël par un ravissant chemin sous bois, tracé à travers les collines. Boulouris possède un confortable hôtel, le *Grand Hôtel de Boulouris*, où l'on trouve des voit. (4 pl.), pour les courses suivantes dans l'Estérel, tarifées (du 1er janvier au 30 avril) : — la Sainte-Baume, 9 fr. ; — le Pigeonnier, 8 fr. ; — la Louve par Valescure, 8 fr. ; — le Mal-Infernet, 10 fr. ; — le Mont Vinaigre, par le Malpey et le Pigeonnier, 18 fr. ; — à l'heure, la 1re heure 3 fr., les suivantes 2 fr. 50 ; la demi-journée, 10 fr., la journée, 18 fr.). Au-dessus de l'*Orphelinat Saint-Joseph* (1 k.) se trouvent les anciennes carrières de porphyre des Romains. — On regagne le bord de la mer. — 6 k. *Le Dramont* ou *d'Armont* (carrières de porphyre ; omnibus pour Saint-Raphaël ; rafraîchissements aux cantines ouvrières). — La route, superbement tracée, descend vers le rivage en vue du sémaphore d'Agay (V. p. 77), juché au sommet d'un magnifique promontoire boisé que l'on contourne pour longer la jolie *plage du Poussail* (au large, *île d'Or*).

8 k. Agay (V. p. 76).

4° **Vallée des Lauriers-roses** (4 k. N.-E.; à pied; surtout intéressant au mois de juin, époque de la floraison des lauriers-roses). — On suit la route de Valescure jusqu'au delà du pont sur la Garonne (*V.* p. 66) et l'on prend, à dr., un petit chemin qui suit le fond de la vallée. Ce chemin, après un trajet de 400 m., emprunte, sur 200 m., le tracé de la voie Aurélienne, puis atteint le *vallon de Coste*, qu'il franchit. Au bout de 600 m., la vallée se rétrécit, et, à partir de la ferme de *la Simone*, on trouve les lauriers-roses, qui croissent en abondance dans le lit du ravin. Si l'on ne veut pas revenir par le même chemin, on peut, tournant à g. 1 200 m. plus loin, atteindre la *ferme du Grand-Gondin* (source), d'où un chemin charretier va rejoindre, à *l'oratoire de Guérin*, le boulevard Suveret (*V.* p. 66), par lequel on redescendra à Saint-Raphaël (course totale, 3 h. 30 env.).

5° **L'Estérel; le mont Vinaigre.** — L'Estérel est un massif isolé de roches éruptives, entourées au N. de ramifications des Alpes calcaires et plongeant au S. dans la Méditerranée en énormes blocs de porphyre rouge qui s'effilent en nombreux promontoires prolongés par des bancs de roches, les unes à fleur d'eau, les autres sous-marines; à l'O. ses pentes descendent sur la plaine alluvionnaire de Fréjus, qui sépare l'Estérel d'un autre massif de roches primitives, celui des Maures, tandis qu'à l'E. elles tombent sur la plaine alluvionnaire de Laval, au delà de laquelle se dressent les hauteurs de Cannes. Le gros du massif est occupé par une forêt domaniale remarquable par la diversité de ses essences (le pin et le chêne-liège y dominent), et percée de nombreuses routes et d'excellents sentiers. Mais ces routes et sentiers n'étant munis d'aucun poteau indicateur, il est nécessaire d'avoir un conducteur qui connaisse bien le massif ou, pour les piétons, un guide (on en trouve aux hôtels de Saint-Raphaël, et souvent aux hôtels d'Agay et du Trayas; on obtient des renseignements aux maisons forestières). Quant aux courses en voit., ce n'est guère qu'à Saint-Raphaël, chez Séquier père et fils et au Grand-Hôtel de Boulouris, que l'on peut trouver un conducteur et des chevaux sûrs pour parcourir le massif.

Nous ne donnons ici que l'excursion très recommandée au mont Vinaigre; pour les autres courses, *V.* notre monographie *L'Estérel* (1 fr.).

A. En voiture (route de voit. de 13 k. N.-E. de Saint-Raphaël au Malpey; voit., 20 à 25 fr. chez les Séquier; 50 min. à 1 h. du Malpey au sommet). — On sort de Saint-Raphaël par le boulevard de Valescure, et l'on prend à dr. le boulevard Suveret, qui se prolonge par la route forestière n° 46, dite de Cannes.

— 5 k. *Pas-du-Lièvre*, entrée de la forêt domaniale, marquée par un écriteau. A partir de ce point, la route, qui gravit par des pentes ménagées les montagnes de l'Estérel, se développe au milieu de beaux bois (belles échappées). — 5 k. 6. Carrefour de *Colle-Douce*. — 7 k. Carrefour du *col des Sacs*. — 8 k. 1. Superbes **rochers de Jausiers**, au pied desquels la route passe en encorbellement. — 9 k. 2. *Ponceau de Jausiers*, auprès d'énormes pins maritimes. — 10 k. *Col de Roche-Noire*. A quelques pas, à dr., à l'extrémité d'une large tranchée, se trouve le sommet du même nom (vue très étendue). La route pénètre dans la vallée de la Cabre, dont elle suit le versant E. (en face, escarpements du Vinaigre), et traverse une superbe futaie. — 12 k. 5. On longe les bâtiments du Porcfer.

13 k. *Maison forestière du Malpey*, où l'on quitte la voit. (vue superbe) et d'où il sera prudent de se faire accompagner. On revient sur ses pas sur 400 m. et l'on gravit à dr. un sentier sur 720 m. — A (20 min.) une bifurcation, deux sentiers montent au Vinaigre : celui de g. est le plus long, mais le moins raide.

50 m. à 1 h. du Malpey. **Sommet du Vinaigre** (*V.* ci-dessous, *B*).

Si l'on ne veut pas revenir par le même chemin, on pourrait envoyer la voit. attendre, pendant qu'on fera l'ascension, soit à la maison forestière de *la Duchesse* (recommandé), soit à l'*auberge des Adrets*. — On peut encore (très intéressant) descendre par la gorge N. (visiter la grotte de Gaspard de Besse) et remonter, par la route n° 1, qui gravit des croupes tapissées de bois superbes, à la maison forestière de la Duchesse d'où l'on reviendra en voit. à Saint-Raphaël par la route n° 50.

B. A pied (3 h. 30 de marche; nombreux chemins et sentiers de Saint-Raphaël au Vinaigre; nous recommandons l'itinéraire ci-après). — 5 k. (1 h.) de Saint-Raphaël au Pas-du-Lièvre, entrée de la forêt domaniale (*V.* ci-dessus, *A*). — On prend à dr. le sentier de la Louve. — 1 h. 10. *Maison forestière de la Louve*. On

Vue prise dans l'Esterel.

remonte le *vallon de la Louve*. Le chemin, d'abord carrossable, suit le thalweg jusqu'à son origine, puis se réduit à un sentier qui gravit des pentes rapides. — 2 h. *Col de Jansiers*, où se croisent six chemins ou sentiers. Tous ces sentiers, ouverts en plein bois, offrent de belles échappées de vue. Il faut prendre l'un des deux chemins en montée qui se dirigent vers le N. : le plus élevé conduit, à travers de beaux bois, jusqu'au *Pas d'Adam*, puis, en prenant toujours à dr., au *col du Grand-Porcfer*. Là, nouveau carrefour de six sentiers : celui de g., qui se dirige vers le N., conduit directement à la maison du Malpey.

11 k. (2 h. 30). Maison forestière du Malpey (*V.* ci-dessus, *A*).

50 min. à 1 h. du Malpey. *Sommet du* **Vinaigre** (616 m.; point culminant de l'Estérel), couronné par un signal et une tour-observatoire, surmontée d'une perche. On pénètre dans la tour, et, par un escalier, on arrive sur une plate-forme circulaire de 2 m. de diamètre (vue superbe).

Près du sommet, sur le versant N., à 50 m. au-dessus du sentier de la *Borne de l'Avelan*, gros pilier de limite, *grotte de Gaspard de Besse*, qui, suivant la légende, servit de retraite au fameux brigand de ce nom, et n'offre pas d'intérêt, si ce n'est comme lieu de repos.

Promenade en voiture recommandée au Trayas (*V.* Agay), à travers l'Estérel ; 2 routes forestières, n° 88 (ancienne voie Aurélienne) et n° 94 ; all. par l'une, ret. par l'autre.

AGAY.

Agay *, ham. de Saint-Raphaël, station hivernale et balnéaire (*V.* p. 62), à l'embouchure de la rivière d'Agay, dans une petite clairière que dominent les escarpements du *Rastel d'Agay* (300 m.), possède un petit *port*, défendu par une redoute, et un ancien *château*, sans caractère. La *rade* (plus de 100 hect.; 25 m. de profondeur maximum) est l'une des mieux abritées de la Provence. Avec son excellent *hôtel Drevet* (pens. 7 fr. par j. pour une semaine,

6 fr. pour un mois), situé à deux pas de la gare, au-dessus de la mer, Agay, qu'une route de 8 k. relie à Saint-Raphaël, est un charmant séjour, déjà très fréquenté par les étrangers hiver et été, et un bon centre d'excursions dans l'Estérel.

[Excursions (détails dans la monographie *L'Estérel*) : A. EN VOITURE : 1° le Trayas (*V.* ci-après), par le Gratadis et le col Lévêque ; — 2° le Mont-Vinaigre (*V.* p. 76) ; 13 k. en voit. jusqu'à l'Aire de l'Olivier ; de là, 1 h. à pied, jusqu'au sommet ; — 3° Cannes (30 k.), par la route forestière des Trois-Termes. — *B.* A PIED : — 1° (10 min. N.) *château du Castellas*, superbement blotti dans les fougères, les lauriers-roses, les platanes, les érables et les eucalyptus ; — 2° (1 h. 30 aller et ret., au S.-O. ; recommandé) **sémaphore d'Agay**, pittoresquement perché sur un promontoire de 140 m., qui commande l'entrée O. de la rade, et à côté du sémaphore, la vieille *tour d'Armont* ou *du Dramont* ; — 3° (1 h. 45 N.-E. ; route forestière carrossable ; très recommandé) le **Malinfernet**, le clou des beautés pittoresques de l'Estérel, étroit défilé où le torrent roule dans un dédale de blocs, au pied d'une muraille de rochers affectant les formes les plus fantastiques ; — 4° (2 h. par la route ; 1 h. 30 par les sentiers ; à l'E.) **grotte de la Sainte-Baume** (fermée, sauf les jours de pèlerinage) ; de la terrasse devant la grotte, très belle vue ; — 5° (à l'E.-S.-E. ; 2 h. 45 par le sentier qui part du fond du Gravier, à 10 min. de la maison forestière du Gratadis ; ascens. facile, recommandée aux dames) **Grand-Pic du Cap Roux** (453 m. ; signal). Vue superbe, la plus belle de tout l'Estérel (plus dégagée que celle du Vinaigre) ; — 6° (3 h. all. et ret.) Saint-Raphaël, all. par le chemin des carrières romaines de Caous et de Notre-Dame, ret. par la route ; — 7° (3 h. à pied E.-S.-E. ; sentier côtier caillouteux, parties ravinées, puis route forestière ; admirable promenade, qui fait voir tous les détails de la côte et les nombreuses indentations, calanques et criques creusées par la mer dans les porphyres ; on peut revenir par le chemin de fer) le Trayas*, (*V.* ci-après) ; — 8° (4 h. 45 de marche au N.-E. ; excurs. très intéressante) *vallée de la Cabre*, *Roussivau*, **défilé du Perthus, Pigeonnier**, retour par les *Vaches*, le *Baladou* et la *maison forestière du Gratadis*, etc.

— 9° (4 h. 50) le Trayas, par le Gratadis, le Mal-Infernet, Uzel, la Dent de l'Ours et le col Notre-Dame ; — 10° (4 h.) Mont-Vinaigre (V. p. 76).

LE TRAYAS.

Le Trayas*, station de la section de Saint-Raphaël à Cannes de la grande ligne de Marseille à Nice, au-dessus d'une admirable côte de porphyre aux roches d'un rouge éclatant et aux innombrables et délicieuses petites criques, en pleine forêt de l'Estérel, est le meilleur centre pour les promenades dans ce merveilleux massif. On peut s'y installer confortablement à l'excellent *hôtel-pension Sube* (pens. 10 fr. par j.), dont le restaurant, dit *restaurant de la Réserve*, est très fréquenté dans la saison par les hôtes de Cannes et de Saint-Raphaël (bouillabaisse renommée ; réserve de poissons).

Durant tout l'hiver et jusqu'à fin mai on trouve à l'hôtel Sube (généralement il y en a à la gare) des mulets et des ânes pour les courses suivantes, tarifées : Sommet du Cap Roux, 6 fr. ; — Pic d'Aurèle, 5 fr. ; — Pic Notre-Dame, 5 fr. ; — Mal-Infernet par la Baisse Orientale et la Crête de l'Escalle, avec retour par la vallée de l'Uzel, la Dent de l'Ours et le col Notre-Dame, ou par la vallée de l'Hubac de l'Escalle et le col des Lentisques, 10 fr. ; — Agay par le chemin du littoral, 10 fr. ; — Théoule par le chemin du littoral, 10 fr. ; — Sommet du Cap Roux, avec retour par le col de la Dent du Cap Roux et la Sainte-Baume, 10 fr. ; — location d'un mulet ou d'un âne conduit : à l'heure, 2 fr. ; à la journée, 10 fr.

[Excursions (détails dans la monographie *l'Estérel* ; tarif des mulets et ânes ci-dessus) : — 1° Agay, par la nouvelle route du col Lévèque et le Gratadis, ret. par le chemin du littoral (3 h. du Trayas à Agay par chemin côtier) ; — 2° (1 h. 15) *Pic d'Au-*

rèle ; — 3° (2 h.) Grand Pic du cap Roux ; — 4° (1 h. 20) Sainte-Baume ; — 5° (1 h. 45) Mal-Infernet ; — (55 min.) col Lévêque ; — 6° (6 h. all. et ret.) Sommet du Cap Roux, Sainte-Baume, tour **du cap Roux, et ascens. du Pic d'Aurèle** ; — 7° (5 h. 30) Agay, par **le col Notre-Dame, la Dent de l'Ours, le ravin de l'Uzel, le ravin** du Mal-Infernet et le Gratadis ; — 8° (23 k.) Cannes, par le *col des Trois-Termes* ; — 9° (une demi-journée all. et ret.), maison forestière des Trois-Termes, ret. par le chemin du Collet Redon et de l'Ours ; — 10° (1 h. 40) Théoule, par le sentier du littoral — 11° (2 h. 5) la Napoule, par le sentier du littoral et (1 h. 40 Théoule.

CHAPITRE IV

CANNES. — GRASSE[1]

De Paris à Cannes, 1056 k.; à Grasse, 1070 k. Pour Grasse, on change toujours de train à Cannes. — Prix : de Paris à Cannes, 118 fr. 35 en 1re cl., 79 fr. 95 en 2e cl., 52 fr. 15 en 3e cl.; à Grasse, 119 fr. 95, 81 fr., 52 fr. 85; — de Londres à Cannes : *A* par Calais, 180 fr. 35 en 1re cl., 129 fr. 45 en 2e cl.; *B* par Boulogne, 181 fr. 70, 123 fr. 90; *C* par Dieppe, 161 fr. 90, 112 fr. 25; à Grasse : *A* par Calais, 190 fr. 95, 130 fr. 50; *B* par Boulogne, 183 fr. 50, 124 fr. 95; *C* par Dieppe, 163 fr. 50, 113 fr. 30. Aller et retour, valable 45 j., de Londres à Cannes par Calais, 299 fr. 15, 215 fr. 90; par Boulogne, 290 fr. 95, 210 fr. 75; par Dieppe, 250 fr. 55, 180 fr. 90; à Grasse par Calais, 299 fr. 50, 217 fr. 60; par Boulogne, 293 fr. 30, 212 fr. 45; par Dieppe, 252 fr. 90, 182 fr. 60. Supplément à payer pour prolonger de 45 j. la validité du billet : Cannes par Calais, 78 fr. 20, 40 fr. 55; par Boulogne, 77 fr. 05, 39 fr. 95; par Dieppe, 72 fr. 85, 43 fr. 20; Grasse par Calais, 79 fr. 05, 40 fr. 95; par Boulogne, 77 fr. 90, 40 fr. 55; par Dieppe, 73 fr. 70, 43 fr. 60.

Places de luxe (pour Grasse, place de luxe jusqu'à Cannes, 1re cl. au delà) : — *Méditerranée-Express*, de Paris à Cannes, 195 fr. 35; à Grasse, 196 fr. 95; — *Calais-Méditerranée-Express*, de Calais à Cannes, 246 fr. 95; à Grasse, 248 fr. 55; — *Vienne-Nice-Cannes-Express*, de Vienne à Cannes, 196 fr. 60. — *Dans les rapides*, de Paris à Cannes: wagon-lit ou lit-salon, 173 fr. 55; fauteuil-lit, 151 fr. 35; à Grasse, 174 fr. 95, 152 fr. 95.

Billets a prix réduits. — Pour les conditions, *V.* p. 4. — Prix d'un billet de bains de mer individuel, valable 33 j., de Paris à Cannes et ret., 121 fr. en 1re cl., 93 fr. en 2e cl., 62 fr. en 3e cl.

1. *V.* les renseignements pratiques à l'*Index alphabétique.*

Renseignements de séjour. — Cannes est la station hivernale aristocratique et de bon ton par excellence. Installations parfaites, hôtels somptueux, villas qui sont de véritables palais, rien n'y manque pour retenir la clientèle choisie qui l'a adoptée et qui lui reste fidèle. Approvisionnement très complet, mais vie assez chère. Cannes s'adresse surtout aux grandes bourses, un peu aux bourses moyennes. Dans les prix de location des villas et appartements meublés, le linge, la vaisselle, l'argenterie et l'eau sont compris. L'eau potable est bonne; elle est fournie par la Siagne, captée près de sa source, d'où un canal l'amène à Cannes. Le gaz se paye 25 c. le mètre cube, plus 60 c. par mois pour le compteur. L'électricité et le téléphone sont installés dans les hôtels, cafés, magasins et dans beaucoup de villas.

Le Cannet, abrité et éloigné de la mer, *Cannes-Eden*, *Golfe-Jouan* et *Vallauris* sont des annexes de Cannes (loyers moins chers dans les deux dernières). — *La Napoule* est un bain de mer et une annexe d'été de Cannes plutôt qu'une station d'hiver. — *Théoule*, plutôt station d'été, possède un hôtel-pension recommandable; approvisionnement laborieux, par Cannes, et se ressentant des prix de cette ville.

GRASSE est, comme Hyères, une station hivernale privilégiée pour ceux qui redoutent le voisinage immédiat de la mer. On y trouve des installations pour toutes les bourses; hôtels, maisons et appartements meublés dep. 500 et 600 fr. Les prix de location comprennent aussi le linge, la vaisselle, l'argenterie et l'eau. La ville, très bien ravitaillée, est alimentée en eau potable de bonne qualité par les sources de la Foux et du Foulon Le gaz, installé partout, coûte 37 c. le mètre cube.

CANNES

Situation. — Aspect général.

Cannes *, ch.-l. de c. de 30 420 hab. (auxquels il faut ajouter 10 à 15 000 résidents d'hiver), station hivernale aristocratique (*V.* ci-dessus), situé autour d'une anse du magnifique golfe de la Napoule, s'étend sur une longueur de plus de 6 k., de la Bocca, à l'O., à la pointe de la Croisette, à l'E. Le centre de l'animation est circonscrit entre la voie ferrée et la mer; au delà et en arrière de cette zone longue, étroite et très vivante, se trouvent des quartiers tranquilles, qui se prolongent jusqu'au pied de belles collines boisées, dont les flancs sont couverts de superbes villas émergeant de parcs et de jardins où la flore semi-tropicale étale ses splendeurs. Quant à la vieille ville (le *Suquet*), bâtie sur une colline escarpée, le *Mont-Chevalier*, au-dessus du port et du quai Saint-Pierre, elle est absolument noyée dans l'agglomération nouvelle. Française et bien provençale par son ardent soleil, son ciel bleu, sa flore méridionale, Cannes est devenue une ville anglaise par la régularité et la propreté de ses artères neuves bordées de constructions dont plusieurs sont de véritables palais, et d'hôtels luxueux qui ne laissent rien à désirer au point de vue de l'hygiène et du confort. Séjour aristocratique et recherché, Cannes est en même temps un délicieux centre d'excursions, grâce à l'Estérel, dont les harmonieux contours ferment son horizon à l'O., en regard des îles de Lérins, prolongement en mer de la Croisette; au N., au-dessus des collines de la Croix-des-Gardes, du Cannet et de la Californie, très boisées, de hautes cimes calcaires montrent leurs têtes chenues.

Climat.

Les caractéristiques du climat de Cannes sont l'absolue sérénité du ciel et la rareté des pluies, abondantes, mais de peu de durée; à Cannes, *il n'y a jamais de brouillard*. D'après le docteur de Valcourt, auteur de *Cannes et son climat*, Cannes devrait être préférée par un grand nombre de malades aux autres villes d'hiver du littoral médi-

Cannes, vue prise du boulevard de la Croisette.

terranéen, parce qu'elle réunit trois conditions essentielles : 1° abri contre les vents continentaux, grâce à un amphithéâtre de collines et de montagnes orienté en plein midi et n'offrant aucune solution de continuité ; 2° absence de tout torrent dont le lit large et caillouteux, habituellement à sec et échauffé par le soleil, puisse être la cause d'un courant d'air incessant ; 3° possibilité de placer les malades, suivant les indications, soit au bord même de la mer, soit assez loin du rivage pour les mettre hors des atteintes de la brise ; ce dernier point est d'une importance capitale.

Les vents dominants viennent du N., du S.-E., de l'E. et du N.-E. Aux équinoxes, le vent d'E. souffle à peu près exclusivement ; c'est celui qui amène les pluies de même que le vent du S.-E. Quant au redoutable mistral, il est relativement faible et rare à Cannes : ce n'est guère qu'au mois de mars qu'il soufle parfois avec violence.

La température moyenne de l'année est, à Cannes, de 15°,5. Les hivers, et c'est là le point important pour les malades, sont relativement d'une grande douceur. D'après le Dr de Valcourt, la moyenne hivernale (décembre, janvier, février) est de 9°,8 ; celle de l'automne, de 16°,1 ; celle du printemps, de 14°,1 ; et celle de l'été de 22°,2. Les grandes chaleurs, toujours tempérées par la brise de mer, sont moins fortes qu'à Paris et ne dépassent guère 32°. L'écart total entre la moyenne de l'hiver et celle de l'été est seulement de 12°,4. Cependant il faut se méfier du brusque abaissement de température arrivant en hiver au coucher du soleil. Il est indispensable pour les malades d'être rentrés avant ce moment, afin d'éviter l'influence funeste du rayonnement, qui amène une grande humidité dans l'air pendant 2 h. env.

Il pleut en moyenne pendant 70 jours, et la couche d'eau qui tombe annuellement est d'environ 900 millimètres.

Les pluies, soudaines et fort abondantes, sont en général de courte durée.

Cannes possède deux belles plages, doucement inclinées et formées de sable de nature porphyrique (la température moyenne de l'eau est de 6 à 8° plus élevée que celle de l'Atlantique), avec établissements de bains de mer parfaitement installés : à la Croisette et au boulevard du Midi (ce dernier établissement est connu sous le nom de *bains de mer de la Belle-Plage*). Le Dr de Valcourt estime que la véritable saison médicale pour les bains de mer, à Cannes, est du 1er avril au 15 juin, et aussi du 1er octobre au 15 novembre (pour les billets de bains de mer à prix très réduits délivrés, du 1er juin au 15 septembre, par la Cie des chemins de fer P.-L.-M., *V.* p. 5 et 80).

Distractions

Bien que Cannes soit avant tout une ville de repos, elle a néanmoins de nombreuses distractions à offrir dans la saison à ses hôtes. Mentionnons d'abord les PROMENADES A PIED OU EN VOITURE. On se promène à pied surtout sur la Croisette, aux Allées, dans la rue Félix-Faure et dans la rue d'Antibes. Parmi les autres buts de promenades pédestres on peut citer le square Brougham, le boulevard du Cannet, le boulevard Mont-Fleury, la route de Grasse, les chemins du Petit-Juas (recommandés aux valétudinaires) et ceux des Tignes, à dr. de la route de Grasse, et le boulevard Carnot, long. de 3 k., large de 22 m., qui relie Cannes au Cannet; toutes sont intéressantes, mais il ne faut pas manquer de faire celles de la Californie, de la Croix-des-Gardes, de Grasse (aller par la route directe, retour par Auribeau et Pégomas), et celle du cap d'Antibes, *un mardi ou un vendredi, après midi*, pour pouvoir visiter les jardins de la villa Eilen-Roc (le mardi, on peut aussi voir ceux de la villa Thuret). — Il ne faut pas, n'y fît-on qu'un court séjour, quitter Cannes sans visiter l'un ou l'autre des parcs ou jardins qui sont des merveilles, et notamment : les jardins du *Park Hôtel*, route de Fréjus (visibles tous les jours), ceux de la *Villa Larochefoucauld*, route de Fréjus (mercredi après midi), *Rothschild* (tous les jours en l'absence des propriétaires), *Nabonnand*, horticulteur, route d'Antibes (arrêt du tram), et de la *villa Menier* (permission nécessaire), à Cannes-Eden (à g. de la route d'Antibes). Les promenades en voiture sont nombreuses et tarifées.

PROMENADES EN MER. — Embarcadère des Allées de la Liberté, dit *embarcadère Cronstadt* : 50 bateaux de plaisance montés par 100 hommes (pour les tarifs, *V.* l'*Index alphabétique*). Ne sortir que par temps calme et sûr. Excursions 2 fois par j. aux îles de Lérins par le coquet yacht à vapeur *Titan* du 1er novembre au 30 avril (*V.* p. 104); fréquemment, le jeudi et le dimanche, visites à l'escadre au golfe Jouan (les bateaux à rames conduisent aussi à l'escadre, soit de Cannes, soit de l'embarcadère de Golfe-Jouan).

CONCERTS EN PLEIN AIR par le corps de musique municipal, de 2 h. à 3 h. 30 : les dimanches, lundis et jeudis au kiosque des Allées de la Liberté, et les mercredis au kiosque du square Brougham (programmes publiés dans les journaux locaux).

SPECTACLES. — Représentations théâtrales au *Cercle Nautique* et à l'*Hôtel Gallia*, où un orchestre de premier ordre se fait entendre l'après-midi à 4 h. et le soir à 8 h. 30; ces concerts, qui ne sont pas réservés aux pensionnaires de l'hôtel et pour lesquels la toilette de soirée n'est pas exigée, sont très suivis par la colonie étrangère. Le *four o'clock tea*, aux sons de l'orchestre, l'après-midi à 4 h., est un rendez-vous de bonne compagnie. — *Casino*, rue Bossu (spectacle-concert). — *Concert vocal et instrumental* le soir dans plusieurs cafés, notamment au *café de la Maison-Dorée*, rue de la Gare.

SPORTS. — *Régates* (très fréquentées, et attirant de nombreux yachts de diverses nations), entre la pointe de la Croisette et le port, organisées par la Société nautique, l'Union des Yachtmen de Cannes et la Société des Régates cannoises. — *Hippodrome* (plaine de la Napoule). — *Golf-Club* (plaine de la Napoule; un break quitte l'hôtel Mont-Fleury t. l. j., le mardi et le samedi à 9 h., les autres jours à 11 h.; présentation nécessaire). — *Cricket-Club* (à la Bocca; ch. de fer et tram électr.). — *Lawn-Tennis* (dans la plupart des grands hôtels; les lawn-tennis de l'hôtel Beau-Site sont fréquentés par les meilleurs joueurs). — *Courses vélocipédiques*, organisées par le *Cyclo-Club Cannois* (siège, café des Iles). — *Tir aux pigeons* à la Bocca et à la Croix-des-Gardes.

Parmi les autres distractions de la saison, mentionnons les *batailles de fleurs* sur la promenade de la Croisette, pendant le carnaval et à la mi-carême; les *fêtes carnavalesques* (programme dans les journaux locaux); des *kermesses*; des *bals* au Cercle nautique, etc.; des *expositions florales* sur les Allées de la Liberté; des *séances* et *conférences* à la bibliothèque municipale, au Muséum d'histoire naturelle, au Musée des beaux-arts, etc., enfin de nombreuses *fêtes* particulières, dans les villas et les hôtels.

Description.

En sortant de la gare, après avoir traversé en biais, de g. à dr., la place, on trouve en face la *rue de la Gare-des-Voyageurs*, qui aboutit à la **rue d'Antibes**, la principale artère de la ville, bordée de beaux magasins, qui s'étend à g. et à dr., et que de nombreuses rues font communiquer avec le bord de la mer et le boulevard de la Croisette ; elle est parcourue par le tram électr. de la Bocca à Cannes, au Golfe-Jouan et à Antibes.

La section de dr. de la rue d'Antibes, la plus animée, se termine au point où se détache à dr. la *rue de Cronstadt* ; là, elle prend le nom de **rue Félix-Faure** et, sous ce nom, se continue jusqu'aux Allées de la Liberté et à l'hôtel de ville (au nº 43 de la rue Félix-Faure, plaque de marbre avec inscription, sur la maison où naquit le poète provençal Emile Négrin).

Les **Allées de la Liberté**, ombragées par des platanes et ornées de fontaines jaillissantes, offrent une belle vue sur la rade et le port; le *marché aux fleurs* qui s'y tient dans la matinée est très fréquenté par les étrangers. La partie des Allées qui longe le côté S. de la rue Félix-Faure porte le nom de *place des Palmiers*; au centre de cette petite place, plantée de palmiers, la reconnaissance des Cannois a élevé en 1878 une *statue en marbre*, œuvre de Liénard, à *lord Brougham* (1778-1868), le bienfaiteur de Cannes (deux strophes de Stéphen Liégeard sont gravées sur le piédestal). Au-delà est le kiosque de musique, en face duquel se trouve l'embarcadère des bateaux de plaisance, et les Allées se terminent à l'**hôtel de ville**, qui renferme les musées et la bibliothèque, ouverts gratuitement toute la journée, sauf en août (catalogue des musées Lycklama et Rothschild en vente 50 c.).

REZ-DE-CHAUSSÉE. — **Musée Lycklama**, principalement composé des dons de M. le baron Lycklama. — *Trois salles* : archéologie, collection d'inscriptions cunéiformes latines et françaises.

2º ÉTAGE. — **Musée Rothschild** (sculpture, peinture et gravure; nombreux dons de M. le baron de Rothschild). — 1re *salle* : *Henri Lévy*. Samson et Dalila. — *Dameron*. Antibes et Nice. —

Béthune. La gare de Charing Cross à Londres (aquarelle). — *Ad. Marais*. Bœufs en forêt. — *Michel*. Forêt de Fontainebleau. — **R. Gilbert. Étude de femme** (pastel). — *A. Renaudin*. Ruines en Alsace. — *Troyon*. Étude. — *Diaz*. Sous bois. — *Pater*. Scène galante. — *Ph. de Champagne* (*École de*). Portrait de Mazarin. — *Lavieille*. Inondations de la Seine à Saint-Ouen. — *Iselin*. Buste de Mérimée. — *Peter*. Douleur de muse (marbre). — *Van Ostade* (*attribué à*). Un fumeur. — *Fragonard*. Le sacrifice d'Iphigénie (ivoire). — *Cornelius*. Nature morte. — *Garaud*. La Rance. — *E. Yon*. Les bords du Loing à Moret. — *Franc-Lamy*. Jeunesse.

Salle des gravures : belles gravures avant la lettre, œuvres de Mme la baronne Nathaniel de Rothschild. — *Gallian*. Enfants sur une bouée dans la rade de Toulon. — *Lenepveu*. Projet de cathédrale. — Très belle **collection de coquilles vivantes et fossiles**. — *Collection ornithologique*. — *Collections minéralogique et zoologique* : **minéralogie de l'Estérel** (bien classée); dans la galerie de zoologie, lynx tué sur le territoire de Saint-Martin-Vésubie, par S. A. R. Mgr le comte de Caserte.

Petite salle : **herbier** des Alpes-Maritimes (flore très complète; 10 000 sujets).

Bibliothèque (vue splendide sur le port) : 30 000 vol., principalement modernes; salles de lecture, dont une réservée aux dames : on y trouve les journaux du pays et toutes les grandes revues de littérature, de science et d'art; exceptionnellement, le prêt à domicile est pratiqué.

On peut copier au musée et à la bibliothèque (manuscrits historiques; archives cannoises).

Au S. de l'hôtel de ville et des Allées de la Liberté s'étend le port, fermé à l'E. par la *jetée Albert-Edouard*, ainsi nommée en l'honneur du roi Edouard VII d'Angleterre, qui fréquentait assidûment Cannes, alors qu'il n'était que prince de Galles ; cette jetée, spécialement affectée au yachting, a fait du port de Cannes un mouillage très sûr. Le port est longé à l'O. par le *quai Saint-Pierre*, à l'extrémité duquel est l'embarcadère du *Titan* (pour les îles de Lérins), près du môle, qui porte un *phare*, feu fixe de 3e ordre, de 11 milles de portée, et que prolonge une jetée neuve.

Du quai Saint-Pierre, une montée à dr. aboutit au superbe **boulevard du Midi**, tracé le long de l'admirable golfe de la Napoule, en contre-bas de la rue et de la route de Fréjus, et qui se continuera jusqu'à la Bocca. Sur ce boulevard, en face des *bains de mer de la Belle-Plage*, se trouve le **square Brougham** (kiosque de musique), à dr. duquel, par la *rue Jean-Dollfus* (*Asile maritime de l'enfance*, fondé par M. J. Dollfus), on monte à la *rue de Fréjus*, que parcourt le tram électr. de la Bocca : si on veut prolonger la promenade, on peut suivre à l'O. ou à g. cette rue pour aller visiter les merveilles des jardins de l'hôtel du Parc, Rothschild et Larochefoucauld (*V.* p. 86) ; sinon, on descend directement à dr. à la *place de l'Hôtel-de-Ville*.

C'est de la place de l'Hôtel-de-Ville qu'il faut partir pour faire le **tour du Mont-Chevalier** (30 à 40 min., y compris les arrêts). Laissant à g. la rue de Fréjus, on gravit la *rue du Mont-Chevalier*, qui s'élève sur les flancs du rocher et on atteint (10 min.) une terrasse, où s'élèvent : à dr., l'église *Notre-Dame d'Espérance* (XVIIe s. ; à l'int., grand *reliquaire* de 1491 contenant, dit-on, une partie des ossements de St Honorat, et couvert de bas-reliefs représentant ses principaux miracles) ; à g., la **tour du Mont-Chevalier**, au milieu d'une cour dépendant de la manufacture de faïence d'art (*V.* ci-dessous).

On pénètre dans cette cour par un porche et l'on demande la clef dans les bâtiments de g. (pourboire en descendant). La tour a été commencée vers 1070, par un abbé de Lérins, et terminée seulement plus de trois siècles après ; les murailles ruinées qui l'entourent occupent le même emplacement que le *castrum Massilinum* des Romains. Un escalier en bois (extérieur) conduit à une porte que l'on ouvre pour entrer sur un premier palier d'où un autre escalier (intérieur) monte à un étage où l'on a déjà, par une baie, une belle vue sur le port. Un 3e escalier (intérieur; belle vue sur l'Estérel, le boulevard du Midi, le golfe de la Napoule, les hauteurs de la Croix-des-Gardes, etc.) est suivi d'un 4e escalier, à ciel ouvert, protégé par une main courante en bois, qui aboutit à la **plate-forme** de la tour, entourée d'une balustrade (au milieu, mât avec drapeau ; quelques chaises en fer), d'où la vue, réellement admirable, embrasse le golfe de la Napoule, l'Estérel, le port, la Croisette, le golfe Jouan, les îles de Lérins (on distingue très bien l'église, le monastère et la vieille tour de Saint-Honorat), et toutes les hauteurs qui entourent Cannes, notamment le quartier des Anglais et de la Croix-des-Gardes, avec ses nombreuses villas enfouies dans la verdure ; l'ensemble est de toute beauté.

A la descente de la tour, on est généralement sollicité de visiter la *manufacture de faïence d'art* adjacente ; on ne voit, du reste, aucune fabrication, mais simplement un magasin où l'on peut faire des achats et d'où l'on sort par un petit jardin, dans lequel se trouve, à dr., un petit *observatoire* (escalier en bois pour y monter; sans intérêt pour les promeneurs qui descendent de la tour).

En sortant du jardin de la manufacture, on descendra à dr., par la *rue de la Tour*, au bout de laquelle, en face, la *rue Hibert*, ou bien, à g., la *rue du Pré*, conduisent dans la rue de Fréjus, d'où l'on revient à la place de l'Hôtel-de-Ville et aux Allées. Traversant les Allées de la Liberté de l'O. à l'E. sur leur face S., qui regarde la mer, on voit s'ouvrir en retrait, à g., à leur extrémité E., la *place des Iles* ; et, laissant à g. cette place, on trouve, du même côté, la *rue Notre-Dame* (poste, télégraphe et téléphone, rues Notre-Dame et du Bivouac), l'*église* principale, *Notre-Dame-de-Bon-Voyage* (1870), et le *square Mérimée*, où commence la Croisette.

Le **boulevard de la Croisette**, le rendez-vous du monde élégant dans la matinée, suit toutes les sinuosités du rivage jusqu'à la *place du Masque-de-Fer*, à la pointe de la Croisette ; on y trouve des bateaux à voiles et à rames pour l'île Sainte-Marguerite, que l'on voit en face. Il offre, sur tout le parcours, une succession ininterrompue d'hôtels et de villas luxueuses, et une vue unique sur l'Estérel et l'île Sainte-Marguerite, qui ferment la rade et le golfe de la Napoule. Les couchers de soleil sur les cimes de l'Estérel sont, de la Croisette, un admirable spectacle. Ce boulevard de plain-pied s'incline vers la mer par une plage de sable en pente douce. On peut visiter (50 c.), sur la Croisette, le *jardin des Hespérides* (belles plantations d'orangers et d'eucalyptus ; bruyères arborescentes).

De la place du Masque-de-Fer, on suit à g., le long de la plage du golfe Jouan, le *boulevard d'Orient*, que l'on quitte bientôt pour prendre à g. l'*avenue des Golfes*. Traversant, par cette avenue, la presqu'île de l'E. à l'O., on se retrouvera sur le boulevard de la Croisette, que l'on suivra à dr. jusqu'au delà de la *villa de la Croisette*, pour s'engager à dr. dans le *boulevard Alexandre III* (à g., *villa Louise Ruel*, institution charitable ; à dr., *église Notre-Dame-des-Pins* ; à côté, *église russe* ; jeu de paume ; superbe *hôtel des Pins*, dans un grand parc). Le boulevard Alexandre III, comme aussi l'*avenue de Russie*, qui s'ouvre en face de l'église russe, aboutissent à la route d'Antibes ; cette route suivie à g., devient, après le passage au-dessus de la voie ferrée, la rue d'Antibes, et ramène au centre de la ville.

Industrie et commerce

Les parfumeries, les huiles, les savons, les sardines, les anchois et les poissons salés, les grains, les oranges et les citrons, les poteries et les bois de construction sont les grandes industries de Cannes. Les fleurs vendues sur place ou expédiées au dehors

Guides Joanne

CANNES.

HACHETTE & Cie Paris.

LÉGENDE.

Edifices Religieux:

1 Eglise N.D. d'Espérance....B.2.3.
2 Egse N.D. de Bon Voyage....C.D.2.
3 Chapelle St Nicolas....D.1.
4 Trinity Church....F.3.
5 Eglise Réformée....C.1.
6 Chapelle de la Miséricorde....B.2.
7 Asile des Vieillards....E.1.
7bis Hôpital Civil....A.2

Edifices Civils:

8 Hôtel de Ville et Bibliothèque....B.2.
9 Banque de France....C.D.2.
10 Palais de Justice....C.1.
11 Observatoire (Mt Chevalier, Tour du)....B.3.
12 Poste et Télégraphe....D.2.
13 Statue de Lord Brougham....C.2.
13bis Pl. du Commandt Lam[illegible]....E.F.2

Principaux Hôtels:

14 Hôtel d'Alsace-Lorraine....D.1.
15 id. Beau-Rivage....D.2.
16 id. Beau-Séjour....F.2.
17 id. Central-Hôtel....D.1.
18 id. Continental....A.B.1.
19 id. de Cannes (Grand)....E.2.
20 id. St Charles....F.2.
21 id. de France....E.1.
21bis id. Gallia....F.1.
22 Hôtel Gonnet et de la Reine....F.3.
23 id. de Gray et d'Albion....D.2.
24 id. Richelieu....D.2.
25 id. du Mont-Fleuri....F.1.
26 id. de la Plage....E.3.
27 id. de la Terrasse....A.2.
28 id. Victoria (Pension)....E.2.
29 id. Windsor....F.2.
30 Splendid Hôtel....C.2.

Echelle: 0 100 200 300 400 500 Mètres.

L. Thuillier, Delt.

72-01

Imp. E. Dufrénoy

sont l'objet d'un grand commerce. De novembre à fin mars, on expédie de Cannes jusqu'à 700 à 800 colis de fleurs par jour. A la Bocca, tout à fait à l'O. de la ville, se trouvent une verrerie importante et une gare de marchandises considérable.

Environs et excursions.

Nous ne décrivons ici que les promenades principales ; pour les autres, *V.* notre monographie *Cannes et ses environs* (1 fr.). Les étrangers pourront faire des variantes à ces trajets et combiner ensemble plusieurs itinéraires ; mais alors ils devront traiter à forfait avec le conducteur ou le loueur de voit., en ayant soin de bien spécifier les divers points par lesquels ils veulent passer, les routes à suivre et les lieux et temps d'arrêt. Chaque personne en sus du nombre réglementaire, 1 fr. ; heures supplémentaires d'arrêt, 2 fr. l'heure.

Toutes les plaintes concernant les courses tarifées doivent être adressées à M. le Commissaire central, à l'hôtel de ville de Cannes.

1° La Californie (au N.-E.). — *A.* En voiture (3 h. à 4 h. all. et ret. avec 30 min. à 1 h. de repos ; voit., 10 fr. à 1 ou 2 chev., 5 pers. ; landau à 2 chev., 4 pers., 12 fr. ; ret. par Vallauris, 20 fr. et 24 fr. 70. — Sortant de Cannes par la rue d'Antibes, on prend à g. la *rue d'Oran*, puis à dr. la *place de l'Oasis*, on passe au-dessus de la voie ferrée et l'on traverse le *boulevard d'Alsace* pour monter, par l'*avenue de Strasbourg*, au *boulevard Mont-Fleury*, que l'on atteint au pied de l'hôtel Gallia. Laissant à g. cet hôtel, que l'on contourne, on prend à dr. le chemin de la Californie. Les villas *Selvosa* et *Mont-Fleury* dépassées (à g.), on laisse à dr. et à g. (7 à 8 min. de Cannes) deux chemins, pour gravir la côte. — 15 min. A dr., chemin de l'hôtel de la Californie (*V.* ci-dessous) ; puis *villa Névada* et *villa Edelweiss* (à côté, sur la route, colonne commémorative du duc d'Albany *V.* (p. 94). — Après avoir pénétré dans un bois de pins, il faut suivre à g. le *boulevard du Soleil* (le *boulevard des Pins*, que l'on quitte, se prolonge jusqu'au petit observatoire de Vallauris, *V.* p. 94). — La route longe un instant le canal de la Siagne.

40 min. On prend le *boulevard de la Santé*. — 50 min. Sommet de la colline (244 m. 20). Là, laissant à g. le boulevard de Vallauris, on s'engage dans l'*avenue des Fleurs*, qui aboutit au *square du Splendide-Panorama* et à l'observatoire.

55 min. à 1 h. **Observatoire de la tour Eiffel**, splendide belvédère à 233 m. d'alt. (50 c. par pers.; lunettes d'approche; très belle vue; buffet dans la saison). On descend généralement à Cannes par le nouveau *chemin de Saint-Antoine* (très belles vues), qui, partant du sommet de la Californie, passe à la *chapelle Saint-Antoine* (199 m.), embranchement des chemins qui conduisent : au N., à Vallauris; au S., à l'intersection des chemins de la Californie et de Cannes-Eden, par le vallon de Mauvarre; de là, on rentre à Cannes en passant par la *Memorial Church of Saint-George* (anglicane; érigée à la mémoire du duc d'Albany), l'*hôtel de la Californie*, le *chemin de la Cava* et l'*avenue Windsor*, qui aboutit à la rue d'Antibes; au N.-O., au Grand-Pin, au Pezou et au Cannet (*V.* ci-dessous, 3°); au S.-O., au boulevard du Cannet (chemin de Vallauris).

[Si l'on veut descendre de la Californie à Vallauris, il faut revenir sur ses pas jusqu'au *boulevard de Mauvarre*, qui descend, et auquel font suite le *boulevard du Repos*, puis celui de *Beau-Soleil*, qui passe près du réservoir du canal de la Siagne. Descendant par le boulevard de la Californie, on laisse à dr. (1 h. de l'observatoire) le *château Saint-Michel*, et, un peu au-dessous, le *château Scott*, avant de passer près du somptueux *hôtel de Cannes-Eden*. Du *boulevard de la Corniche*, que l'on parcourt, des routes vont rejoindre celle d'Antibes. — On monte. — 1 h. 50. Descente à laquelle succède une montée près des serres de Mme Pelouze. Laissant à dr., en plaine, une route qui va rejoindre celle d'Antibes, on monte de nouveau pour passer près d'un chalet et laisser à dr. le *château Robert*, d'où un boulevard, à dr., descend vers la mer, jusqu'au ham. de Golfe-Jouan. Puis on atteint la tour, à fenêtres gothiques, de l'*observatoire de Vallauris* (149 m.; petit restaurant), d'où l'on descend à (2 h.) Vallauris (*V.* p. 100).]

B. A PIED (1 h. 10). — Le chemin de piétons suit en partie la route de voit. décrite ci-dessus; il suffit de prendre au début du chemin, en quittant le boulevard Mont-Fleury, les deux escaliers (raccourcis). La première partie du trajet est fastidieuse; on s'élève entre de hauts murs blancs qui barrent la vue. — 20 min. A dr., *villa Saint-Priest*. Belle vue sur l'Estérel. — Laissant à g. la route de l'Observatoire (laiterie-restaurant), on prend, à dr., le *chemin des Mimosas*, sur lequel s'ouvre, à g., un chemin de piétons en pente assez prononcée, que l'on gravira. Au haut de ce chemin, cultures de fleurs de la Société florale de Cannes (pour visiter, s'adr. au magasin de vente, rue d'Antibes, 76). On ne fait que traverser la route, pour prendre en face un sentier rocheux dans les pins. On retrouve la route dont on gravit les lacets au pied du *château Louis XIII*, en laissant à dr. le chemin de la *villa Tropicale*. — A g., **belle vue** sur Sainte-Marguerite, la pointe de la Croisette, le port et la ville de Cannes, la vieille ville du Mont-Chevalier et l'Estérel. Plus haut, à un tournant de la route, on prend de nouveau à dr. un sentier qui s'élève dans les pins.

1 h. 10. Observatoire (*V.* ci-dessus, *A*).

Pour le retour à Cannes, sortant de l'enceinte de l'Observatoire par l'avenue des voitures ou *avenue de l'Observatoire*, on laisse à dr. l'avenue du château Louis XIII (de ce côté, vue du golfe Jouan et du cap d'Antibes) et l'on descend à g. par une route en lacets (**très belle vue** sur Cannes, la plaine, le port, l'Estérel, les hauteurs du premier plan au N.). — Le canal des eaux de la Siagne franchi, on laisse à dr. (indicateur) le chemin de Mauvarre et l'on continue de descendre à g. — A g., *villa Albany*. — Descente à dr., puis à g. — Laissant à g. le chemin de piétons qui monte à l'Observatoire, on longe (à g. aussi) la fontaine surmontée d'une colonne de marbre, élevée par les habitants de Cannes au prince Léopold d'Angleterre, duc d'Albany, mort à Cannes le 28 mars 1884. — On revient à la villa Saint-Priest (*V.* ci-dessus), où l'on prend à g. le *chemin de la Cava*; on passe entre les hôtels Beau-Séjour à dr. et Saint-Charles à g., et, par le *chemin de Beau-Séjour*, on aboutit à la rue d'Antibes.

2° **La Croix-des-Gardes** (au N.-O.). — *A*. En voiture (45 min.; voit. à 1 ou 2 chev., 3 pers., 9 fr., avec 1 h. de repos; landau à 2 chev. 4 pers., 11 fr.) — Par la rue de Fréjus, que l'on quitte au-delà de l'hôtel du Parc, pour s'élever à dr.; au cours de la montée, *hôtel Bellevue* (en face de la *villa Luynes*), *villas Monterey* et *Lisnacrieve*.

45 min. **Croix-des-Gardes** (163 m.; dans les pins, croix en fer scellée sur un petit obélisque, au-dessus d'un amoncellement de blocs). Vue intéressante sur la mer, le monastère de Saint-Honorat, les montagnes et la vallée de la Siagne. — Un chemin assez raboteux conduit à l'E. au *sommet E. de la Croix-des-Gardes*, petit tertre boisé de pins. Vue moins belle que de la Californie sur la pointe de la Croisette, le golfe Jouan, les îles de Lérins et le golfe de la Napoule, supérieure sur l'Estérel; en arrière sur les cimetières et les collines de Cannes (peu intéressante de ce côté). En face, vue splendide sur l'église et la tour du Mont-Chevalier et sur la vieille ville qui cache le port, dont un petit coin se découvre à g. de la tour de l'église.

B. A PIED (40 m.). — Prenant à dr. sur la rue de Fréjus, le *boulevard du Riou* (à dr., *English Library*), on passe sur le ravin comblé que franchissait naguère un pont romain, et l'on prend à g. une nouvelle route inachevée, qui franchit plus haut le ravin sur un viaduc et qui se termine provisoirement à une maison (vente de fleurs) bâtie sur une terrasse (belle vue). Là il faut demander la permission de passer et ouvrir une porte, pour gagner le vieux chemin muletier de la Croix-des-Gardes, avec lequel on remonte la rive g. du ravin, tapissé de bruyères. A dr., belles vues, notamment sur le cimetière et sur la coupure de la gorge du Loup, qui se détache très nettement.

40 min. Croix-des-Gardes (*V.* ci-dessus, *A*). — Descente par la route de la rive opposée ou dr. du ravin et, à dr., un chemin carrossable en lacets qui s'en détache (magnifiques vues), et qui aboutit au Park Hôtel, route de Fréjus.

3° **Le Cannet** (3 k. N.; routes de voit.; tram. électr. de la gare de Cannes à l'hôtel-pension Saint-James : 25 c. et 15 c.; voit., course simple au Cannet-Ville, voit. à 1 ou 2 chev. 3 pers., 2 fr. 50; landau à 2 chev., 4 pers., 3 fr.; aller et ret., avec 30 min. d'arrêt, 4 fr. et 5 fr.; avec ret. par la route de Grasse, le boulevard des Anglais ou les Vallergues, 1 h. d'arrêt, voit. à 1 ou 2 chev., 3 pers., 6 fr.; landau à 2 chev., 4 pers., 8 fr.; promenade recommandée; on part ordinairement par le boulevard Carnot, et l'on revient par celui du Cannet). — De la rue d'Antibes, la rue Jean-de-Riouffe conduit à un petit square où commence le magnifique *boulevard Carnot*, qui, long de 3 k. et large de 22 m., relie Cannes au Cannet. On passe au-dessus de la voie ferrée. A g., église presbytérienne écossaise *Saint-André*, à l'entrée de la route de Grasse. — Montée en pente douce. — D'énormes constructions bordent la première partie du boulevard, planté de platanes et de palmiers.

3 k. Rond-point de l'*hôtel de la Grande-Bretagne*, où le boulevard se divise en deux branches qui tournent l'une à g., l'autre à dr. (on aperçoit l'*église Sainte-Catherine*, du Cannet, qui possède, dit-on, un bras de saint Honorat, et la *maison du Brigand*, tour carrée à deux étages du XVIe s.) et se rejoignent derrière l'hôtel. Là, le boulevard, planté d'eucalyptus, tourne à l'E. sous le village et passe au-dessous de l'église neuve. C'est là qu'il faut le quitter pour visiter le Cannet, en prenant à g. la rue qui monte à l'*église Sainte-Philomène*.

3 k. *Le Cannet*[1], 2,593 hab., adossé à des collines boisées qui l'abritent complètement du mistral, est devenu le séjour favori des étrangers qui redoutent le voisinage de la mer. On y voit des oliviers de dimensions colossales et des orangers magnifiques. Des jardins du village et de la place Bellevue, la vue est très étendue; mais pour contempler le panorama dans toute sa beauté, il faut monter au N. à la chapelle Notre-Dame-de-Vie (*V.* p. 101), ou mieux encore, gravir, à l'E.-S.-E., le Pezou.

[**Le Pezou et le Grand-Pin** (55 min. aller et ret.). — Prenant à l'E. de l'église Sainte-Philomène la rue qui rejoint le chemin du Cannet à Vallauris, on suit cette route, puis, au delà du canal de la Siagne, on prend à dr. un chemin qui se dirige au S., directement sur le Grand-Pin. — 25 min. Le *Grand-Pin* (256 m. d'alt.), avec un horizon superbe; mais la vue est encore plus belle si l'on monte, tout à côté, sur le sommet du **Pezou** (266 m.; restes d'un camp celtique), point culminant de toute la région. — On revient directement au Cannet par le *boulevard du Pezou.*]

Revenant sur le boulevard Carnot au point où on l'a laissé pour monter à l'église Sainte-Philomène, on voit s'ouvrir à dr., en face de la rue qui descend de l'église, une petite artère au bout de laquelle se trouve l'établissement champêtre dit *Tivoli* (tonnelles; rafraîchissements); puis on laisse à dr. la *villa Sardou*, où Rachel mourut en 1858. — Au delà de l'*hôtel-pension Saint-James* (terminus du tram électr.), le boulevard tourne au S. (belle vue sur le vieux Cannes et la mer en face, sur l'Estérel, à dr.). Puis, à dr., *rue des Orangers*; ensuite s'ouvrent : à g., la *rue de la République* et, du même côté, un chemin qui gravit la colline plantée d'oliviers, et par lequel on pourrait aller rejoindre le boulevard du Pezou et la route de Vallauris (*V.* ci-dessus). Tournant à dr., puis à g., en vue du *viaduc de la Foux* (si on le franchissait, on aboutirait, par un square, au boulevard Carnot), on prend le *boulevard du Cannet*, sur lequel on voit d'abord l'*hôtel Paradis* (à g.), l'église anglicane *Saint-Paul's church* (à g.), au delà de laquelle s'embranche, à dr., l'*ancien chemin du Cannet* (très abrité du vent; recommandé aux malades; aboutit entre la gare et le pont de la route de Grasse; station de fiacres à l'embranchement avec le boulevard du Cannet). Toujours à g., on voit ensuite l'*hôtel de Provence*, l'*hôtel des Anglais*, la *cité Saint-Paul* (villas et appartements meublés), et l'on arrive à la *place de la Peyrière* (3 k. du Cannet; à g., *chemin de la Peyrière et Mont-Fleury*, long de 1878 m., et conduisant à la route d'Antibes par le quartier de la Californie); au delà de cette place, le boulevard du Cannet passe au-dessus du chemin de fer et aboutit rue d'Antibes, en face du théâtre.

[VARIANTES : — en voit., revenir du Cannet soit par la route de Grasse et le boulevard des Anglais (qui va du bureau de l'octroi de la route de Grasse au boulevard Carnot), soit par cette même route et le chemin des Vallergues (de la route de Grasse au chemin des Suisses); — à pied, descendre directement du Pezou par le quartier Terrefial, en passant (*chemin de Benefiat*; belles villas) à l'E. du *château de Thorenc* (beaux jardins; on peut les visiter) et de l'aristocratique *Prince de Galles Riviera-Hotel* (parc avec plantes exotiques rares; trois lawn-tennis). Le chemin de Benefiat aboutit au chemin de Vallauris, qui descend à dr. (O.) au boulevard du Cannet.]

4° **Vallauris** (au N.-E.; 2 h. par la route d'Antibes; 1 h. 30 par la chapelle Saint-Antoine ou par la Corniche; voit., avec 2 h. de repos, 12 fr. à 1 ou 2 chev., 3 pers., 14 fr. landau à 2 chev., 4 pers.; par Cannes-Eden, 15 fr. et 18 fr.; par Cannes-Eden et le bassin de la Californie, 18 fr. et 21 fr.; tram. élect. : on change de voit. au Golfe-Jouan; 40 c. et 20 c. de Cannes au Golfe-Jouan; 25 c. et 15 c. de là à Vallauris). — On sort de Cannes à l'E. par la route d'Antibes, très poussiéreuse, et séparée de la Méditerranée par la voie ferrée (à g., riches villas). On laisse à g. divers chemins qui conduisent à la Californie, la *villa Menier*, le *château Scott*, luxueuse demeure, etc.

2 k. 8. A g., *villa Saint-Antoine*, à l'angle du boulevard de Cannes-Eden, qui monte à Vallauris. Un peu plus loin, à g., chemin de Vallauris, desservant l'*hôtel Métropole*; puis (à g.) la *villa des Bruyères*, la villa *Nabonnand* (jardins et serres splendides; toutes les variétés de roses; on peut visiter), l'avenue du *château Robert*, le *château du Belvédère*, dominant un pittoresque vallon. On s'éloigne de la voie ferrée, que bordent les maisons du ham. de *Golfe-Jouan* (à g., *poste* et *télégraphe*).

5 k. 5. A g., près de l'arrêt du tram. élect., *manufacture de poterie et faïences d'art Clément Massier* (on visite librement la salle d'exposition), à l'angle de la route d'Antibes et de celle de Vallauris, que l'on prend à g.

[Quelques pas au delà de l'embranchement des routes, sur la route d'Antibes, à g., entre deux ormeaux, petite *colonne* commémorative du débarquement de Napoléon au retour de l'île d'Elbe, avec cette simple inscription : *Souvenir du 1er mars 1815*, en face du *café-restaurant de la Colonne* et de la route qui conduit en 10 min., en passant à côté de la gare de Golfe-Jouan-Vallauris (*V.* p. 16), à la *plage de Golfe-Jouan** (villas; cafés, restaurants; débarcadère et môle; vue du golfe où évolue l'escadre; barques pour y conduire).]

La route de Vallauris remonte l'agreste *vallon de la Gabelle*. — 6 k. 5 (1 k. de Golfe-Jouan). Coude brusque. Bifurcation : à dr., la nouvelle route, moins pittoresque mais préférable pour les voit., franchit le ruisseau de Vallauris sur un beau viaduc et en remonte la rive g.; l'ancienne route, recommandée aux piétons, se tient sur la rive dr. Toutes deux se rejoignent au *pont de Bel*, à l'entrée de Vallauris.

8 k. *Vallauris**, à 132 m. d'alt., b. de 6,729 hab., dans un gracieux vallon. A la beauté de ses paysages, Vallauris ajoute une température des plus agréables; ses vallons, dont la pente générale est au S.-E., sont abrités contre le mistral. Importante fabrication de terres cuites, de poteries communes et de faïences d'art (on peut visiter gratuitement t. l. j. les *musées céramiques* des établissements *Jérôme Massier fils* et *Delphin Massier*).

On remarque à Vallauris : une *chapelle* du XIIIe s. attenante au *château* (restauré au XVIe s.; auj. moulin à huile), une *église* moderne (avec un ancien clocher carré) et l'*hôtel de ville* (à l'int., 2 inscriptions romaines trouvées à Golfe-Jouan).

[A 15 min. E.-S.-E. (bon chemin), sur une petite colline, *chapelle Notre-Dame de Grâce* (XVIIe s.). — A 25 min. N.-E., sur le *plateau des Encourdoules* (prendre le premier chemin à dr. après le v., sur la route de Grasse), le sol est jonché d'innombrables débris, tuiles, briques romaines, pierres taillées, etc. — A 3 k. N., au delà des Encourdoules, de l'autre côté des collines, dans une vallée qui débouche au N. d'Antibes, on va visiter les *ponts de Vallauris* ou *de Clausonne*, aqueduc romain qui ressemble à celui de Fréjus.]

De Vallauris, on revient à Cannes : — 1° en voit., soit par Cannes-Eden et le bassin de la Californie (11 k.; recommandé; la route de Cannes-Eden se détache à dr. après le pont de Bel, *V.* ci-dessus, de l'ancienne route de Golfe-Jouan, et passe par le petit observatoire, *V.* ci-dessus, 1°); — soit (11 k.) par le chemin de Vallauris au Cannet (belles vues) et du Cannet par le boulevard Carnot ou le boulevard du Cannet; — soit (10 k.) par la même route et la route d'Antibes, que l'on rejoint au Savoy-Hotel, à 2 k. 8 de la ville ; — soit (9 k. 5 S.-O.) par le chemin de Cannes, qui passe à la chapelle Saint-Antoine (*V.* 1°) et aboutit au boulevard du Cannet ; — soit enfin (10 k.; pentes très raides) par le même chemin jusqu'à la chapelle, et de là par le nouveau chemin de Saint-Antoine (*V.* 1°); — 2° à pied (très intéressant), par le Grand-Pin (*V.* p. 97; devant l'église de Vallauris, tourner à g., O., et prendre le chemin de la chapelle Saint-Antoine, puis, à peu de distance à dr., un sentier qui conduit à l'O.-S.-O. au Grand-Pin).

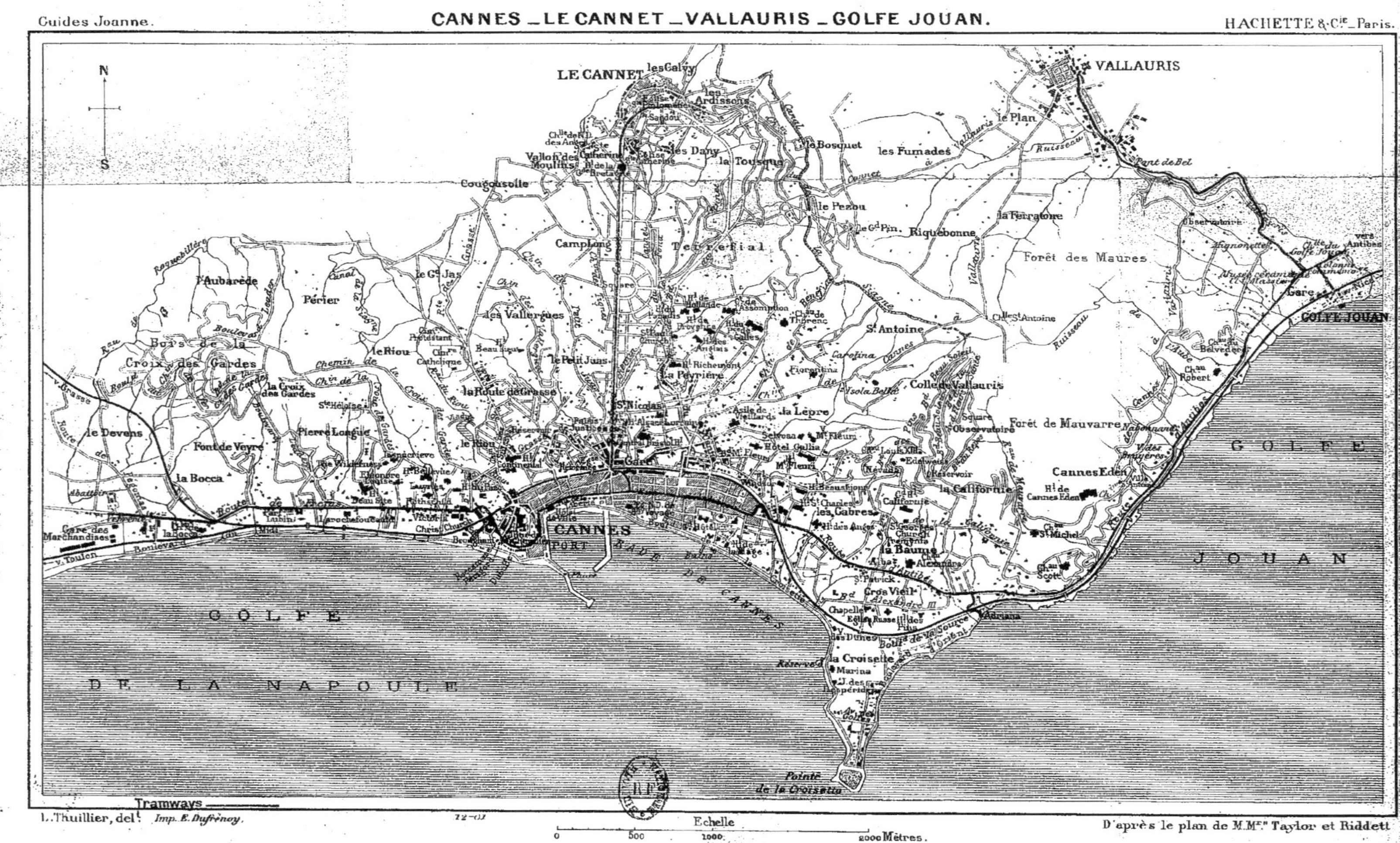
Guides Joanne.
CANNES _ LE CANNET _ VALLAURIS _ GOLFE JOUAN.
HACHETTE & Cie _ Paris.
N
S
LE CANNET
VALLAURIS
CANNES
PORT
GOLFE JOUAN
GOLFE JOUAN
GOLFE DE LA NAPOULE
RADE DE CANNES
Forêt des Maures
Forêt de Mauvarre
le Plan
les Fumades
le Bosquet
la Tousque
les Dany
Cougousolle
le Pezou
Riquebonne
la Ferratone
Camplong
Terrefial
l'Aubarède
Périer
le Gd Jas
des Vallergues
le Riou
le Petit Juas
la Route de Grasse
St Nicolas
la Lèpre
St Antoine
Colle de Vallauris
Cannes Eden
la Californie
les Gabres
la Baume
Croix Vieil
la Croisette
Pointe de la Croisette
Croix des Gardes
la Croix des Gardes
Pierre Longue
Font de Veyre
le Devens
la Bocca
Gare des Marchandises
Gare
Tramways
L. Thuillier, delt. Imp. E. Dufrénoy.
Echelle
0
500
1000
2000 Mètres.
D'après le plan de MM. Taylor et Riddett

5° **Mougins** (au N.-N.-O.; voit., avec 2 h. de repos, par le Cannet, 12 fr. à 1 ou 2 chev., 3 pers., 14 fr. landau à 2 chev., 4 pers. par Clausonne et Vallauris ou par Antibes, 18 fr. et 21 fr.). — 3 k. de Cannes au Cannet (*V.* p. 96). — Sortant au N., du Cannet

Monument de Golfe-Jouan, d'après une photographie de M. Prudent.

par la route de Valbonne, on laisse à g. de belles prairies plantées d'oliviers et, à dr., un canal formant une cascatelle. — 6 k. Croisement de chemins : laisser à dr. le sentier de (18 min.) la *chapelle Notre-Dame de Vie* (194 m.; beau panorama), but de pèlerinage (près d'une source pétrifiante) et prendre à g. la route de Mougins.

7 k. *Mougins*, 1,657 hab. (aussi desservi par une halte du ch.

de fer de Cannes à Grasse), au sommet d'une colline isolée de 260 m. (panorama étendu). On y voit les ruines de *remparts* et une *porte* fortifiée du xve s.; mais nous recommandons surtout de monter sur le clocher de l'*église* (xve s.), d'où l'on découvre une fort belle vue.

Retour à Cannes soit par (8 k.) la route de Grasse, soit (18 k.) par Clausonne (aqueduc romain; *V.* p. 100) et Vallauris (*V.* p. 100), soit enfin (24 k.) par Antibes.

6° **Castellaras** (au N.; voit., avec 2 h. de repos, 15 fr. à 1 ou 2 chev., 3 pers., 18 fr. landau à 2 chev., 4 pers.). — 6 k. de Cannes à l'embranchement des chemins de Mougins et de Notre-Dame de Vie (*V.* 5°). Laissant à g. la route de Mougins et à dr. le sentier de Notre-Dame de Vie, on continue au N. — 7 k. 6. On aboutit à la route de Grasse à Antibes, que l'on suit un instant à dr., et qui franchit le canal de la Siagne. — 8 k. *Moulin de la Croix.* On quitte la route d'Antibes et on prend à g. celle de Valbonne, qui se dirige au N. (belles vues) et, après un grand coude, atteint 205 m. d'alt.

12 k. A g. se détache le sentier qui monte au (20 min.) **Castellaras** ou **Castelas**, villa moderne (on peut visiter), bâtie sur les ruines d'un oppidum ligure occupé probablement plus tard par les Romains (inscriptions; citerne antique; tableaux intéressants dans la chapelle). On peut se promener librement dans le domaine (60 hect.); mais il faut surtout monter au belvédère de la tour (320 m.; vue superbe). — Un sentier rapide descend à (20 min.) Mouans-Sartoux (*V.* p. 111).

7° **La Napoule et Théoule** (au S.-O.; voit., avec 2 h. de repos, pour la Napoule, 12 fr. à 1 ou 2 chev., 3 pers., 14 fr. landau à 2 chev., 4 pers.; pour Théoule, 15 fr. et 18 fr.; bateau de plaisance, 15 fr.; le ch. de fer a une halte à la Napoule et une station à Théoule). — Sortant de Cannes par la route de Fréjus, on laisse à dr. (3 k.), à la Verrerie, la route de Pegomas, puis, au delà du pont en dos d'âne sur le Béal, dérivation de la Siagne et déversoir du canal de la Badie, on voit à g. (5 k.), à 100 pas de la route, la *butte de Saint-Cassien* ou *mont d'Arluc* (*ermitage* du xvie s., très visité le 23 juillet) et, revenu à la route, on voit s'ouvrir, toujours à g., le chemin qui conduit au *parc Fons*

Michel (pins ; belles avenues ; on peut visiter). — 6 k. 4. La Siagne franchie, on laisse à dr. la route de Mandelieu, et l'on passe au ham. des *Termes*. — On laisse ensuite à dr. le *champ de courses*.

7 k. 6. On quitte la route de Fréjus, dite de l'Estérel (poteau indicateur), pour prendre à g. le chemin de la Napoule et Théoule, qui franchit le Riou, contourne la base du Saint-Peyre, et traverse à niveau la voie ferrée à la halte de la Napoule.

9 k. 4. *La Napoule* (hôt. des *Bains*, ouvert toute l'année ; pens. dep. 7 fr. par j.), station de bains de mer, grâce à sa vaste plage, qui s'étend entre le château et l'embouchure de la Siagne, et à deux plagettes de sable à pente douce, séparées par des rochers aux formes bizarres, est, l'hiver, le rendez-vous des hôtes de Cannes qui vont, l'après-midi, prendre le thé à l'hôtel des Bains.

Le *château* (se loue meublé pour la saison), bâti sur des rochers de porphyre rouge contre lesquels se brise la mer, a conservé une *tour* carrée très massive de l'ancien *château fort* construit au XIVe s. par les comtes de Villeneuve.

[Ascension recommandée (1 h. aller et retour, à l'O. ; suivre le chemin qui s'ouvre à g. après avoir traversé le ch. de fer, en venant du château), du *Saint-Peyre* (131 m. ; *chapelle* ruinée du XIIIe s. un peu en dessous du sommet ; vue splendide).]

Au (4 h.) Mont-Vinaigre, *V.* la monographie l'*Estérel*.

Au delà du château, la route de Théoule passe au pied de la terrasse qui porte l'hôtel des Bains, contourne un vallon agreste, laisse à g., au-dessus du rivage, l'étrange *Roche des Pendus*, et descend dans le ravin de la Rague, en vue du superbe *viaduc de la Rague*, construit pour le passage de la voie ferrée.

Montant et descendant tour à tour, la route, très accidentée, domine le rivage et ses admirables roches rouges pénétrant en petits caps dans le flot bleu. On passe devant la gare de Théoule (qu'on laisse à dr.) et l'on descend dans la baie du même nom.

11 k. 1. *Théoule*, dans un site d'une grande beauté, en face de Cannes et des îles de Lérins, au bord d'une petite anse (port, jetée en pierre ; bateaux de pêche et de promenade), et au pied des superbes escarpements de l'Estérel. A 7 min. de la gare, au-dessus du rivage, est installé dans l'ancien château, flanqué de

deux grosses tours, l'*hôtel-pension Baron*, très fréquenté par les hôtes de Cannes, qui viennent y déjeuner. On peut s'adresser à l'hôtel pour louer des bateaux de promenade. Une source abondante jaillit sur le rivage de la mer. Par les matinées claires, quand l'atmosphère est bien pure, et surtout par le mistral, on a de Théoule une vue incomparable sur la côte depuis le fond du golfe de la Napoule jusqu'à Bordighera, Nice, Antibes, la Tête de Chien, le mont Agel et, en arrière, les grandes Alpes couvertes de neige ; le soir, le spectacle, pour être différent, n'est pas moins féerique, sur la ville et les hauteurs de Cannes piquées de mille lumières. C'est à Théoule que commence la route côtière de l'Estérel, dite **route de la Nouvelle Corniche**, due à l'initiative et aux subsides du Touring-Club de France ; cette route, qui doit être achevée en 1903, constituera, entre Cannes et Saint-Raphaël, une des plus merveilleuses promenades de la côte d'Azur.

[POINTE DE L'AIGUILLE (1 h. E.). — De la petite plaine de Théoule une belle route monte, sur les pentes presque à pic de la montagne, au (1 h. de la gare) poste de douanes du *cap de l'Aiguille*, auprès duquel a été construite une maison de retraite pour ecclésiastiques. Du haut de cette pointe, l'œil embrasse un immense horizon, de la baie des Anges, à l'E., au cap de Saint-Tropez, à l'O.]

8° **L'Estérel.** — Le plus souvent les étrangers se contentent d'accomplir le trajet de Cannes au Logis de l'Estérel (auberge des Adrets ; on peut y déjeuner), et cette course suffit amplement à donner une idée de la région. Elle est très intéressante et les vues, au retour, sur la mer et les îles de Lérins, sont admirables. Le trajet est tarifé 20 fr. pour 1 voit. à 1 ou 2 chev. et à 3 pl., 24 fr. pour un landau à 2 chev. et 4 pl., avec 3 h. de repos. — Pour la description, ainsi que pour les autres courses à faire de Cannes dans l'Estérel, *V.* notre guide *Provence* ou notre monographie l'*Estérel*.

9° **Iles de Lérins** (au S.-S.-E.). — Bateaux à vapeur et bateaux à voiles. — Service régulier t. l. j., du 1er novembre au 30 avril, par le yacht à vapeur *Titan* (embarcadère, quai Saint-Pierre);

2 voyages par j. : 1er dép. à 10 h. du mat.; arrivée à Sainte-Marguerite à 10 h. 15, à Saint-Honorat à 10 h. 30; retour de Saint-Honorat à 11 h. 20, de Sainte-Marguerite à 11 h. 40, arrivée à Cannes à midi 10; 2e dép. à 1 h. 20, arrivée à Sainte-Marguerite à 1 h. 30, à Saint-Honorat à 1 h. 45; retour de Saint-Honorat à 3 h. 30 ou 4 h., de Sainte-Marguerite à 3 h. 40 ou 4 h. 10; arrivée à Cannes entre 4 h. 10 et 4 h. 30; ces heures de départ, qui pourraient varier, sont affichées sur un poteau au quai, en face de l'embarcadère; billets d'aller et retour : Sainte-Marguerite 2 fr., Saint-Honorat 3 fr., les deux îles 4 fr., permettant de partir par le 1er bateau et de rentrer par le second de l'une ou l'autre des deux îles (pour locations particulières en dehors de ces heures, s'adresser au capitaine, à bord du *Titan*). — En toute saison, bateaux de plaisance à voiles aux embarcadères Cronstadt (Allées de la Liberté) et du quai Saint-Pierre : 10 fr. pour Sainte-Marguerite, 12 fr. pour Saint-Honorat. — A la pointe de la Croisette, on trouve des bateliers qui passent à Sainte-Marguerite (1 fr.); à Sainte-Marguerite, on en trouve qui passent à Saint-Honorat dans les mêmes conditions. — Deux bons restaurants (à la carte; prix des restaurants de 1er ordre) : à Sainte-Marguerite, le *Restaurant de la Réserve* (Manaira; huîtres, coquillages, poissons frais et crustacés), à dr. du débarcadère; à Saint-Honorat, le *Restaurant de Lérins* (Kittel; plus modeste), dans les pins, en face du débarcadère. Beaucoup de touristes emportent des provisions et mangent sous les pins. — Télégraphe à l'île Sainte-Marguerite. — Saint-Honorat offre plus d'intérêt que Sainte-Marguerite, surtout pour les archéologues. — Pour bien voir les îles, il faut : — soit partir par le 1er bateau à vapeur, descendre à Sainte-Marguerite, visiter le fort, déjeuner, se rendre à Saint-Honorat par le 2e voyage du vapeur, voir le monastère et la tour, et rentrer à Cannes par le 2e bateau; — ou bien se rendre directement à Saint-Honorat par le 1er bateau, y voir le monastère et la tour, y déjeuner, et se faire transporter (*service gratuit*) par la barque de la Cie au Grand-Jardin; traverser à pied l'île de Sainte-Marguerite, visiter le fort et revenir de Sainte-Marguerite à Cannes par le 2e bateau. — *N. B. Les dames n'entrent pas dans le monastère de Saint-Honorat*; de plus, l'intérieur du monastère n'est visible le dimanche qu'avec l'au-

torisation du Rév. P. Abbé, et, même avec cette permission, la visite est écourtée et imparfaite : il vaut donc mieux faire l'excurs. en semaine. La tour de Saint-Honorat, étant mon. historique, est toujours visible (clef au monastère ; un frère accompagne les visiteurs). — Pêche très fructueuse dans les eaux des îles, surtout l'hiver.

Le groupe des **îles de Lérins**, dans la direction duquel le continent projette la péninsule basse du cap de la Croisette, se compose de deux îles inégales en grandeur, mais symétriques de forme et s'allongeant parallèlement de l'E. à l'O. Elles sont entourées de rochers ou d'écueils, les uns à fleur d'eau, les autres cachés. L'île septentrionale est séparée du littoral de Cannes par un détroit de 1,100 m., semé de roches entre lesquelles peuvent s'aventurer les navires d'un tirant d'eau de 3 m. Le mouillage du *Frioul*, qui se prolonge entre les deux îles, offre à peu près la même profondeur ; sa largeur est de 700 m. environ.

Une *source* d'eau douce assez considérable jaillit au milieu du golfe de Cannes, entre la plage du continent et l'île Sainte-Marguerite : pendant les temps calmes, elle se manifeste à la surface par un petit bouillonnement. En cet endroit, la mer a 162 m. de profondeur. (VILLENEUVE-FLAYOSC.)

Un temple consacré à Léro, fameux pirate des âges héroïques, dans lequel il faut peut-être voir une des formes de l'Hercule gaulois, s'élevait sur la grande île : le nom du demi-dieu devint celui du groupe entier et se continue de nos jours par la dénomination de Lérins.

L'île **Sainte-Marguerite**, l'ancienne *Lero* (restaurant à dr. du débarcadère), est plus haute que Saint-Honorat ; longue de 3,300 m. et large de 950, elle a une superficie de 210 hect. L'île est tapissée d'une belle forêt de pins maritimes et offre de magnifiques promenades ombragées. Une allée, longue de 600 m., et qui conduit à la *maison forestière* (jardin splendide) est bordée d'énormes eucalyptus.

Du débarcadère, laissant à dr. le *restaurant de la Réserve*, on monte en face au *fort* (pour le visiter, s'adr. au portier-consigne ; rétribution), qui couronne une falaise élevée, au N. de l'île, en face de la pointe de la Croisette. Il renferme un *sémaphore* (té-

Ile Sainte-Marguerite.

légraphe ouvert au public) et sert de dépôt de convalescence pour l'armée.

Construit du temps de Richelieu, agrandi par les Espagnols, puis réparé d'après les plans de Vauban, ce bâtiment, peu intéressant par lui-même, renferme le cachot où fut enfermé l'Homme au masque de fer, cette victime de Louis XIV. D'après des documents sérieux, le captif serait le comte Mattioli, ministre du duc de Mantoue, qui, après avoir négocié secrètement la cession de Casale à la France, révéla (on ne sait pourquoi) la négociation aux puissances ennemies, et, en la faisant ainsi manquer, infligea une amère mortification à son maître et au grand roi. Les murs de la chambre où l'inconnu vécut pendant 17 ans sont complètement nus; une fenêtre éclaire le réduit. Le 26 décembre 1873, l'ex-maréchal Bazaine fut interné dans le fort; il s'évada dans la nuit du 9 au 10 août 1874, et gagna l'Italie.

En sortant du fort, on prendra au S. l'allée de la maison forestière (*V.* ci-dessus; on peut visiter le jardin) et on arrivera, de là, au S.-E., au *Grand-Jardin* (la seule propriété particulière de l'île; au milieu, *édifice* bizarre, peut-être du XVIe s., auquel on donne, sans raison plausible, le nom d'« oubliettes »), sur la rive S., où l'on trouve des canots pour Saint-Honorat.

L'île **Saint-Honorat** (restaurant en face du débarcadère), la plus éloignée du continent, est plus intéressante que la grande île, à cause de ses monuments et des souvenirs qu'elle rappelle. Elle était connue autrefois sous le nom de *Lérina* (petite Lero) ou de *Planasia*, sans doute parce que la surface en est presque parfaitement horizontale. Elle a 1,500 m. de long sur 400 de large et mesure env. 3 k. de circonférence. Son sol est pauvre; à part quelques petits champs de blé, on n'y voit guère que des pins d'Alep. Une ligne d'écueils, qui porte le nom de *Frères* ou de *Moines*, la protège au S. contre les vagues de la haute mer; à l'E., se dressent quelques îlots.

Une colonie de moines de l'ordre des Cisterciens possède, habite et cultive l'île.

En se dirigeant vers (5 min. à g. du débarcadère) le monastère, on rencontre un petit *arc de triomphe*, élevé de nos jours à saint Honorat. De là une allée de cyprès conduit au **monastère**, entouré de murs crénelés (sonner à la grille; le frère portier fait guider les visiteurs par le frère cicerone : offrande destinée à l'orphelinat).

A dr. de la grille d'entrée et en dehors de l'enceinte se trouve un *magasin* (objets de piété; photographies; livres imprimés au monastère, notamment un *Guide de Lérins*, 1 fr.; la *Lerina*, liqueur distillée au couvent, dans le genre de la chartreuse jaune, 6 fr. le litre, 3 fr. 25 le 1/2 litre, 1 fr. 50 le 1/6 de litre, 30 c. le verre).

Dans l'enceinte du couvent (entrée interdite aux femmes) se trouve la nouvelle *église* (2 clochers romans flanqués de tourelles; belles boiseries du chœur; maître-autel en marbre sculpté), récemment construite sur l'emplacement de l'ancienne. Dans la *cour d'honneur*, devant l'église, sont rangés des fragments de l'ancienne église (XIe s.), au milieu desquels on remarque un cippe romain, dédié par Julien Catullinus au collège des bateliers *utriculaires* (naviguant sur des outres).

En sortant de l'église on entre, à g., dans les bâtiments claustraux construits de nos jours autour de l'église et du vieux cloître. On longe la galerie à g., qui conduit dans l'ancien *cloître* (salle du Chapitre, ornée de fresques), construit sans art, mais avec une solidité extraordinaire. A ce cloître sont attenants le lavoir, l'ancien réfectoire, etc. On traverse ensuite le cimetière (au centre, croix formée par des plantes grimpantes) et l'on revient vers la porte d'entrée (à l'E. est l'*orphelinat*).

Le frère cicerone conduit ensuite les visiteurs, en dehors de l'enceinte, à quelques pas et au S. du monastère, au monument le plus pittoresque et de beaucoup le plus considérable de Lérins; c'est le *château fort* ou *tour* (mon. historique), donjon de forme irrégulière, bâti en 1073, remanié en 1190 et au XIVe s., et dans lequel s'enfermaient les moines dès que la vigie signalait au loin les voiles des Barbaresques ou des pirates génois.

Vis-à-vis de l'entrée sont des caves qui communiquaient avec la boulangerie et diverses salles de service du rez-de-chaussée. Quelques marches conduisent dans le *premier cloître*, intact, avec ses voûtes soutenues par des arcades en ogive, qui s'appuient elles-mêmes sur 6 colonnes hautes de 2 m. 35 (2 en pierre ordinaire, 3 en granit et 1 en marbre rouge; sur celle de l'angle S.-O., inscription romaine). Au milieu se trouve une grande citerne, creusée au XVe s. En face était la *chapelle* convertie en salon par la comédienne Sainval, qui fut propriétaire de l'île, et, au fond, la *salle abbatiale*. De là, on entre dans l'ancien *réfectoire* (à voûte cintrée; 4 fenêtres carrées), puis on monte au 2e étage par un escalier de 98 marches (avec celles du perron), dont chacune est formée d'un bloc de grès rougeâtre. Le *deuxième cloître* n'a plus de sa voûte que quelques arcades (colonnes octogones en marbre blanc, d'une grande légèreté). Du cloître on passe dans l'ancienne *chapelle Sainte-Croix* (voûte ogivale), surnommée la *Sainte des Saintes*, et qui renfermait le reliquaire de saint Honorat; en face, terrasse qui indique l'emplacement de la *bibliothèque*, jadis l'une des plus riches de la chrétienté. Derrière cette terrasse, qui domine la mer, on voit une enceinte délabrée autour de laquelle étaient les 36 cellules des religieux (à l'angle N.-E., vestiges de celle dont la comédienne Sainval fit sa chambre). Un escalier conduit au sommet de la tour (vue étendue: le matin, par un temps clair, on aperçoit la Corse).

Des sept chapelles situées jadis sur différents points du rivage de l'île, il ne reste plus que des traces de la *chapelle Saint-Porcaire*, au S. du couvent (attenante à la clôture du monastère), la *chapelle Saint-Cyprien-et-Sainte-Justine* (près de l'orphelinat), la *chapelle de la Sainte-Trinité* à l'E. (dissimulée dans les pins, près du rivage, en face l'*îlot Saint-Ferréol*), et la *chapelle Saint-Sauveur* à l'O.

Pour compléter la visite de l'île, on pourra, en sortant de la tour, laissant le monastère à dr., longer le rivage du S. au N. par l'O. (très jolie promenade; belles vues de mer), jusqu'à l'embarcadère du bateau à vapeur.

Pour l'excurs., *très recommandée* à **Antibes** et au **Cap d'Antibes (villas Thuret et Eilen-Roc)**, V. p. 124.

De Cannes à Grasse.

A. PAR LE CHEMIN DE FER.

20 k. — 58 min. — 2 fr. 25; 1 fr. 50; 1 fr. All. et ret., 3 fr. 35 en 1re cl., 2 fr. 40 en 2e cl. — Se placer à g. et dans le sens de la marche du train, pour la vue.

Tranchées, tunnel sous la vieille ville de Cannes, mer

et Estérel à g. Immédiatement avant la gare de la Bocca, on laisse se détacher à g. la grande ligne de Marseille. — 2 k. 5. *La Bocca* (tram. élect. pour Cannes et Antibes). — Tunnel. — Halte de *Ranguin*. — A g., montagnes. — Petit tunnel. — A g., vallée boisée de la Grande-Frayère, et, au loin, échappées sur les montagnes. — Halte de Mougins (*V.* 5°). — Avant la station de Mouans-Sartoux, la masse blanche de Grasse s'étale au loin, à g.; un instant, juste dans l'axe de la voie, se montre la coupure des gorges du Loup.

12 k. *Mouans-Sartoux* (984 hab.), à 125 m., possède de belles fontaines, près desquelles se trouve la petite chapelle *Saint-Sébastien*. L'ancien château, reconstruit en grande partie, domine une pente tapissée de magnifiques pins-parasols. — La voie est bordée d'olivaies des deux côtés. A g., Grasse : à l'extrémité O. de la ville, les casernes; à l'extrémité E., le Grand Hôtel. — 15 k. *Plan-de-Grasse* (halte). — Grasse disparaît, et la voie passe au-dessus du canal de Cannes, puis sur un viaduc (à g., autre viaduc); Grasse reparaît cette fois à dr.

20 k. *Station de Grasse P.-L.-M.*, établie à 213 m. 7 d'altit., 111 m. au-dessous de la ville dont elle est distante de 2 k. 5 (15 à 20 min. à pied jusqu'au Cours, par la traverse ; montée raide), et avec laquelle elle communique par un service d'omnibus (30 c.), que remplacera bientôt un ch. de fer électr. — Pour la description de Grasse, *V.* ci-dessous, p. 114.

B. EN VOITURE.

Nous recommandons l'aller par la route directe (itinéraire 1°), le retour par Pégomas (itinéraire 2°). — Tarifs : par la route directe, avec 2 h. d'arrêt : 18 fr. à 1 ou 2 chev., 3 pers., 21 fr. landau à 2 chev., 4 pers. ; par Pégomas 20 fr. et 24 fr.

1° *Par la route directe* (18 *k.*).

La route de Grasse se détache à g., au-dessus du pont jeté sur le ch. de fer, du boulevard Carnot, et se développe en lacets au N. de la ville, que l'on voit longtemps étendue à la base du mont Chevalier. On dépasse les carrières, on longe les cimetières et on croise une route qui conduit à dr. à (3 k.) le Cannet et va à g. (3 k. 5) rejoindre la route de Pégomas. En face se dresse la colline de Mougins que l'on contourne ensuite.

7 k. *Les Baraques*, ham. où on laisse à g. un chemin conduisant à (1 k.) Mougins. — Descente rapide. — 8 k. 1. Laissant à dr. la route qui conduit à (12 k. 5) Antibes, on s'engage dans le sauvage ravin de la Grande-Frayère. — 9 k. *Pont Tournamy*, sur lequel on franchit le ravin. On traverse le ch. de fer.

10 k. Mouans-Sartoux (*V.* ci-dessus, *A*). — On laisse à g. la route de (2 k. 8) la Roquette (*V.* p. 113). — 12 k. A g. *ferme-école de Saint-Donat*. On franchit la Mourachone (riche vallée). — 14 k. Lieu dit les *Quatre-Chemins*, où on laisse à g. la route d'Auribeau (*V.* ci-dessous, 2°), et à dr. un chemin qui rejoint la route de Valbonne. — On gravit par des lacets la montagne de Grasse. — 16 k. 7. On franchit le ch. de fer de Draguignan (Sud-France). — 16 k. 9. Laissant à g. la route de Lyon, on monte au N.

17 k. 9. Grasse (*V.* ci-dessous).

2° *Par Pégomas* (20 *k.* 8; *très belle course*).

On sort de Cannes par la rue de Fréjus. — 3 k. *La Verrerie* (octroi; à g., gare de la Bocca). — Quittant la route de Fréjus, on prend à dr. la route de Pégomas (poteau indicateur), qui contourne le versant O. des collines de la Croix-des-Gardes. La route, ombragée de vieux oliviers, franchit les ruisseaux de Roquebillère, de la Grande-Frayère et de la Frayère. A g. s'étendent de riches cultures et les prairies de la plaine de Laval. — 4 k. 9. Entre les ponts de la Grande-Frayère et de la Frayère s'ouvre à dr. l'avenue qui conduit à la villa Garibondy. — 5 k. 7. A dr. se détache une route qui va rejoindre (3 k. 3) la route directe de Cannes à Grasse et se continue à l'E. jusqu'au (3 k.) Cannet. — Forte rampe. — 6 k. 2. A dr. se détache la route de (3 k. 3) *la Roquette*. — Descente.

6 k. 4. *Moulin-scierie de la Badie*, à g., sur le *canal de la Badie*, dérivation de la Siagne. La route remonte le canal, dépasse le petit *château de Cravezan* (beaux jardins anglais), et détache successivement à dr. (le second à la *chapelle Saint-Georges*) deux chemins qui vont rejoindre la route de la Roquette. On s'éloigne un peu du canal, on laisse à g. la route de Mandelieu, puis on franchit la Mourachone.

10 k. *Pégomas*, 647 hab. (hôtel modeste), dans la jolie vallée de la Mourachone, un peu à dr. de la route (le chemin qui y conduit se continue au N., à travers bois, pendant 6 à 7 k., pour rejoindre la route directe de Cannes à Grasse aux Quatre-Chemins). En face de l'église, mais sur l'autre rive du cours d'eau, s'élève le *château de Drée*, construit dans le style italien (magnifiques magnolias). La route se tient au-dessus de la rive g. de la magnifique **gorge de la Siagne** ; à g. se montrent les montagnes de Tanneron.

La route franchit la Frayère au confluent du vallon de Saint-Antoine ; là, si l'on veut entrer à Auribeau (très recommandé), il faut prendre à g. un bout de route accessible aux voitures et tourner à g. un peu plus loin, pour monter dans le village.

13 k. *Auribeau*, 550 hab., sur le faîte d'une étroite colline rocheuse qui est projetée en promontoire au-dessus du confluent de la Siagne et de la Frayère. Si les installations n'y manquaient, ce serait un merveilleux centre d'excursion dans les défilés de la Siagne et de ses affluents, et dans le massif du Tanneron.

[Derrière l'église, un chemin descend au (20 min. O.; recommandé; superbe vue sur les défilés) *pont de Tanneron*, dans la gorge de la Siagne.]

D'Auribeau, on revient sur ses pas jusqu'au pont jeté sur le confluent des vallons de la Frayère et de Saint-Antoine ou de Valcluse, et, laissant ce pont à dr., on remonte le dernier de ces vallons (paysage boisé très pittoresque).

15 k. *Moulin de Valcluse*, dominé à dr. par la *chapelle Notre-Dame* (15 min. à pied; *très recommandé*).

La route monte en lacets dans la petite et fertile plaine de Saint-Antoine (vignes et rosiers).

18 k. 2. Les Quatre-Chemins (*V.* ci-dessus, 1°), où la route d'Auribeau aboutit à la route directe de Cannes à Grasse. — 3 k. 9 de là à Grasse (*V.* ci-dessous).

22 k. 1 (la distance indiquée en tête de la route, 20 k. 8, est le kilométrage direct, sans compter les bouts de chemin pour pénétrer à Pégomas et à Auribeau). Grasse.

Grasse* (pour les hôtels, etc., *V.* les *Renseignements pratiques à l'Index*), ch.-l. d'arr., V. de 15 020 hab., station hivernale (*V.* p. 81), est bâtie en amphithéâtre à 325 m. d'alt. moyenne, au-dessus du Roquevignon. La partie O. de Grasse, qui comprend la promenade du Cours, le boulevard Victor-Hugo, l'avenue et le boulevard Saint-Hilaire, le boulevard du Jeu-de-Ballon, à l'E. le nouveau quartier des avenues Thiers et Victoria, sont régulièrement tracés; mais le reste de la ville, naguère encore entourée de remparts, dont il subsiste une grosse tour, est un labyrinthe de ruelles mal pavées, de longues rampes obliques, d'escaliers escarpés. Des petites places plantées d'arbres s'ouvrent çà et là au milieu des massifs de hautes maisons.

Le climat de Grasse est d'une douceur remarquable. En général, la température est moins élevée qu'à Nice et à Cannes, à cause de l'altitude de la ville; mais les escarpements auxquels elle est adossée comme en espalier arrêtent, en hiver, les vents froids, et, en été, la chaleur, quoique forte, est tempérée par l'abondance de la végétation, et même par la brise marine, qu'attirent les brûlants plateaux calcaires situés au N. de Grasse. Les nuits y sont toujours fraîches, et de plus, on n'y est jamais, comme sur le littoral, incommodé par les moustiques. Les coteaux qui environnent la ville sont couverts d'oliviers, et la plaine sert à la culture florale; dans les jardins, les citronniers croissent en pleine terre et leurs fruits mûrissent parfaitement; les palmiers se balancent au-dessus des plantations de rosiers et de jasmins; les orangers sont cultivés en grande quantité. Nombre de valétudinaires viennent demander à la douce température de Grasse l'allégement de leurs maux. Les malades qui redoutent un air trop vif et chargé de principes salins feront bien de se réfugier à Grasse. — On trouve à Grasse des installations pour toutes les bourses (*V.* p. 81).

Si l'on monte en voit. ou par l'omn. de la gare à la ville, on rejoindra au Cours l'itinéraire ci-après, pour piétons. — En sortant de la gare, on longera à dr. le bâtiment de la station, on remontera un instant la route à dr., et on la quittera au bureau d'octroi pour prendre la *traverse de la gare*, raidillon bien entretenu qui s'élève rapidement entre murs (pas de vue), traverse la route (à dr., gare du ch. de fer du Sud de la France, ligne de Meyrargues à Nice), passe au-dessus des voies du Sud-France et aboutit de nouveau à la route, que l'on remonte à g. (de ce côté, vue sur les casernes, les montagnes et la mer).

Au premier tournant à dr., sur le *boulevard Fragonard*,

Jardin public, avec *buste du peintre Fragonard*. A g., escalier montant à la terrasse du **Casino**, sur le **Cours**, d'où l'on va, par le *boulevard Victor-Hugo*, *l'avenue Saint-Hilaire*, et le *boulevard Saint-Hilaire*, qui fait le tour de la montagne, au **nouvel hôpital**, où l'on se fera montrer (offrande), outre des toiles remarquables de Natoire, Hoyer et Gué (le *Jugement dernier*), **trois tableaux de Rubens** (*Sainte Hélène à l'Exaltation de la Croix*; le *Crucifiement*, le *Couronnement d'épines*). Du boulevard Saint-Hilaire, du Cours et de l'esplanade du Palais-de-Justice, dont les allées obliques s'élèvent sur le flanc de la montagne, le panorama qui se déroule au S., du golfe Jouan à l'Estérel, est d'une rare magnificence.

Les hôtels Roubaud (place du Cours) et Font-Michel (rue des Dominicains, qui s'ouvre à g. dans la rue du Cours), possèdent des tableaux de l'école flamande (ceux de l'hôtel Roubaud représentent les *Douze signes du Zodiaque*).

En dessous du Casino se trouve le *square Belland de la Bellaudière*, petit jardin public avec un kiosque de musique et le *buste de Bellaud de la Bellaudière* (1532-1588), érigé en 1891 par les cigaliers et les félibres de Paris et « li gent de Soun Endré ».

On passe entre le Casino, à g. sur une terrasse, et le square Bellaud en contre-bas, à dr., et l'on remonte le **boulevard du Jeu-de-Ballon**, ombragé de platanes, la grande artère de Grasse avec le Cours et la plus animée; c'est là que se trouvent les principaux magasins et cafés, les loueurs de voitures, le *théâtre* (à dr.; on y descend par un escalier voûté), l'*hôtel Muraour*. Au haut du boulevard, presque en face de la *terrasse Tressemanes* et de la route de Saint-Vallier, jaillit (lavoir public) la belle *source de la Foux*, autour de laquelle se sont groupées les premières habitations de Grasse. Ses eaux sont à ce point abondantes qu'elles alimentent plus de 100 fontaines publiques ou particulières et servent ensuite à l'irrigation d'une partie du territoire et à la mise en mouvement d'une centaine d'usines. Les eaux de la Foux ne pouvant être distribuées dans les quartiers plus élevés que la source, on a amené à Grasse l'eau du Loup par le *canal du Foulon*.

Au boulevard du Jeu-de-Ballon fait suite à l'E. la superbe **avenue Thiers**, qui emprunte le tracé de la route de Nice, offrant d'admirables vues sur la mer, les îles de Lérins, les collines de Cannes et l'Estérel. Cette artère, protégée du vent du N. par la montagne de la Marbrière, est comme une ville nouvelle au-dessus de la vieille cité; à son début, elle est à dr. comme suspendue au-dessus de la profonde vallée du Roquevignon (à dr. se montre le viaduc en fer du ch. de fer du Sud de la France, franchissant cette vallée). Au point où elle décrit un coude à dr., à la *villa Soleil*, l'avenue Thiers prend le nom d'*avenue Victoria*. C'est la résidence favorite des étrangers; elle offre des villas luxueuses et des constructions monumentales parmi lesquelles il faut mentionner le *Grand-Hôtel* et les villas de la baronne de Rothschild. Au delà du Grand-Hôtel se montrent : à dr. la *villa Victoria*; à g., perchée dans les oliviers, la *villa Bellevue*, puis, du même côté, l'*église anglicane*.

Si l'on veut voir la vieille ville, on prend, à l'intersection du boulevard Fragonard et du Cours, la *rue du Cours*, et l'on atteint la *rue Droite*, qui traverse presque tout le centre de la vieille ville, et dans laquelle s'ouvre à dr. la *rue Gazan*, qui conduit à l'hôtel de ville.

L'*hôtel de ville* (ancien évêché ; dans la cour antérieure, *bas-relief* en marbre, par C. Rabuis, représentant la ville de Grasse) renferme la *bibliothèque* (ouverte les mardis, jeudis et samedis, de 9 h. à midi et de 2 h. à 5 h. ; 10 000 vol. ; précieux manuscrits ; archives de l'abbaye de Lérins ; documents historiques et archéologiques). Une *tour* (romaine suivant les uns, du moyen âge suivant d'autres) se dresse auprès de l'hôtel de ville et de l'ancienne **cathédrale** (auj. *paroissiale*), lourd édifice du XIIe s., appuyé d'énormes contreforts et situé au S. de la ville, sur une terrasse en promontoire (entrée *place du Petit-Puy*). Vauban a fourni le plan du double perron de la porte principale et ceux des deux cryptes creusées dans le roc, au-dessous l'une de l'autre.

A l'int. on remarque, derrière le maître-autel, une *Assomption* de Subleyras, et une *Mort de Saint-Antoine* de Ch. Nègre, l'inventeur de l'héliographie; dans la chapelle à dr., *Lavement des pieds* par Fragonard, et les statues des quatre Évangélistes.

Si l'on veut revenir au Jeu-de-Ballon, on pourra, regagnant la rue Droite, se rendre, par la *rue des Moulinets*, à la *place aux Aires* (marché aux légumes) et, à son extrémité E., monter droit au boulevard, ou bien, par la rue Droite toujours (sur laquelle s'ouvre à dr. la *place du Marché*; marché général le mardi et le vendredi) et la *rue des Suisses*, qui la prolonge à l'E., aboutir au bas de la *rue des Cordeliers* (*confiserie Joseph Nègre*; on peut visiter; magnifiques spécimens d'héliographie: plus haut, *parfumerie Bruno-Court*, que l'on visite aussi). On voit dans la rue des Cordeliers, qui monte au point de contact du Jeu-de-Ballon et de l'avenue Thiers, les fondements du *palais* de la reine Jeanne; en arrière (E.) de la même rue, *place Martelli*, ruines de l'*église des Cordeliers*.

Si, au contraire, après avoir visité l'église, on veut se diriger vers la gare du P.-L.-M., on descendra, de la place du Petit-Puy, par le *passage Vauban*, la *rue du Collège* et la *place du Bari*, sur le boulevard Fragonard, d'où le *boulevard Carnot* et l'*avenue de la Gare* ou les traverses ramèneront à la gare du P.-L.-M.

L'industrie de Grasse consiste surtout dans la préparation des parfums et des essences. Les magnifiques jardins qui entourent

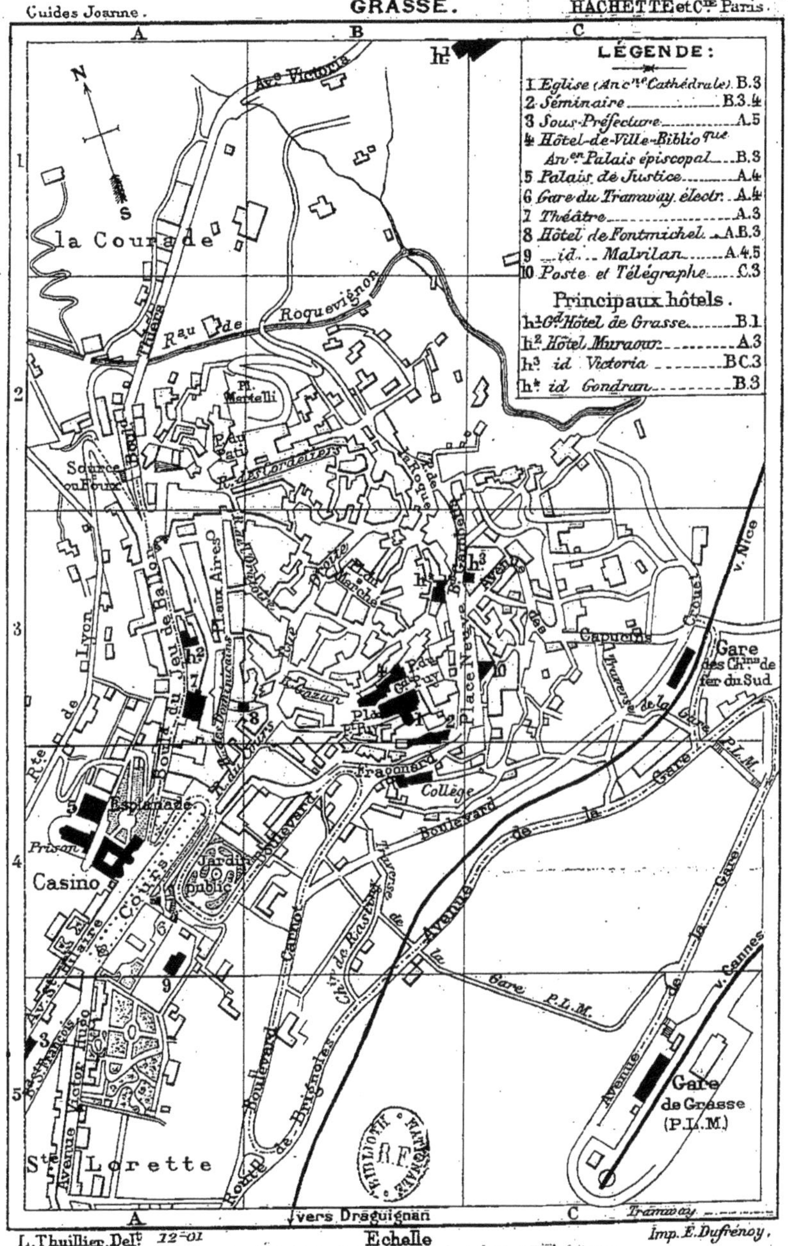

Guides Joanne.
GRASSE.
HACHETTE et Cie Paris.
LÉGENDE:
1 Eglise (Anc^{ne} Cathédrale) B.3
2 Séminaire B.3.4
3 Sous-Préfecture A.5
4 Hôtel-de-Ville-Biblio^{que}
Anc^{en} Palais épiscopal B.3
5 Palais de Justice A.4
6 Gare du Tramway électr. A.4
7 Théâtre A.3
8 Hôtel de Fontmichel AB.3
9 id. Malvilan A.4.5
10 Poste et Télégraphe C.3
Principaux hôtels.
h¹ Gd Hôtel de Grasse B.1
h² Hôtel Muraour A.3
h³ id Victoria BC.3
h⁴ id Gondran B.3
la Courade
Av^e Victoria
R^{au} de Roquevignon
Pl. Martelli
R. des Cordeliers
Source du Foux
Pl. aux Aires
Pl. du Marché
Place Neuve
Capucins
Gare des Ch^{ins} de fer du Sud
v. Nice
Esplanade
Prison
Casino
Jardin public
Cours
Fragonard
Collège
Boulevard de la Gare
Avenue de la Gare P.L.M.
v. Cannes
Gare de Grasse (P.L.M.)
Route de Brignoles
Boulevard Carnot
St^e Lorette
Avenue Victor Hugo
vers Draguignan
Tramway
L. Thuillier, Del^t 12-01
Echelle
0 100 200 300 Mètres
Imp. E. Dufrénoy.

Grasse. — Phot. H. Prudent.

la ville ne sont que bosquets d'orangers, de rosiers, de jasmins, ou tapis de violettes, de jonquilles, de résédas, de tubéreuses. Les fabriques de parfumerie, dont quelques-unes occupent jusqu'à 200 ouvriers, consomment en moyenne, par saison, 1 200 000 kilogr. de roses et 1 860 000 kilogr. de fleurs d'oranger. Les principales parfumeries sont celles de MM. Chiris (on ne visite pas), Roure-Bertrand (on ne visite pas), Lautier fils, Bruno-Court (on visite); Tombarel frères, etc. Les distilleries d'essences sont aussi au nombre de 25. Il s'y fabrique en outre beaucoup d'huile d'olive; celles de la vallée de la Siagne sont les meilleures de la France. La ville est renommée pour les excellents produits de ses confiseries.

[**Gorges et cascade du Loup** (au N.-E.). — *Promenade très recommandée*, que l'on fait par le ch. de fer du Sud de la France, ou (préférable) en voiture : une voit. à 2 chev. se paie 16 fr.; la promenade en voit. demande une après-midi, y compris la visite de la gorge (2 h. all. et ret. à pied; une route de voit. est en construction de la halte du Loup à Cipières par les Gorges du Loup).

A. Par le chemin de fer (11 k.; 30 min. : 1 fr. 25 et 85 c.). — De la station du Sud-France (buffet), établie à 237 m. d'alt., la voie ferrée offre une vue superbe de la ville et de la campagne. On franchit, à 30 m. de haut, le ravin de Font-Laugière sur un viaduc métallique (5 travées de 35 m.), puis une quantité de petits ruisseaux, en coupant les collines qui séparent leurs vallons. — Forte montée et *tunnel de Saint-Laurent* (150 m.). — 4 k. *Magagnosc-Châteauneuf*. — *Tunnel du Pré du Lac* (470 m.). — La voie atteint son point culminant (377 m.).

8 k. Le Bar (*V.* ci-dessous, *B*). On franchit la combe de Ribas par un viaduc voûté (7 arches de 12 m.), puis le Riou de Gourdon sur un beau viaduc courbe de 96 m. — 11 k. *Halte du Loup* (bon *hôt.-rest. du Loup*) établie immédiatement avant le superbe **viaduc du Loup** (10 arches de 20 m.; haut., 56 m.; courbure très élégante; 200 m. de rayon), et d'où il faut 50 min. à 1 h. 10 pour atteindre à pied, par les admirables **gorges du Loup**, la grande **cascade du Pas-de-l'Échelle**, d'où l'on descend en 45 min. à la halte du Loup. — Pour la description de ce trajet, *V.* p. 162.

B. En voiture (9 k. 5). — On sort de Grasse par l'avenue Thiers que continue l'avenue Victoria (*V.* ci-dessus, description de Grasse). Vues magnifiques sur les montagnes et sur la mer. — 4 k. 5. *Magagnosc*, ham. dépendant de *Châteauneuf* (1 k. 2 à dr., sur la route de la Colle; *chapelle* de Notre-Dame du Brusc; ruines d'un couvent ; belle vue). Laissant à dr., au *Pré du Lac*, la route du Rouret, de Roquefort et de Villeneuve-Loubet, et à g. celle de Gourdon, la route décrit un grand coude à g. pour franchir le Riou du Bar; à dr., viaduc de la voie ferrée. — 8 k. 5. A g., chemin du Bar.

[Quittant la route, la voiture montera par ce chemin en 5 min. au *Bar*, ch.-l. de c. de 1,255 hab., où l'on ira voir au presbytère un tabernacle du xive s., la *Danse macabre* (?), curieuse peinture sur bois. *L'église* (jolie porte gothique) renferme : une inscription romaine incrustée dans la partie inférieure du clocher, des sculptures de la Renaissance, deux tableaux peints sur bois, l'un de l'école florentine, l'autre du xive s. On remarque encore au Bar la *chapelle* des religieuses Trinitaires (style ogival) et un *château* féodal flanqué de tours. De la *pointe de Courmette*, très beau panorama. — A 40 min. N.-N.-O. du Bar, non loin de la route de Gourdon, bâille en plein bois le gouffre dit *Garagaï* du Bar; on peut descendre jusqu'au fond (28 m.) à l'aide d'une échelle.]

La route descend vers la vallée du Loup.

9 k. 5. Lieu dit *Patarast*, où se trouve le pont jeté sur le Loup au commencement de la gorge, sous le viaduc (*V.* ci-dessus, *A*).]

Les étrangers qui séjournent à Grasse peuvent faire une infinité d'excursions très intéressantes, à pied, en voit. ou en chemin de fer (grâce aux lignes du Sud-France vers Draguignan et Nice; la ligne de Nice est extrêmement curieuse et par ses travaux d'art et par ses panoramas de montagnes; on peut aller déj. à Nice, y passer l'après-midi et rentrer à Grasse à 9 h. du s.). — Parmi les promenades les plus intéressantes, nous mentionnerons les suivantes, sans autres détails :

A pied. — 1° (1 h. 40 N.-O., aller et retour) le *plateau Napoléon* (prendre soit la route neuve de Saint-Vallier, soit la vieille route qui rejoint la précédente, auprès du château d'eau du Foulon, puis à g. la route de Cabris jusqu'au plateau, terrasse où deux cyprès marquent l'endroit où se reposa Napoléon au retour de l'île d'Elbe; merveilleux panorama à l'O. jusqu'aux montagnes de Toulon, à l'E. jusqu'à Villefranche; on peut revenir par la *Cascade*, en prenant le sentier à dr. du plateau, conduisant en pente rapide dans un bois de chênes jusqu'à la belle *source de Ribes*, qui coule presque toujours et dont le trop-plein s'échappe d'une grotte de 91 m. de longueur et dégringole en une superbe **cascade**, haute de 15 m.; le sentier est continué par une route qui entre à Grasse par l'*avenue Saint-Hilaire*); — 2° (4 k. N.) la *chapelle Saint-Calixte* (à dr. de la route de Saint-Vallier; vue admirable sur Grasse, le golfe de la Napoule, les îles de Lérins et le phare de Villefranche); — 3° (30 min. S.-O.) l'ancienne *chapelle de Saint-Sauveur et de Saint-Hilaire* (XI° s.; polygone de 16 côtés); — 4° (on peut aussi y aller en voit.) la *Marbrière* (carrière de marbre rouge), colline qui domine Grasse au N. (belle forêt; panorama étendu; prendre la route de Saint-Vallier et, à dr., le chemin forestier; au *Pont de Marbre*, on trouve un sentier qui conduit à la maison forestière et à une bonne source; ce sentier monte en 1 h. à *la Malle*, où l'on voit sur le sommet d'une colline les restes d'un *camp* retranché très remarquable et d'où, en 35 min., on peut monter au *Montet*, sommet de 1,335 m. de la frange S. du curieux plateau calcaire de Caussols; ascension facile; vue grandiose); — 5° le *canal du Foulon* (au N.); prendre le chemin en lacets partant de la terrasse Tressemanes pour aller aboutir à la route de Saint-Vallier à Saint-Calixte (*V.* ci-dessus, 2°); le canal le traverse et on peut en suivre le dallage.

En voiture. — 1° (12 k. N.-O.; 1 h. 30 par raccourcis; route et vues superbes) *Saint-Vallier* (hôtels : *du Nord; de l'Acacia*), d'où deux routes conduisent à la vallée alpestre de Thorenc (station d'été fréquentée; *V.* la *Provence*); de Saint-Vallier, on peut aller en 1 h. 30 à pied visiter le **Ponadieu** (né de Dieu; très recommandé), pont naturel en dos d'âne sur la Siagne, qui passe dans un tunnel long de 12 m. haut sous voûte de 10 à 15; l'arcade formant le tablier du pont a 60 m. de long et 45 m. de haut), et (1 h. plus loin, en remontant la rivière) la *source de la Siagne*, dans un étroit bassin de prairies; — 2° (16 k. O.) la *grotte Dozol* ou de *Saint-Césaire* (*hôtel Raybaud*; longue de 100 m.; bien aménagée; jolies cristallisations; la grotte étant fermée, il faut s'adr. à M. Dozol, à Saint-Césaire); — 3° (7 k. S.) Notre-Dame-de-Valcluse (*V.* ci-dessus, p. 114); — 4° (9 k. E.-S.-E.) *Valbonne*, par (6 k.) *Plascassier*; — 5° (9 k. O.; très belles vues) *Cabris*.

En voiture ou en chemin de fer (au S.-O.; 26 k. par la route de Draguignan, 22 seulement par la voie ferrée Sud-France, mais la gare est à 1,500 m. du bourg; la voit. est préférable pour voir en route l'*aqueduc romain* qui amenait à Fréjus les eaux de la Siagnole et qui, récemment restauré, alimente Saint-Raphaël), Callian (*V.* la *Provence*).

Partie en voiture, partie a pied (à l'O.-S.-O.) le *Pont de Tournon* et *Saint-Cassien-des-Bois* (très pittoresque; une demi-journée; en voit. jusqu'au pont de Tournon, voir le grand *viaduc* métallique de la voie ferrée sur la Siagne, long de 200 m., haut de 83 m., et prendre un joli sentier qui conduit en 45 à 50 min., en descendant le long de la rive dr. de la Siagne, à Saint-Cassien, site charmant; la rivière y forme un lac au milieu duquel se projette un rocher à pic surmonté d'une grosse tour carrée).

CHAPITRE V

JUAN-LES-PINS. — ANTIBES CAGNES[1]

De Paris à Juan-les-Pins, 1065 k.; à Antibes, 1067 k.; à Cagnes, 1076 k. — Prix : de Paris à Juan-les-Pins, 119 fr. 40 en 1re cl., 80 fr. 60 en 2e cl., 52 fr. 60 en 3e cl.; à Antibes, 119 fr. 60, 80 fr. 75, 52 fr. 70; à Cagnes, 120 fr. 60, 81 fr. 45, 55 fr. 15.

Places de luxe. — *Dans les rapides*, de Paris à Antibes : wagon-lit ou lit-salon, 174 fr. 60; fauteuil-lit, 152 fr. 60.

Billets a prix réduits. — Pour les conditions, V. p. 5. — Prix d'un billet de bains de mer individuel, de Paris à Antibes et ret., 124 fr. en 1re cl., 93 fr. en 2e cl., 62 fr., en 3e cl. Il est aussi délivré des billets de bains de mer aux familles d'au moins 2 pers. pour Juan-les-Pins.

De Cannes à Antibes et au Cap d'Antibes. — L'excurs. du Cap d'Antibes, l'une des plus courues de Cannes, se fait : — soit entièrement en voiture (c'est le moyen le plus pratique) : 15 fr. à 1 chev. ou 2 chev., 3 pers., 18 fr. en landau à 2 chev., 4 pers. pour le Cap seulement; 18 fr. et 21 fr. en y comprenant la visite d'Antibes; — soit par le ch. de fer ou le tram électr. (80 et 40 c.) pour Antibes, où l'on trouve, dans la saison, à la gare et au terminus du tram, des voit. pour le Cap : 10 à 12 fr. pour 4 pers. ou 4 fr. l'heure; de la villa Eilen-Roc, la voit. ramène les voyageurs à la gare de Juan-les-Pins, où l'on prend le train pour Cannes. — *N.-B. Il faut faire l'excursion un mardi ou un vendredi après-midi*, les jardins d'Eilen-Roc n'étant ouverts au public que le mardi et le vendredi après-midi, et les jardins de la villa Thuret le mardi seulement.

Renseignements de séjour. — On trouve à s'installer dans la ville d'*Antibes* (Grand-Hôtel en construction; ouverture pour la saison 1902-1903), au **Cap d'Antibes** (hôtels et villas plutôt pour

1. V. les renseignements pratiques à l'*Index alphabétique*.

les grandes bourses et les bourses moyennes; clientèle distinguée, surtout anglaise) et à *Juan-les-Pins*, bain de mer et station hivernale (hôtel très confortable et villas meublées dep. 1,000 fr. pour la saison). Les prix de location comprennent la fourniture de l'eau, qui est bonne; mais le linge, la vaisselle et l'argenterie se payent à part. Le gaz coûte 25 c. le mètre cube; lorsqu'il manque, on peut le faire installer moyennant un loyer de 2 fr. 50 par mois. Approvisionnement facile par Antibes, où la vie n'est pas très chère.

Cagnes, au-dessus et à distance du rivage, a des hôtels dep. 5 fr. par j., des appartements dep. 400 fr. C'est, presque aux portes de Nice par la voie ferrée, le dernier des « petits trous pas chers » de la côte et une station satellite de Nice, à laquelle la relient le chemin de fer et le tramway électrique. Dans les prix de location, le linge, la vaisselle, l'argenterie et l'eau sont compris. Des fontaines alimentent la ville en eau de source. Le gaz n'est pas installé à Cagnes, mais l'éclairage électrique y est établi depuis 1897 (abonnement, 50 fr. par lampe de 16 bougies).

JUAN-LES-PINS.

Juan-les-Pins *, ham. d'Antibes, station hivernale et de bains de mer (*V.* p. 124), est desservi par le chemin de fer et par le tram. électr. de Cannes à Antibes.

En sortant de la gare, on s'engage, en face, dans l'*avenue de la Gare*, bordée de villas dans les pins, et qui aboutit à une admirable plage de sable fin (cabines); là s'élève le *Grand-Hôtel*, vaste construction précédée d'un jardin. Une digue, ornée d'une belle balustrade, forme une promenade de 2 k. le long de la mer (vue superbe sur le golfe Jouan, où évolue généralement l'escadre). Un rideau de pins le long de la plage offre des abris contre le soleil. Des promenades sont en voie de création; il existe une église catholique, et un temple protestant a été aménagé dans le Grand-Hôtel; un cercle nautique et un kiosque de musique ont été inaugurés en février 1896.

[En suivant à l'E. les sinuosités du rivage (chemin de voit.), on peut, sans se fatiguer, atteindre en 1 h. le Grand-Hôtel du Cap (V. p. 129); c'est une promenade splendide. Le chemin laisse à g., dans les pins, la *Réserve de la Pinède* (rafraîchissements; déj. froids; dîners sur commande; tir); puis, détachant à g. le *chemin des Sables*, par lequel on rejoindrait la route d'Antibes à Eilen-Roc, dite du Cap (V. p. 129), il oblique au S., et, sous le nom de *route de la Plage*, contourne les nombreuses indentations de la côte occidentale de la péninsule, et se termine au Grand-Hôtel du Cap.]

ANTIBES.

Antibes * (pour la station hivernale du Cap d'Antibes, V. p. 124), ch.-l. de c. V. de 11 000 hab., est située au N.-E. de la presqu'île de la Garoupe ou Cap d'Antibes, qui sépare le golfe Jouan du golfe de Nice, entre deux échancrures de la côte : l'une est dominée au S. par le monticule de Notre-Dame de la Garoupe; l'autre, l'anse de Saint-Roch, forme une baie circulaire protégée à l'E. par des îlots rocheux et au N. par le *fort Carré* (tombeau du général Championnet), que Vauban éleva sur un petit promontoire. De la terrasse de la gare, on a, par un temps clair (surtout le matin en hiver), une **admirable vue** des Alpes neigeuses.

De la gare, une artère neuve conduit à la place Macé, où prend naissance le boulevard du Cap (V. ci-après). Une autre rue longeant l'anse Saint-Roch jusqu'au port, puis la *rue Aubernon*, ombragée d'arbres et pavée à l'italienne, conduisent à la *place Championnet*, où subsistent quelques pans de murs de l'enceinte romaine et où se trouve l'*hôtel de ville* (au-devant, *buste du général Championnet*, mort à Antibes).

Dans le mur de l'hôtel de ville est encastrée une inscription lapidaire ainsi conçue : D. M. PVERI SEPTENTRIONIS AN. QVI ANTIPOLI IN THEATRO BIDVO SALTAVIT ET PLACVIT. (Aux mânes de l'enfant Septentrion, âgé de douze ans, qui parut deux jours au théâtre d'Antibes, dansa et plut.) L'intérieur de l'édifice renferme d'autres antiquités (notamment une urne funéraire en pierre et un cippe), une bibliothèque et une collection géologique. Une autre inscription est consacrée à un cheval; une troisième prouve

Antibes.

qu'Antibes possédait une corporation d'utriculaires, c'est-à-dire de matelots naviguant sur des radeaux maintenus à flot par des outres.

De la place Championnet, la *rue de la Paroisse*, à g., mène à l'*église* (sans caractère, à part quelques fragments du XIIe s. dans la région du chœur), construite sur l'emplacement d'un ancien temple de Diane et reliée par un mur (dans lequel s'ouvre un arceau donnant passage à la *rue du Saint-Esprit*) à son clocher carré, haut de 41 m., dont la face S. offre une inscription antique. C'est une sorte de donjon religieux. Les restes d'une tour semblable sont engagés dans une maison du voisinage; une troisième tour fait partie des constructions du *château des Grimaldi*, attenant à l'église au S.; ce château, occupé par l'intendance, est bordé à l'E. d'une terrasse plantée, dominant le golfe de Nice.

A g., en arrivant dans la rue Aubernon, la *rampe des Saleurs* donne accès au nouveau *boulevard des Fronts-de-Mer*, qui suit toute la partie conservée des remparts et fournit un **point de vue unique** (vue du port, du fort Carré, de Nice et des glaciers des Alpes, etc.).

De la place, la *rue de l'Hôtel-de-Ville*, à dr., mène à la *place Nationale* (kiosque de la musique), où s'élève la *colonne* commémorative de la défense d'Antibes en 1815, transformée en une gracieuse fontaine. A l'angle E. de la place s'ouvre la *rue Thuret* (au nº 18, *temple protestant*); à l'O., la *rue de la République* mène à la **place Macé**, où commence le **boulevard du Cap**, qui se rapproche de la mer, laisse se détacher à dr. la route de Juan-les-Pins, puis s'éloigne du rivage pour courir au centre de la péninsule. A dr., *villas Martelly*, *Paulette* et *Guide*; puis, laissant se détacher à dr. la route des Sables, on voit s'ouvrir à dr. l'avenue de la *villa Muterse*. On laisse à g. le *chemin de l'Ermitage*. Plus loin, à dr., au delà d'une série de villas, se détache le *chemin du Crouton*, qui conduit au *château Sylvansky* (style Louis XV; parc splendide).

A dr., contournés par deux chemins qui se réunissent derrière l'enclos pour aboutir au boulevard ou route de la Plage (*V.* ci-dessus, Juan-les-Pins), **Villa** et **jardin Thuret** (merveilleux jardin botanique de 7 hect. de superficie donné à l'État par la sœur du savant botaniste, et devenu une succursale du Muséum d'histoire naturelle de Paris;

Jubœa spectabilis, le plus beau spécimen d'Europe, à part un en Portugal et un à Bordighera; colossal *Araucaria Bidwillii*; magnifique *allée du Palmier*; dans la villa, herbier très remarquable; le jardin est public le mardi de 8 h. mat. à 6 h. s.). — Immédiatement après, à dr., *château Thénard, villa Magnifique* (horticulteur), puis chemin de Nielles, allant à la mer.

Tournant à g., on atteint la *villa Dracopoli*, d'où l'on gagne par le *boulevard Notre-Dame* le monticule (75 m.) de la **Garoupe**, portant la *chapelle de Notre-Dame*, bâtie sur les ruines d'un temple païen, un *sémaphore* et un *phare* (feu de 1er ordre; 103 m. d'altit., portée 24 milles), d'où l'on découvre un admirable panorama.

Revenu au pied du monticule, il faut continuer la route du Cap et, 50 m. plus loin, laisser à g. le chemin de la baie de la Garoupe. A dr., *Villa Rose-Marie*; à g., *villa Isabelle*. On prend à g., 50 m. après le restaurant Parisien, *l'avenue Eilen-Roc*, qui mène à la **villa Eilen-Roc**, dont les **merveilleux jardins**, aux plantes exotiques, terminés par une vaste terrasse dominant du haut de beaux rochers (grottes et couloirs) la mer au bord de laquelle descendent des chemins en escaliers serpentant entre des rocailles ornées de plantes grasses, se visitent le mardi et le vendredi de 1 h. à 5 h., moyennant un droit d'entrée de 1 fr. par pers., perçu au profit des pauvres d'Antibes.

On revient généralement, pour ne pas accomplir au ret., le même itinéraire qu'à l'aller, à Juan-les-Pins, en reprenant la route du Cap, et en laissant à dr. la *villa des Chênes-Verts* (Dennery) et à g. le **Grand-Hôtel du Cap et restaurant français** (200 ch.), construit comme la villa Dennery par M. Abeille, et d'où l'on découvre une très belle vue sur le littoral et les îles de Lérins (télégraphe et téléphone dans l'hôtel). Au S. (à g.), on voit s'avancer en mer la pointe rocheuse du *Plan de l'Islette* (feu fixe blanc et rouge de 5e ordre, portée 10 milles), environnée de récifs, et en face de laquelle, à l'E., se trouve la petite *anse de l'Argent-faux.*

Du Grand-Hôtel l'on descend sur le rivage de la mer, on passe devant toute une série de villas (*Mallet, Gallice, Jonnart*, etc.), devant l'*église des Oratoriens* (très belle vue sur le golfe Jouan, les îles de Lérins et l'Estérel), puis, quittant le bord de mer au Grand-Hôtel de Juan-les-Pins, on prend à dr. l'avenue de la Gare, qui amène à la gare de Juan-les-Pins et, la voie ferrée traversée, à la route de Cannes (30 min. en voit. d'Eilen-Roc à la gare de Juan-les-Pins).

Le *port* d'Antibes (vue admirable sur les Alpes et sur Nice) est protégé par deux môles; l'un de 470 m. (feu fixe), construit par Vauban, relie des îlots à la côte.

[D'Antibes on peut encore faire les courses suivantes, tarifées : — Biot, 1 chev. 5 fr., 2 chev. 7 fr.; — Cannes, 1 chev. 10 fr., 2 chev. 12 fr., 1 h. de repos; — Vallauris, 8 fr. et 10 fr., repos 1 h.; — Golfe-Jouan, 5 fr. et 7 fr., repos 30 min.; — Grasse, 15 fr. et 18 fr., repos 2 h.; — Valbonne, 12 fr. et 15 fr., repos 2 h.; — Cagnes, 10 fr. et 12 fr., repos, 1 h.; — Vence, 14 fr. et 17 fr., repos, 2 h.]

CAGNES.

Cagnes * (1 k. N. de la station; omnibus), station hivernale naissante (*V.* p. 125), ch.-l. de c. de 3 029 hab., bâti en amphithéâtre au-dessus de la Cagne, sur une colline que couronne le pittoresque *château* des Grimaldi (dem. l'autorisation de visiter; cour à péristyle en marbre; à l'int., *salle Dorée* et *salle de la Belle-Cheminée*, dont le plafond est orné de fresques, restaurées, représentant la *Chute de Phaéton*, et attribuées à Carlone, peintre italien du XVIIe s.). — Au (1 k. S.) *Cros-de-Cagnes*, port de Cagnes (près de l'embouchure du Loup, ruines du *monastère de Saint-Véran* ou *de Notre-Dame-la-Dorée*, fondé au VIe s.

Guides Joanne. GRASSE - CANNES - ANTIBES Hachette et Cie Paris

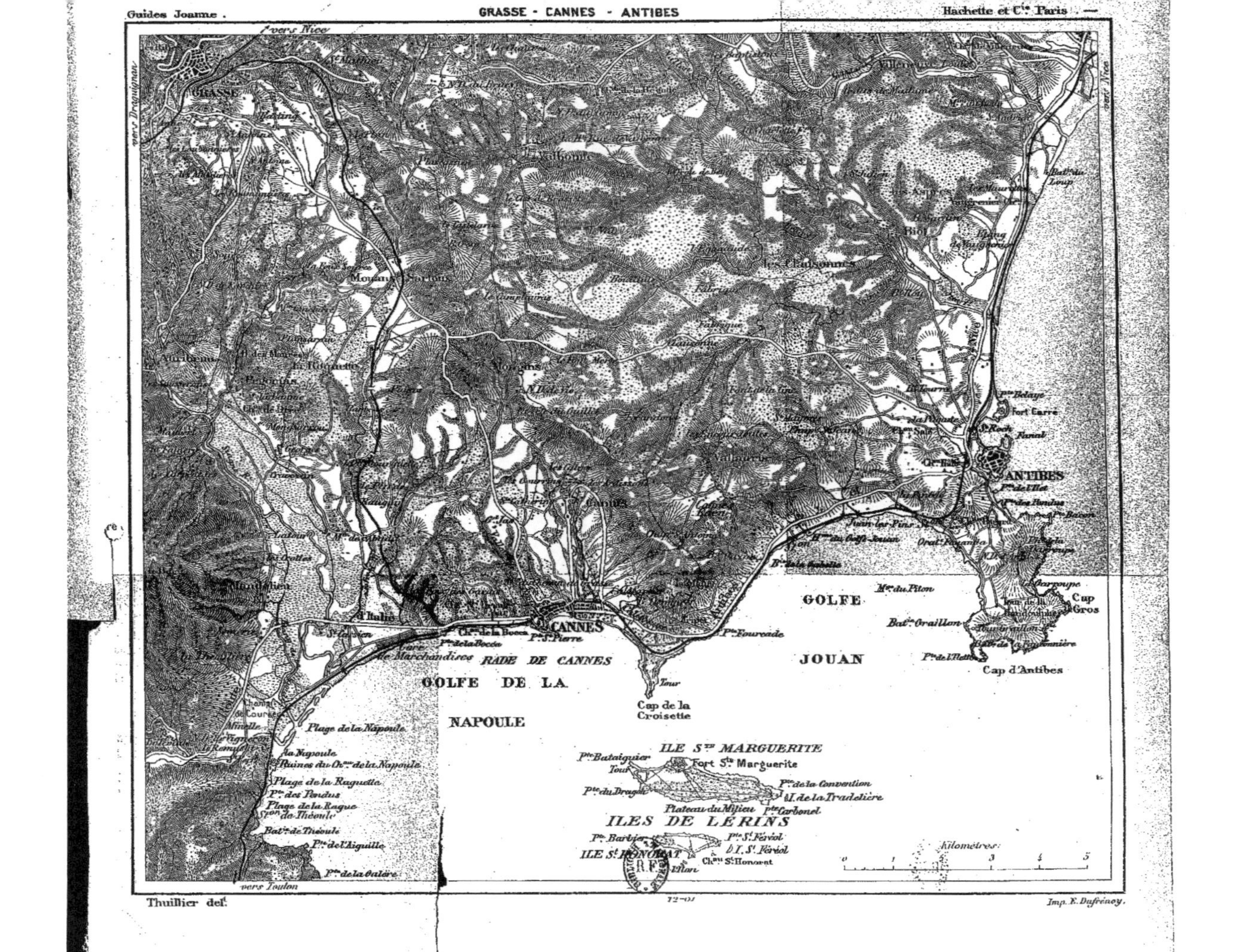

Thuillier del[t]. Imp. E. Dufrénoy.

— Cagnes est relié à Nice par le ch. de fer et le tramway électrique.

[A 3 k. O. de la station de Cagnes, *Villeneuve-Loubet*, où l'on visite le beau **château** féodal (restauré) du marquis de Panisse,

Cagnes.

flanqué d'une tour pentagonale haute de 32 m. De la plate-forme du donjon (les touristes peuvent y monter), vue admirable. En remontant, depuis Villeneuve, pendant 20 min. env., la rive g. du Loup, on atteint une **clus** longue de plus de 1 k., large coupure de rochers très pittoresque, qui débouche à quelques centaines de m. du v. de *la Colle*.]

CHAPITRE VI

NICE. — VILLEFRANCHE BEAULIEU. — SAINT-JEAN-SUR-MER[1]

De Paris à Nice, 1087 k.; à Villefranche, 1092 k.; à Beaulieu, 1094 k. — Prix : de Paris à Nice, 121 fr. 85 en 1re cl., 82 fr. 30 en 2e cl., 53 fr. 65 en 3e cl.; à Villefranche, 122 fr. 40, 82 fr. 65, 53 fr. 90; à Beaulieu, 122 fr. 65, 82 fr. 80, 54 fr.; — de Londres à Nice : *A* par Calais, 192 fr. 85 en 1re cl., 131 fr. 80 en 2e cl.; *B* par Boulogne, 185 fr. 20, 126 fr. 25; *C* par Dieppe, 165 fr. 40, 114 fr. 60. Aller et ret., valable 45 j. : par Calais, 302 fr. 35, 219 fr. 65 (supplément pour prolongation de 45 autres jours, 80 fr., 41 fr. 50); par Boulogne, 296 fr. 15, 214 fr. 50 (supplément pour 45 j., 78 fr. 85, 40 fr. 90); par Dieppe, 255 fr. 75, 184 fr. 65 (supplément pour 45 j., 74 fr. 65, 44 fr. 15).

PLACES DE LUXE. — *Méditerranée-Express*, de Paris à Nice, 198 fr. 85; à Beaulieu, 199 fr. 65; — *Calais-Méditerranée-Express*, de Calais à Nice, 250 fr. 45; à Beaulieu, 251 fr. 10. — *Cannes-Nice-Vienne-Express*, de Nice à Vienne, 193 fr. 15. — *Dans les rapides*, de Paris à Nice ; wagon-lit ou lit-salon, 176 fr. 85 fauteuil-lit 154 fr. 85 : à Beaulieu, 177 fr. 65, 155 fr. 65.

BILLETS A PRIX RÉDUITS. — Pour les billets d'aller et retour collectifs, de bains de mer (prix d'un billet individuel pour Nice, Villefranche ou Beaulieu, 124 fr. en 1re cl., 93 fr. en 2e cl., 62 fr. en 3e cl.), etc., *V.* p. 5. — Billets d'aller et retour individuels pour Nice, valables 20 j., 2 arrêts au choix, avec faculté de deux prolongations de 10 j. chacune moyennant un suppl. de 10 % par 10 j., délivrés à Paris et dans les principales gares du réseau, du 15 déc. au 5 février. Prix : de Paris, all. et ret., 182 fr. 60 en 1re cl. et 131 fr. 50 en 2e cl. — Billets d'aller et ret. pour Bordighera ou San Remo, *V.* p. 16.

1. *V.* les renseignements pratiques à l'*Index alphabétique*.

Renseignements de séjour. — Avec **Nice** commence la grande vie d'hiver ; cette ville, qui fut d'abord une station de malades, est devenue surtout un centre de plaisir. Cependant on pourrait y vivre peut-être à meilleur compte que partout ailleurs. On peut y trouver des appartements modestes ; le prix des logements, pour la saison, varie de 1,500 à 5,000 fr., celui des villas de 2,500 à 25,000 fr. Dans la banlieue immédiate, du côté de Saint-Maurice, par exemple, il y a quelques petites villas meublées au prix de 1,200 fr., mais elles sont très rares et sont généralement louées au commencement d'octobre. Pour louer, s'adresser directement aux agences (*V.* les noms à l'*Index*, *Renseignements pratiques*). La location comprend le linge, la vaisselle et l'argenterie. L'eau potable, fournie par la source de Sainte-Thècle, coûte, pour une consommation ordinaire, 25 fr. par an ou pour la saison. On paye le mètre cube de gaz 25 c. pour l'éclairage et 18 c. pour le chauffage. Nice est abondamment ravitaillée ; au marché, les subsistances sont à des prix relativement bas.

La *côte entre Nice et Monaco*, serrée de près par la montagne, a des coins splendides : **Beaulieu**, devenu une station hivernale très importante, et son annexe, *Saint-Jean-sur-Mer* (bon *hôtel et Parc Saint-Jean*, pens. de 8 à 10 fr.). A Beaulieu, on trouve des villas et appartements meublés à louer (s'adr. aux agences *Bovis* et *Kurz*). La mise en vente des terrains du *domaine du cap Ferrat* et la création probable d'un grand hôtel sur ce domaine amèneront la formation d'une station nouvelle qui reliera Beaulieu à Saint-Jean et remplira de villas les ravissantes péninsules de Saint-Jean et de Saint-Hospice. — A *la Turbie-sur-Mer*, l'*Éden-Hôtel*, qui occupe une situation exceptionnelle sur le Cap d'Ail, est une maison de tout premier ordre.

NICE

Situation. — Aspect général.

Nice*, station hivernale, la ville de plaisir du littoral (*V.* ci-dessus), V. de 105,109 hab., ch.-l. du départ. des Alpes-Maritimes, siège d'un évêché, occupe une situation ravissante au pied de collines verdoyantes derrière lesquelles se dressent de hautes cimes, au bord de la *baie des Anges* et sur les deux rives du Paillon.

La ville des étrangers s'étend entre la rive dr. du Paillon et le vallon du Magnan; en bordure sur la mer depuis le pont du Magnan jusqu'aux Ponchettes et au promontoire du Château, elle forme un triangle imparfait dont le sommet serait la place Béatrix, à la rencontre de l'avenue Malausséna, de l'avenue Saint-Maurice et du boulevard Joseph-Garnier. Cette ville étale son damier de maisons neuves, propres et claires, dans la plaine et sur les collines de premier plan, Saint-Philippe, les Beaumettes, Carabacel, Cimiez.

Saint-Philippe et les Beaumettes se recommandent plus spécialement aux étrangers qui fuient le bruit de l'agglomération urbaine et veulent néanmoins rester à portée des plaisirs de la ville; Carabacel est une zone mixte, très appréciée, et Cimiez devient de plus en plus le quartier aristocratique, recherché pour son calme et son atmosphère sédative : c'est, au point de vue médical, le quartier d'avenir de la station hivernale, ainsi que Saint-Maurice.

La limite du Paillon, entre la Nice des étrangers et la Nice des Niçois, n'est exacte que dans la ville proprement dite; au delà des collines de Carabacel et de Cimiez, le quartier de Riquier, sur la rive g. du Paillon, est accaparé à son tour par la spéculation; de belles artères rectilignes le sillonnent dans tous les sens et de très beaux boulevards le relient au quartier de Montboron, villégiature aristocratique échelonnée dans les pins, sur les pentes de la belle croupe rocheuse qui va du Mont-Gros, au N., occupé par l'observatoire de Nice, au cap de Montboron, au S. La nouvelle route de Villefranche par le bord de mer, le boulevard Carnot, la route forestière relient le quartier de Montboron à Riquier et à la ville proprement dite.

Enclavée dans la zone toujours grandissante de la ville des étrangers, la Nice des Niçois se réduit à peu de chose, et elle se divise elle-même en trois parties : — la cité bourgeoise et administrative, entre le Paillon, le quai du Midi et le rocher du Château : c'est là que se trouvent la préfecture, la mairie, le palais de justice, etc. ; — la ville du peuple, dont les artères étroites mais sans cachet pittoresque, pavées de larges dalles, quelques-unes en paliers et rampes, escaladent le rocher du Château jusqu'aux abords des cimetières ; — et enfin, de l'autre côté (E.) du rocher du Château, la ville du port ou du commerce, qui comprend les quais, la place Cassini et, en arrière, quelques rues banales, par lesquelles elle rejoint le quartier de Riquier, comme le boulevard Carnot la relie aux quartiers du Lazaret et de Montboron.

Enfin, il faut encore mentionner, dans cette revue rapide des quartiers de Nice, Saint-Étienne et même Saint-Maurice, et aussi Saint-Roch, hier encore faubourgs et aujourd'hui englobés dans cette agglomération de plus en plus étendue. On trouvera ci-après, au paragraphe « Climat », des renseignements précis sur la valeur médicale des diverses zones de l'agglomération niçoise.

Pendant quatre mois de l'année, de janvier à fin avril, des courses qui inaugurent la saison mondaine aux régates du printemps qui la clôturent, Nice est une vraie capitale, fréquentée par un monde très mêlé, monde et demi-monde, familles en quête de soleil, joueurs courant après la chance et viveurs à la poursuite du plaisir. Pour ceux-ci, Nice n'est que l'étape d'hiver au soleil dans la vie brûlée de la fête perpétuelle; mais, pour les touristes, Nice a l'avantage d'être un des meilleurs centres d'excursions de tout le littoral, le plus avantageusement situé pour aborder la moyenne montagne dont les croupes s'interposent entre les ondulations côtières et les grandes cimes neigeuses de la frontière avec l'Italie. On trouvera tous les renseignements désirables au siège de la section des Alpes-Maritimes du C.A.F., avenue de la Gare, 15 (ouvert t. l. j. non fériés); cette section organise des courses intéressantes dans la région.

Climat.

La température moyenne de Nice est, pour l'année entière, de 15°,6; pour l'hiver, de 9°,3; pour le printemps, de 13°,3; pour l'été, de 22°,5; pour l'automne, de 17°,2. L'écart entre la température de l'hiver et celle de l'été est de 13°,2; quelquefois, en hiver, le thermomètre descend pendant la nuit à quelques degrés au-dessous de zéro, mais la température se relève dans la journée. La neige tombe une moitié de journée par hiver, en moyenne. Le maximum de température observé a été de 34°, mais presque jamais il ne dépasse 32°.

La moyenne des journées pluvieuses est de 67; en général, les pluies sont de très courte durée; mais souvent les averses sont d'une violence extrême. Les jours parfaitement beaux se distribuent assez également sur toutes les parties de l'année; on en compte de 55 à 65 dans chaque saison.

Les brises normales qui soufflent alternativement de la terre et de la mer exercent une influence bienfaisante et purifient l'air. En outre, des vents plus ou moins forts balayent Nice un jour sur quatre, par année moyenne. — Le vent d'E., descendant par l'échancrure du col de Villefranche, est le plus fréquent; il souffle en moyenne 40 jours par an. — Le vent du S.-O. ou *Libeccio* (vent de Libye) se fait sentir en moyenne 21 jours par année; c'est un vent chaud et humide. — Le vent du N.-E. ou *Gregaou* (grec) est relativement rare; la moyenne des jours où il souffle est de 8. Il apporte parfois des orages, de la grêle, de la neige en hiver. — Le vent d'O. est très rare. — Le *mistral* (N.-O.), qui est si violent et si redouté dans toute la Provence, ainsi que la *tramontane* (N.), sont arrêtés, le premier par les divers chaînons qui s'élèvent à l'O. du Var, l'autre par la grande crête des Alpes. Ils réussissent cependant quelquefois à pénétrer jusqu'à Nice, mais grandement atténués.

L'électricité est très abondante dans l'atmosphère. C'est à cela que le climat de Nice doit les heureux effets qu'il produit dans certaines névroses, quand le système nerveux est déprimé. L'abondance de l'ozone (6,5) y a été constatée aussi bien au bord de la mer que dans la ville et la campagne. Son action oxydante énergique assure la pureté de l'atmosphère.

La saison médicale commence en octobre pour se terminer en mai : octobre, novembre et décembre sont les mois les plus sereins et les plus doux, ceux où la température est le plus uniforme; mars et avril, ceux où elle présente les variations les plus marquées.

Nice possède un grand nombre d'établissements de santé par l'aérothérapie, l'électrothérapie, l'hydrothérapie, la gymnastique, etc., de nombreuses installations de bains d'eau douce et d'eau de mer.

Hygiène. — Le bureau municipal d'hygiène, situé rue Delille, 22, a la surveillance et la direction de la salubrité publique; il veille à la désinfection et distribue gratuitement des désinfectants.

Distractions.

Saison et vie mondaine. — Bien que la saison de Nice, au point de vue médical, commence en octobre et ne se termine qu'en mai, la foule des chercheurs de plaisir, qui forme le contingent le plus considérable et le plus remuant des hôtes de Nice, n'arrive qu'aux premiers jours de janvier, pour les grandes courses internationales (steeple-chase), et part au commencement du mois d'avril, après les grandes régates internationales organisées par le Cercle nautique.

La grande époque de Nice est le **carnaval**. Alors, les tarifs des hôtels, des voitures de place, etc., sont suspendus, et il faut passer par des exigences quelquefois sans bornes; aussi les agences de voyages organisent-elles avec succès des excursions spéciales qui assurent aux participants la nourriture, le logement et des places sur le parcours des cortèges, à prix relativement modérés et fixés d'avance.

Le programme des fêtes du carnaval se compose de bals-promenades au Casino municipal, fêtes de bienfaisance, défilé des mascarades, batailles de fleurs, avec distribution de bannières, sur la promenade des Anglais, veglione à l'Opéra, corso et bataille de confetti, redoutes au Casino municipal, feu d'artifice, retraite aux flambeaux, moccoletti (bougies ou rats-de-cave que l'on tient à la main et qu'on s'efforce réciproquement de s'éteindre; très curieux); enfin, S. M. le roi Carnaval, qu'on avait acclamé au début des fêtes, est brûlé en effigie le soir du mardi gras. La fête recommence à la mi-carême; mais elle ne dure qu'une demi-journée, remplie par une bataille de fleurs et une grande redoute au Casino municipal.

En dehors de cette période de fièvre, la vie mondaine est plus calme à Nice qu'on ne pourrait le supposer. On se promène à pied, le matin, de dix heures à midi, sur la promenade des Anglais; l'après-midi, les uns font des courses en voiture, d'autres vont aux concerts du Jardin public, aux matinées du Casino de la Jetée-Promenade; d'autres encore — et non les moins nombreux — passent les jours

Nice. — Promenade des Anglais et Jetée-Promenade.

et les nuits au jeu, dans les cercles. Entre 4 et 5 heures, on se trouve pour prendre le thé, soit dans des maisons amies, soit chez les grands pâtissiers. Le soir, on va au Casino municipal; le mardi est jour mondain à l'Opéra.

Nous donnons ci-après la brève nomenclature des principales distractions offertes au public. De plus, pendant la saison, des trains très fréquents, directs pour la plupart, mettent à portée des hôtes de Nice les séductions de Monte-Carlo, et d'autres trains nombreux et rapides font communiquer Nice avec Cannes et permettent de faire toutes les excursions décrites au départ de cette dernière ville.

Promenades. — Nombreux buts d'excursions, petites ou longues, à pied ou en voiture (*V.* p. 149).

Promenades en mer. — On s'embarque au port (prix à débattre). La promenade en mer la plus recommandable est celle de Villefranche, surtout si l'escadre est en rade (on peut alors visiter un navire de guerre).

Théâtres. — *Opéra municipal* (grand opéra et ballet).

Casino municipal (concerts quotidiens, classiques et symphoniques; opéras-comiques, opérettes, comédies et vaudevilles; ballets; matinées dansantes), surtout fréquenté le soir.

Casino de la Jetée-Promenade (matinées et concerts; concerts de musique classique, le vendredi après-midi; opérettes, opéras-comiques, comédies; matinées dansantes; bals d'enfants), surtout fréquenté dans l'après-midi.

Cirque de Nice, rue Pastorelli (représentations équestres ou autres par des troupes de passage).

Kursaal-Théâtre, rues Deloye et Saint-Michel, près la place Masséna (concert-variétés).

Politeama, place Garibaldi (pièces italiennes).

Théâtre Risso (clientèle locale).

Concerts du jardin public : — l'hiver, l'après-midi, les mardis, mercredis, jeudis, vendredis, samedis et dimanches.

par la musique militaire. Les heures varient avec la saison.

CONCERT INSTRUMENTAL t. les soirs dans les principaux cafés (l'après-midi et le soir dans les cafés Glacier, Éden et de la Régence).

SPORTS. — *Courses de chevaux*, sur l'hippodrome du Var, en novembre et en janvier (steeple-chase); courses au trot en février ou en mars. — *Régates* en mars ou aux premiers jours d'avril. — *Tir-Club*, boulevard Victor-Hugo (concours annuel). — *Tir aux pigeons* à Montboron, sur la nouvelle route de Villefranche, en face de l'octroi. — *Courses vélocipédiques* en mars (vélodrome au Vallon des Fleurs). — *Lawn-tennis Club*. — *Courses d'automobiles*, *régates*, etc.

CONFÉRENCES DE L'ATHÉNÉE. — Organisées par la *Société des lettres, sciences et arts des Alpes-Maritimes*, avenue de la Gare, 15, édifice du Crédit Lyonnais; consulter les affiches et les journaux locaux.

Emploi du temps

La visite de Nice demande une journée, en y comprenant les promenades au Château et à Cimiez. — Si l'on reste 2 j., on fera (mail-coach de l'agence Cook ou de *Nice-Excursions* ou de l'agence Lubin, ou voit. particulière) l'excurs. de Monte-Carlo, aller par la Corniche, ret. par le bord de la mer (*V.* p. 157). — Une 3e journée devrait être employée à faire, le matin, la promenade en voiture de Montboron par Riquier, le boulevard de Montboron, la route forestière, Villefranche et retour par le boulevard Carnot (*V.* p. 152); et, l'après-midi, la promenade en voiture à Gairaut, Falicon et Saint-André (*V.* p. 153). — On trouvera plus loin, au § *Environs et excursions*, les détails sur les principales promenades.

Description.

Au sortir de la gare P.-L.-M., on prendra à g. l'*avenue Thiers*, puis on suivra à dr. (S.) **l'avenue de la Gare** (beaux magasins, hôtels, restaurants, cafés), des deux côtés de laquelle s'ouvrent de belles rues ; à g. (E.), c'est le *quartier de Beaulieu*, se terminant à la base des coteaux de Carabacel et de Cimiez ; à dr. (O.), c'est le *quartier de la Croix-de-Marbre*, aboutissant aux Beaumettes et aux hauteurs de Saint-Philippe (dans l'ancienne orangerie Bermond, luxueux *Hôtel Impérial*, avec parc de 13 hect. ; *chapelle commémorative*, en souvenir du tsarewitch Nicolas-Alexandrovitch, mort à Nice, le 24 avril 1865).

Dans l'avenue de la Gare, on remarque d'abord à dr. l'*église Notre-Dame de Nice*, la plus monumentale de la ville : c'est une construction néo-gothique, bâtie sur les dessins de M. Charles Lenormand (deux tours inachevées). En face, *hospice de la Charité*, et, *avenue Notre-Dame*, 16, *musée municipal* (ouvert toute l'année et t. l. j., sauf le dimanche et le lundi, de 10 h. du mat. à 4 h. du s. ; quelques bonnes toiles). On croise ensuite une large voie portant à g. le nom de *boulevard Dubouchage*, aboutissant au *boulevard Carabacel*, et, à dr., le nom de *boulevard Victor-Hugo*, maîtresse artère du quartier de la Croix-de-Marbre, qui aboutit au *square Gambetta*.

Continuant au S. l'avenue de la Gare, on voit s'ouvrir à g. la *rue Pastorelli* (cirque), et à dr. la *rue Cotta* (à l'angle, *Crédit lyonnais*, local et bibliothèque de la section des Alpes-Maritimes du Club-Alpin Français et salle où se donnent l'hiver les conférences de l'Athénée de Nice ; *rue de Longchamp*, *église russe*, que l'on peut visiter tous les jours de 2 à 5 h.) ; plus loin, à g., la *rue de l'Hôtel-des-Postes* (tramway électrique pour Cimiez, *V.*

p. 150 ; à g., bureau principal des *postes et télégraphes*). A partir de là l'avenue de la Gare a de belles maisons bordées d'arcades (beaux magasins, luxueux cafés) ; à dr., la *rue Masséna* se continue par la longue *rue de France*, parallèle à la promenade des Anglais, jusqu'au pont du Magnan. Dans cette rue de France, on remarque la *Croix de marbre*, qui a donné son nom à tout le quartier (colonne commémorative du passage du pape Pie VII à Nice, en 1809 et 1814 ; croix érigée en mémoire de l'entrevue de Charles-Quint et de François Ier en 1538), la maison (nº 5) où est mort Halévy (mars 1862) et (nº 121 ; autre entrée sur la promenade des Anglais, nº 61) la *villa Furtado-Heine* (qui a appartenu à la princesse Pauline, sœur de Napoléon Ier), donnée à l'État en 1895 par Mme Furtado-Heine, pour servir de résidence de repos à 50 officiers convalescents. En face de la rue Masséna se trouve la *rue Gioffredo* (nº 50, *église évangélique* ; nº 62, *établissement littéraire Visconti*, salon de lecture, 40,000 vol.).

La rue Masséna et la rue Gioffredo s'ouvrent au débouché de l'avenue de la Gare sur la vaste **place Masséna**, le centre de Nice pour les étrangers (point de départ ou d'arrêt de tous les tramways ; kiosque des voit. de place), et où se trouve à g. (E.) le **Casino municipal** (vaste jardin d'hiver, petit lac, plantes tropicales ; salons de fêtes, de lecture, de jeux ; théâtre). Au 1er étage est installé le *Cercle Masséna* (escalier monumental ; belle salle de bal ; riche salon de jeux ; salons de lecture, etc.). Derrière le Casino, sur le Paillon, s'étend le *square Masséna* (*statue* en bronze *de Masséna*, par Carrier-Belleuse ; au N.-E., *avenue Félix-Faure*, le lycée possède le plus beau *Melaleuca linearifolia* de l'Europe.

A dr. (O.) de la place Masséna commence l'*avenue Masséna* (nº 16, *agence Cook*) qui borde à dr. le **Jardin Public** (de la terrasse, très belle vue), recouvrant le Paillon, superbement planté de palmiers et d'essences exotiques, et rendez-vous du monde élégant, quand la musique se fait entendre au kiosque (*V.* ci-dessus, *Distractions*). A l'extrémité du jardin, devant la mer, s'élève le **monument commémoratif de la réunion de Nice à la France**, dû à l'architecte Jules Febvre et au sculpteur André Allar, et inauguré en 1896.

En face du monument, s'avance dans la mer une **Jetée-Promenade** qui porte un **Casino** (1891) de style oriental (jardin d'hiver, salle de fêtes, théâtre; à g., salles du cercle; à dr., café-restaurant).

La **promenade des Anglais**, ainsi appelée parce que, dans l'intention de donner du travail aux indigents, la colonie britannique en fit ouvrir une partie pendant les hivers de 1822, de 1823 et de 1824, et plantée de palmiers trop battus des embruns et du vent de mer, est, dans les belles matinées hivernales, le salon de Nice, surtout dans sa partie cimentée (entre la Jetée-Promenade et le Royal Hôtel Saint-Pétersbourg). De là, le regard embrasse le panorama de la baie des Anges, depuis le cap d'Antibes jusqu'au phare de Villefranche. De beaux hôtels publics et privés, notamment le *Cercle de la Méditerranée* (entrée rue Halévy; au plafond de la salle de bal et de concert, belle fresque de M. Costa; salles de conversation, de jeux, de lecture, 200 journaux), s'élèvent sur cette promenade magnifique, large de 26 m., qui longe à l'O. le bord de la mer (3 établissements de bains de mer) sur un espace de 4 k., de l'embouchure du Paillon au *square Magnan.*

A l'E. la promenade des Anglais se continue, au delà du Jardin public et de la voûte du Paillon, par le *quai du Midi*, à l'entrée duquel s'étend la *place* ou *square des Phocéens* (végétaux exotiques; gracieuse *fontaine*, œuvre de sculpture grecque, donnée par un empereur de Constantinople à un Lascaris de Vintimille), qui occupe la pointe extrême O. du quartier construit en grande partie aux xe et xiiie s., au S. et à l'O. de la vieille ville, entre le Paillon et la grève.

La *rue Saint-François-de-Paule*, qui commence à la place des Phocéens et se prolonge sur une distance de 300 m., parallèlement à la mer, est la plus belle du vieux Nice. On y remarque : à g., l'*hôtel de ville* (dans la cour, groupe en marbre, *Oreste et Minerve*, par Hugoulin) et l'*église Saint-Dominique* ou *Saint-François-de-Paule* (dans la vieille chapelle à dr., la Communion de St Benoît, attribuée à Carle Vanloo); à dr., l'*Opéra municipal* et (n° 2) la *bibliothèque* de la ville (ouverte de 9 h. à 4 h.; 60,000 vol.). Au delà, la rue Saint-François-de-Paule se continue par la *promenade du Cours-Saleya*, où se tient tous les matins, en hiver, en plein air, le *marché* (grande variété de fleurs, de légumes et de fruits), qui mérite une visite.

Sur le Cours s'ouvre à g. la *place de la Préfecture*, où s'élèvent l'*église de la Miséricorde* (diptyque du xvie s., par Johannes Miratheti) et le *palais de la Préfecture*. A l'O de la Préfecture, sur la *place Saint-Dominique*, a été construit le *palais de justice* (1891). Dans la *rue de la Préfecture*, où est mort Paganini (au n° 14), se trouve à dr. l'*église Saint-Jaume*.

Le Cours est séparé du *quai du Midi* (au n° 1, bel escalier à colonnes, transporté en 1884 du n° 6 de la rue Saint-François-de-Paule) par deux rangées de maisons basses, au-dessus desquelles se prolongent deux **terrasses** bitumées, de 250 m., servant de promenades (vue admirable). Le *quartier des Ponchettes*, à l'E. des terrasses, entre la mer et le rocher du Château, est la partie de Nice la plus pittoresque et la plus chaude. Là se termine brusquement la grève uniforme et s'élève une abrupte falaise que couronne le Château.

Le monticule auquel on donne le nom de **Château**, bien

qu'il reste à peine quelques traces de la formidable citadelle qui fut jadis le boulevard de l'Italie, est sans contredit la principale curiosité de Nice. Quatre chemins mènent à ce rocher : — 1° la *rue du Château*, qui commence dans la vieille ville et gravit directement la pente O. de la colline, en laissant à g. l'enclos du *cimetière* (*tombeau* de Gambetta et monument élevé aux victimes de l'incendie du théâtre en 1881) ; — 2° l'*escalier Lesage*, construit en 1891, à l'extrémité E. du quai du Midi, à côté de l'*hôtel Suisse*. Cet escalier monte en lacets contre la *tour Bellanda*, grosse tour ronde qui s'élève au S. de la plate-forme, immédiatement au-dessus de la crique des Ponchettes, et qui, d'après la tradition, aurait été bâtie au ve s. ; elle appartient au propriétaire de l'hôtel, qui en a fait un belvédère ; — 3° la *montée de Montfort*, qui se détache de la place Bellevue, près du port ; — 4° l'*avenue Eberlé*, qui a son origine dans la rue Ségurane, non loin de la place Garibaldi. Des aloès, des cactus, des agaves américains bordent des allées sinueuses qui ont remplacé les remparts. Les eaux de la Vésubie, amenées sur le point le plus élevé du rocher, tombent, en une large et magnifique cascade artificielle, dans un bassin, puis s'écoulent en plusieurs ruisseaux très abondants qui entretiennent sur cette hauteur une végétation luxuriante. De la plate-forme qui domine la cascade, le point le plus élevé de la colline (93 m.), on contemple un panorama d'une indescriptible beauté.

A la base E. du rocher s'étend le faubourg du *Port*, desservi par les tramways électriques du port à Saint Maurice et à Saint-Sylvestre.

Le port (au N., *buste du Président Carnot* ; *église Notre-Dame du Port*) forme une ville à part, et n'est réuni directement aux autres quartiers de Nice que par la rue Ségurane, aboutissant à la place Garibaldi, et par la *rue des Ponchettes* (n° 15, collection d'insectes et de reptiles appartenant à M. Bruyat), taillée sur le bord de la mer dans la roche du promontoire. Cette artère (belles vues) est le plus pittoresque de Nice. La brise violente qui souffle parfois sur ce cap lui a fait donner le nom populaire de *Raouba-Capeou* (vole-chapeau). A l'extrémité E. de la promenade, près de la *place Bellevue*, s'élève la *statue du roi Charles-Félix* rendant à Nice la franchise du commerce.

A l'E. du port (quartier du *Lazaret*; bains de mer), le *boulevard de l'Impératrice-de-Russie*, laissant à dr. le beau *boulevard Carnot*, longe le bord de la mer et finit au restaurant de la *Réserve*, à la base du Montboron (falaises percées de cavernes).

Du port la *rue Cassini* conduit au (N.-O.) *square* ou *place Garibaldi*, l'ancien *campus Martius* (*Cammas*) des Romains, où s'élève, au milieu d'un bassin, le **monument de Garibaldi,** exécuté par Deloye, d'après la maquette d'Etex. Sur cette place on peut visiter la *chapelle du Saint-Sépulcre* (peintures de Vanloo, Hauser et Mirathelti), (nº 5) la collection de géologie et d'histoire naturelle léguée par le savant Antoine Risso à son neveu, M. J.-B. Risso, (nº 6) l'herbier célèbre de M. Barla et le **Muséum d'histoire naturelle,** ouvert les mardis, jeudis et samedis, de midi à 3 h. Il comprend deux salles remplies d'animaux empaillés (plus de 1800 oiseaux dont 900 exotiques), de champignons (collection offerte par M. Barla, une des plus belles de l'Europe), etc.

La place Garibaldi est à l'extrémité N. de la *vieille ville*, qui forme à la base O. du rocher du Château une espèce de long triangle, limité au S. par la promenade du Cours et à l'O. par le lit pierreux du Paillon. La vieille ville a presque entièrement gardé son aspect d'autrefois. On y remarque : dans la *rue Pairolière*, la *tour de l'Horloge*, ancien clocher du couvent de Saint-François; sur la *place Saint-François*, l'*ancien hôtel de ville* (façade du XVIIIᵉ s.), affecté à la Bourse du Travail, au tribunal des Prud'hommes et à la Caisse d'épargne; dans la *rue Droite*, le *palais des Lascaris*, construit dans le style des grands palais génois du XVIIe s. (plafonds peints par les frères Carlone; belles cariatides dans une alcôve; beaux escaliers de marbre); dans la rue de la Loge, l'*église de la Croix* (à l'int., une tête du Père Éternel, par Vanloo); sur la *place Rossetti*, la *cathédrale de Sainte-Réparate* (1650; restaurée).

Industrie et commerce.

L'olivier, dit M. Roubaudi, forme la principale richesse de Nice et des environs. Les mûriers, les caroubiers y sont aussi cultivés; mais après l'olivier c'est l'oranger qui livre au commerce les produits les plus importants. Les vins rouges et blancs les plus généreux de la contrée sont ceux qui proviennent des vignobles de Bellet, de Saint-Martin-du-Var, et de toute cette chaîne de collines nues et caillouteuses qui se prolonge parallèlement à la rive g. du Var inférieur.

Les principales fabriques sont les distilleries et les huileries. La fabrication des meubles, la marqueterie et la tabletterie sont aussi des branches de l'industrie niçoise. Nice possède encore plusieurs usines à vapeur pour la préparation des fruits confits, une savonnerie, des tanneries, et une manufacture de tabacs située en dehors de la ville, au N. de l'ancienne route de Villefranche.

Le port, connu sous le nom de **Limpia** (pur), à cause des eaux de sources qui viennent se jeter dans le bassin N., occupe une superficie de 4 à 5 hect. (4 bassins); signalé la nuit par 4 feux, il est abrité de la manière la plus parfaite contre tous les vents dangereux. Comme importance commerciale, Nice est le troisième port de la Méditerranée.

Le commerce principal de Nice est celui de l'huile d'olive, dont cette ville est le centre. Les étrangers peuvent visiter l'installation de la *Société des huiles d'olive de Nice*, avenue

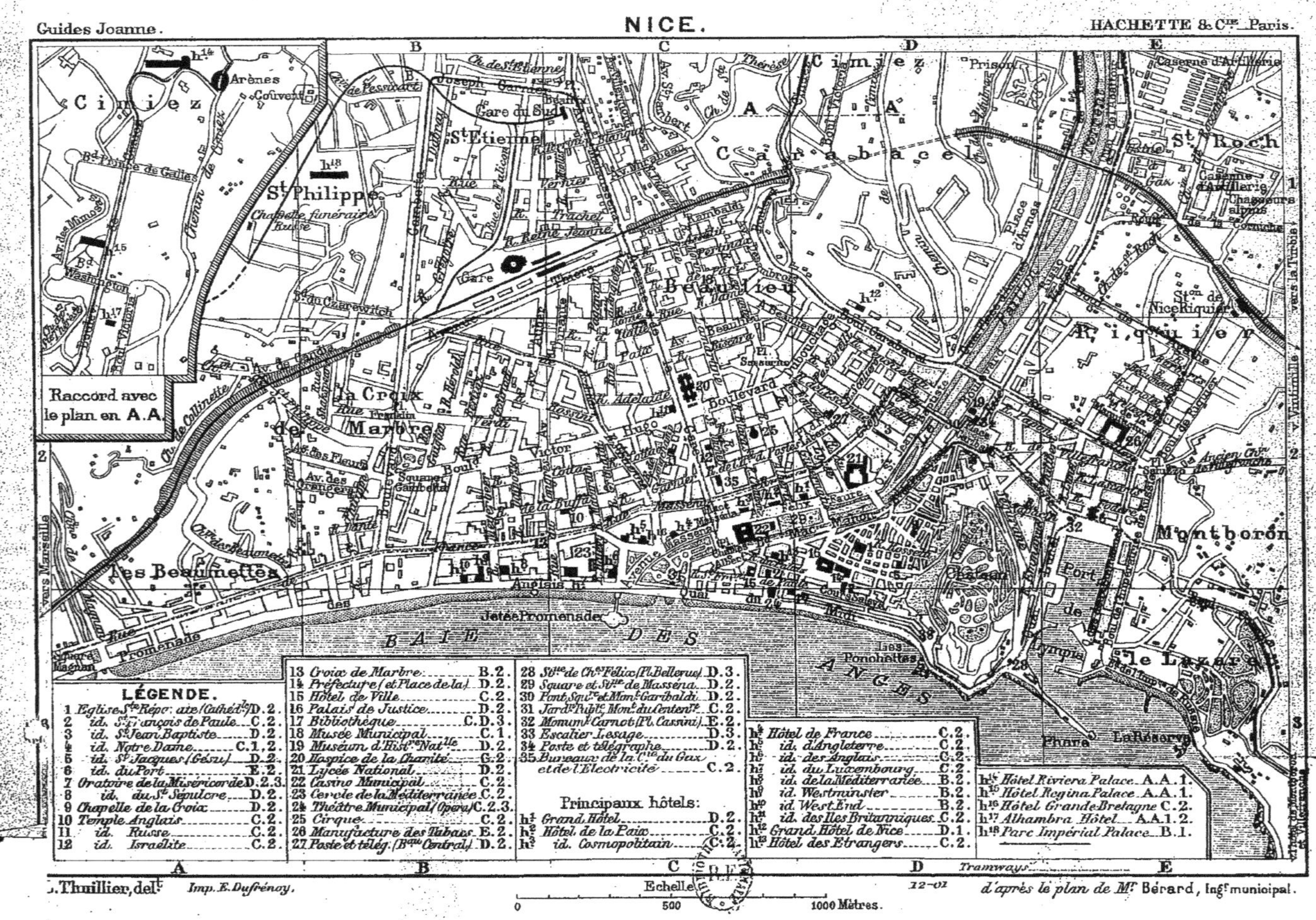

Guides Joanne.
NICE.
HACHETTE & Cie Paris.
Cimiez
Arènes
Couvent
St Philippe
St Etienne
Gare du Sud
Carabacel
Prison
St Roch
Caserne d'Artillerie
Place d'Armes
Beaulieu
Gare
St Philippe
La Croix de Marbre
Les Baumettes
Riquier
Mont boron
Château
Port
Le Lazaret
Phare
La Réserve
Les Ponchettes
Jetée Promenade
BAIE DES ANGES
Raccord avec le plan en A.A.
LÉGENDE.
1 Eglise Ste Réparate (Cathédl.) D.2.
2 id. St François de Paule C.2.
3 id. St Jean Baptiste D.2.
4 id. Notre Dame C.1.2.
5 id. St Jacques (Gésu) D.2.
6 id. du Port E.2.
7 Oratoire de la Miséricorde D.2.3.
8 id. du St Sépulcre D.2.
9 Chapelle de la Croix D.2.
10 Temple Anglais C.2.
11 id. Russe C.2.
12 id. Israélite C.2.
13 Croix de Marbre B.2.
14 Préfecture (et Place de la) D.2.
15 Hôtel de Ville C.2.
16 Palais de Justice D.2.
17 Bibliothèque C.D.3.
18 Musée Municipal C.1.
19 Muséum d'Histre Natle D.2.
20 Hospice de la Charité C.2.
21 Lycée National D.2.
22 Casino Municipal C.2.
23 Cercle de la Méditerranée C.2.
24 Théâtre Municipal (Opéra) C.2.3.
25 Cirque C.2.
26 Manufacture des Tabacs E.2.
27 Poste et télég. (Bau Central) D.2.
28 Stue de Ch. Félix (Pl. Bellevue) D.3.
29 Square et Stue de Masséna D.2.
30 Pont, Squre et Mont Garibaldi D.2.
31 Jardin Publ. Mont du Centenre C.2.
32 Monumt Carnot (Pl. Cassini) E.2.
33 Escalier Lesage D.3.
34 Poste et télégraphe D.2.
35 Bureaux de la Cie du Gaz et de l'Electricité C.2.
Principaux hôtels:
h1 Grand Hôtel D.2.
h2 Hôtel de la Paix C.2.
h3 id. Cosmopolitain C.2.
h4 Hôtel de France C.2.
h5 id. d'Angleterre C.2.
h6 id. des Anglais C.2.
h7 id. du Luxembourg C.2.
h8 id. de la Méditerranée B.2.
h9 id. Westminster B.2.
h10 id. West End B.2.
h11 id. des Iles Britanniques C.2.
h12 Grand Hôtel de Nice D.1.
h13 Hôtel des Etrangers C.2.
h14 Hôtel Riviera Palace A.A.1.
h15 Hôtel Regina Palace A.A.1.
h16 Hôtel Grande Bretagne C.2.
h17 Alhambra Hôtel A.A.1.2.
h18 Parc Impérial Palace B.1.
Tramways
L. Thuillier, delt
Imp. E. Dufrénoy.
Echelle
0
500
1000 Mètres.
12-01
d'après le plan de Mr Bérard, Ingr municipal.

Auber, près de la gare. Nice fait aussi un grand commerce de fleurs. De nombreux horticulteurs en expédient dans tous les pays : 230 hect. sont affectés à la culture florale, surtout aux roses; l'hect. de roses produisait en 1890 10 000 fr., mais le développement de cette culture a amené une notable baisse des prix.

Environs et excursions.

En temps normal, les prix des voit. sont généralement ceux que nous donnons; mais pendant les courses et le carnaval, ils sont augmentés. Pour avoir des voit. confortables, dans de bonnes conditions, s'adresser trois ou quatre heures au moins avant l'heure du départ, soit au kiosque de la place Masséna, soit au siège de la *Société générale des voitures de Nice*, rue de l'Hôtel-des-Postes, 9, soit encore au loueur *Carlo*, rue Victor, 58 (voit. pour longues courses); l'agence *Nice-Excursions*, place Charles-Albert, 2, se charge aussi de tracer les itinéraires de promenades et de fournir des voit.

Plusieurs excursions, et les plus intéressantes, peuvent être faites à bon marché par les breaks de *Nice-Excursions*, place Charles-Albert, 2, de l'*Agence Cook*, avenue Masséna, 16, ou de l'*Agence Lubin*, avenue Masséna, 17. — Pendant la saison, les grands et confortables breaks de ces agences quittent Nice tous les matins à 9 h. pour Menton, aller par la route haute dite de la Corniche, ret. par Monte-Carlo et la route du bord de mer. D'autres excursions à prix modérés sont aussi organisées par les mêmes agences; nous recommandons aux touristes de s'y faire inscrire dès leur arrivée à Nice, pour que le programme des excursions leur soit régulièrement envoyé durant leur séjour. Les places doivent être retenues la veille de l'excursion.

La Cie des chemins de fer du Sud de la France organise pendant la saison des **trains d'excursions spéciaux** (mardi et jeudi pour les *Gorges du Loup* et *Grasse*; mercredi et samedi, pour *Touët-de-Beuil*, les *Gorges du Cians* et *Puget-Théniers*). Pour ces trains, la *Compagnie Forestier* (bureaux avenue Thiers, cour de la gare P.-L.-M., et à *Nice-Excursions*, place Charles-Albert, 2) délivre des billets comprenant le trajet en chemin de fer 1re cl. all. et ret., une promenade en voiture ou une course à pied avec guides, et le déjeuner dans les meilleurs hôtels (gorges du Loup, 10 fr.; autres excursions, 15 fr.).

Nous ne décrivons ici que les promenades principales. Pour les autres et généralement pour plus de détails, *V.* notre monographie *Nice et Monaco* (1 fr.) ou notre guide *Provence.*

1° **Cimiez : les Arènes, le Couvent et le Jardin zoologique** (au N.-N.-E.; promenade de 1 h. 30 à 2 h., aller et ret.; tramway électrique partant du café de la Régence (coin de la rue de l'Hôtel-des-Postes); 20 min. à la montée jusqu'au Jardin zoologique; 15 min. à la descente; 30 c.; entrée au Jardin zoologique, 1 fr.; voit. à 1 chev. et 2 places 5 fr., 4 places 6 fr., 2 chev. 10 fr.). — Le tramway suit la *rue de l'Hôtel-des-Postes*, le *boulevard Carabacel* et l'*avenue Desambrois*; puis, laissant à g., en contrebas, cette dernière avenue, et, à dr., l'*avenue de l'Assomption* (pensionnat du même nom), monte en lacets par le **boulevard de Cimiez.** — A dr., *villa Massingy-d'Auzac.* — 5 min. A dr., *petit lycée de Carabacel*, puis *villa Castel.* — Au fond, à g., la voie ferrée (belle vue, de ce côté). A dr., se montre l'observatoire du Mont-Gros. — 10 min. A g., *villa des Hespérides*, à l'angle du *boulevard Washington*, que l'on croise. Tout de suite après on longe à dr. le parc de la *villa Durandy*, et à g. l'*hôtel Riviera-Palace.* — A g., chemin de la *ferme Suisse* (laitage). — On laisse à g. et à dr. le *boulevard Prince-de-Galles*; le boulevard de Cimiez est bordé de platanes. Un peu plus loin, à dr., à un tournant, se montre le parc de l'*Excelsior Hotel Regina Palace* (150 m. de façade; 250 chambres au midi). Derrière est le *Grand Hôtel de Cimiez*; puis le boulevard prend le nom d'*avenue Victoria.* On voit en face la belle cime conique du Mont-Chauve.

15 min. A dr., embranchement du vieux chemin de Cimiez, qui traverse les arènes (bancs de repos).

[Les **arènes** ou **amphithéâtre romain de Cimiez,** situées sur un petit plateau, sont très dégradées. Le cirque, de forme ovale, a 65 m. de longueur sur une largeur de 54 m. 50; l'arène a 45 m. de longueur sur 34 m. de largeur; il pouvait contenir 6000 à 7000 spectateurs. En montant sur la partie des ruines qui forme terrasse au-dessus du boulevard de Cimiez, on a une belle vue. A l'E. se montrent le couvent de Cimiez (*V.* ci-dessous) avec ses clochetons rouges, et, plus loin, l'observatoire du Mont-Gros (*V.* p. 155). Cimiez, l'antique *Cemenelum*, fut à la fin de l'époque romaine la capitale de la province des Alpes-Maritimes. — En sortant des arènes par le vieux chemin de Cimiez, on trouve à g. la *villa Garin*, qui renferme quelques ruines romaines (murs d'un temple, restes de thermes, débris de deux aqueducs, inscriptions, etc.). — En descendant au S., par le vieux chemin de Cimiez, en face de la villa Garin et de la sortie des arènes, on aboutirait à Nice, place d'Armes, sur la rive dr. du Paillon; en prenant l'avenue de dr. (O.), on irait rejoindre le boulevard de Cimiez un peu au-dessus du Riviera-Palace.]

17 min. (50 m. env. au-dessus des arènes). A g., *villa Coleman* (*aux Arènes*) et, à dr., chemin carrossable du couvent de Cimiez.

[Ce chemin, à l'entrée duquel se trouvent la *chapelle*, la *fontaine* et la *villa Sainte-Anne*, aboutit, en 5 à 6 min., à une terrasse ombragée (deux chênes verts ayant chacun plus de 5 m. de circonférence), à l'entrée de laquelle une *croix* porte sculpté le séraphin qui apparut crucifié à saint François d'Assise. A l'E. de la terrasse s'élèvent l'**église** et le **couvent de Cimiez** (pour visiter, s'adresser au concierge, au fond du péristyle, à dr.), dont les bâtiments appartenaient autrefois à l'abbaye de Saint-Pons (*V.* p. 154). Dans le corridor qui mène du péristyle de l'église au cloître du monastère, et dans les galeries de ce cloître, de curieuses gravures sur bois représentent les tortures subies par les martyrs franciscains dans les diverses parties du monde. L'église renferme, dans les chapelles qui, à dr. et à g., précèdent le chœur (beau retable en bois doré, du XVIe s.), deux peintures (le *Christ crucifié* et la *Descente de Croix*) de Francesco Brea, fils de Ludovico Brea, le fondateur de l'École génoise. A la voûte, fresques modernes du Vénitien Giacomelli. — Très belle vue du belvédère qui se trouve au fond du jardin. — Tombeaux remarquables dans le *cimetière*, à l'E. du parvis du couvent.]

Revenant à la villa Coleman (*V.* ci-dessus) et reprenant le boulevard et l'itinéraire du tramway électrique, on laisse à dr. la *villa d'Ongran*, puis un chalet badigeonné de rose, diverses moyennes villas, et le bureau de tabac de Cimiez ; à g., l'octroi et la *villa Raynaud*.

40 min. Garage du tramway, dans l'enceinte du **Jardin zoologique** (5 hect. ; entrée, 1 fr.), dans une très belle situation, au-dessus de la vallée du Paillon, que l'on voit au fond, à dr. Le jardin contient des animaux de toutes espèces, une *ferme* bretonne, et un *casino* qui renferme un restaurant, un petit théâtre, un muséum où sont empaillés les animaux morts au jardin, et la *salle des singes*, où l'on peut voir un superbe gorille, spécimen unique de son espèce en Europe. Des exhibitions de curiosités, de races exotiques, etc., ont lieu au jardin, but de promenade très fréquenté ; il s'y donne des fêtes durant la saison. De la terrasse en face l'entrée du casino, vue splendide.

2° **Montboron** (à l'E. ; tram. électr. de la gare P.-L.-M. par la place Masséna : 25 c. en 1re cl., 20 c. en 2e cl. de la gare, 20 c. et 15 c. de la place Masséna ; voit., tour du boulevard, en 1 h. 30, avec 30 min. de repos, à 1 chev. et 2 places 5 fr., 4 places 6 fr., 2 chev. 10 fr. ; route forestière, en 2 h., 10, 12 et 15 fr.). — Prendre, à la gare de Nice-Riquier (*V.* p. 16) le *boulevard de Montboron* (poteau-indicateur), puis la superbe *route forestière* (pins ; villas ; grand hôtel du Mont-Boron), qui offre des vues splendides, descendre à Villefranche, et revenir par le boulevard Carnot ou par l'ancien chemin de Villefranche. — Variante plus courte : boulevard Carnot, route forestière, et ret. à Nice par l'ancienne route de Villefranche.

3° **Villefranche et Beaulieu** (6 et 8 k. E. ; tram. électr. de la place Masséna à Beaulieu-station, *via* Villefranche : 55 c. en 1re cl., 35 c. en 2e cl., all. et ret., 85 c. et 55 c. ; ch. de fer, gares à Villefranche et Beaulieu ; voit. pour Villefranche, en 2 h. 30, avec 30 min. de repos, à 1 chev. et 2 pl. 6 fr., 4 pl. 7 fr., 2 chev. 10 fr. ; Beaulieu et Saint-Jean, 10, 12 et 15 fr. ; tour du cap Ferrat, 12, 15 et 20 fr.). — 6 k. de Nice à Villefranche, par la nouvelle route (*V.* p. 160). — 6 k. Villefranche (*V.* p. 166).

2 k. de Villefranche à Beaulieu (*V.* p. 158).

8 k. Beaulieu (*V.* p. 166).

4° **Gairaut, Falicon et Saint-André** (au N.; 19 k. 5; routes de voit.; très belle excursion d'une après-dîner en voiture; voit., en 3 h., avec 30 min. de repos, à 1 chev. et 2 pl. 12 fr., 4 pl. 15 fr., 2 chev. 20 fr. Omn. 4 fois par j. pour Falicon, montant par Saint-André, 60 c.). — On sort de Nice par les avenues de la Gare, Malausséna et de Saint-Maurice (tramway jusqu'à l'église du Ray). — 30 min. *Église du Ray*, qu'il faut laisser à g.; on suit à dr. la route de Gairaut. — 45 min. Les *Mouraïlles*, propriété (s'adresser au jardinier) avec de belles fontaines (une est recouverte par un aqueduc romain) et une jolie cascatelle. — La route s'élève (belles vues). — 50 min. *Villa de Fuon-Santa* (source intermittente). — Les orangers font place aux oliviers.

55 min. A dr., avenue desservant les *villas Malausséna* et *Châteauneuf* (on peut visiter; dans le salon du 1ᵉʳ étage, portraits remarquables, par *Mignard* et par *Vanloo*; vue admirable). — On laisse à dr. le vieux chemin de Falicon.

1 h. 10. **Cascade de Gairaut**, formée par la Vésubie, qui se précipite dans un vaste bassin-réservoir, et dominée par le chalet du garde de la Cie des Eaux, d'où la vue est splendide. En contre-bas du terre-plein de la cascade, on peut voir, dans le chœur de l'*église*, au-dessus du retable, une belle tête de vieillard, *Dieu le Père*, de Vanloo.

1 h. 20 (6 k. 6 de Nice). Carrefour (vue admirable), où la route de Gairaut à Falicon rejoint celle d'Aspremont. — Laissant celle-ci à g., on prend à dr. (petite montée).

1 h. 30. *Aire Saint-Michel* ou *carrefour des Quatre-Chemins*. — Laissant en face le chemin de Rimiez, on prend à g. : Falicon se montre de l'autre côté du ravin. A g., le Mont-Chauve; à dr., vallée tapissée d'oliviers.

1 h. 45. *Chapelle Saint-Sébastien*, où se détache, à g., la route stratégique (interdite) du Mont-Chauve. — On laisse à g., quelques pas avant une croix de fer, la route de Saint-André, pour contourner le roc qui porte Falicon.

2 h. 5 (10 k.). **Falicon*** (auberges; *église* du XVIIᵉ s., dont la terrasse offre une vue superbe). — On revient sur ses pas prendre la route qui, de la croix de fer, descend dans la gorge du Paillon de Saint-André ou Riou-Sec.

2 h. 25 (11 k. 8). On rejoint la route de Levens, que l'on suit à dr., et l'on franchit deux fois le Paillon de Saint-André, la seconde fois sur l'arche naturelle (13 k.) recouvrant la **grotte de Saint-André** (très beau site; cascatelles). Un peu plus bas, un pont franchit le torrent; de l'autre côté s'élève le *chalet de la Grotte*, d'où se détache le sentier qui, remontant la rive g. du torrent, mène jusqu'à l'entrée de la grotte (50 m. de longueur, 50 c. d'entrée; intéressante à visiter) dans laquelle le propriétaire a ménagé une passerelle le long du Paillon souterrain. Un passage en planches avec rampe conduit jusqu'à l'ouverture de la grotte, et un petit bateau permet de naviguer à l'intérieur, tapissé de capillaires au feuillage délicat. Dans le fond tombe une cascade. L'eau de Saint-André a des propriétés incrustantes; et de petits objets recouverts de sédiments calcaires sont exposés dans une salle du chalet-restaurant.

La route suit la rive dr. du torrent et passe (15 min. de la grotte) au pied d'un coteau auquel les agaves et les tulipiers donnent un aspect oriental: la cime de ce coteau porte un lourd *château* du XVIIe s., sur un rocher à pic, en face d'un pont auprès duquel se trouve un magasin de pétrifications. On traverse le ham. de *Saint-André** (omn. pour Nice); puis, à la jonction du Paillon de Saint-André et du Paillon de l'Escarène, on laisse à g. le pont et la route de l'Ariane, qui passe au pied du *Brec* ou *Broc*. La route suit alors jusqu'à Nice la rive dr. du Paillon (sur la rive g., route de Coni).

3 h. 25 (15 k. 8). A dr., sur une terrasse de jardins et de bosquets, **abbaye de Saint-Pons**, fondée en 775, supprimée à la Révolution, et reconstituée de nos jours. Du portique et des terrasses, vue admirable. Dans le cloître (les hommes seulement y sont admis), sarcophage des premiers siècles du christianisme, employé au XIVe s. pour un abbé dont l'écusson a été taillé sur une face; à côté, dans une salle abandonnée, inscriptions antiques; derrière le monastère, pan de mur romain.

[De l'abbaye, un joli chemin entre haies monte en 20 min. à Cimiez (*V.* p. 150).]

La route passe sous le viaduc du chemin de fer, et l'on aboutit à la place Masséna par le quai de la place d'Armes et l'avenue Félix-Faure.

4 h. 20 (19 k. 5; 6 h. à pied, 4 h. en voit., y compris les arrêts à Gairaut, à Falicon, à la grotte de Saint-André et à Saint-Pons). Nice.

5° **Observatoire de Nice ou du Mont-Gros** (au N.-E.; les piétons pourront prendre à dr., sur la route de la Corniche, en face la *chapelle Saint-Charles,* au delà de l'entrée de la *villa Sauvan*, un sentier qui conduit en 20 min., — 1 h. 10 de Nice, — au pavillon de l'administration; à l'entrée du chemin, se trouve l'inscription « passage interdit au public », mais on tolère néanmoins l'entrée des touristes par ce sentier, particulier et affecté au service de l'Observatoire; les voit. suivront l'itinéraire ci-après, qui prend 1 h. à l'aller seulement; voit., en 2 h., avec 30 min. de repos, à 1 chev. et 2 pl. 12 fr., 4 pl. 15 fr., 2 chev. 20 fr.; avec retour par Villefranche, en 3 h., 15, 20 et 25 fr.). — 5 k. de Nice à l'embranchement, à dr., sur la route de la Corniche, du chemin particulier de l'Observatoire (*V.* p. 157). Franchissant la grille, on remet sa carte au *chalet du concierge*, et l'on peut monter en voit., en 10 min., au pavillon de l'administration, précédé de terrasses qui offrent une **vue splendide.** Là, il faut demander la permission de visiter au directeur, M. Perrotin.

L'*Observatoire de Nice*, dû à la munificence de M. Bischoffsheim et donné par lui en 1899, ainsi que ses annexes, à l'Université de Paris, tout en conservant sa vie durant les charges et frais d'entretien, a été construit par Charles Garnier dans un parc de 40 hect. env., à 372 m. d'alt. Il comprend 15 pavillons ou corps de bâtiment. Ce sont, d'abord, sur la crête du Mont-Gros, en allant du N. au S. : — le **grand équatorial**, immense construction carrée, large de 26 m., haute de 10 m., surmontée de la fameuse **coupole** mobile d'Eiffel, demi-sphère recouverte en acier, pesant 95 000 kilogr., d'un diamètre de 24 m. à l'extérieur; — la *grande méridienne;* — la *petite méridienne;* — le *coudé;* — le *petit équatorial;* — le *pavillon de spectroscopie;* — le *pavillon de physique.* — Ensuite, plus bas, sur les flancs de la montagne : — au N., le *pavillon ma-*

gnétique, installé sur les indications de M. Mascart; — à l'O., trois grands corps de bâtiment, dont deux *maisons d'habitation* pour les astronomes, et la *bibliothèque* (5000 vol.; 30 journaux ou recueils périodiques); — à l'E., les *ateliers* et la *salle des machines*; — au S., une nouvelle *maison d'habitation*; — plus au S., l'*écurie* et la *remise*; — enfin, plus au S. encore, à l'entrée de la propriété, le chalet du concierge (*V.* ci-dessus). Tous les bâtiments sont éclairés à l'électricité, et l'observatoire possède un réseau téléphonique complet. L'observatoire du Mont-Monnier (*V.* p. 164), dû aussi à la générosité de M. Bischoffsheim, complète celui du Mont-Gros comme station de grande altitude.

Retour recommandé par le col des Quatre-Chemins, Villefranche et la route du bord de mer.

6° **Contes et sa vallée** (18 k. N.-E.; route de voit.; tram. électr. de la place Garibaldi: 1 fr. 25 et 75 c.; voit. à 2 chev., aller et ret. en 5 h., 30 fr.). — Sortant de Nice, la route longe la rive g. du Paillon, croise la voie ferrée et laisse à g. l'abattoir; puis, contournant le coteau de Saint-Hubert, elle atteint la *Madone du Bon-Voyage*. Après le confluent du torrent de Saint-André, elle tourne à l'E. en longeant, avec le Paillon, la base du Mont-Gros.

7 k. *La Trinité-Victor*, 1282 hab., dans une plaine fertile, et d'où une route monte (1 h.; à pied, 1 h. 30) à la Madone de Laghet (*V.* p. 180). — 9 k. *Drap*.

12 k. *Pont de Peille*, qu'une route relie à (10 k.) *Peillon*, curieux v., sur un rocher (376 m.). — 14 k. On laisse à dr. la route du col de Tende.

18 k. *Contes*, ch.-l. de c. de 1688 hab., est bâti en amphithéâtre sur un promontoire (beaux châtaigniers, orangers; vin blanc estimé). La route continue à remonter la rive g. du Paillon de Contes, dans une gorge boisée très pittoresque, puis elle franchit le torrent et monte en lacets au ham. de *Bendejun*, pour se diriger vers la partie supérieure de la vallée en suivant les flancs du Mont-Férion à travers une magnifique forêt de châtaigniers. — 28 k. *Coaraze*, curieux v. avec une *église* du XIVe s. (tableau attribué à Guido). — Le fond de la vallée est fermé par le superbe

rocher de *Rocca Seira* (ascension recommandée, pénible par Coaraze, facile par Lucéram et le versant N.).

7° **Cagnes** (13 k. O.-S.-O.; ch. de fer P.-L.-M. et tram. électr. de la place Masséna : 90 c. et 60 c.; all. et ret., 1 fr. 35 et 90 c.). — Pour la description de Cagnes, V. p. 150.

8° **Menton par la route de la Corniche, retour par Monte-Carlo et la route du bord de mer** (à l'E.; 60 kil. all. et ret.; dans la saison, dép. t. les matins à 9 h. [retenir les places la veille] de breaks de *l'agence Cook* et de *Nice-Excursions* et certains jours aussi de breaks de *l'agence Lubin* pour Menton, où l'on déjeune, avec retour par Monte Carlo et la route du bord de mer, prix, 10 fr.; voit. part. à 2 chev., 45 fr.; cette course demande une journée entière et de bons chevaux). — La route de Nice à Gênes, appelée route de la Corniche, a été exécutée vers 1806, sur l'ordre de Napoléon. Son tracé suit, sauf entre Nice et la Turbie, où la voie romaine descendait le vallon de Laghet, le tracé de la *via Aurelia* ou voie Aurélienne, reconnaissable en maints endroits, et qu'on utilisait avant la construction de la route actuelle. La vue de la mer et des Alpes, la variété des aspects, la richesse de la végétation, tout concourt à faire de la Corniche une route des plus intéressantes. — Cette route se détache à dr. de la place Risso, près de la rive g. du Paillon, passe sous la voie ferrée, traverse le quartier Saint-Roch, longe la base du Mont-Gros, puis en gravit les flancs par une montée très raide. A un tournant elle s'élève vers le S. (belles vues). A dr., entrée de l'Observatoire (*V.* p. 155).

6 k. *Col des Quatre-Chemins** (345 m.; aub.), où finit la grande montée et d'où l'on peut faire, en 50 min., l'ascension du *Mont Pacanaglia* ou *Mont Leuze* (577 m.; *très recommandé;* panorama très étendu). Forte montée.

La route contourne les contreforts du Mont Pacanaglia et du Mont Fourche. A un brusque détour, on aperçoit tout à coup, à dr., le pittoresque rocher et les vieilles constructions d'Eze. Le site est admirable.

12 k. A dr. se détache la route de voit. menant à (1 k. 5) **Eze***, sur un rocher pyramidal. Eze a tout à fait l'aspect d'une ville

africaine. Les maisons appuyées les unes sur les autres semblent ne former qu'un seul édifice, une étrange citadelle ruinée. Les étroites et tortueuses ruelles disparaissent sous les arcades ; les constructions sont d'une apparence sordide et misérable.

[D'Eze, on peut, sans revenir sur ses pas, rejoindre la route de la Corniche, près de la Turbie (*V.* ci-dessous), par une bonne route de 4 k., ou descendre au Cap d'Ail et à la station d'Eze (*V.* p. 16), soit par une bonne route, soit en 45 min. par un sentier très raide.

La route de la Corniche continue à longer de superbes falaises qu'escalade la route des forts (interdite, sauf avec une permission de la place de Nice). Après avoir rejoint cette route, on laisse à dr. celle de (4 k.) Eze (*V.* ci-dessus) et à g., à l'entrée de la Turbie, celle de (2 k. 5) la Madone de Laghet (*V.* p. 180).

18 k. La Turbie (*V.* p. 180). — La route décrit de nombreux zigzags. — 23 k. *Roquebrune*, qui forme, avec Cabbé (*V.* p. 17), une comm. de 2 588 hab., est dominé par les ruines pittoresques du *château* des Lascaris (vue magnifique ; des enfants stationnent sur la place pour y conduire les visiteurs ; dans l'*église Sainte-Marguerite*, réduction du *Jugement dernier* de Michel-Ange et, dans la sacristie, un **Christ** très remarquable ; curieuses rues voûtées et porte à mâchicoulis). — 25 k. 8. On rejoint la route de Monaco (*V.* ci-après) et, arrivé à un col, on voit à ses pieds Menton, Vintimille et Bordighera, tandis qu'en arrière se montrent Monaco et l'Estérel. — On franchit les torrents de Gorbio et du Careï.

30 k. Menton (*V.* Chap. VIII).

Au retour, on suit (forte montée) la route de la Corniche jusqu'au point (4 k. 2) où la route du bord de mer s'en détache à g. et l'on descend vers le rivage avec cette route.

11 k. Monte-Carlo (*V.* chap. VII ; arrêt.). — 12 k. Monaco (la Condamine). — Deux tunnels se succédant immédiatement (avant le 1er tunnel, chem. muletier conduisant en 15 min. aux grottes du Cap d'Ail). — *Cap d'Ail* (à g., *Éden-Hôtel*). — Grand coude pour franchir un ravin. — A g. restaurant *Césari-Réserve*, à la Turbie-sur-Mer. — 19 k. *Gare d'Eze*. — 22 k. Entrée de Beaulieu (*V.*

Eze.

p. 166; à g. petit port). — 24 k. Magnifique rade de Villefranche et Villefranche (*V.* p. 166); puis Montboron (*V.* p. 152).

30 k. (57 k. all. et ret.). Nice.

9° **De Nice à Grasse; les gorges du Loup** (49 k.; chemin de fer du Sud de la France; gare à l'angle de l'avenue Malausséna et de la place Béatrix, desservie par les tramways; 2 h. 21 à 2 h. 37; 4 fr. 10, 3 fr.; trains d'excurs. pendant la saison: consulter les affiches et prospectus de la Cie; *trajet très intéressant*; vue à g.; on peut aussi se rendre à Grasse par le P.-L.-M., en changeant de train à Cannes). — La voie, se dirigeant d'abord vers le S.-O., passe à côté (à dr.) de la chapelle funéraire russe et par deux tunnels gagne les verts coteaux de Saint-Étienne. On traverse en remblai (superbe panorama de Nice) une dépression, suivie des deux tunnels de *Saint-Philippe* et de *Saint-Pierre*, puis la voie descend à flanc de coteau, dirigée vers le N.-O. — 3 k. 5. *La Madeleine*, d'où l'on peut excursionner dans la pittoresque gorge du *puits des Étoiles*, sur la rive dr. du Magnan. — La voie remonte la rive g. du Magnan, le franchit sur un viaduc, s'engage dans le tunnel du *Bellet* (956 m.), franchit le ruisseau de Saint-Isidore, et en descend l'étroit vallon boisé. — 7 k. *Saint-Isidore* (importantes scieries). — On descend dans la vallée du Var, dont on remonte la rive g., en coupant obliquement des digues de colmatage. — 9 k. *Lingostière*. — A dr., de hautes montagnes paraissent fermer la vallée au N. A g., au delà du Var, très belle vue. — 11 k. *Saint-Sauveur*.

13 k. **Colomars** * (buffet; café-restaurant en face de la gare), bifurcation des lignes de Grasse et de Puget-Théniers. — Laissant à dr. la ligne de Puget-Théniers (*V.* ci-dessous, 10°), celle de Grasse franchit le Var (vue superbe) sur le **pont de la Manda** (360 m., 6 travées), double (la route de terre passe à l'étage inférieur), décrit une courbe au S.-O., au-dessus de la rive dr. du Var, court en remblai dans les oliviers, passe dans des tranchées, s'élève en serpentant, puis, offrant de très belles vues, franchit, sur un viaduc de 6 arches, le ravin de l'Enghiéri, profond de 32 m., et monte dans une tranchée. A la sortie de la tranchée, vue à g. du Var et de son embouchure.

16 k. *Gattières*; le v. est perché à dr. (3 k.), sur un mamelon

de 296 m. (inscriptions romaines; château; clocher élevé). De nouveau on a la vue sur la vallée du Var, avec, dans le bas, le pont de la Manda et la station de Colomars. S'éloignant du Var, on s'engage dans le profond ravin de Fougerie, que l'on domine à g. En avant, curieux rocher à pic, dit Baou de Saint-Jeannet. — Tunnel de *Saint-Jeannet* (800 m.), avant lequel on voit à dr. ce v.

21 k. *Saint-Jeannet-la-Gaude* *. *Saint-Jeannet* (4 k. 5, à dr.), 1061 hab., est à 200 m. au-dessus de la gare, sur une terrasse d'éboulis (superbes oliviers), au pied de l'énorme muraille rocheuse du **Baou de Saint-Jeannet** (801 m.; vue superbe). — La voie croise la vieille route de Vence, et, toujours s'élevant, pénètre dans un tunnel, franchit (vue admirable), sur un beau **viaduc** (8 arches) en pierre, à 35 m. de hauteur, le ravin de la Cagne, passe dans un court tunnel, puis gravit une rampe (vue splendide; la Méditerranée à l'horizon) pour pénétrer dans le *tunnel des Fonts*; à g. se montre Vence, que l'on contourne en s'élevant par une nouvelle rampe pour franchir la Lubiane (*viaduc* de 4 arches) et couper la route de Coursegoules. — Tranchée.

26 k. **Vence** *, ch.-l. de c. de 3 043 hab., à g. de la gare (325 m. d'alt.), à laquelle il est relié par une belle avenue bordée de platanes et d'acacias, est devenu une station d'été que fréquentent des familles niçoises. La vieille ville, qui a conservé une partie de son enceinte ellipsoïde (portes crénelées), bordée d'une promenade circulaire, et une tour moins ancienne dépendant de l'ancien château, est composée de rues étroites et tortueuses (les principales sont bordées de beaux platanes); la nouvelle ville, en dehors des remparts, est mieux bâtie.

L'ancienne **cathédrale**, reconstruite vers la fin du VIe s., a été complètement transformée au Xe, au XIIe et au XVe s. — Dans les murs, plusieurs inscriptions antiques. — Chapelle de Saint-Lambert (2e à dr.) : tombeau de cet évêque (inscription du XIIe s.). — Chapelle Saint-Véran (3e à dr.) : autel formé par un *sarcophage* romain du IVe s., dit *de saint Véran* : retable du XVIe s. encadrant une composition de Sauvan (saint Véran bénissant le peuple). — Dans le sanctuaire, quatre bons tableaux de l'école française du XVIIIe s., figurant les Évangélistes; lutrin du XVIe s.; 51 stalles

(1455-1460) dont 30 stalles hautes; caveaux des anciens évêques. — Fonts baptismaux du XIIe ou du XIIIe s. — Ancienne cloche de 1674. — M. le curé de Vence possède une collection de tableaux où l'on remarque des toiles de Carrache, Guide, Salvator-Rosa, Lebrun, Coypel, Vanloo (Histoire de Tobie), etc.

[Un service de voit. publiques relie Vence à (10 k. S.-S.-E.; 5 dép. par j.; 1 fr.) la gare de Cagnes (*V.* p. 16 et 130).]

La voie passe en viaduc au-dessus de la jolie vallée du Malvan, puis franchit les ravins du Cassan et de Pascaressa sur deux magnifiques viaducs voûtés de 102 et 84 m., à 7 arches (beaux horizons à g. du viaduc de Cassan, superbe vue de Tourrettes, à dr.).

31 k. *Tourrettes*, 912 hab., à dr. (trois *tours* et anciennes murailles).

La voie domine dès lors la vallée du Loup, au delà de tranchées qui offrent de merveilleuses échappées, notamment sur le château de Villeneuve-Loubet (*V.* p. 131) et la mer. — *Les Valettes*, halte. Une belle courbe amène la voie sur le remarquable **viaduc du Loup** (10 arches de 20 m., 56 m. au-dessus de la rivière; 200 m. de rayon).

38 k. *Le Loup**, halte qui dessert les gorges du Loup.

En quittant la halte du ch. de fer, on descend à dr. après le viaduc (à dr., raccourci pour le Grand-Hôtel du Loup), et on aboutit sur la route, devant le *Grand Hôtel-restaurant du Loup* (bon; déj. 3 fr., dîn. 3 fr. 50, sans vin; pens. dep. 8 fr. par j.; guides et chevaux de selle). On franchit le Loup avec la route et immédiatement au delà du pont (*restaurant-hôtel de la Cascade*; truites), on prend à g. le sentier qui passe sous le viaduc et remonte, d'abord sur la rive g., les magnifiques **gorges du Loup**, clus longues de 10 k., que les eaux du Loup, bondissant sur de gros blocs, ont lentement creusée dans un plateau calcaire; cette profonde entaille, que l'on voit des hauteurs environnant Cannes et Antibes, à plus de 20 k. à vol d'oiseau, est l'une des curiosités naturelles les plus remarquables des Alpes-Maritimes et l'un des traits les plus saillants du relief de la contrée. — 20 min. On franchit le Loup dans un rétrécissement de la gorge. — 25 min. A dr., chemin qui descend pour franchir le Loup (rocher surmonté d'une grande croix) et conduire à l'*ermitage Saint-Arnoux* pèlerinage le 18 juillet; jolisite pour pique-niques). — 30 min.

Pont (257 m. d'alt.) par lequel on repasse sur la rive g. du Loup, qui tombe en cascades. Forte montée, descente, puis nouvelle montée raide qui aboutit (50 min. à 1 h. 10 pour un bon marcheur), à la grande **cascade du Pas de l'Échelle**, tombant d'un seul jet d'une paroi de 40 m. Sous la cascade même se trouve le *restaurant-bar Millo* (spécialité de truites), dont le propriétaire descend, nanti d'un énorme parapluie, pour protéger les dames dans la dernière partie de la montée, au cours de laquelle on est arrosé par l'eau projetée en pluie de la cascade, sur le sentier (pardessus et châles utiles). On passe derrière la chute (jolis effets).

C'est là que s'arrête généralement la promenade; mais le sentier continue à monter, protégé par une main courante en fer jusqu'à une bifurcation : le chemin de dr., qui quitte la gorge, s'élève en lacets jusqu'à (30 min.) *Courmes*, v. perché sur le plateau; le sentier de g., étroit, souvent humide et glissant, conduit en 45 min. à 1 h. au *Saut du Loup* (faire cette course assez difficile, par temps sec seulement; le facteur de Courmes, qui remonte les gorges du Loup vers midi, sert de guide quand le service le lui permet).

De la cascade du Pas de l'Échelle, on redescend en 45 min. à la halte du Loup, où l'on peut encore voir la belle chute fournissant l'énergie électrique aux tramways de Grasse. La chute est alimentée par un canal dérivé du Loup (rive dr.). — De la halte du Loup à Grasse, *V.* p. 120.

49 k. Grasse (gare spéciale du Sud-France; buffet; *V.* p. 114).

10° **De Nice à Puget-Théniers** (59 k.; chemin de fer du Sud; gare, avenue Malausséna, *V.* 9°; 2 h. 56 à 3 h. 15; 4 fr. 95 et 5 fr. 65; *trajet très intéressant*; *se placer à g.*).

13 k. de Nice à Colomars (*V.* 9°). — Après un tunnel on remonte la rive g. du Var. — 17 k. *Castagniers*. — 21 k. *Saint-Martin-du-Var*. — 23 k. *Pont Charles-Albert*', halte d'où l'on peut faire une belle excursion dans la vallée de l'Esteron (*V.* la *Provence*).

La vallée devient si étroite que la voie empiète sur le fleuve, pendant que la route s'élève au-dessus, taillée dans le roc. — 25 k. *Levens-Vésubie* (139 m.), sur un endiguement, à côté du ham. de *Plan-du-Var* *, et près du confl. de la Vésubie qu'on franchit (pont métallique long de 100 m. ; à dr., pont de la route de terre et curieuse échappée sur la coupure de la Vésubie) pour s'engager dans le **défilé du Ciaudan** (parois à pic de 200 à 400 m.). — *Tunnel de la Barre du Pin* (à la sortie, très belle vue ; à dr., tunnel de la route de terre, qui descend ensuite au niveau du fleuve). — 29 k. *La Tinée* (160 m.), où la vallée semble barrée complètement. La voie décrit avec le fleuve un brusque coude à dr., établie sur de puissantes digues, et pénètre dans les étroites et profondes **gorges de la Mescla**, si grandioses qu'on ne saurait trop recommander aux touristes d'en faire le but d'une promenade spéciale (4 k. 5), soit en les remontant depuis la gare de la Tinée, soit en les descendant depuis la halte de la Mescla (*V.* ci-dessous). — La voie franchit le Var (pont en fer de 60 m.) et passe dans le *tunnel de la Mescla*.

32 k. *La Mescla* (186 m.), halte près du confluent du Var et de la Tinée. — Au delà, la gorge du Var s'élargit. — Tunnel de *Malaussène*. — 39 k. *Malaussène-Massoins*. — La voie franchit de nouveau le Var sur le *viaduc du Pont de l'Ablé* (100 m.), pour en remonter, avec la route, la rive g. jusqu'à Puget-Théniers.

42 k. *Villars-du-Var* *. — La voie franchit plusieurs ravins, contourne la pointe de Suvet, puis la coupe en galerie couverte près du pittoresque *pont* romain *de Sainte-Pétronille*.

49 k. **Touët-de-Beuil** *, au pied du v. de ce nom, 374 hab., pittoresquement plaqué à une paroi de roche presque verticale (375 à 390 m. d'altit.), d'où jaillissent de nombreuses cascades. Touët-de-Beuil est le meilleur centre d'excursions de toute la ligne, le seul où l'on puisse s'installer confortablement, grâce à l'excellent *hôtel Latty*, situé à 20 m. de la gare, sur la route. C'est de Touët que l'on fait la superbe course des *gorges du Cians* et du *mont Monnier* (2 818 m. ; observatoire ; vue admirable) ; l'excursion du Monnier est une course d'été ; mais, presque toute l'année, on peut faire la promenade des gorges du Cians, soit en louant un mulet à Touët, soit en allant à pied de la halte du Cians (*V.* ci-après), par la route des gorges, large de 3 m. 50, au (5 k.) *Moulin de Rigaud*, où l'on peut manger ; ce n'est guère que du 15 décembre au 15 février que la neige rend les gorges impraticables ; pour plus de détails, *V.* la *Provence*.

Villefranche. — Phot. H. Prudent.

La voie franchit le Cians. — 51 k. *Le Cians*, halte desservant les gorges du Cians (*V.* ci-dessus). — On franchit plusieurs ravins.

59 k. **Puget-Théniers** *, ch.-l. d'arr. de 1221 hab., à 402 m., petite V. sans intérêt.

VILLEFRANCHE.

Villefranche *, ch.-l. de c. de 4,430 hab., relié à Nice par le tram. électr., jouit d'un climat exceptionnel. Les citronniers et les dattiers y croissent avec beaucoup de vigueur, mais le paysage est trop rétréci et trop accidenté pour plaire aux étrangers en quête d'un séjour. Elle n'a d'intéressant que sa rade et ses établissements militaires. — L'*avenue Léopold II* conduit à la villa dn roi des Belges et au col des Quatre-Chemins (*V.* p. 157).

[On peut se faire traverser (1 fr. 50 pour une ou deux pers.; 50 c. par pers. en plus; faire prix) à *Passable* (propriété du roi des Belges), d'où l'on atteint, en 15 min., Saint-Jean (p. 167).]

BEAULIEU.

Beaulieu *, v. de 1,058 hab., qui justifie son nom par sa charmante situation entre deux baies, à l'extrémité d'un promontoire ombragé par des oliviers, est une station hivernale (*V.* p. 133) florissante et très prisée, qui possède de beaux hôtels et de nombreuses villas (villas Salisbury, du roi des Belges, Gordon Bennett, Marinoni, etc.). L'anse du N. se termine aux rochers de la *Petite-Afrique*, la partie la plus chaude de la localité. On trouve à Baulieu toutes les ressources désirables : cultes catholique et anglican; poste; télégraphe et téléphone; voitures et barques pour promenades; le gaz y est installé et la Vésubie

Guides Joanne

ENVIRONS DE NICE.

HACHETTE & Cie Paris.

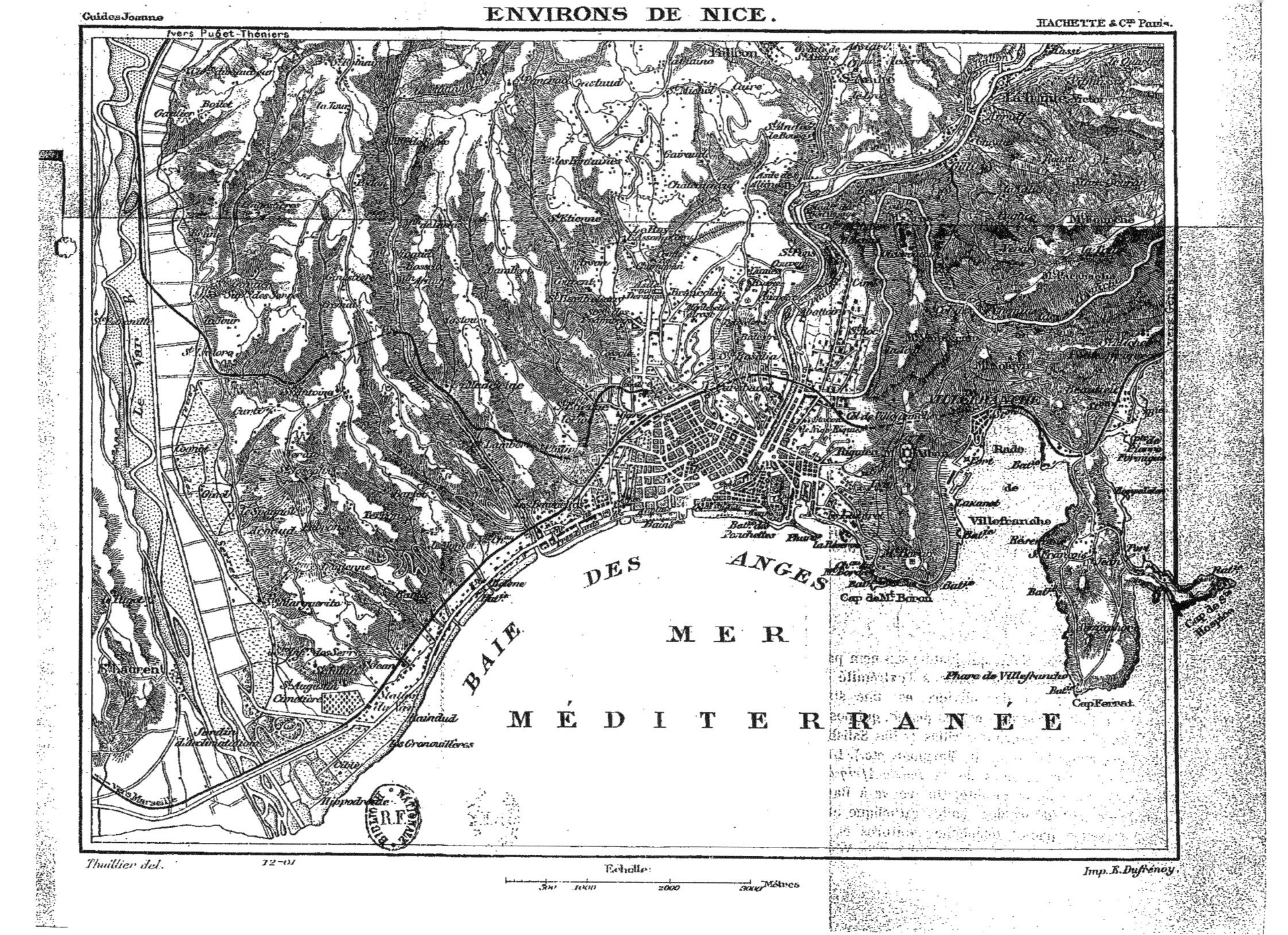

Thuillier del.

Imp. E. Dufrénoy

alimente la ville en eau potable. Un syndicat d'intérêt local et deux agences de location fournissent gratuitement aux étrangers tous les renseignements utiles. Beaulieu est relié à Nice par le tram. électr., en voie de construction entre Beaulieu et Monaco, d'où le réseau côtier sera continué jusqu'à Menton par le Cap Martin.

[De Beaulieu, très jolie promenade, que l'on peut aussi faire de Villefranche, dans **la presqu'île de Saint-Jean**, à (40 min.) *Saint-Jean-sur-Mer** (*hôtel et Parc Saint-Jean*, pens. 8 à 10 fr., 30 ch., bien situé au-dessus du petit port), ham. de pêcheurs fréquenté par les canotiers et les amateurs de bouillabaisse et résidence hivernale tranquille (sur le quai, le *Pêcheur*, bronze de Claude Vignon), (1 h.), le *cap Saint-Hospice* ou *Sans-Soupir* (tour surmontée d'une Vierge; chapelle; vestiges de remparts), d'où l'on revient (1 h. 20) à Saint-Jean pour aller ensuite (2 h. aller et ret. de Saint-Jean) au *sémaphore* et au *phare du cap Ferrat*, qui éclaire l'entrée de la rade de Villefranche, et d'où la vue est fort belle. Les magnifiques terrains boisés du **Domaine du Cap Ferrat** appartiennent à une Société qui les aliène par lots pour la construction de villas. Le domaine (belles routes ombragées; joli *lac*) peut être visité certains jours dans l'après-midi (s'adr. à Nice aux bureaux de la Société du Cap Ferrat, M. Bossi, administrateur, avenue de la Gare, 53). On prend le tram. électr. de la place Masséna jusqu'au *Pont Saint-Jean*, où la route du Cap Ferrat se détache à dr. de la route de Beaulieu, et où l'on trouve un omnibus en correspondance avec le tram. pour les visiteurs du domaine (tram à trolley sans rails en 1902).

De Beaulieu, on peut aussi faire de jolies promenades (à pied ou à mulet) aux *gorges de la Murta*, au col des Quatre-Chemins (*V.* p. 157), au *Belvédère* (354 m.; vue superbe), au *rond-point Saint-Michel* (187 m.), etc.]

CHAPITRE VII

MONACO ET MONTE CARLO[1]

De Paris à Monaco, 1103 k. à Monte Carlo, 1104 k. — Prix : de Paris à Monaco, 123 fr. 65 en 1re cl., 83 fr. 50 en 2e cl., 54 fr. 45 en 3e cl. ; à Monte Carlo, 123 fr. 75, 83 fr. 55, 54 fr. 50 ; — de Londres à Monte Carlo : *A* par Calais, 194 fr. 75 en 1re cl., 153 fr. 05 en 2e cl. ; *B* par Boulogne, 187 fr. 10, 127 fr. 50 ; *C* par Dieppe, 167 fr. 30, 115 fr. 85. Aller et retour, valable 45 j. : par Calais, 303 fr. 20, 221 fr. 70 (supplément pour prolongation de 45 autres j., 80 fr. 95, 41 fr. 95) ; par Boulogne, 299 fr., 216 fr. 55 (supplément pour 45 j., 79 fr. 80, 41 fr. 35) ; par Dieppe, 258 fr. 60, 186 fr. 70 (supplém. pour 45 j., 75 fr. 60, 44 fr. 60).

Places de luxe. — *Méditerranée-Express*, de Paris à Monaco, 207 fr. 65 ; à Monte Carlo, 207 fr. 75 ; — *Calais-Méditerranée-Express*, de Calais à Monaco, 259 fr. 15 ; à Monte Carlo, 259 fr. 35 ; — *Cannes-Nice-Vienne-Express*, de Vienne à Monte Carlo, 191 fr. 25. — *Dans les rapides*, de Paris à Monaco : wagon-lit ou lit-salon, 183 fr. 65 ; fauteuil-lit, 159 fr. 65 ; à Monte Carlo, 183 fr. 75, 159 fr. 75.

Billets a prix réduits. — Pour les conditions, *V.* p. 5. — Prix d'un billet de bains de mer individuel, valable 33 j., de Paris à Monaco ou Monte-Carlo et retour, 132 fr. en 1re cl., 99 fr. en 2e cl., 66 fr. en 3e cl. — Billets d'all. et ret., val. 10 j., avec faculté d'arrêt à toutes les gares, de Monte Carlo à Bordighera, 5 fr. 95, 4 fr. 15, 2 fr. 70 ; à San Remo, 8 fr. 75, 6 fr. 15, 3 fr. 80.

Renseignements de séjour. — On ne trouve rien à louer dans la vieille ville de *Monaco*. **Monte Carlo** prodigue à ses hôtes les distractions de haut goût, et naturellement les prix de la vie y sont élevés. A *la Condamine*, qui est surtout un bain de mer, on peut s'installer sans grands frais. Dans les prix de location des villas ou appartements meublés (de 1500 fr. à 7000 fr. pour

1. *V.* les renseignements pratiques à l'*Index alphabétique*.

la saison); le linge, la vaisselle et l'argenterie sont généralement compris. Approvisionnement complet; on peut se procurer presque tout le nécessaire au marché de la Condamine, abondamment pourvu, et ouvert t. l. j. de 5 h. mat. à 5 h. s.; la viande est tarifée par arrêté du maire de Monaco, et le tarif est affiché à l'étal de chaque boucher (les prix sont inférieurs à ceux de Paris). La principauté est alimentée en eau potable par la Vésubie, dont l'eau est filtrée par le système Anderson; l'abonnement d'eau coûte 60 fr. par an et par mètre cube journalier, mais, dans les maisons et appartements meublés, l'eau est fournie par le propriétaire et à ses frais. Le gaz, installé presque partout, se paye 25 c. le mètre cube. — L'éclairage électrique est installé dans les maisons neuves (10 c. par heure et par lampe de 10 bougies). — Permis de séjour nécessaire (50 c.; s'adr. au bureau de police dans les 15 j. de l'arrivée).

PRINCIPAUTÉ DE MONACO.

Situation. — Aspect général.

Monaco*, V. de 3292 hab., capitale de la principauté de Monaco, enclavée dans le dép. des Alpes-Maritimes, mais État souverain (13 304 hab.; 21 600 m. carrés de superficie; 3 k. 5 de longueur sur une largeur variable de 1 k. à 150 m.), siège d'un évêché, est bâti au sommet d'un rocher qui se rattache au continent et aux pentes escarpées de la Tête de Chien par un isthme sur lequel la gare a été construite et qu'occupe le quartier de la Condamine (6218 hab.); au delà, sur une autre terrasse rocheuse, s'étend Monte-Carlo (3794 hab.). La vieille ville administrative et historique est ainsi séparée de la ville des étrangers, du jeu, du *high life* et de la fête à outrance, par le quartier du commerce et du peuple, bâti autour du port et de la plage; et ce n'est pas l'un des moindres spectacles de cette terre édénique et minuscule que de contempler, de la terrasse du Casino de Monte Carlo, vivante, animée et fastueuse, l'antique cité ankylosée sur son promontoire, recueillie et solennelle, avec son palais, ses églises, ses couvents et ses jardins suspendus où la flore semi-tropicale s'arc-boute au roc et le revêt de ses essences parfumées, depuis la terrasse du palais jusqu'à la Méditerranée. Le *rocher de Monaco*, large de 300 m. en moyenne et coupé à pic sur presque toute sa circonférence, s'avance à 800 m. en mer et se recourbe à l'E. pour embrasser la rade semi-circulaire de l'Hercule Monœcus. Sa partie supérieure, haute de 60 m. au-dessus du niveau de la Méditerranée, forme une terrasse couverte en entier par la ville et les jardins.

L'aspect de Monaco est singulièrement pittoresque; de la Corniche, il est merveilleux.

Direction.

MONACO-VILLE.

En sortant de la gare (tramway pour la ville, 20 c.), on prend en face l'*avenue de la Gare* (restaurants), qui débouche sur la *place d'Armes* (tramway pour le Casino et pour Saint-Roman, 20 c.; *marché* t. l. j. de 5 h m. à 5 h. s.), trait d'union entre la Condamine et la vieille ville. De là, les piétons peuvent monter directement, à dr., par une rampe pavée, assez raide, à la place du Palais (*V.* p. 172). Les voitures prennent à g. l'*avenue de la Porte-Neuve*, qui décrit une grande courbe (beaux points de vue) pour contourner le promontoire; elle aboutit au-dessus de la pointe, entre l'*Hôtel-Dieu* et le *fort Antoine* (jardins); de là, les voit. ont le choix entre deux itinéraires : l'un, celui que suivent généralement les voit. particulières, consiste à faire le tour S. du rocher par l'*avenue* ou *promenade*

Monaco.

Saint-Martin (*Musée océanographique* en construction ; jardins ; plantes tropicales ; vue de mer splendide), qui se termine à la **cathédrale,** dédiée à *St Nicolas*, reconstruite dans le style romano-byzantin (maître-autel et buffet d'orgues en marbre blanc sculpté, ce dernier faisant face à un trône épiscopal dont le fronton, de marbre, est supporté par des colonnettes de granit ; dans la chapelle du croisillon dr., autel en bois sculpté et doré, du XVIe s., provenant de l'ancienne église ; dans le croisillon dr., tableau à compartiments du XVe s. ; dans la crypte, tombeaux des princes de Monaco), sise un peu en retrait, à dr., à côté de la *poste-télégraphe*, sur la *rue des Briques* au N. (entrée principale), l'avenue Saint-Martin au S., la *rue de l'Église* à l'O. et la *rue des Fours* à l'E.; de là, la *rue du Tribunal* ou la *rue Sainte-Barbe* amènent, la première à la place du Palais, la seconde sur la *promenade Sainte-Barbe*, qui prolonge cette place au S., au-dessus de la mer. L'autre itinéraire de voit., moins agréable, mais suivi par les omnibus de la gare, consiste à couper le promontoire dans son centre par l'*avenue des Pins* et la *place de la Visitation* (c'est le point terminus des omn. de la gare), où se trouvent l'*Hôtel du Gouvernement*, et, en face, la *chapelle de la Visitation*, et que continue à l'O. la rue des Briques (*V.* ci-dessus), aboutissant à la place du Palais.

La **place du Palais** (très belle vue ; *buste* en marbre *du prince Charles III*) offre un aspect original et pittoresque. Au pied de ses parapets crénelés reposent des canons de bronze donnés par Louis XIV aux princes de Monaco.

Le **Palais** (on visite l'après-midi, *en l'absence du Prince seulement*, de 2 à 5 h., la cour d'honneur, les appartements et les jardins) est un édifice ancien, agrandi et restauré. La partie S. (appartements les plus remarquables) date probablement des XVe et XVIe s. La grande façade est dominée par une *tour* (sommet découpé en créneaux de style mauresque). Deux figures de moines armés, gardant le blason des Grimaldi, surmontent la porte principale.

La **cour d'honneur** est la plus belle partie du château. A g., un magnifique escalier de marbre blanc à double rampe, dont les dimensions sont trop vastes relativement aux constructions environnantes, conduit à une belle galerie à arcades (fresques attribuées à Carlone). A dr. règne une galerie parallèle, également ornée de fresques, que l'on dit être de Caravage, mais qui, presque entièrement détruites, ont été refaites par un peintre moderne.

Les visiteurs sont introduits par la porte qui s'ouvre à dr. de la galerie de g. dans les appartements (nous ne citerons que les principaux objets d'art).

Antichambre : quatre paysages, par *Breughel.* — Petit salon : portrait de la reine de Hollande. — Salon Bleu : 59. Le duc d'Aumont, par *Porbus.* — Salle Grimaldi ou salon d'Honneur, décorée de fresques attribuées à *Horace de Ferrari* et d'une cheminée de la Renaissance ornée de médaillons et de cariatides finement sculptés : buste de Charles III, par *Meunier;* portrait de Charles III. — Salon Vert : portraits de la famille princière, par *Vanloo, Mignard* et *Largillière.* — Chambre a coucher : 15. Portraits de Louise-Hippolyte, princesse de Monaco, de son mari et de ses six enfants, par *C. Vanloo;* autres portraits par des peintres inconnus. — Salon d'York : 65. Mazarin, par *Mignard.* — Chambre d'York (ainsi nommée parce que le duc d'York, frère de Georges III, y mourut en 1760) : fresques d'*Annibal Carrache*; 14. La princesse Louise-Hippolyte, par *C. Vanloo;* 66. Mlle de Château-Thierry, par *Mignard*; 62. Le prince Antoine Ier, par *Largillière.* — Salon Louis XV : 9. Antoine Ier, par *H. Rigaud*; 27. Le comte de Carladez, par *J.-B. Vanloo*; 114. Éducation de l'Amour, par *Lagrenée.* — Chambre Louis XV : Toilette de Vénus, par *Lemoyne;* 116. L'Amour, par *Albane;* 156. Madeleine, par *Dominique Feti.*

La *chapelle Saint-Jean-Baptiste*, restaurée, est richement décorée.

Les **jardins**, très bien entretenus, offrent une végétation luxuriante. Près de la porte qui les fait communiquer avec la place du Palais, sont un tombeau romain et une borne milliaire.

On peut voir encore à Monaco : — dans la *rue Basse*, la *chapelle des Pénitents* (joli groupe en marbre blanc, représentant la Vierge et des Anges) ; — dans la *rue de Lorraine*, deux charmantes petites *portes* de la Renaissance. — Au *couvent des Carmélites* se fabrique la *liqueur du Mont-Agel*, genre chartreuse.

LA CONDAMINE ET MONTE CARLO.

De Monaco, on peut se rendre à Monte Carlo : 1° par le tramway qui part de la place du Palais (20 c.) ; — 2° si l'on est en voit., en descendant par l'avenue Saint-Martin et l'avenue de la Porte-Neuve (*V.* p. 170), à la place d'Armes, pour gagner de là le boulevard de la Condamine (*V.* p. 176), ou bien, par l'avenue de la Gare (*V.* p. 170) et le *boulevard de l'Ouest* (villas), qui laisse à g. un chemin montant à la Turbie (*V.* p. 180), et franchit le ravin de Sainte-Dévote (*V.* p. 176) ; — 3° si l'on va à pied, soit en descendant la rampe qui mène à la place d'Armes, où l'on trouvera le tramway pour Monte Carlo et Saint-Roman (20 c.), soit encore (très conseillé) en descendant par les jardins Saint-Martin et le *chemin des Pêcheurs*, qui contourne la pointe du rocher sous le fort Antoine (*V.* p. 170), et se continue, le long du petit *port*, par le *quai* et l'*avenue de la Quarantaine* ; à l'extrémité de ce quai, on rejoint le chemin venant de la place d'Armes, en contre-bas de l'avenue de la Porte-Neuve.

A la rencontre de ces chemins, au pied du rocher de Monaco et sur le bord de la plage sablonneuse, sont les

Casino de Monte Carlo.

splendides **Thermes Valentia**, qui réunissent tous les perfectionnements de la balnéothérapie moderne. Ils sont divisés en deux ailes : l'aile g. est réservée aux traitements hydrothérapiques; l'aile dr. est affectée à l'électrothérapie, au massage et à la kinésithérapie. On y trouve un vaste hall (journaux, livres et revues), un bar-restaurant, et des appartements pour malades.

Au delà des thermes, on suit le *boulevard de la Condamine*, bordant la rade (villas), puis on passe devant le *vallon de Gaumates* ou *de Sainte-Dévote*, que franchissent le viaduc du chemin de fer et le pont hardi, haut de 45 m. et de 33 m. d'ouverture, sur lequel passe la nouvelle route (beaux points de vue), longue de 2 600 m., qui réunit la route de Nice par le bord de la mer à la route de Menton. A l'entrée du vallon, jadis si pittoresque et maintenant rempli de villas supportées par d'énormes murs de soutènement, s'élève la petite **chapelle** gothique **de Sainte-Dévote**, but de pèlerinage fréquenté.

La route (*avenue de Monte Carlo*), s'élevant (belle vue), passe sous l'*hôtel de l'Hermitage* (à g.), caractéristique construction en stuc avec fresques et colonnettes, laisse à g., en face du bureau de *poste* et de *télégraphe*, l'*avenue de la Princesse-Alice* (*lawn-tennis*; 2 courts très bien entretenus; enceinte avec pavillon, d'où la vue est très belle), puis atteint, sur le plateau de **Monte Carlo** ou des *Spélugues* (grottes), la **place du Casino** (au centre, bassin et parterre), où s'élèvent au S. le Casino, à l'O., l'*hôtel de Paris*, et, au N., le somptueux **café de Paris** (grill-room; billards, café et restaurant). L'*avenue des Beaux-Arts* sépare l'*hôtel de Paris* du *Palais des Beaux-Arts*, où une exposition internationale de peinture, de sculpture, de ciselure, etc., est ouverte chaque hiver. Plusieurs fois par semaine il y a concert dans le vaste hall à dôme de cristal, et une salle latérale est aménagée pour des séances littéraires et théâtrales. Dans une serre chaude qui borde l'enceinte centrale sont groupées des plantes exotiques.

Le **Casino**, le grand foyer d'attraction de Monte Carlo, est ouvert à tous les étrangers, moyennant une carte d'admission, délivrée sur présentation d'une pièce quelconque d'identité dans un bureau à g. du vestibule d'entrée; cette carte, valable *pour la journée seulement*, peut être ensuite échangée contre une carte de séjour.

Au S., du côté de la mer, la façade de la salle des Fêtes, construite en 1878-79 par Charles Garnier, et longue de 60 m., se compose de trois grandes arcades surmontées d'œils-de-bœuf et flanquées de deux **tours** élégantes, hautes de 38 m., avec moucharabis et campaniles. De chaque côté de la façade, dans deux niches en retour, sont deux groupes sculptés : à dr., la *Musique*, par Sarah Bernhardt; à g., la *Danse*, par Gustave Doré. — Les façades latérales, longues de 14 m., sont ornées de figures représentant l'*Industrie*, l'*Architecture*, la *Peinture* et la *Sculpture*, par Chatrousse, Prousa, Bruyer et Godebski. Sur le côté O. se trouve l'entrée réservée du prince de Monaco, donnant accès dans sa loge. Les tympans de la porte sont de Cordier.

La façade N. est ornée d'un péristyle donnant accès dans un grand vestibule (cadres où sont affichées les dépêches politiques, sportives et commerciales). A dr. est le vestiaire (gratuit et obligatoire).

Du vestibule on passe dans le **hall central**, orné de deux grands panneaux par Jundt : *Vue de Monte Carlo* (prise de la route de Menton); *Récolte des olives au Cap Martin* (ces peintures offrent, le soir, de curieux effets de lumière). Sur ce hall, toujours très animé et où les joueurs viennent fumer, s'ouvrent à g. les salles de jeu, en face la salle des Fêtes.

Les **salles de jeu** se composent : d'une grande salle (4 tables de roulette), de style mauresque, annexée à la construction primitive; d'une seconde salle (2 tables de roulette), construite par

Charles Garnier et ornée de peintures figurant les différents sports, par Clairin, Boulanger, Lenepveu et Saintin; enfin de deux autres salles (tables de trente et quarante), construites en 1890 dans un bâtiment attenant au Casino.

La **salle des Fêtes**, haute de 19 m., et formant un carré de 20 m., peut contenir environ 600 personnes. Le plancher est mobile, ce qui permet de transformer la salle en salle de bal. La porte centrale, qui communique avec les anciens bâtiments du Casino, est flanquée de cariatides. Les grandes voussures, mesurant 15 m. sur 6, représentent : le *Chant*, par Feyen-Perrin; la *Musique instrumentale*, par Gustave Boulanger; la *Danse*, par Clairin, et la *Comédie*, par Lix. Les grandes figures sculpturales qui séparent ces peintures sont de Jules Thomas. — La scène, large de 19 m., est ornée de cinq panneaux décoratifs : la *Comédie*, le *Chant*, la *Poésie*, la *Danse* et la *Musique*, par Motte, Barrias, de Bautry, Saintin et Monginot. Le grand motif du milieu de l'arc a été sculpté par Gautherin. — De décembre à avril, des concerts et des représentations théâtrales réunissent les artistes les plus renommés.

Au 1er étage (escalier de g. en entrant dans le vestibule) sont les salles de lecture et de correspondance.

La **terrasse** (au *kiosque*, en été, concert gratuit deux fois par j.) et les **jardins** du Casino sont une véritable merveille par leur disposition, le soin avec lequel ils sont entretenus, les essences variées de leurs arbres, le nombre et la beauté de leurs fleurs, et enfin la vue féerique dont on y jouit. Au N. des jardins, de vastes bâtiments sont habités par le personnel du Casino.

Au-dessous du Casino et sur un terre-plein dominant la mer (vue superbe) s'étend le vaste emplacement du *Tir aux pigeons* (*stand* superbe; salles d'armes; grands concours annuels et internationaux, de décembre à mars).

Du Casino on peut descendre, soit par l'ascenseur (25 c.; aller et ret. 35 c.), soit par des escaliers, soit par l'*avenue des Spélugues*, à la gare de Monte Carlo.

La large avenue qui se détache au N., en face du par-

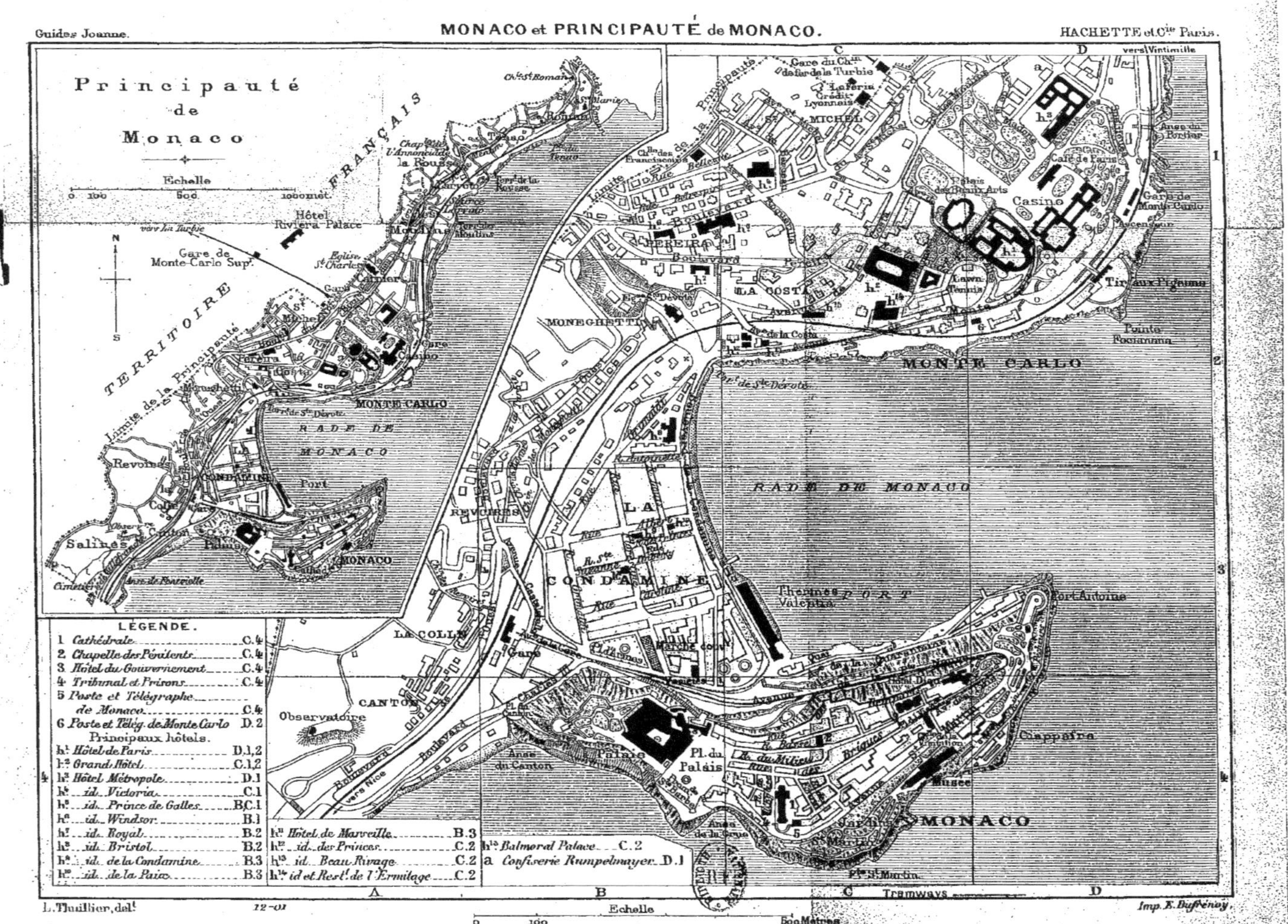
Guides Joanne.
MONACO et PRINCIPAUTÉ de MONACO.
HACHETTE et Cie Paris.
Principauté
de
Monaco
Echelle
0 100 500 1000 mèt.
TERRITOIRE FRANÇAIS
Limite de la Principauté
Hôtel Riviera-Palace
Gare de Monte-Carlo Supr.
MONTE CARLO
RADE DE MONACO
Port
MONACO
Salines
LÉGENDE.
1 Cathédrale C.4
2 Chapelle des Pénitents C.4
3 Hôtel du Gouvernement C.4
4 Tribunal et Prisons C.4
5 Poste et Télégraphe de Monaco C.4
6 Poste et Télég. de Monte Carlo D.2
Principaux hôtels.
h1 Hôtel de Paris D.1,2
h2 Grand Hôtel C.1,2
h3 Hôtel Métropole D.1
h4 id. Victoria C.1
h5 id. Prince de Galles B.C.1
h6 id. Windsor B.1
h7 id. Royal B.2
h8 id. Bristol B.2
h9 id. de la Condamine B.3
h10 id. de la Paix B.3
h11 Hôtel de Marveille B.3
h12 id. des Princes C.2
h13 id. Beau Rivage C.2
h14 id et Restt. de l'Ermitage C.2
h15 Balmoral Palace C.2
a Confiserie Rumpelmayer D.1
vers Vintimille
Casino
Palais des Beaux Arts
Café de Paris
Gare de Monte Carlo
Tir aux Pigeons
Pointe Focinana
MONTE CARLO
MONEGHETTI
LA COSTA
MICHEL
Gare du Chin de fer de la Turbie
RADE DE MONACO
PORT
Port Antoine
LA CONDAMINE
Thermes Valentia
Gare
CANTON
Observatoire
Anse du Canton
Pl. du Palais
Palais
Musée
Chappeira
MONACO
Tramways
L. Thuillier, delt.
12-01
Echelle
0 100 500 Mètres
Imp. E. Buffénoy

terre du bassin, de la place du Casino, monte directement au *Crédit Lyonnais* (un bureau-succursale a été ouvert en 1901 à l'hôtel de Paris), à l'E. duquel se trouve, sur le plateau des Spélugues, la gare du chemin de fer à crémaillère de la Turbie (sur territoire français, de même que le Crédit Lyonnais); on peut aussi (plus long) atteindre cette gare par l'*avenue de la Madone*, qui longe l'extrémité E. de la partie des jardins contenant la rivière et le petit lac et aboutit au *boulevard des Moulins* (route de Menton), que l'on croise pour monter en face, à la gare, par le *boulevard du Nord*.

Un peu plus loin, sur le boulevard des Moulins (au N. ou à g.) se trouve l'*église Saint-Charles*. Au delà, la route de Menton contourne les ravins qui descendent du haut de la montagne. On remarque sur une crête de rochers les débris d'une tour que les Romains avaient établie pour surveiller la frontière des Gaules. Cet ancien poste a fait donner au promontoire voisin le nom de *Pointe de la Vieille* (veille), dérivé du latin *vigiliæ*. A une petite distance au delà, on arrive à la *chapelle de Saint-Roman*, qui marque la limite de la principauté et près de laquelle, sur territoire français, on va visiter la *grotte de Saint-Roman* (hôtel-restaurant).

Excursions.

Ni Monte Carlo ni Monaco ne sont des centres d'excursions. Cependant les routes de Nice (*V.* p. 157) et de Menton offrent un certain nombre de buts de promenades en voiture. Les autres courses ont pour unique point de départ la Turbie, où l'on se transporte aisément par le chemin de fer à crémaillère ou par la nouvelle route en lacets, longue de 7 kil.

De Monte Carlo à la Turbie (2 k. 6 N.-O.). — Chemin de fer à crémaillère; gare boulevard du Nord, à côté du Crédit Lyonnais, presque dans l'axe du Casino; trajet en 20 min. env.; 3 fr. 10 en

1re cl., 2 fr. 30 en 2e cl., à la montée; descente, 1 fr. 55 et 1 fr. 15; aller et ret., 4 fr. 65 et 3 fr. 45. — On peut aussi se faire conduire à la Turbie en voit., soit par la nouvelle route en lacets de 7 k., qui passe près du Riviera Palace Hotel (pas de tarif), soit par la route plus longue de la Corniche (18 fr. aller et ret., avec arrêt de 1 h. 30). — Deux chemins de piétons y conduisent également : 1° l'un part du boulevard de l'Ouest, à la Condamine, et montant d'abord au milieu des oliviers, puis à partir du lieu dit *le Découvert,* au milieu des rochers, aboutit à une grande allée de platanes qui précède la Turbie, où l'on arrive en 1 h. 10; 2° l'autre part de Monte Carlo, remonte la rive g. du ravin de Sainte-Dévote, et reçoit le chemin précédent à 10 min. de la Turbie, où l'on arrive en 1 h. 30.

La voie, presque en ligne droite, croise le chemin de la Turbie aux Moulins. — 300 m. *Monte-Carlo-Supérieur**, stat. desservant le grand hôtel *Riviera-Palace* (150 m. d'alt. env.). — 700 m. *La Bordina*, sur un plateau (belle vue). — La voie s'engage, à travers de beaux bois d'oliviers et de pins, dans le ravin de Moneghetti (belle vue), et, par des courbes, arrive à la terrasse de la Turbie, à l'extrémité E. du v. (du terminus, auprès duquel se trouve le fashionable *restaurant du Righi d'hiver*, décoré à l'orientale, on embrasse toute la côte).

2 k. 6. **La Turbie***, 3067 hab., à 454 m., sur une arête qui, se détachant de celle allant du Mont Agel au Mont Gros, envoie au-dessus de Monaco le promontoire si caractéristique de la Tête-de-Chien. Du terre-plein qui termine une allée de platanes perpendiculaire à la Corniche, vue admirable.

On remarque à la Turbie la *Tour d'Auguste,* massif quadrangulaire, surmonté d'une tour tranchée en deux sur son axe (ce n'est pas le trophée qu'Auguste fit élever pour commémorer sa victoire sur les peuples des Alpes, mais une tour construite par les Guelfes avec les débris du monument édifié par Auguste).

[1° **Madona de Laghet** (à pied, 25 min.; de Monaco, voit., avec 3 h. d'arrêt, 25 fr.). — A 10 min., sur la route de Nice, on voit s'ouvrir à dr. la route de voitures qui mène à Laghet; après 15 min. de marche on atteint la *Madone de Laghet* (340 m.; en face de l'entrée, deux hôtels modestes), célèbre pèlerinage, dans un cirque rocheux, au bord d'un ruisseau. Dans le cloître, peintures remarquables de naïveté et de laideur, destinées à servir d'ex-voto; dans la cour, une colonne rappelle qu'après le désastre de Novare Charles-Albert, partant pour le Portugal, son lieu d'exil volontaire, passa là sa dernière nuit sur le sol alors italien.

2° **Mont Agel** (1 149 m.; à pied, 2 h. 1/2; très recommandé; route stratégique *interdite aux voitures*). — La route du Mont Agel part de l'entrée de la Turbie sur la route de Menton et s'élève par une remarquable suite de lacets. — 20 min. Lacet de *Bellevue* (592 m.), indiqué par une plaque. — Après, couper à dr. par un thalweg qui abrège les interminables lacets de la route. — 40 min. (par le raccourci). *Col de l'Arme* (755 m.). Au delà, on arrive à une esplanade (vue splendide). — 45 min. *Pont des Demoiselles* (765 m.); après un nouveau tournant (779 m.), tandis que la route de voitures s'étage en lacets sur la vallée du Paillon, on prend un raccourci qui monte en suivant une ligne de faite (à une bifurcation, prendre à g.). Ce sentier finit par rejoindre la route de voitures en un point d'où l'on découvre une *vue splendide*. 1 h. 45. *Cantine du Mont Agel* (vue splendide; on peut y déjeuner). Pour monter plus haut, un laisser-passer est nécessaire. — Du Mont Agel on peut descendre sur Laghet (*V.* 1°) en 2 h. au milieu des éboulis (pas de chemin); on n'a qu'à se diriger vers le fond du ravin, qui est très reconnaissable: une fois au fond, on trouve un sentier. — On peut également descendre sur Gorbio et Menton en longeant la base du fort jusqu'au col des Cabanelles (1 h. du sommet) d'où, prenant à dr. un sentier, on arrive en 1 h. à Gorbio et de là à Menton (2 h.).

3° **Mont Baudon** (à pied ou à mulet, 5 h.). — On franchit un petit col au-dessus et à l'E. de la Turbie (le chemin se détache à l'entrée de la route du Mont Agel); on descend un peu dans le vallon de Laghet et l'on suit à dr. le chemin qui mène au *col de Guerre* et qui, longeant la base du Mont Agel, dépasse la chapelle de la Turbie. A ce point, il faut quitter le chemin et, inclinant à dr., gagner la crête entre les cimes Garigliano et de Margello; un sentier longe la base de cette dernière et mène au col de la Madone de Gorbio (*V.* p. 208), d'où une sorte de couloir gazonné monte au sommet (1 263 m.; très belle vue).]

CHAPITRE VIII

MENTON ET SES ENVIRONS[1]

De Paris à Menton, 1112 k. — Prix : de Paris, 124 fr. 65 en 1re cl., 84 fr. 15 en 2e cl., 54 fr. 90 en 3e cl. ; — de Londres : A par Calais, 195 fr. 65 en 1re cl., 133 fr. 65 en 2e cl. ; *B* par Boulogne, 188 fr., 128 fr. 10 ; *C* par Dieppe, 160 fr. 20, 116 fr. 45. Aller et retour, valable 45 j. ; par Calais, 306 fr. 55, 222 fr. 65 (supplément pour prolongation de 45 autres j., 81 fr. 40, 42 fr. 20) ; par Boulogne, 300 fr. 35, 217 fr. 50 (suppl. pour 45 j., 80 fr. 25, 41 fr. 60) ; par Dieppe, 259 fr. 95, 187 fr. 65 (suppl. pour 45 j., 76 fr. 05, 44 fr. 85).

Places de luxe. — *Méditerranée-Express*, de Paris à Menton, 208 fr. 65 ; — *Calais-Méditerranée-Express*, de Calais à Menton, 260 fr. 35 ; — *Cannes-Nice-Vienne-Express*, de Vienne à Menton, 190 fr. 65. — *Dans les rapides*, de Paris à Menton : wagon-lit ou lit-salon, 184 fr. 65 ; fauteuil-lit, 160 fr. 65.

Billets a prix réduits. — Pour les conditions, *V.* p. 5. — Prix d'un billet de bains de mer individuel, valable 33 j., de Paris à Menton et retour, 132 fr. en 1re cl., 99 fr. en 2e cl., 66 fr. en 3e cl. — Billets spéciaux all. et ret., val. 20 j., 2 arrêts au choix, avec faculté de 2 prolongations de 10 j. chacune moyennant un suppl. de 10 p. 100 par 10 j., délivrés du 15 décembre au 5 février : de Paris à Menton et ret., 186 fr. 80 en 1re cl., 134 fr. 50 en 2e cl. — Billets d'aller et retour, val. 10 j., arrêts facultatifs, de Menton à Bordighera, 4 fr. 75, 3 fr. 35, 2 fr. 20 ; à San Remo, 7 fr. 55, 5 fr. 55, 3 fr. 30.

Renseignements de séjour. — **Menton** est la plus abritée et la plus favorablement située, comme exposition, des stations hivernales françaises. Hôtels grands et moyens (pens. 7 à 20 fr. par j.) ; 450 villas meublées de 1 200 à 15 000 fr., appartements meublés de 400 fr. à 5000 fr. Ces prix comprennent le linge, la vaisselle, l'argenterie et l'eau. Menton est alimentée en eau

1. *V.* les renseignements pratiques à l'*Index alphabétique.*

Menton vu du quartier de Garavan.

potable par la Vésubie, filtrée par le système Anderson. Le gaz coûte 25 c. le m. cube pour l'éclairage et 20 c. pour le chauffage; si le compteur n'est pas installé, on peut en louer un moyennant un abonnement mensuel de 1 fr. 25 à 2 fr. 50, suivant le nombre de becs. Les jardins des villas sont entretenus par leurs propriétaires et les fleurs appartiennent aux locataires, sauf convention contraire.

Le *Cap Martin* est une annexe aristocratique de Menton.

MENTON.

Situation. — Aspect général.

Menton*, ch.-l. de c., V. de 9,044 hab., l'une des plus importantes stations d'hiver de la Méditerranée, est situé, par 43°45 de lat. N. et 5°10 de longit. E., le long et au-dessus d'un admirable golfe coupé en deux segments par un promontoire, et que limitent à l'E., au delà des Rochers Rouges, les falaises de la Mortola, à l'O. le Cap Martin.

Situation privilégiée que celle de cette ville coquette et toute en longueur, égrenant ses blanches demeures, ses constructions claires, ses hôtels dont plusieurs sont des palais de marbre et de pierre entourés de parcs où la flore tropicale étale ses merveilles, sur un magnifique rivage frangé par la Méditerranée bleue, dans la plaine étroite formée par les alluvions du Fossan, du Careï, du Borigo et du Gorbio, et sur les collines boisées de pins et d'oliviers, couvertes d'orangers et de citronniers, tapissées d'arbustes aux essences parfumées, derrière lesquelles un écran de hautes montagnes lève ses murailles grises, harmonieusement découpées, comme un impénétrable rempart contre le souffle glacé du vent du Nord qui s'y heurte et passe au-dessus de Menton calme, ensoleillé, baigné d'une intense lumière sous le plus beau des ciels.

Petite bourgade de pêcheurs jusqu'au moment où le docteur Bennet, qui vint s'y fixer en 1859, la découvrit, apprécia la valeur thérapeutique de son climat et la fit connaître à l'étranger. Menton ne tarda pas à prendre un essor qui ne s'est pas arrêté depuis. C'est une station hivernale sérieuse, calme, à clientèle solide et fidèle, un séjour reposant de plus en plus apprécié par ceux qui fuient en hiver les brumes septentrionales, par les affaiblis, les surmenés, les convalescents, les enfants délicats, les personnes âgées, car les véritables malades se font traiter au sanatorium de Gorbio, qui peut supporter la comparaison avec les sanatoria d'Allemagne les plus célèbres et est pourvu d'installations hygiéniques et médicales au courant des derniers progrès de la science.

Climat.

Menton est, par son climat, le séjour d'hiver le plus parfait qu'offrent les plages de l'Europe. Autour de la station se dresse un véritable cirque de montagnes dessiné à l'O. par la crête allongée de l'Agel (1149 m.) qui va rejoindre le Mont Baudon (1263 m.), au N. par le col de Castillon, et à l'E. par l'âpre chaînon du Grammont, qui atteint 1377 m. « Les Rochers Rouges, dit le Dr W. Francken (*Menton médical et pittoresque*), se dressent à l'E., abrupts, dénudés, gigantesques ; à l'O., le Cap Martin, avec ses pentes plus douces et sa végétation vigoureuse ; entre les deux une suite ininterrompue de sommets élevés, de sorte que cette étroite bande de terrain n'est ouverte absolument qu'au S.-E. et au S.-O.... Le soleil y donne durant la journée entière (de 7 h. 10 du mat. à 4 h. 30 s., le 21 décembre) ; la température y est encore surélevée par les souffles ardents de l'Afrique, qui y viennent sans obstacle sur les flots de la Méditerranée, et par la réverbération de tous ces rayons calorifiques sur la mer et sur les rochers. »

On conçoit, dans ces conditions, la douceur du climat de Menton, climat modérément excitant, caractérisé par la faiblesse du degré d'humidité. La température moyenne annuelle est de 16°,3 ; moyenne de l'hiver, 9°,6 ; du printemps, 15°,3 ; de l'été, 23°,6 ; de l'automne, 16°,8. Le nombre des jours pluvieux est de 80 par an (20 à 33 de novembre à fin mars), celui des jours nuageux de 45, et le temps est couvert 25 jours par année. Sous le rapport du vent, Menton est l'un des points les plus abrités de tout le littoral (surtout le quartier de Garavan et la ville proprement dite). Les vents dominants sont ceux du S. et de l'E., celui-ci seul désagréable, de même que le S.-O., rare, mais redoutable parce qu'il forme des ouragans ; ces vents viennent de la mer, et on peut les éviter en s'installant dans un endroit abrité, à quelque distance du rivage. Le mistral (N.-O.), quand il arrive à Menton, a perdu beaucoup de sa force. Le brouillard est inconnu à Menton.

Au point de vue de la végétation, le bassin de Menton comprend trois zones : d'abord la zone littorale, où les cultures maraîchères (40 hect.) se mêlent aux citronniers et aux orangers, puis la région du vignoble et des oliviers, à laquelle succède celle des pins et, dans les vallons, des châtaigniers. Au-dessus le roc se montre à nu, mais seulement à une altitude assez élevée.

En résumé, on voit, avec le docteur Francken, « que le malade trouve à Menton, pendant l'hiver, en plein air, entre 8 heures et 4 heures, une température moyenne de 22°,5 centigrades (72° Fahrenheit) et de 13° centigrades (55° Fahrenheit) à l'ombre, ce qui justifie notre opinion que, nulle part en Europe, il n'est possible de trouver un climat d'hiver aussi doux. »

Distractions.

Bien que la vie ne soit pas fiévreuse à Menton, station de gens tranquilles, les distractions ne manquent pas durant la saison. Pourtant la majorité des hôtes de Menton sont des personnes paisibles qui se bornent à excursionner dans les merveilleux environs de la ville, ou bien des hiverneurs attirés à Menton par la proximité de Monte Carlo et la facilité de profiter des fêtes qui s'y donnent sans vivre dans une atmosphère aussi bruyante. En effet, rien de plus aisé que de suivre de Menton toute la gamme des festivités offertes par le Casino de Monte Carlo; le trajet en ch. de fer n'est que de 11 min., et, l'hiver, il y a constamment des trains dans les deux sens, toute la journée et dans la soirée jusqu'à minuit. Le prix des billets d'all. et ret. de Menton à Monte Carlo est de 1 fr. 35 en 1re cl., 95 c. en 2e cl. et 65 c. en 3e cl. C'est pour beaucoup un charme très appréciable que de retrouver la paix profonde de Menton dix minutes après avoir quitté la terrasse si animée de Monte Carlo.

On trouvera plus loin la nomenclature et la description des principales PROMENADES à pied et en voiture aux environs de Menton, l'une des plus favorisées sous le rapport des buts d'excursion des stations du littoral méditerranéen (pour plus de détails, *V.* notre monographie *Menton*). Nulle part la montagne ne se dresse aussi près du rivage de la mer; nulle part ne s'ouvrent, toutes proches et facilement accessibles, autant de vallées sillonnées par d'excellentes routes conduisant en peu de temps et sans grande fatigue à de beaux points de vue où les paysages de terre et de mer confondent harmonieusement leurs splendeurs.

Une grande distraction pour les hôtes de Menton est la promenade à âne au Cap Martin, à l'Annonciade, à Sainte-

Agnès, à Castellar, etc. Le tarif de ces courses à ânes est de 3 fr. la demi-journée, 5 fr. la journée, conducteur compris.

Menton a, comme Nice, sa brillante voisine, son CARNAVAL, ses batailles de fleurs, ses régates.

Les RÉGATES INTERNATIONALES de Menton sont très suivies ; le port est très fréquenté par les yachts de plaisance.

Le *Casino*, rue Villarey, a un théâtre où une troupe fixe et des artistes en tournée ou en représentation jouent le vaudeville, l'opérette et le ballet. Pour les amateurs de grandes auditions musicales et d'opéra, le Théâtre du Casino de Monte Carlo est à quelques minutes par le chemin de fer.

Fort suivis dans la saison sont les CONCERTS EN PLEIN AIR donnés par la musique municipale dans les jardins du Careï, deux fois par j., de 10 h. 30 à 11 h. 45 du mat. et de 1 h. 30 à 3 h. s.

Le *Cercle International*, près de la poste, rue Partouneaux, admet les étrangers.

Les principaux hôtels ont des *lawn-tennis*, et les adeptes de la bicyclette trouveront à s'exercer sur la promenade du Midi, sur les routes à pente modérée des environs immédiats, et sur la piste du *vélodrome*, avenue de la Gare.

Description.

ARRIVÉE A MENTON. — Menton est desservi par deux gares de la ligne de Nice à Vintimille du P.-L.-M. : *Menton* et *Menton-Garavan*. C'est à celle de Menton, la première en venant de la direction de Nice, que doivent descendre aussi bien les touristes venant visiter la ville que les personnes qui s'installent à l'hôtel, car elle est plus centrale et c'est à celle-là seulement que l'on trouve les omnibus des hôtels et des voitures de place. Seuls, les voyageurs qui descendent dans les hôtels contigus à la station de Menton-Garavan, *Beau-Rivage*, *Grand-Hôtel*, *Britannia*, peuvent utiliser cette dernière gare et se rendre pédestrement à l'hôtel, d'où l'on fera prendre leurs bagages ; avoir bien soin, dans ce cas, de les faire enregistrer au départ pour Menton-Garavan.

En descendant du train à la gare de Menton, sur le quai N., lorsque l'on vient de la direction de Nice, on trouve un passage souterrain qui évite la traversée des voies et amène sur le quai S., à la sortie de la gare.

En quittant la place de la Gare, une courte descente à g. amène à l'*avenue de la Gare*, longeant la rive droite du Careï. On peut suivre à dr. cette avenue le long des nouveaux jardins du Careï, pour aboutir au Jardin Public ; mais les omnibus franchissent le Careï sur le pont qui sépare ce torrent, souvent à sec, des jardins, suivent la *rue Partouneaux*, dont un élargissement à g., précédant la *poste-télégraphe*, est décoré du *buste du Dr Bennet*, le préconisateur et en quelque sorte le fondateur de la station hivernale de Menton, dû au sculpteur Stecchi, puis débouchent sur la petite *place St-Roch*, où s'élève, devant la *chapelle Saint-Roch*, le **Monument commémoratif de la réunion de Menton à la France**, inauguré en 1896, œuvre du sculpteur Denys Puech et de l'architecte Vaudremer.

On se trouve là en plein centre de l'activité mentonaise, au milieu de l'**avenue Félix-Faure**, l'artère des beaux magasins, que l'on peut suivre à dr. (O.) ou à g. (E.), à moins qu'on ne la traverse tout simplement pour aboutir, par une courte rue, à la **promenade du Midi**, très ensoleillée, en bordure de la Méditerranée, qu'elle longe à l'O. dans la direction du Cap Martin jusqu'au Tassano's Hotel, à l'E. jusqu'à la *rue Trenca* et au *quai de Monléon* (*marché couvert*), lequel la continue jusqu'au *port*, dominé à dr. par une longue jetée en pierre portant le *phare* à son extrémité : de là, on a une belle vue d'ensemble de la vieille ville, bâtie en amphithéâtre, avec l'église Saint-Michel et le vieux cimetière, séparé du nouveau cimetière par le boulevard de Garavan. La vieille ville forme le centre d'un panorama semi-circulaire qui s'étend vers l'O. jusqu'au Cap Martin, avec son grand hôtel émergeant des pins et, en arrière, le Mont Agel; à l'E. se montrent Garavan, le pont Saint-Louis, les Rochers Rouges, la route d'Italie; en dessous, le viaduc de la voie ferrée, les grottes des Baoussé-Roussé et le Museum Præhistoricum; en arrière un amphithéâtre de hautes montagnes.

Si, au lieu de prendre la promenade du Midi, on suit la section O. ou dr. de l'avenue Félix-Faure, bordée de platanes, on arrive au *Jardin Public*, très bien dessiné et planté entre la promenade du Midi et le pont du Careï; l'extrémité O. du jardin est occupée par un coquet pavillon où l'on peut visiter (entrée libre) l'exposition des faïences artistiques de Delphin Massier, de Vallauris.

En face du Jardin Public, le Careï a été couvert et sur son lit ont été tracés les beaux **Jardins du Careï**, plantés d'arbres et de plantes des tropiques, et qui forment une promenade très abritée.

Au delà, l'avenue Félix-Faure se prolonge par l'*avenue Carnot*, puis par l'*avenue de la Madone*, dont le côté N., large et planté d'arbres, offre une belle promenade; elle se termine au *palais Carnolès*, ancien palais des princes de Monaco. Là commence la route nationale de la Corniche (pour Roquebrune), dont se détache à g., à la *chapelle Saint-Joseph* (terminus des tramways urbains), le petit chemin du Cap Martin.

La section E. ou g. de l'avenue Félix-Faure, la plus animée, est bordée de magasins et son côté dr. d'hôtels qui ont une façade sur la promenade du Midi. De cette partie de l'avenue se détachent à g. un certain nombre de rues (dont la *rue Honorine*, à arcades) qui vont rejoindre la *rue de la République*, parallèle au N. à l'avenue Félix-Faure et tracée entre la rue Partouneaux (*V.* ci-dessus) et la route de voit. de Castellar, qui commence à l'*église de la Miséricorde* ou *des Pénitents Noirs*; la rue Villarey, qui part à g. ou au N. de la rue de la République, mène au **Casino**, tandis que sur la rue de la République elle-même, devant la *place Ardoino*, se trouve l'**Hôtel de Ville**, renfermant le Musée, la bibliothèque, une collection de tableaux et gravures.

Musée (ouvert les lundi, mercredi et vendredi, de 10 h. à midi et de 2 h. à 4 h.), fondé par M. Bonfils, qui en est le directeur et le préparateur : **crâne du nouvel homme préhistorique de Menton**, découvert dans la 1re grotte des Baoussé-Roussé, ou Baume-Grande, le 5 février 1884, par MM. Julien et Bonfils; diverses découvertes faites dans les grottes des Baoussé-Roussé; silex taillés; collections d'histoire naturelle; plantes marines et terrestres de la zone mentonaise.

Collection de tableaux et gravures (visible les lundi, mercredi et vendredi, de 10 h. à midi et de 2 h. à 4 h.). — Quelques bonnes toiles; nombreuses et belles gravures; dons du baron Alph. de Rothschild et de M. Paul Leroi.

Bibliothèque (ouverte les mardi, jeudi et samedi, de 10 h. à midi et de 2 h. à 4 h.); 5000 vol.; herbier du botaniste Honoré Ardoino, enfant de Menton et l'auteur de la *Flore des Alpes-Maritimes*; pierre de la Bastille, envoyée à Menton par l'Assemblée nationale.

L'avenue Félix-Faure se continue à l'E. par la *rue Saint-Michel*, très commerçante, et sur laquelle, à dr., *place Nationale*, s'élève, précédé d'une *fontaine* surmontée d'une colonne ornée du buste de la République, l'ancien *palais Trenca*.

Au n° 19 de la rue Saint-Michel, la *maison* natale du chevalier Charles Trenca († en 1855), qui fut président de la république de Menton, lorsqu'elle se rendit, en 1848, indépendante des princes de Monaco, porte une inscription commémorative.

A l'extrémité E. de la rue Saint-Michel, au lieu de prendre sa continuation, le quai Bonaparte, on montera à g., en face de la petite *place du Cap*, d'où partent les voit. pour Vintimille, dans la **vieille ville**, par la *rue des Logettes*, qui laisse à g. la *rue Bréa*, conduisant à l'église des Pénitents Noirs et à la route de Castellar. Dans cette rue Bréa, deux *maisons* portent des plaques commémoratives : à g. (n° 2), celle où naquit le général de Bréa, fusillé à Paris par les insurgés, le 24 juin 1848; à dr. la maison de Monléon, où le pape Pie VII fut hébergé en 1814, en retournant à Rome; la *maison* n° 3 est celle où Bonaparte logea pendant la campagne d'Italie.

La rue des Logettes se termine à une voûte sous laquelle on passe pour pénétrer dans la *rue Longue*, où se trouve à dr. l'ancien *palais* des princes de Monaco (XVIIe s.; escalier intérieur à voûtes), près de la *porte Saint-Julien*, seul reste des fortifications féodales de Menton.

Sans monter aussi haut, on trouve à g. un escalier menant à l'**église Saint-Michel**, du XIVe s., reconstruite et agrandie en 1619, puis en 1675, et presque entièrement refaite après le tremblement de terre de 1887, qui l'avait fortement endommagée.

A l'int. (dem. au sacristain ; elle est exposée aux principales fêtes), **croix** processionnelle, dont la hampe est formée d'une lance turque prise par le prince Honoré Ier de Monaco à la bataille de Lépante.

Un escalier relie l'église Saint-Michel à un terre-plein au centre duquel s'élève l'*église de la Conception* ou *des Pénitents Blancs*, à g. de laquelle est une école laïque de filles. A dr, longeant le côté E. de l'église, est le chemin encaissé et en partie taillé dans le roc qui monte au *vieux cimetière*, occupant l'emplacement d'un château-fort du commencement du XVIe s., dont on peut voir le dessin au musée de Menton. La tour et les arcades ont été démolies en 1855 pour agrandir le cimetière, qui mérite une visite, non seulement pour ses beaux monuments, mais aussi et surtout pour la **vue admirable** qu'on en découvre.

Le vieux cimetière est séparé du nouveau (sans intérêt) par le **boulevard de Garavan**, qui prend naissance à la route de Castellar et va rejoindre la route d'Italie en deçà du pont Saint-Louis. Si l'on est fatigué, on pourra, après la visite du vieux cimetière, descendre par ce boulevard pour gagner la route de Castellar et l'église des Pénitents Noirs, où l'on peut prendre à dr. la rue de la République ou bien à g. la *rue de la Caserne*, celle-ci reconduisant à la rue Saint-Michel.

Si l'on n'est pas fatigué, il faut, au contraire, suivre à l'E. tout le boulevard de Garavan, magnifique promenade qui offre une succession de **vues splendides**, et rejoindre l'*avenue de la Frontière*, avec laquelle on descend à dr., franchissant à niveau la voie ferrée, pour aboutir à la **fontaine Hanbury**, ou *fontaine de la Frontière*, élevée en 1897 par M. Thomas Hanbury, en commémoration de la 60e année de règne de la reine Victoria et du séjour de Sa Majesté à Menton en 1882.

Là, on peut prendre le tramway pour regagner le centre de Menton ou suivre à pied le *quai de Garavan*, puis le *quai Bonaparte*, et revenir à la rue Saint-Michel (*V.* ci-dessus).

Les artistes et les amateurs de pittoresque trouveront des motifs très variés dans la vieille ville, dont « les rues étroites, tortueuses, montueuses, les maisons hautes, les petites croisées, les loggias, les couleurs crues donnent une vive impression de l'Italie, de l'Italie classique ».

(Dr Francken.) Parmi les artères qui s'y recommandent aux peintres et aux photographes et qui n'ont pu trouver place dans la description ci-dessus, nous mentionnerons les *rues Capo-Anna*, *de la Côte*, *Lampedouze* et *du Vieux-Château*, avec leurs curieuses constructions reliées par des voûtes sur lesquelles s'arcboutent d'autres maisons.

Industrie et commerce.

La principale industrie des habitants de Menton consiste dans la culture des citronniers, des oliviers et d'autres arbres à fruit qui croissent sur le littoral méditerranéen. Les **citrons** sont les produits naturels qui contribuent dans la plus forte mesure à la richesse des Mentonnais, qui en récoltent environ *trente millions* par an.

Les *orangers* sont beaucoup moins nombreux à Menton que les citronniers. La récolte varie d'un million et demi à deux millions de fruits. Les **mandarines** sont l'objet d'un commerce très important.

L'olivier mentonnais est, sans contestation possible, le roi de tous les arbres de la Méditerranée. N'ayant jamais été ni détruit, ni même endommagé par la gelée, il a pris des développements vraiment phénoménaux sur cette terre privilégiée. La durée de son existence paraît presque indéfinie. Certains troncs du Cap Martin datent, dit-on, de l'empire romain. Les plus vieux sont les plus beaux ; ils affectent des formes étranges. L'olivier fleurit en avril et donne une récolte par an ; mais, comme pour nos pommiers de la Normandie, une année d'abondance est presque toujours suivie d'une année de stérilité. Il demande, ainsi que le citronnier, d'assez grands soins et beaucoup de fumure. Ce qu'il préfère, ce sont des haillons de laine ou de toile ramassés dans tous les bouges de l'Italie. — L'huile 400 000 kilog. dans les bonnes années) se fabrique dans des moulins pittoresques — des *frantoi* — qui noircissent et infectent l'eau des ruisseaux.

La culture des fleurs a pris beaucoup d'extension à Menton, urtout celle des roses, des violettes foncées (*viola odorata Le Tsar*) et des œillets.

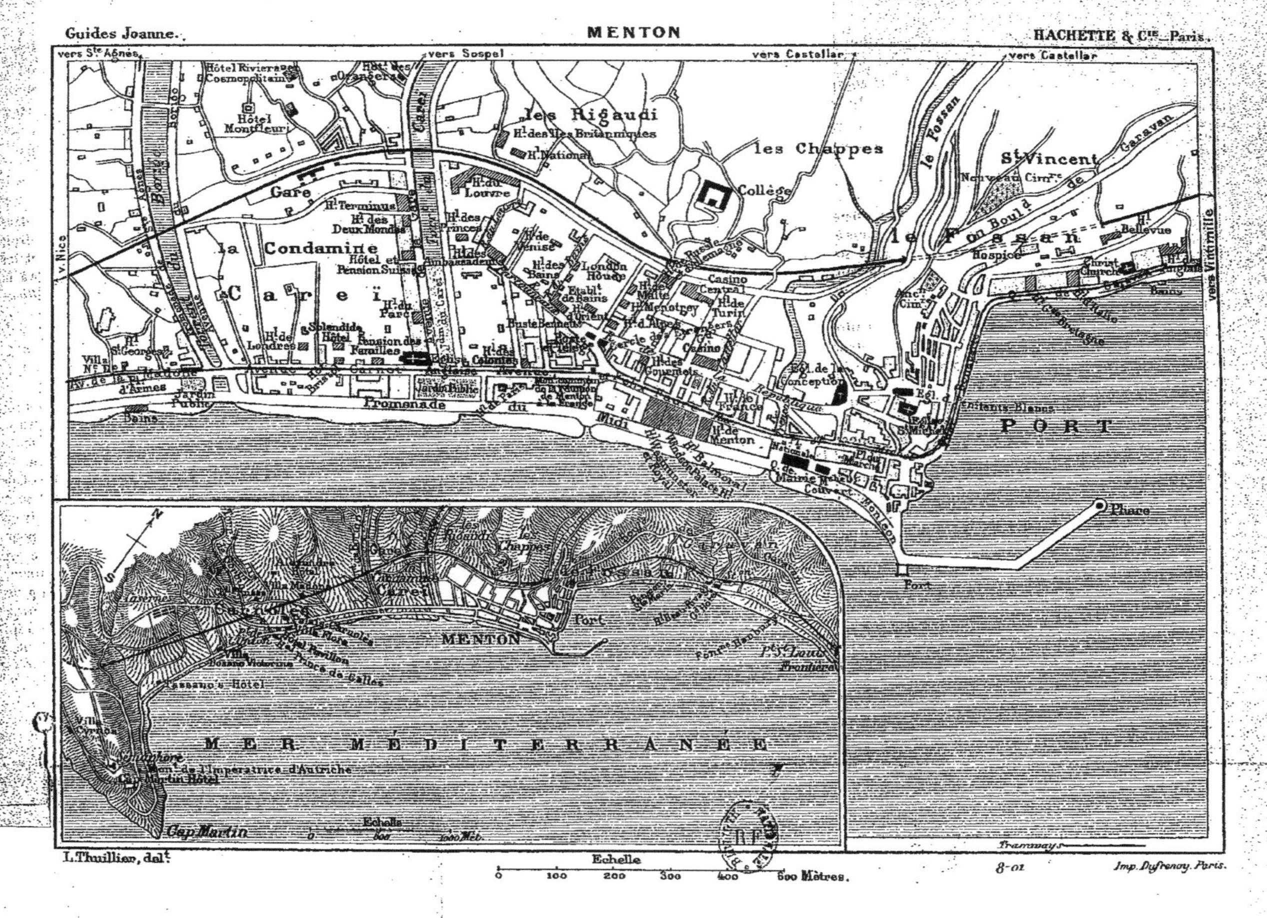
Guides Joanne.
MENTON
HACHETTE & Cie Paris.
vers Ste Agnès
vers Sospel
vers Castellar
vers Castellar
vers Vintimille
v. Nice
les Rigaudi
les Chappes
St Vincent
le Fossan
Garavan
Gare
la Condamine
Careï
Collège
Casino
Hospice
PORT
Phare
Port
Promenade
du
Midi
Jardin Public
Bains
MER MÉDITERRANÉE
MENTON
Cap Martin
Frontière
Echelle
0 100 200 300 400 500 Mètres.
L.Thuillier, dalt.
Tramways
8-01
Imp. Dufrenoy, Paris.

Vieux oliviers à Menton.

La ville de Menton est connue dans le commerce par sa marqueterie, ses jolis meubles en bois de caroubier, d'olivier et de citronnier, que les marchands vendent aux étrangers à des prix de fantaisie.

Le *port*, très fréquenté par le yachting, a été complété par une jetée (feu fixe) longue de 370 m., large de 15 m., et haute de 8 m. au-dessus du niveau ordinaire des eaux.

Excursions.

Nous ne décrivons ici, sommairement, que les courses principales; pour les autres, *V.* notre monographie *Menton*. — Pour les courses à pied, se munir de fortes chaussures et d'une bonne carte (guides inutiles). A Menton, un âne ou un mulet se loue 5 fr. par j.

1° **Cap Martin** (au S.-S.-O.; très recommandé; route de voit.; voit., en 1 h. aller et ret., à 1 chev. 8 fr., 2 chev. 10 fr.). — On suit le rivage de la Méditerranée avec la promenade du Midi, qui franchit le Gorbio sur le *pont Elisabeth* (inscription à la mémoire de l'impératrice Elisabeth d'Autriche et strophes de Mme Henry Gréville).

Au delà du Tassano's Hotel, la route pénètre dans la péninsule du Cap-Martin en s'élevant un peu à g. (à g., belle vue sur Menton et la baie). A dr., *Villa Alexandra, Pavillon du Cap* et *Villa du Cap*.

On passe sous une sorte d'arc de triomphe inachevé pour pénétrer dans la propriété particulière du Cap Martin (défense aux cochers d'aller au grand trot sur les routes), percée de beaux chemins carrossables qui serpentent à travers des pins magnifiques et des oliviers séculaires, offrant à la fois de frais ombrages et de superbes vues de mer.

La *villa la Pointe* ou *la Poncia* précède la montée qui conduit au palatial **Cap-Martin Hotel**. — Contournant l'hôtel, on laisse à dr., dans un square, la *colonne funéraire* élevée en souvenir du séjour au Cap Martin de l'impératrice Elisabeth d'Autriche, assassinée à Genève en 1898.

On laisse en face de soi l'avenue de Monte-Carlo pour s'élever au-dessus de la façade N. de l'hôtel par l'avenue de Roquebrune, qui descend ensuite et dessert un groupe de villas parmi lesquelles la *Villa Cyrnos*, propriété de l'ex-impératrice Eugénie. Un peu plus loin, l'avenue de la Dragonnière offre une **vue éblouissante** de mer et de montagnes. Avec l'avenue de Roquebrune, on peut rejoindre le haut de l'avenue de Monte-Carlo et, par la route que suivra le tram électr., aller voir, dans une futaie d'oliviers, une curieuse construction, seul reste de la station romaine de *Lumone*, signalée dans l'Itinéraire d'Antonin, et que les savants s'accordent à placer au Cap. Ce monument, dont la façade présente trois arcades formant niches (traces de fresques), a dû servir de sépulture à une famille patricienne.

On revient à Menton par la route de la Corniche.

2° **Roquebrune** (5 k. O.-S.-O. ; 3 h. all. et ret. en voit., avec 1 h. d'arrêt ; 8 fr. à 1 chev., 10 fr. à 2 chev.).

On sort de Menton à l'O. (les piétons pourront prendre le tram urbain jusqu'à la chapelle Saint-Joseph : 10 c.) par l'avenue Carnot, le boulevard ou avenue de la Madone et sa continuation, la route de la Corniche.

La route franchit le Gorbio sur le *pont de l'Union*, jeté sur le torrent un peu en amont du pont Elisabeth de la promenade du Midi (*V.* 1°), puis passe sous la voie ferrée. Plus loin, au delà de (à dr.) l'*hôtel de la Paix* et l'*avenue de la Lodola* (privée), au petit jardin qui précède la *chapelle Saint-Joseph*, on laisse à g. la route du Cap Martin et l'on s'élève. A g., au commencement de la montée, caserne des chasseurs alpins. La route monte dans les oliviers (en arrière, la vue s'étend jusqu'à la pointe de Bordighera). — A dr., le Mont-Agel et son fort. On arrive sur un plateau où l'on domine (à g.) le casino Cap-Martin (fermé) et toute cette péninsule boisée, au centre de laquelle se montre le sémaphore. Vue de Monte Carlo et de Monaco sur son rocher ; au-dessus de Monte Carlo se montre la Turbie.

4 k. 2 de Menton. A g. se détache la route du littoral, pour Monte Carlo et Nice, tandis qu'au-dessus de celle-ci on continue à s'élever par la route de la Corniche. — Au tournant, Roquebrune, dominé par les ruines imposantes de son château, se montre en face, sur une hauteur que surplombe à g. le Mont-Agel. — A g., *Villa Lointaine* (vue superbe).

1 h. 20 à pied de Menton. Laissant à g. une descente en gradins pierreux qui conduit à la gare de Cabbé-Roquebrune et à la route du littoral, on gravit à dr. un chemin de même nature, raide et à tournants, qui mène en 10 min. dans **Roquebrune**, ch.-l. de la c. de *Cabbé-Roquebrune*, où l'on pénètre en passant sous une voûte.

A g., débit de tabac et, un peu plus haut, à dr., rue voûtée menant à la place où, dans *l'église Sainte-Marguerite*, on peut voir une réduction du *Jugement dernier* de Michel-Ange, et, dans la sacristie, un **Christ** très remarquable. Sur cette place, on trouve généralement des enfants qui conduisent les visiteurs (pourboire à la femme qui détient les clefs) aux ruines pittoresques du *château* des Lascaris (vue splendide).

[Si l'on veut descendre à pied à Menton (joli chemin très agréable et recommandé), on prendra la rue qui s'ouvre en face du débit de tabac signalé ci-dessus, et qui aboutit à une petite place en terrasse (belle vue sur la côte, Monaco et le Cap Martin), au bout de laquelle, à dr., se trouve l'école congréganiste Saint-Joseph. On passe sous une voûte pour prendre le sentier en gradins de Menton. — 1re chapelle. Suivre à g. — 2e chapelle. Suivre à dr., puis à g. (descente en gradins pierreux). — La descente devient ravissante, à l'ombre, dans les oliviers (très belles vues).

En 30 min., on rejoint la route nationale à la *villa Célérine*, à quelques pas de la chapelle Saint-Joseph et du tram urbain (il faudrait encore, à pied, 30 min. de la chapelle Saint-Joseph au Jardin Public ; prendre le tram pour 10 c.).]

3° **Monte Carlo** (8 k. 5 S.-O. ; 4 à 5 h. all. et ret., en voit., avec 2 h. d'arrêt : 12 fr. à 1 chev., 15 fr. à 2 chev. ; all. seulement, 8 fr. et 10 fr. — Aussi par le ch. de fer, en 11 min. ; all. et ret. 1 fr. 35, 95 c. et 65 c.). — 4 k. 2 jusqu'à l'embranch. de la route du littoral sur la route de la Corniche (V. 2°). — Laissant la route de la Corniche s'élever à dr., la route de Monte Carlo suit le rivage de la Méditerranée. — 5 k. 2. Station de Cabbé-Roquebrune. — 7 k. 7. *Pont de Saint-Roman* (tram électr.), limite de la principauté de Monaco. Le boulevard des Moulins amène aux jardins et à la terrasse du Casino.

8 k. 5. Monte-Carlo (V. chap. VII).

4° **La Turbie** (13 k. 4. S.-O.; 5 h. 30 all. et ret. en voit. avec 2 h. d'arrêt, par la route de la Corniche; voit. à 1 chev., 16 fr., à 2 chev., 20 fr.; on peut aussi aller à Monte Carlo par le ch. de fer P.-L.-M. et de Monte Carlo à la Turbie par la crémaillère). — 5 k. de Menton à Roquebrune (*V.* 2°). — Laissant Roquebrune à dr., sur la hauteur, la route monte en décrivant de nombreux zigzags.

13 k. 4. La Turbie (*V.* p. 180).

5° **Castellar** (6 k. 5 N.; 3 h. 30 à 4 h. all. et ret. en voit., avec 1 h. à 1 h. 30 d'arrêt; voit. à 1 chev. 12 fr., à 2 chev. 15 fr.; 1 h. 15 à 1 h. 30 à pied par le chemin muletier; *excursion très recommandée*). — La route de Castellar commence à l'église des Pénitents Noirs et s'élève au-dessus du Val de Menton, puis en lacets dans une magnifique forêt d'oliviers (raccourcis pour piétons).

6 k. 5. *Castellar*, v. à la physionomie féodale, formant une espèce de forteresse quadrilatère, et situé sur un plateau qui commande à la fois deux vallées, se compose de trois longues rues parallèles: à l'O. la *rue de Menton*, au centre la *rue de la République* et à l'E. la *rue du Lavoir*, les deux dernières aboutissant à la **terrasse** de la *place de la Mairie*, située au S. du village et dominant la mer à 390 m. d'altit. De cette terrasse, le panorama est admirable; mais, pour en jouir, il faut pénétrer dans l'un des cafés (*café des Alpes; café de la Renaissance*) qui l'ont accaparé et qui ont des belvédères d'où l'on découvre la mer, les montagnes et les vallées. Au centre de la place de la Mairie, dont le côté O. est occupé par la mairie et les écoles, et le côté E. par une fontaine-lavoir, se trouve un bel ormeau: c'est là que se donne, le 20 janvier, le bal champêtre qui termine la fête patronale de Saint-Sébastien, dont la vieille chapelle romane (*V.* p. 207) se voit à 5 min. du village, sur le chemin du Gourg dell'Ora (*V.* p. 206); cette fête patronale est très fréquentée des étrangers en saison à Menton.

A l'extrémité N. du village, au bout de la rue de Menton (on y va aussi par la rue de la République), à côté de l'*église*, dont le clocher, situé à l'angle N.-O. de Castellar, servait de donjon aux remparts, se trouve l'ancien *palais* seigneurial des Lascaris (sans intérêt), coupé en deux parties par la rue; les appartements en avaient été décorés, par Carlone, de grisailles qui sont presque entièrement effacées.

[Descente **absolument ravissante** et très recommandée de Castellar à Menton à pied, en 1 h., par le très bon chemin muletier. — De la place de la Mairie, on descend à dr., à côté du bâtiment renfermant la mairie et les écoles, pour rejoindre, à l'entrée de la rue de Menton, le raccourci muletier très visible ; on le descend, on rejoint la route et l'on descend celle-ci un instant pour retrouver, près d'une croix en fer avec piédestal en pierre, le raccourci, avec lequel on ne fait qu'effleurer la route que l'on côtoie un instant à g. pour la quitter ensuite définitivement. On s'élève sur l'arête entre le Val de Menton à g. et la vallée du Careï à dr. ; entre pins à g. et oliviers à dr., le sentier se tient constamment à cheval sur l'arête, offrant des **vues magnifiques** sur les vallons, les découpures de la côte, le Cap Martin, la route de Sospel, Menton et la Méditerranée. — **Curieuse vue** à g., à la descente, sur le vieux cimetière de Menton et le clocher de l'église Saint-Michel ; à g., en contre-bas, sur la jetée et un coin du port ; puis, un peu plus loin, sur le nouveau cimetière, au-dessus de l'ancien. Plus loin encore, on arrive sur un ressaut d'où l'on a à ses pieds toute la ville de Menton et la côte entière, du Cap Martin à la pointe de Bordighera. On passe à la *villa Mont-Carmel*, puis, au bas de la descente qui suit la *villa Iberia*, on passe sur un pont au-dessus de la voie ferrée, pour aboutir au chemin de l'abattoir (à g.) et (en face) à la rue Castellar, qui ramène à la rue Saint-Michel.

1 h. Menton.]

6° **Castillon** (15 k. 1. N.-N.-O. ; belle promenade en voit. d'une après-midi, *très recommandée* : 5 h. 30 all. et ret. en voit., avec 1 h. d'arrêt ; voit. à 1 chev. 20 fr., à 2 chev. 25 fr.). — La route de Castillon et Sospel, continuation de l'avenue de la Gare, remonte la rive dr. du Careï, passe sous la voie ferrée et au (6 k.) ham. des *Monti*, où commence la grande montée en lacets (vues splendides). — 14 k. La route passe dans le tunnel du *col de Castillon*, long de 80 m. ; à la sortie, on quitte la route de Sospel qui descend à dr., pour monter à g.

15 k. 1. *Castillon*, nouveau village bâti sur le col même, est

dominé à l'O. par les ruines de l'ancien v. du même nom, détruit par le tremblement de terre de 1887. En 10 min. on monte à ce nid d'aigle, perché sur un rocher dans lequel une grande partie des maisons sont taillées, à 771 m. d'altit. (**vue splendide** sur la vallée du Careï et Menton au S., sur Saorge au N.-N.-E.). — Du col qui porte le nouveau village, on a une belle vue au N. sur le bassin de Sospel, ancien fond de lac tertiaire dominé par le Mont Barbonnet, que couronne un fort.

7° **Sospel** (22 k. N.-O. ; excurs. d'une journée entière ; on déjeune à Sospel ; 3 h. à 3 h. 15 all. en voit., 2 h. 30 au ret. ; voit. pour la journée, 25 fr. à 1 chev., 30 fr. à 2 chev. ; voit. publique 2 fois par j. : 2 fr.). — 14 k. de Menton au tunnel du col de Castillon (*V.* 6°). — Laissant Castillon sur la g., la route de Sospel descend rapidement la vallée du Merlanson ; à g., de l'autre côté du profond ravin, on voit la route de Nice par le col de Braus. Les derniers lacets sont très précipiteux.

22 k. *Sospel*, ch.-l. de c. de 3756 hab., à 349 m., dans la vallée de la Bevera, a conservé quelques restes de ses anciennes *fortifications*. — En y arrivant par la route de Menton, on trouve à g. le *café Toulousain* (on peut y déj. ; terrasse au-dessus du cours), en face d'un cours ombragé de platanes, qui s'étend le long de la Bevera, dont le quai, utilisé par la route de Nice (à g.) à la Giandola (à dr.), offre une vue bariolée et pittoresque sur les maisons à balcons qui dominent la rive opposée du torrent.

En suivant ce quai à g., on trouve les deux hôtels de Sospel (*Carenco* et *Andreani*) sur la route de Nice, au delà du vieux **pont** pittoresque, à deux arches en plein cintre, au milieu duquel une ancienne *tour* a été convertie en maison d'habitation ; ce pont conduit à l'intérieur de la bourgade, qui ne répond pas aux promesses du dehors, mais dont l'aspect est déjà italien. — L'*église Saint-Michel*, de 1641, restaurée, renferme de belles colonnes monolithes.

8° **Sanatorium de Gorbio** (5 k. N.-O. ; 1 h. 45 all. et ret. ; 2 h. 30 à 3 h. avec la visite du Sanatorium ; voit. à 1 chev. all. seulement 6 fr., à 2 chev. 8 fr. ; all. et ret. avec 1 h. d'arrêt, 8 fr. à 1 chev., 10 fr. à 2 chev.). — A l'extrémité de l'avenue de la Madone, continuation de l'avenue Carnot, on prend à dr. la route de Gorbio, le long des murs du palais Carnolès. — La route passe sous la voie ferrée, longe à dr. le magnifique parc de l'*Alexandra Hôtel* et la *villa l'Innominata*, laisse à g. l'ancien chemin de Roquebrune et la *villa Marguerite*, monte entre murs et maisons, puis passe sous la prise d'eau d'un moulin et s'élève, très sinueusement tracée, au-dessus de la rive g. du Gorbio, dont la vallée, très abritée, offre une riche végétation (oliviers, citronniers, etc.). — Le Sanatorium se montre en face, à mi-côte.

3 k. Avant le pont sur lequel la route de Gorbio franchit le torrent, on quitte cette route pour prendre à dr. le beau chemin particulier en lacets, bordé de plantations et de mimosas, qui dessert le Sanatorium et conduit à la terrasse sur laquelle est bâti l'établissement, au-dessus d'une pente gazonnée.

5 k. **Sanatorium de Gorbio,** magnifique établissement de cure de la tuberculose, aménagé à l'instar des plus célèbres sanatoria d'Allemagne, avec lesquels il peut supporter la comparaison, et outillé selon les derniers progrès de la science et de la thérapeutique modernes. Inauguré en 1900, le Sanatorium de Gorbio, construit par l'architecte Glena et décoré avec beaucoup d'art par le peintre Ceruti, est édifié à 250 m. d'altit., face au midi (vue du Cap Martin, de la mer et de la ville de Menton), dans un site très abrité, et adossé à une cime conique boisée de pins sur les flancs de laquelle des promenades à pente ménagée, avec nombreux bancs de repos, offrent des vues charmantes (à l'extrémité d'un de ces sentiers, on voit à l'E. la pointe de Bordighera). Une haute cime nue, qui se dresse derrière le mamelon conique du Sanatorium, forme un rempart parfait du côté du nord.

Une *galerie de cure* est reliée au Sanatorium par une passerelle couverte.

9° **Museum Præhistoricum** (à l'E.-N.-E., près de la frontière, sur territoire italien ; pas de tarif : s'entendre avec le cocher ; le musée n'est, du reste, qu'à 8 à 10 min. de marche de la fontaine Hanbury, au pied de l'avenue de la Frontière, terminus du tram urbain : 10 c.). — On sort de la ville par la rue Saint-Michel, le quai Bonaparte et le quai de Garavan, avec lesquels on longe la baie E. jusqu'à la fontaine Hanbury. — Là, laissant à g. l'*avenue de la Frontière* (route d'Italie), on suit, le long de la mer, la *pro-*

menade Saint-Louis (à g., cactus ; bancs de repos). A g., *château Saint-Louis*. — En arrière, belle vue sur le vieux Menton, les montagnes et le promontoire du Cap Martin. — A g., successivement : *villa Hindoue* ; *villa Maria Serena*, avec beau parc aux arbres exotiques ; douane italienne. — Au-dessus, hardiment jetée sur la gorge, arche du pont Saint-Louis. — On longe à g. le viaduc de la voie ferrée, et l'on passe sous les **Rochers Rouges** ou *Baoussé Roussé*, célèbres par leurs grottes, que de Saussure avait signalées, au XVIIIe s., à l'attention du monde savant ; mais les recherches avaient été à peu près inutiles jusqu'au moment où M. Rivière commença ses fouilles, en 1872. En 1873, M. Rivière trouva successivement le squelette de l'homme de Menton (au Muséum), des fragments d'ours, de fauves, etc., et enfin un deuxième squelette. Après une longue série de recherches infructueuses, il trouva, en 1892, de nouveaux squelettes, au moins aussi intéressants que les premiers. MM. Julien et Bonfils fouillèrent les grottes à leur tour, et M. Julien découvrit, en 1884, un squelette dans la Barma-Grande. Enfin vint M. Abbo, dont les recherches depuis 1892 dans la même grotte ont abouti à la découverte de cinq squelettes, que M. le Dr Verneau fait remonter à la fin de l'âge du renne, et un grand nombre de silex et autres objets.

A dr., *restaurant des Grottes* (s'y adresser, ou bien à la maison en face, pour visiter le Musée, bâti un peu plus loin, à g., au pied de la *Barma-Grande*, fermée).

Le *Museum Præhistoricum* (on visite t. l. j. de 9 h. à midi et de 1 h. à 4 h. ; entrée, 1 fr. ; enfants 50 c.), édifié en 1898 par la munificence du commandeur Thomas Hanbury, pour recevoir le fruit des fouilles de M. Abbo, contient les objets découverts, soigneusement étiquetés et classés dans des vitrines. On trouve au Musée le catalogue en français et en anglais et des photographies.

10° **Jardins Hanbury à la Mortola** (5 à 6 k. E., en Italie ; *promenade recommandée* de 4 h. à 4 h. 30 all. et ret. en voit., y compris 2 h. pour la visite des jardins ; voit. à 1 chev. 10 fr., à 2 chev. 15 fr., avec 2 h. d'arrêt ; aussi par la confortable voit. publique pour Vintimille, partant de la place du Cap : 1 fr. — *N. B. Les Jardins Hanbury ne sont ouverts au public que le lundi et le vendredi après-midi, de midi au coucher du soleil*). — Après avoir longé la baie de l'Est avec le quai de Garavan, on laisse à dr. en contre-bas, à la fontaine Hanbury, la promenade Saint-Louis, pour s'élever par l'*avenue de la Frontière*, qui traverse à niveau la voie ferrée, puis monte entre murs clôturant des jardins de villas, laisse à g. le boulevard de Garavan, et franchit, dans un site très pittoresque, une gorge étroite sur le **pont Saint-Louis** (frontière), précédé d'un rocher sur lequel on remarquera la mire blanche et noire qui sert aux pêcheurs à prendre un alignement pour distinguer les eaux françaises des eaux italiennes. Plus haut, à g., en face du bureau de la douane italienne, *château Grimaldi* (on ne visite pas), entouré d'un jardin aux plantes étranges et rares, dans lequel est enclavée la *tour des Corses*. — En arrière se montre bientôt, plaqué à la montagne, le v. de *Grimaldi*. — Plus loin, à dr., *restaurant Garibaldi*, avec terrasse au-dessus de la mer.

Au sommet de la montée se détache à g. le chemin des Ciotti et du mont Bellinda. — Immédiatement après, à g., *scuola Hanbury* école fondée par le philanthrope Thomas Hanbury ; à dr., sur un rocher, *croix* érigée par le même. — Forte descente dans une gorge sauvage, que l'on franchit pour continuer à descendre à droite.

5 à 6 k. Entrée des *Jardins Hanbury* (ouverts au public le lundi et le vendredi après-midi ; entrée, 1 fr., au profit de l'hôpital de Vintimille). On sonne à la grille, on paie l'entrée en s'inscrivant sur le registre des visiteurs, et on reçoit une brochure décrivant les jardins, qui occupent 24 hect. et contiennent plus de 4000 plantes d'espèces diverses, cultivées en plein air. La brochure indique l'itinéraire conseillé pour la visite, qui exige au moins 2 h. Au centre de ces merveilleux jardins, œuvre du commandeur Thomas Hanbury, le bienfaiteur du pays, se trouve la maison d'habitation (on ne visite pas l'intérieur), ancien *palazzo Orengo* (xvᵉ s. ; à l'entrée principale, à dr. et sur l'atrium, *mosaïque* de Salviati ; dans le mur, plaque en marbre rappelant la visite de la reine Victoria d'Angleterre, le 25 mars 1882).

11° **Val de Menton** (au N. ; 45 min. all. et ret.). — On prend la rue du Castellar, qui s'ouvre sur la rue Saint-Michel, et, laissant à g. le chemin muletier de Castellar, on prend la route du Val de Menton (poteau indicateur), qui remonte la rive dr. de ce beau et luxuriant vallon et se termine à l'*abattoir*. De l'abattoir, un sentier pierreux en gradins s'élève pour rejoindre, au-dessus de la rive g. du val, la route de Castellar, décrite 5°, que l'on descend à dr. pour rentrer à Menton.

12° **Val des Primevères** (à l'O. ; 1 h.). — Ce vallon, qui débouche dans celui du Borigo, offre de ravissants paysages. On s'y rend par la route qui se détache de la digue du Borigo (rive dr.). A un moment donné, on remarquera une sorte de tunnel naturel, frayé par l'eau sous un gros rocher, et sous lequel on peut passer en se baissant.

13° **Véran, par le Val des Castagniers** (au N.-O. ; 1 h. 30 ; jolie promenade). — Le *Val des Castagniers* ou *des Châtaigniers* s'ouvre sur la rive dr. du Borigo, après celui des Primevères. On peut facilement le remonter, et, arrivé sous le ham. de *Véran*, gravir le coteau. Le retour à Menton peut s'effectuer par la crête.

14° **L'Annonciade** (au N.-O. ; 1 h. ; *promenade très recommandée*; funiculaire en projet). — On sort de Menton par l'avenue de la Gare, et, après avoir passé sous le pont du ch. de fer, on remonte la rive dr. du Careï avec la route de Sospel, jusqu'à la *villa Straffovelli*. Là, on quitte la route pour s'élever à g., d'abord entre murs, par le chemin muletier, qui gravit des pentes raides. Le long du sentier sont échelonnées les quinze stations du Rosaire. Après la 4e station, on passe près d'un réservoir et l'on domine bientôt à pic la vallée du Careï. Laissant à g. un sentier montant à une ferme, on continue de suivre l'embranchement horizontal, qui, 200 m. plus loin, recommence à s'élever.

1 h. *Chapelle Notre-Dame de l'Annonciade* (nombreux ex-voto), pèlerinage fréquenté, surtout le 25 mars; à côté est le bâtiment des religieux. De la terrasse (220 m. d'alt.) devant la chapelle, on jouit d'une **vue magnifique** : à l'E. sur la vallée du Careï, Castellar, le Grammont, le Berceau; à l'O. sur la vallée du Borigo, Gorbio et le Mont-Agel. On ne voit pas Menton, mais on découvre la Méditerranée, du Cap Martin à Bordighera.

15° **Sainte-Agnès** (au N.-O. ; mont. 3 h., desc. 2 h. 30 ; très recommandé; une route de voit. sera prochainement construite de Menton à Sainte-Agnès). — On sort de Menton par la *promenade* *de Sainte-Agnès*, qui remonte la rive dr. du Borigo et passe sous le pont du ch. de fer ; 500 m. env. plus loin, on prend à g. un chemin de mulets qui, par une suite d'escaliers en gradins rocheux, s'élève sur la crête entre le Val du Borigo et le Val des Castagniers (oliviers, puis pins). Alors, le chemin est presque horizontal jusqu'au *Mamelon Vert* (280 m. d'alt.), puis il descend au pied du rocher de Sainte-Agnès, qu'il faut ensuite contourner de l'O. au N. (dure montée). — 2 h. 45. Près de la *chapelle Saint-Sébastien*, laissant à g. les deux chemins de Peille et de Castillon, on gravit à dr. un véritable escalier qui aboutit à la rue principale de Sainte-Agnès.

3 h. *Sainte-Agnès* (deux modestes auberges), à 670 m., se confond presque avec la muraille de rochers aigus qui la domine de 100 m. Sa fête patronale, le 21 janvier, est très fréquentée par les étrangers en résidence d'hiver à Menton. — En entrant dans le village, on passe sous une voûte et, pour visiter les ruines du château, on prend à dr. jusqu'au bureau de tabac, où l'on pourra se renseigner. De là on s'élève vers le cimetière, mais, avant d'y arriver, il faut quitter le chemin et prendre à dr. un sentier fort raide.

Le *château de Sainte-Agnès* (des ruines, vue magnifique), bâti à la fin du xe s. par un Sarrasin du nom de Haroun, qui se serait fait baptiser pour plaire à une jeune fille chrétienne, appartint aux seigneurs de Vintimille, puis aux ducs de Savoie.

Revenant au S., on passe près de la *chapelle de Sainte-Agnès*, puis on parvient à la **terrasse-belvédère** contournant le rocher surmonté d'une croix, d'où l'on a une **vue admirable sur Menton**, les montagnes et la mer.

16° **Gourg dell'Ora et grotte de l'Ermite** (au N.-N.-O. ; se faire conduire en voit., 1 h. 20, par la route de Sospel, jusqu'au-dessus des Monti, en face du Gourg ; difficultés pour arriver jusqu'à la grotte, 1 h. à pied de la route). — En quittant la route de Sospel, on prend à dr. le sentier qui franchit le torrent et pénètre dans le défilé du *Gourg dell'Ora* (belle **cascade** après les pluies); on remonte le gourg et, tournant à dr. par un chemin en lacets tracé le long d'une arête, on arrive à la *grotte de l'Ermite*, d'un accès difficile. L'entrée est fermée par une muraille percée d'une porte et d'une fenêtre et portant une inscription à demi effacée, avec la date 1598. L'intérieur de la caverne, haut de 6 m. env. et long de 10 m., est de forme irrégulière. On y lit ces mots : *Christo loû fece, Bernardo l'abita.* 1528.

17° **Le Berceau ou Roc d'Ormea** (au N.-N.-E. ; 1113 m. d'alt. ; 3 h. 15 à la montée, 2 h. 35 à la descente ; on peut se faire conduire en voit. à Castellar, où l'on trouvera un guide en s'adressant à l'un des cafés de la place de la Mairie). — 1 h. 30 (1 h. 15 à pied) de Menton à Castellar (*V.* 5°). — On descend. — 1 h. 35. Petite *chapelle* romane *de Saint-Sébastien*, où on laisse à g. le chemin du Gourg dell'Ora (*V.* 16°). — 1 h. 40. On franchit un torrent, et on s'élève au-dessus des oliviers. — 1 h. 50. On laisse à g. une petite maison au delà de laquelle on aperçoit le fond de la vallée. — 1 h. 55. On contourne (à dr.) le cirque profond et sauvage de l'Aigue, aux versants cultivés en terrasses, puis on remonte une gorge rocheuse.

2 h. 20. On atteint un groupe de maisons d'où l'on découvre une belle vue. Au fond de la vallée se montre l'église des Monti (*V.* 6°). — 2 h. 25. On laisse à g. le chemin muletier, qui fait un grand détour (plus long de 10 min. env.) et passe par un petit col où se trouve la chapelle de Saint-Bernard (*V.* 18°). — 2 h. 30 (1 h. de Castellar). On suit à dr. le chemin qui monte par les ruines du « fraxinet » sarrasin appelé *Castellar-Vieil.*

3 h. 10 à 3 h. 15. Sommet (1113 m.), double cime d'où l'on découvre un vaste panorama.

Le meilleur chemin de descente (1re demi-heure seule pénible) consiste à passer la frontière et à descendre, par le ravin de Mortola, sur le ham. du même nom (route de Vintimille).

18° **Le Grammont, Grammondo ou Grand-Mont** (au N.-N.-E., sur la frontière d'Italie ; 1377 m. d'alt. ; 4 h. à la montée, 3 h. 15 à la descente ; on peut se faire conduire en voit. jusqu'à Castellar où l'on peut trouver un guide, et aussi combiner cette ascension avec celle du Berceau, *V.* 17° ; magnifique ascension). — 1 h. 30 (1 h. 15 à pied) de Menton à Castellar (*V.* 5°). — 55 min. de Castellar au point où l'itinéraire du Berceau quitte le chemin muletier (*V.* 17°). — Laissant à dr. le sentier direct du Berceau (*V.* 17°), on continue de suivre à g. le chemin muletier jusqu'à la *chapelle* et au *col de Saint-Bernard.* — Au col on prend à dr un chemin muletier qui s'élève légèrement à dr., vient passer derrière la première arête, et remonte dans une seconde vallée surplombée, sur la rive g., par le Grammont, que l'on escalade par le versant N. Le chemin cesse d'être muletier à la base de la montagne ; il faut 30 min. à pied de ce point au sommet.

4 h. (2 h. 30 de Castellar). Sommet, formé de deux cimes arrondies, dont la plus élevée (1377 m.) est le point culminant de toutes les montagnes entre la vallée française du Paillon et la vallée italienne de l'Argentina. Le panorama est très étendu et d'une admirable beauté. Au N., on remarque l'Authion, et, derrière les masses du Clapier et des Gelas, au premier plan N.-E., la cime conique de la Tête d'Alpe ; à l'E., la superbe gorge de la Bevera et le lit de la Roya ; à l'O., le vallon du Carei et Castillon, Sainte-Agnès et Gorbio. Au S., le Berceau cache Menton.

19° **Mont-Baudon ou Aiguille de Menton** (au N.-O. ; 1263 m. 6 h.). — L'ascension se fait par (3 h.) Sainte-Agnès (*V.* 15°), d'où le meilleur chemin consiste à monter au *col de la Madone de Gorbio* (957 m. ; chapelle ruinée). Du col, on gravit une sorte de couloir gazonné qui mène au sommet.

6 h. env. Sommet (1263 m.). — Très belle vue. — Pour l'ascension au départ de la Turbie, *V.* p. 181.

Guides Joanne. MONACO – MENTON. HACHETTE & Cie, Paris.

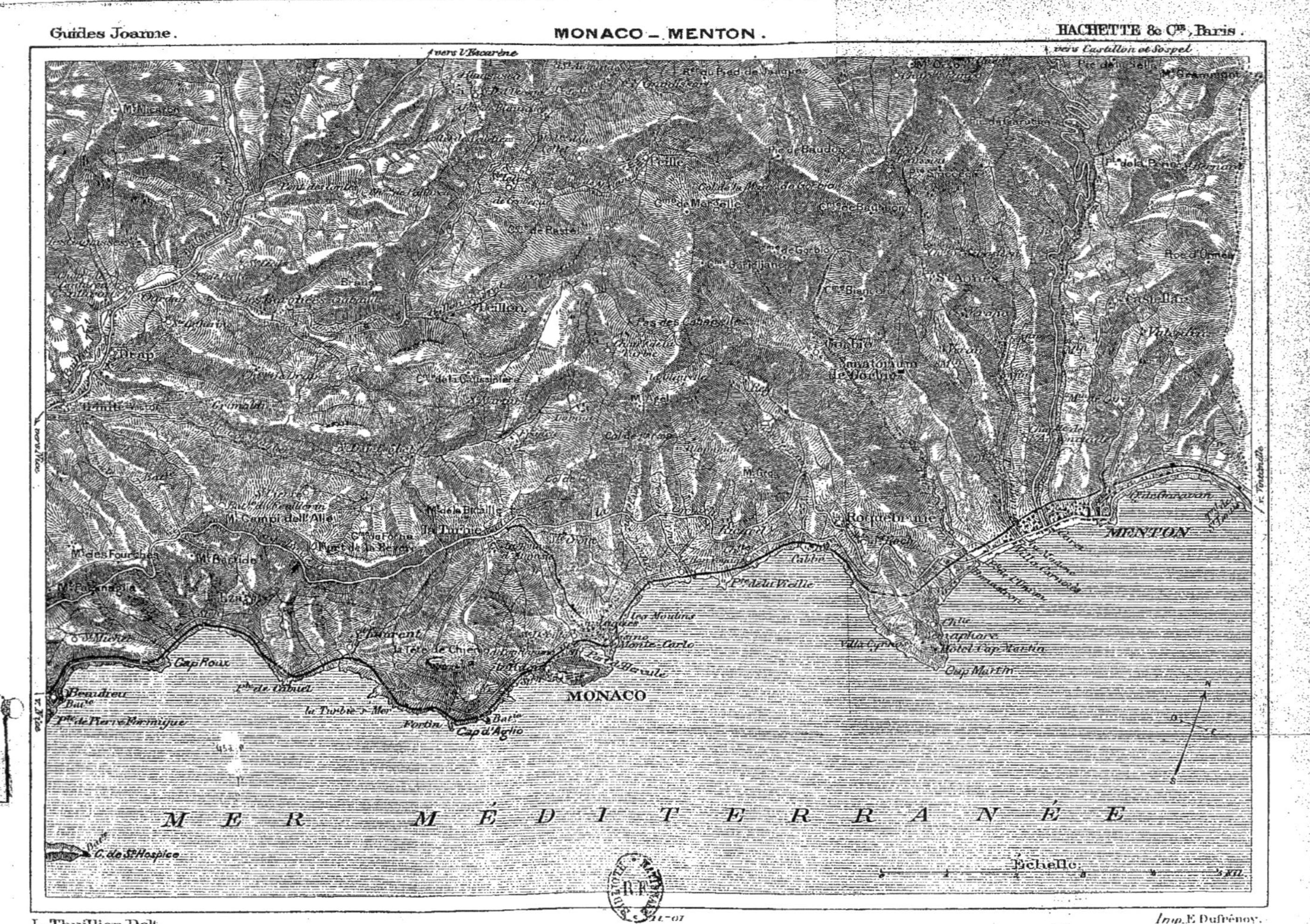

L. Thuillier, Delt Imp. E. Dufrénoy.

CHAPITRE IX

VINTIMILLE. — BORDIGHERA OSPEDALETTI. — SAN REMO[1]

De Paris à Vintimille, 1125 k. ; à Bordighera, 1128 k. ; à Ospedaletti, 1134 k. ; à San Remo, 1 139 k., *via* Vintimille, 1101 k., *via* Mont-Cenis (on change toujours à Vintimille, *sauf par les trains de luxe, qui s'arrêtent tous, entre Vintimille et San Remo, à Bordighera et à Ospedaletti*). — Prix : de Paris à Vintimille, 126 fr. 05 en 1re cl., 85 fr. 15 en 2e cl., 55 fr. 55 en 3e cl. ; à Ospedaletti, 127 fr. 50, 86 fr. 15, *via* Vintimille, 130 fr. 25, 89 fr. 25, *via* Mont-Cenis ; à San Remo, 128 fr. 10, 86 fr. 60, *via* Vintimille, 129 fr. 60 et 88 fr. 80, *via* Mont-Cenis ; — de Londres à Vintimille, par Calais, 197 fr. en 1re cl., 134 fr. 60 en 2e cl.; à Bordighera, par Calais et Vintimille, 197 fr. 70 en 1re cl. ; à Ospedaletti, par Calais et Vintimille, 198 fr. 50 en 1re cl. ; par Calais et le Mont-Cenis, 201 fr. 25 en 1re cl., 138 fr. 75 en 2e cl. ; par Boulogne et le Mont-Cenis, 193 fr. 60 et 133 fr. 20 ; à San Remo, 199 fr. 10 en 1re cl. par Calais et Vintimille, et, par le Mont-Cenis, 200 fr. 60 en 1re cl. et 138 fr. 30 en 2e cl. par Calais, 192 fr. 95 et 132 fr. 75 par Boulogne. — Billets d'aller et ret., val. 45 j., de Londres à Vintimille, *A* par Calais, 308 fr. 70 en 1re cl., 222 fr. 95 en 2e cl. (suppl. de prolongation pour 45 j . 82 fr., 42 fr. 65) ; *B* par Boulogne, 300 fr. 20, 215 fr. 70 (suppl. pour 45 j., 80 fr. 85, 42 fr. 05), par Dieppe, 262 fr. 10, 189 fr. 15 (suppl. pour 45 j., 76 fr. 65, [illegible] fr. 30).

[T]RAINS ET PLACES DE LUXE : — *Calais-Méditerranée-Express* ([Lon]dres à San Remo, par Vintimille). — *Méditerranée-Express* ([Pari]s-Nord à San Remo). — *Saint-Pétersbourg-Berlin-Paris-[San] Remo.* — *Vienne-Nice-Cannes-Express* (par San Remo). — *[Nor]d-Sud-Brenner-Express* (Berlin-Vérone-San Remo-Nice). — *[Ri]viera-Express* (Berlin-Francfort-Lyon-San Remo). — Lit-salon [et w]agon-lit dans les rapides P.-L.-M., billet compris, de Paris

[1] [Voir] les renseignements pratiques à l'*In[dex] alphabétique.*

à Vintimille, 186 fr. 55; fauteuil-lit, 162 fr. 55. Wagon-lit (train de luxe), 210 fr. 50; de Calais, 262 fr. 10.

COMMUNICATIONS ENTRE VINTIMILLE ET SAN REMO. — Faciles et nombreuses; outre les trains ordinaires et de luxe, qui tous s'arrêtent à Bordighera et à Ospedaletti, il existe un bon service de trains locaux (dép. très fréquents) et un service de tramways à traction chevaline entre Vintimille, Bordighera, Ospedaletti et San Remo (à Ospedaletti, les tramways passent par la station hivernale, sur la hauteur).

BILLETS A PRIX RÉDUITS. — De Bordighera et de San Remo à Menton, Monte Carlo et Nice, aller et retour, val. 10 j., arrêts facultatifs; prix : — de Bordighera à Menton, 4 fr. 75, 3 fr. 55, 2 fr. 20; à Monte Carlo, 5 fr. 95, 4 fr. 15, 2 fr. 70; à Nice, 9 fr. 75, 6 fr. 65, 4 fr. 40; — de San Remo à Menton, 7 fr. 55, 5 fr. 55, 3 fr. 50; à Monte Carlo, 8 fr. 75, 6 fr. 15, 3 fr. 80; à Nice, 12 fr. 55, 8 fr. 65, 5 fr. 50.

Renseignements de séjour. — A BORDIGHERA, la Voie romaine et ses dépendances forment le quartier le plus abrité et le mieux exposé au soleil; c'est celui que les malades devront préférer; ils devront au contraire éviter le quartier de la Marina à cause du serein qui y est trop abondant; enfin le quartier situé à l'E. de la vieille ville, où s'élève la villa Garnier, sera surtout recherché des convalescents à cause de l'extrême pureté de son air; on y trouve plusieurs villas à louer, mais pas d'hôtel comme dans les deux premiers quartiers. Les régions de l'Arziglia et de la Via dei Colli avec quelques villas à louer sont trop éloignées pour un approvisionnement pratique. — Quelques appartements meublés (assez chers); on a avantage, si l'on n'est pas seul, à louer une villa (de 1 200 à 3 500 francs pour la saison; en fin de saison, gros rabais). La location comprend le linge, la vaisselle, l'argenterie et, dans les maisons où elle est installée, l'eau potable. — On trouve dans le pays des servantes, assez chères (50 et même 60 fr. par mois) et ne sachant pas faire grand'chose; on a avantage, si l'on reste longtemps, à amener une cuisinière. Bonne eau potable; lumière électrique; gaz, 35 c. le mètre cube. La vie est chère; l'approvisionnement est en revanche facile.

OSPEDALETTI-LIGURE. — Ospedaletti est une véritable station de famille, une villégiature de repos, dans une admirable situation, sur une terrasse dominant la mer et adossée à de hautes montagnes formant un rempart impénétrable contre le vent du Nord, isolée du village sans être trop éloignée de la gare et de l'agglomération. Ospedaletti a trois bons hôtels : l'*hôtel de la Reine*, de premier ordre (80 ch. ; pens. de 8 à 16 fr., domestiques, 6 fr.) ; l'*hôtel-pension Suisse* (pens. dep. 7 fr. 50) ; et l'*hôtel-pension Riviera* (pens. dep. 6 fr. 50 par j., *vin compris*). Ces divers hôtels sont propres, neufs, bien tenus ; la station d'Ospedaletti a, du reste, été créée tout d'une pièce par la Société Foncière lyonnaise, qui a ses bureaux sur le Corso Regina Margherita, près de l'hôtel Suisse ; c'est là qu'il faut s'adresser pour achat de terrains, location de villas et d'appartements. — Ospedaletti possède un magnifique Casino (concert deux fois par semaine ; salle de lecture ; surtaxe 1 fr. 50 par semaine, perçue par les hôtels, et donnant droit au salon de lecture et aux concerts du Casino) ; le Casino est entouré d'un admirable parc, ouvert au public. — Lawn-tennis sur le Corso Regina Margherita, entre l'hôtel de la Reine et l'hôtel Suisse. — Marché t. les mat. jusqu'à 9 h. devant la gare. — Église catholique dans le village ; culte anglais et culte évangélique français dans une salle du Casino.

« Ospedaletti, dit le Dr Altichieri, se trouve dans des conditions tout à fait privilégiées pour former une des meilleures stations hivernales. La position topographique est idéale pour une station d'hiver devant recevoir des malades ayant besoin d'un climat non seulement doux mais aussi constant, et qui doivent en plus jouir du calme et de la vie tranquille de la campagne. La station est bâtie en amphithéâtre ; les collines verdoyantes qui l'environnent descendent en pente douce jusqu'à la mer sans former aucune plaine, sans qu'aucun torrent important les sillonne. Cette disposition naturelle forme une muraille d'enceinte qui défend le pays contre les vents du Nord ; on ne ressent à Ospedaletti que les vents du Sud-Est et encore très rarement et pendant une très courte durée.

« Quant à la température, elle est plus élevée à Ospedaletti que dans les autres stations du littoral ; ce n'est pourtant pas pour ce motif que le climat d'Ospedaletti est parfait, mais surtout parce que la température y est constante, sans présenter de brusques variations dans la même journée. » D'après les observations du

Dr Altichieri, la température de la nuit ne descend jamais en janvier au-dessous de 2°, 1°, et 0°,5, et cet abaissement de la température est très rare et ne survient qu'après de fortes tempêtes. Pour preuve, le savant docteur donne la culture florale en pleine terre, qui est très développée; les fleurs ont toujours résisté aux nuits d'hiver. Même en décembre et en janvier, le docteur a relevé des températures maxima de 15° à 18° pendant de longues périodes, la moyenne oscillant le jour entre 12° et 15° et la nuit entre 2° et 8°. En février, on relève des maxima diurnes de 14° à 17°; en mars, de 15° à 18°, même de 20° à 21° dans la seconde quinzaine du mois, avec des maxima de 9° à 12° pendant la nuit. En avril, la température est encore un peu plus élevée et plus constante avec très peu de différence entre le jour et la nuit, ce qui permet de se promener le matin de très bonne heure.

« Ospedaletti, ajoute le Dr Altichieri, par sa position en pente, avec ses belles routes toutes ensoleillées, n'étant pas influencé par les courants froids de torrents, conserve très avant dans la nuit la chaleur accumulée pendant le jour. On n'y constate pas le brusque abaissement de température qui se produit dans nombre d'autres endroits au coucher du soleil, et qui est si funeste aux malades en donnant la pénible impression d'être transporté en plein hiver après une journée de printemps. Le climat est doux, constant, sec, sans brouillard, avec très peu de nuages et de pluies. Comme le climat d'Ospedaletti donne pendant l'hiver l'impression du printemps, de même le charme du paysage, la végétation luxuriante, la culture intensive des fleurs réjouissent l'œil. Les collines environnantes, si rapprochées de la mer, empêchent de voir les hautes sommités couvertes de neige, de sorte que, dans ce milieu riant et ensoleillé, on oublie l'hiver, dont aucun vestige ne s'offre à la vue

« Si à tout cela on ajoute une excellente eau potable et un drainage parfait, on peut conclure qu'Ospedaletti, réunissant tous les avantages climatériques et hygiéniques à la vie de campagne, est un type unique de station hivernale, non seulement pour les personnes malades ou affaiblies, mais aussi pour celles qui cherchent le repos et la tranquillité sous un beau ciel. »

San Remo. — Forme au centre une véritable ville où l'on trouve des appartements meublés à louer; les malades y habiteront peu et préféreront aller dans l'un des quartiers à l'E. et à l'O. de la ville; la mode varie alternativement entre les deux et ils ont à peu près les mêmes qualités et les mêmes défauts. Le mistral ne s'y fait pas sentir mais, en revanche, San Remo est absolument ouvert au vent d'E. Les quartiers des nouvelles routes ouverts à mi-côte offrent néanmoins des points très abrités dans les deux vallons de Buonmoschetto et de San Romolo, mais ces régions sont trop éloignées du centre et l'approvisionnement y serait difficile. La clientèle d'hiver de San Remo est très cosmopolite; à côté d'Anglais, d'Américains, de Scandinaves et d'Italiens, et de Français en petit nombre, l'élément germanique y est prépondérant. — Appartements meublés, tous en ville, assez bon marché si l'on peut se contenter d'un simple confort italien, plus chers si on demande une installation moins primitive. Villas à louer (avec linge, vaisselle, argenterie et eau potable) de 1200 à 5000 fr. pour la saison; rabais énorme en fin de saison. On trouve dans le pays des servantes (chères : 50 et même 60 fr. par mois); on fera bien, si l'on reste longtemps, d'amener une cuisinière. Bonne eau potable de San Romolo; gaz, 27 c. le mètre cube; lumière électrique (société coopérative). La vie est à assez bon compte et l'approvisionnement très complet.

DE MENTON A SAN REMO

A. Par le chemin de fer.

27 k. — 1 h. 2 à 1 h. 45 — 3 fr. 20; 2 fr. 20; 1 fr. 45. — Aller et retour, avec arrêts facultatifs, valables 10 j., pour Bordighera : 4 fr. 70, 3 fr. 30, 2 fr. 30; San Remo : 7 fr. 40, 5 fr. 20 3 fr. 40. — Si l'on ne va qu'à Bordighera, on aura avantage, à cause de l'arrêt assez long et du changement de train, à quitter le ch. de fer à Vintimille, où l'on prendra l'omnibus (30 c.) ou une voit. de place (à 1 chev. 2 fr. 50, 2 chev. 3 fr.).

De Menton à Vintimille, *V.* p. 17.

11 k. *Vintimille* (buffet; douane; arrêt des trains, 55 min. en moyenne; lorsqu'on fait une simple promenade à Bordighera, il est préférable de prendre une voi-

ture à la gare de Vintimille), gare internationale où l'on passe la visite de la douane italienne (méticuleuse), et où l'on change toujours de train, *sauf par les trains de luxe, qui continuent jusqu'à San Remo*. A partir de Vintimille, les horloges sont réglées sur l'heure de l'Europe centrale, qui avance de 55 min. sur celle de Paris (sur les chemins de fer italiens, les heures sont comptées de 1 à 24, à partir de minuit). — Pour la description de Vintimille, *V.* ci-dessous, *B*.

La voie franchit le torrent descendu de la pittoresque vallée de la Nervia (*V.* ci-dessous, *B*). — A g. s'étendent des collines couvertes d'oliviers, et la ville de Bordighera s'étage en amphithéâtre sur une hauteur.

16 k. Bordighera (*V.* ci-dessous, *B*).

On traverse le promontoire de Bordighera (tunnel de 250 m.), puis on aperçoit à g. la villa Garnier et une forêt de palmiers. On passe dans 4 tunnels et on franchit des torrents.

22 k. Ospedaletti (*V.* ci-dessous, *B*), dont on voit le casino et les hôtels à g., sur la hauteur, est situé au fond d'une baie que le chemin de fer contourne pour venir traverser le *cap Nero* (tunnel de 668 m.).

27 k. San Remo (*V.* ci-dessous, *B*).

B. **Par la route de voitures.**

DE MENTON A VINTIMILLE

10 k. — Voit. publ., 2 dép. t. l. j., 1 fr. — Voit. particulière, aller et ret., en 5 h., arrêt non compris, à 1 chev. 12 fr., 2 chev. 20 fr.

Au delà du (2 k.) *pont Saint-Louis*, frontière avec l'Italie, dans un site admirable (on remarquera la mire blanche et noire qui sert aux pêcheurs à prendre un alignement pour distinguer les eaux françaises des eaux ita-

Vintimille.

liennes), la route, qui monte depuis Garavan, laisse à g. le château Grimaldi (*V.* p. 204), à dr. la douane italienne et arrive à l'*Osteria Garibaldi*, dans le *quartier Grimaldi*. Après avoir contourné un ravin, on passe devant une croix érigée par M. Hanbury et, descendant pour contourner un nouveau ravin, on arrive à la Murtola, où l'on passe devant le jardin Hanbury (*V.* p. 204). La route descend alors jusqu'à la fertile plaine de Latte, formée par les alluvions du torrent de Latte, et où l'on remarque la maison rouge dite *Casa Vescovo*. On remonte ensuite (à g., sur la montagne, le Castel d'Appio, *V.* p. 217) et l'on passe devant une caserne de bersagliers avant d'arriver à Vintimille, que la route traverse de part en part.

10 k. **Vintimille***, en italien *Ventimiglia*, V. de 8 880 hab., est bâtie sur une terrasse de forme triangulaire et très allongée que la mer baigne au S. et la Roja au N. Du côté de la France, elle est défendue par de hautes murailles bordées de fossés et par une forteresse qui se dresse sur une colline escarpée (165 m.).

De la gare, située dans le *faubourg Sant'Agostino*, quartier moderne de Vintimille, on se rend à la ville en descendant la *rue de la Gare*, puis en prenant la *rue Hanbury* à dr. et en traversant la Roja, le cours d'eau (ce n'est qu'un torrent) le plus considérable qui se jette dans le golfe de Gênes entre le Var et la Magra.

La ville proprement dite, l'une des plus anciennes de la Ligurie, a été complètement sacrifiée aux nécessités de la locomotion moderne. L'ancien chemin de mulets la traversait après avoir passé sous la tour qui se voit encore en avant des murs; la route de la Corniche la contourne. Isolée du monde entier sur son rocher, elle ne reçoit que trop peu de visites. Les artistes et les archéologues ne regretteront pas le temps qu'ils lui auront consacré. Ses rues étroites, escarpées, tortueuses, avec leurs voûtes basses chargées de maisons, offrent des aspects pittoresques et de curieux effets de lumière.

De la *place Victor Emmanuel*, à l'entrée de la ville (en venant de Menton) on peut, par la *rue Biancheri* à g., monter au rond-point planté d'arbres d'où l'on jouit d'une des plus belles vues du littoral et que domine l'*hôpital* (asile des enfants assistés). — Auprès de l'hôpital est la *cathédrale* (*l'Assomption*), située à l'extrémité de la *strada Grande*, et qui passe pour avoir été construite sur les débris d'un temple de Junon; une pierre du seuil porte en effet une inscription en l'honneur de *Juno Regina*. Le *porche* seul est antique, du XIIe ou du XIIIe s. Le *baptistère*, placé dans une chapelle souterraine, est fort ancien. La *chaire* en marbre blanc a des mosaïques vénitiennes. Le couvent voisin, qui sert de caserne, a un escalier original. — *L'église Saint-Michel*, ancien temple de Castor et Pollux, renferme quelques débris antiques : une pierre milliaire qui sert de bénitier, et une autre pierre milliaire (la première colonne à dr.); une partie de l'abside est peut-être de construction romaine. Dans la crypte, des colonnes rustiques ont des inscriptions romaines.

La plage au pied de Vintimille est très intéressante. Vues d'en bas, les falaises qui portent la ville offrent un aspect remarquable. Les couches supérieures de ces falaises sont formées d'un conglomérat grossier reposant sur des masses d'argile sableuse. Au pied de la citadelle, deux rochers éboulés se dressent au-dessus des sables; de loin on dirait deux obélisques élevés par la main de l'homme.

On peut revenir à la gare par la passerelle en fer qui traverse la Roja à son embouchure, et l'avenue de la Gare.

[1° **Castel d'Appio** (au N.-O. ; 2 h. à pied aller et retour ; 3 h. 30 en revenant par San Pancrazio). — L'excursion la plus intéressante (on sort de Vintimille par la porte supérieure et on suit le chemin de crête) est celle du *Castel d'Appio*, forteresse construite par les Génois en 1221, et qui menace de s'engouffrer dans le cercle d'érosion taillé à ses pieds par l'eau tombant sur les argiles.

2° **Vallée de la Roja** (21 k. 178 de Vintimille à la frontière; 4 k. de la frontière à Breil; magnifique excursion; service des postes italiennes de Tende et Coni, 3 fois par j.; pour l'horaire, s'informer au bureau, via Vittorio Emanuele, à Vintimille; retenir sa place; au point de vue de l'agrément on fera mieux de prendre une voit. part., 15 fr., aller en 2 h. 30 jusqu'à Breil). — La route se sépare de la Corniche au pont de Vintimille et s'engage dans la vallée de la Roja qu'elle remonte jusqu'au col de Tende. On suit la rive g., au delà de la voie ferrée et du cimetière de Vintimille. A dr., hautes falaises de Roverino, dont une s'est écroulée en 1887. — A g., Vintimille, ses forts et le Castel d'Appio. — 1 k. 5. *Roverino*, ham. — A g., la route est dominée par le *Monte Magliocca* (515 m.), dont on est séparé par le large lit de cailloux sur lequel coule la Roja, et sur les flancs duquel on voit les hameaux de *San Bernardo* et de *Seglia*. — A dr., falaises de poudingue du *Monte delle Fontane* (474 m.).

3 k. 5. *Bevera*, à l'embouchure de la Bevera, l'affluent le plus important de la Roja[1]. — Au fond de la vallée de la Roja, on aperçoit le *Monte Torragio*. — 6 k. 5. *Trucco* *, ham. — A g., les monts *Pozzo* et *Maltempo*; au fond, le mont *Abelliotto*.

7 k. 7. Au *Bocce*, la vallée se resserre brusquement et bientôt il n'y a plus de place que pour la route et le torrent. Çà et là on voit encore des oliviers et des vignes; des bois de pins couvrent aussi, parfois, le roc, mais généralement il reste nu, et d'une teinte grisâtre contrastant avec les autres couleurs de la région. On a planté cependant presque partout des vignes, mais la moitié de ces plants est abandonnée, donnant naissance à des cônes de déjection pierreux, sur lesquels roulent incessamment des pierres qui vont tomber dans le lit de la Roja.

1. Une passerelle est jetée sur la Roja en amont de Bevera, et, quand l'eau est basse, on peut la traverser pour gagner ce village; c'est ce que l'on devra essayer de faire pour l'excursion de Sospel; sinon il faut passer par la rive dr. de la Roja, ce qui allonge sensiblement.

9 k. On passe sur la rive g. du torrent. Les strates de la montagne prennent ici les formes les plus bizarres et offrent un aspect magnifique.

10 k. 6. On traverse de nouveau la Roja. — A g., sur la montagne, col et hameau de *Collabassa*. A un tournant de la route, on découvre Airole. — 12 k. 2. On laisse à dr. la route montant au v. d'*Airole* (intéressant à visiter pour son aspect sombre) et le monument commémoratif de la construction de cette route. — Au fond, *Mont Colombin* et *Mont Tron*.

13 k. 5. On franchit la Roja. Au fond de la vallée, le torrent coule dans une gorge, large, par endroits, de 6 m. — 14 k. 2. A g., au fond de la vallée, vieux pont sur un affluent. — 14 k. 7. La route s'engage dans le petit *tunnel de San Michele*.

15 k. 1. *San Michele*, ham., où le lit du torrent s'élargit. — 15 k. 4. A g., route menant à *Olivetta*. — A un tournant, on aperçoit bientôt, à dr., le pittoresque v. de *Fanghetto*. — 16 k. 6. A dr., chemin de mulets menant à Fanghetto et passant la Roja sur un vieux pont. — A g., au sommet d'une montagne, *Piena*, avec une ancienne redoute (alt., 581 m.). — 18 k. 8. Pour éviter un coude de la Roja, la route passe dans le *tunnel du Poggio del Arma*, long de 130 m. env. A dr., *Libri*, ham.

19 k. 9. La route traverse de nouveau la Roja, dont le lit est semé d'énormes rochers roulés par les eaux. Ce site est magnifique. — 20 k. 3. On repasse sur la rive dr.

20 k. 7. Douane italienne. — 21 k. 178. Frontière française, marquée en cet endroit par un torrent. La route longe encore la rive dr. de la Roja, puis passe sur la rive g., tandis que l'ancien chemin restait sur la rive dr. On passe au-dessous d'un talus d'éboulement qui recouvre souvent la route de pierres et de sable. Un poste de chasseurs alpins garde une poudrière. — On franchit encore la Roja, dont on longe ensuite la rive dr.

25 k. **Breil** * (douane française), 2 668 hab., curieuse ville dominée par la *tour de Crivella* (restes d'anciens remparts; dans l'*église*, vieille porte assez curieuse; place ornée d'une *fontaine*; vieilles maisons à arcades servant de casernes aux chasseurs alpins).

La route longe Breil et mène à (1 k. 1/2) la Giandola, où elle rejoint celle du col de Tende (*V.* la *Provence*).

On peut revenir à Vintimille par le col de Brouis, Sospel et Menton (V. Chap. VIII).

3° **Vallée de la Nervia** (18 k. de Vintimille à Pigna; en voit. 1 h. 45 jusqu'à Dolceacqua, 2 h. 1/2 jusqu'à Pigna). — A 2 k. E. de Vintimille, sur la route de Bordighera, s'ouvre au N. la vallée de la Nervia, qu'une route remonte sur la rive dr. Cette vallée est ici assez large, et abritée de chaque côté par une chaîne de montagnes; celle de dr. est plus raide et plus élancée; celle de g., aux contours moins élevés, offre une pente très douce, et se confond avec de charmantes vallées.

2 k. *Campo Rosso*, v. de 1 283 hab., au confluent de la Nervia et du torrent de Ciaise. Ses rues, étroites et sombres, offrent des aspects pittoresques. On monte à l'église paroissiale (à la tribune, étranges confessionnaux à rideaux), située à l'extrémité supérieure de la Grand'Rue, par un escalier de marbre blanc flanqué de deux sirènes qui versent une eau claire dans deux petits bassins.

La route traverse des plantations d'oliviers.

6 k. (1 h. 45 en voit.), **Dolceacqua***, ch.-l. de mandement de 2 207 hab., divisé en deux parties (à dr. *Borgo*, à g. *Terra*) par la Nervia, que franchit un ancien pont d'une seule arche et en dos d'âne, de 33 m. d'ouverture. « La partie de la rive g., dit le professeur Rossi, est bâtie au-dessous d'un énorme rocher qui présente sa face au S.-O.; elle peut être considérée comme la partie la plus ancienne de la ville. Les maisons superposées les unes aux autres (et terminées par des terrasses comme les maisons arabes) forment un groupe qui est traversé par des ruelles étroites et à peine éclairées, tant les voûtes y sont nombreuses et rapprochées. Le *château des Doria*, bâti sur le rocher et complètement ruiné, les domine ainsi que le cours de la Nervia. » Des ruines (on y arrive par une longue rue montante qui s'ouvre en face du pont, sous une voûte), on a une belle vue. — L'*église* paroissiale *de Saint-Antoine*, peinte à l'extérieur, est attenante au *palais Doria*. — L'*église de Saint-Georges* (XVIIIe s.) s'élève sur la rive dr.

10 k. *Isola Buona*, sur la rive g. de la Nervia, à l'embouchure du Merdanzo (ruines d'un château des Doria; eaux sulfureuses; sur une hauteur dominant la vallée du Merdanzo, *Perinaldo*,

patrie de l'astronome Cassini et de son neveu l'astronome Maraldi).

La route continue à remonter la rive dr. de la Nervia, puis (12 k.) le pont de la Bonda la ramène sur la rive g., où elle traverse le Rio di Toca. La vallée, plus aride, se rétrécit. On franchit encore la Nervia sur le pont Elisi, et, au-dessous de Pigna, on passe par le pont de la Carne dans les prairies qui bordent la rivière. Après avoir dominé la source sulfureuse, la route s'arrête au pont de Lago Pigo pour se continuer par des chemins de chars destinés à l'exploitation des bois (charmantes promenades).

18 k. **Pigna**, petite V. de 3 302 hab., bâtie sur une colline qui domine au N.-E. la Nervia et à l'O. le torrent de Passescio; ses rues sont étroites, tortueuses, coupées à une certaine hauteur par des ponts qui servent de moyens de communication et de terrasses (dans l'*église Saint-Michel*, de 1450, fresque remarquable, attribuée à Jean Ranavasio de Pignerol; près de Pigna, source ferrugineuse). — En face de Pigna, de l'autre côté de la vallée, *Castelvittorio*, v. sur le flanc N. du *Monte Vetta* (au sommet, sanctuaire fréquenté).]

DE VINTIMILLE A BORDIGHERA

7 k. — Tramway, 50 c. — Voit. particulières à la gare (2 fr. 50 à 1 chev.; 3 fr. à 2 chev.; faire son prix d'avance).

Au sortir de Vintimille, on traverse la Roja sur un pont de cinq arches, puis, au delà du faubourg Sant' Agostino, où est la gare internationale, on laisse à g. (à pied, 15 min.) les restes d'un **théâtre antique**, enfoui dans le sable et découvert en 1877 par M. le chevalier J. Rossi. Ce qui apparaît maintenant, c'est environ les deux tiers des gradins supérieurs, une partie des gradins inférieurs et une des grandes portes d'entrée latérales. Une partie du théâtre est située sous une maison et on ne peut la voir. — On franchit la Nervia (*V.* p. 220) sur un pont de trois arches. La côte est tout à fait basse. A g. s'ouvre la petite vallée de *Crosia* (*valle Crosia*), à l'extrémité supérieure de laquelle on aperçoit au sommet d'une colline le bourg de Périnaldo (*V.* p. 220). On passe devant l'hôtel Windsor-Beaurivage (à côté, petit *musée d'antiquités* locales).

7 k. (17 k. de Menton). **Bordighera** *, ch.-l. de mandement de 2 556 hab., y compris son faubourg de la Marina, est construite en amphithéâtre sur la pente d'une colline en partie couverte de verdure. En cet endroit, la côte change de direction et forme le cap de Sant'-Ampeglio (*V.* p. 225). Grâce à sa position, Bordighera jouit d'un climat exceptionnel. En hiver, la moyenne de la température varie entre 11 et 12° ; en été, le thermomètre ne dépasse jamais 30°, et s'il ne s'abaisse pas au-dessous de 21, il s'élève rarement au-dessus de 24. Le printemps et l'automne sont les saisons les plus agréables. Au printemps, dit le docteur Semeria, la moyenne varie de 15 à 18°, en automne, de 13 à 16°. La moyenne des jours pluvieux est de 45, comme à San Remo. Il n'y neige presque jamais et les brouillards y sont encore plus rares que la rosée. La ceinture de montagnes qui l'entoure la met à l'abri des vents du N., du N.-O. et du N.-E. Le vent d'E. souffle en moyenne 50 jours par an ; le S.-O., le plus violent, 55 jours ; le S.-E. est le plus fréquent, mais il n'est jamais fort[1].

A Bordighera la pêche, si peu lucrative à Menton et à San Remo, est très abondante. Les principaux produits de son sol sont l'huile d'olive, les citrons, les oranges et les fleurs (on expédie parfois 12 000 boutons de roses en un jour). Bordighera expédie des palmes en Hollande, en France et surtout à Rome pour les cérémonies du dimanche des Rameaux. Tous les jardins, tous les vergers sont en effet remplis de palmiers qui donnent à la ville un aspect

1. Consulter *Bordighera et la Ligurie occidentale*, par Hamilton, et un petit guide local en 4 langues (les éditions italienne et française sont les meilleures) distribué gratuitement dans les hôtels.

Bordighera. — Villa Garnier.

oriental. Quelques-uns de ces arbres exotiques atteignent parfois une hauteur considérable ; mais leurs fruits n'arrivent que très rarement à maturité. On les cultive uniquement à cause de leur feuillage : le panache terminal est enroulé de ficelles afin que les palmes, ne recevant pas la lumière, s'étiolent et restent blanches. On cultive également la palme juive pour la fête des Tabernacles ; elle doit être moins blanche que la palme romaine.

Bordighera se divise en vieille ville (*Paese* ou *Città*), située sur la hauteur, et ville nouvelle (*Marina*), située dans la plaine. La Marina, c'est la route de San Remo qui prend le nom de *via Vittorio Emanuele;* c'est là que se trouvent la gare, les cafés, la poste, le télégraphe, les églises catholique et protestantes. L'*église catholique*, inachevée, a été construite en 1885-1886, par Charles Garnier.

Qui ne verrait que la Marina et continuerait sa route sans s'arrêter ne se douterait guère qu'il a passé à côté d'une des plus étonnantes merveilles de la Méditerranée. Au delà du cap, en effet, s'étend une véritable forêt de palmiers ; on est transporté en plein Orient !

Pour avoir une idée sommaire de Bordighera, il faut prendre au sortir de la *rue de la Gare* la rue Victor-Emmanuel à g., puis, après l'hôtel d'Angleterre, un boulevard bordé de villas, à dr., qui conduit à la *voie romaine* (Strada Romana), l'ancienne *via Aurelia*, élargie et transformée en promenade. On suivra à dr. cette route, bordée de villas et d'oliviers, qui passe bientôt devant la *villa Etelinda*, construite en 1878 par Charles Garnier ; puis à côté du *Musée-Bibliothèque* (à dr.), où M. Bicknel a réuni une intéressante collection de plantes du pays. On longe ensuite le *jardin Moreno* (magnifique collection de palmiers ; permission nécessaire, difficilement accordée). A g., une rue pittoresque monte au curieux Paese (*V.* ci-dessous). En continuant à suivre la voie romaine, qui s'élève en tournant à g., on arrive au *cap Sant' Ampeglio* ou *Foraneo*, appelé par les marins cap de Bordighera (vaste panorama).

De là, prenant un chemin perpendiculaire au cap, entre deux murs, on peut entrer à g. dans la ville proprement dite, appelée *Paese* ou *Città*.

Bordighera était jadis défendue par une enceinte de fortifications en partie démolies aujourd'hui et l'on y entrait par quatre portes. Ses rues étroites, sombres, tortueuses, escarpées, offrent des aspects pittoresques. La plupart des maisons sont reliées entre elles par de larges arcades. Derrière l'*église*, qui offre un certain intérêt, sur la *piazza Fontana*, est une jolie *fontaine*, surmontée d'une statue de marbre.

En sortant de la ville par la porte de l'E., on arrive de l'autre côté du cap Sant' Ampeglio, sur le versant E. du promontoire, où s'étend une véritable forêt de palmiers. C'est là que s'élève la **villa Garnier**, construite en 1873 par Charles Garnier. Les jardins (on peut les visiter; s'adresser au jardinier : entrer par la barrière et sonner à la 2e porte à dr.), composés d'une série de terrasses qui, de la villa, descendent jusqu'à la route de la Corniche, sont remplis de plantes exotiques et surtout de splendides palmiers.

Si l'on sort des jardins de la villa Garnier par la porte inférieure (en entrant, prévenir le jardinier qu'on désire le faire), sur la *via alle Palme*, on peut soit revenir à la gare par la route de San Remo, soit aller voir à l'E., sur la route de la Corniche, le beau *jardin Winter* palmiers des plus rares).

EXCURSIONS DE BORDIGHERA, POINT DE DÉPART : LE BORGO

DÉSIGNATION	Temps de marche	OBSERVATIONS
1. Tour des Mostacini, retour par la voie romaine. . .	1 h. »	Très facile.
2. Aqueduc du torrent de Sasso, retour par le lit du torrent.	1 10	Ne doit pas être faite pendant les crues.
3. Sasso.	» 50	Aller seulement.
4. La Ruota.	» 20	Aller seulement. A 10 min. de là, source sulfureuse de Giunchetto.
5. Vallebuona.	2 10	Aller et retour.
6. Santa Croce, montée par la vallée de Crosia, descente par celle de la Nervia. . .	4 50	Aller et retour. Panorama remarquable.
7. Monte Nero, descente par la Ruota	5 »	Fatigant par le soleil.
8. Cima dei Monti.	1 50	Aller seulement.
9. Ospedaletti, Coldirodi, Croix du Père Poggi, Seborga et Bordighera.	5 h. »	Très recommandée.
10. Seborga, San Bartolomeo, Perinaldo, Apricale, Isola Buona.	7 30	Retour en voiture d'Isola à Bordighera non compris.
11. Monte Bignone : montée par San Remo, descente par Coldirodi.	8 »	Départ de San Remo.
N. B. Ajouter à ces excursions celles qui ont comme points de départ Vintimille et San Remo.		

Le tableau précédent indique les excursions de Bordighera : nous décrivons ci-dessous seulement les petites promenades et nous renvoyons pour les autres les touristes à l'une des cartes de l'État-Major italien ou du Service Vicinal français.

1° **Tour des Mostacini.** — Prendre la *via dei Colli*, qui commence sur le cap et passe devant la ville. Elle monte d'abord à l'E. par un bois de palmiers, puis elle tourne à l'O. au milieu de plants d'oliviers (belles vues). A 25 min., elle cesse brusquement ; on prend un sentier qui la prolonge vers le S. et on arrive à une butte (petite ruine ; très belle vue) dont il faut longer la crête pour arriver (2 min. de la ruine ; 30 min. env. de Bordighera) à la *tour des Mostacini*, ancienne station romaine (*Mons Stationis*). — Pour revenir, on peut, par un mauvais sentier traversant des bois de pins, descendre sur la voie romaine où l'on arrive derrière l'hôtel Belvédère. En prenant à g. on est rapidement à Bordighera.

2° **Aqueduc du torrent de Sasso.** — Il s'ouvre derrière le village ; en le prenant à l'E. on traverse en tunnel la via dei Colli et on arrive en 20 min. env. à un pont jeté hardiment sur le lit du torrent ; c'est par là que l'eau arrive à Bordighera. On peut descendre ce lit du torrent pour revenir à Bordighera par de très jolies gorges remplies de capillaires et de lauriers-roses.

3° **Sasso.** — Le chemin qui conduit à ce v. commence sur l'aqueduc et longe la crête de la montagne : il est impossible de s'y tromper ; au bout de 10 min., on laisse à g. les réservoirs qui répartissent sur Bordighera l'eau potable amenée du vallon supérieur du torrent de Borghetto. Sasso, à 50 min., a un aspect très pittoresque avec ses vieux murs tout noirs. De la route, on a de jolies vues sur les villages des environs, entre autres sur *Borghetto*, par lequel on peut revenir.

4° **La Ruota.** — C'est une chapelle qui se trouve à 2 k. de Bordighera, sur la route de San Remo. Sur le bord de la mer est un magnifique groupe de palmiers appelés par M. Ch. Garnier (Guide Hamilton) *palmiers de la Samaritaine*, mais que les Allemands connaissent sous le nom de palmiers de Scheffel, à cause de l'inspiration qu'ils donnèrent à ce poète. Autour

M. Winter a disposé un *jardin* avec de fort belles plantes. En longeant le bord de la mer, on arrive en 10 min. à *Giunchetto* (source sulfureuse dont on peut boire l'eau). On peut remonter de là sur la Corniche par une pente arrivant au-dessus d'un tunnel.

5° **Santa Croce.** — On aura une idée très nette du pays en faisant l'ascension de *Santa Croce*; on y monte par un sentier assez mal tracé, sur le flanc E. de la montagne; il rejoint bientôt la crête que l'on suit jusqu'au sommet. On descend par le versant O.

DE BORDIGHERA A OSPEDALETTI ET A SAN REMO

13 k. — Tramway, 80 c. — Voit. particulière, à 1 chev. 6 fr., 2 chev., 8 fr.

A 2 k. de Bordighera, la route de Gênes passe à côté de la petite chapelle de la Madonna della Ruota (*V.* ci-dessus). Sur la montagne se montre le village de Coldirodi (*V.* p. 236).

7 k. **Ospedaletti** *, station hivernale (*V.* p. 210), au-dessus du golfe della Ruota. En sortant de la gare (voit. de place), on laisse à g. le village, séparé de la mer par la voie ferrée, pour monter en lacets, en face, par la *via Vittorio Emanuele* (raccourcis) au superbe **Corso Regina Margherita**, tracé en terrasse à 30 m. au-dessus de la mer et qui forme une magnifique promenade avec parterres et plantations (superbes dattiers ; bancs de repos), sur laquelle à g., face aux jardins et à la mer, s'élèvent l'*hôtel de la Reine* et l'*hôtel Suisse*, séparés par le *lawn-tennis*. A côté de l'hôtel Suisse est le bureau de la Société Foncière lyonnaise (ventes et locations).

En sens opposé, c'est-à-dire à l'O. de l'hôtel de la Reine, au haut d'un **parc** aux allées sinueuses et aux arbres splendides, se dresse la blanche et artistique construction du **Casino**, de 110 m. de façade, surmonté de trois élégantes coupoles et orné d'une loggia (salle de lecture; service protestant, anglais et évangélique français; concert 2 fois par semaine l'hiver).

A l'extrémité E. du corso Regina Margherita, que continue de ce côté la route de San Remo, comme celle de Bordighera le prolonge vers l'O., s'ouvre à g. la *via Cavour*, sur laquelle est l'*hôtel-pension Riviera*.

En arrière encore et plus haut, on peut aller visiter dans les jardins de *Riviera Ligure*, les magnifiques cultures de la Société Foncière lyonnaise (palmiers, orangers, citronniers, rosiers et œillets; exportation). — Parmi les villas de la station hivernale, il faut mentionner celles du prince Alexandre Lubomirsky, du chanteur Tamagno, du député belge Janson, les villas Angiolina et Maria.

[Parmi les promenades le plus souvent faites d'Ospedaletti, nous citerons celle de San Remo et de Bordighera en voit., par le tramway ou par le ch. de fer, celle de Dolceacqua (p. 220; on y va fréquemment des hôtels en pique-nique) en voiture; à pied, celles de la *Madonna delle Porrine* (vue splendide) et de Coldirodi (V. p. 236), d'où l'on peut monter en 1 h. 30, dans le massif du *Monte Nero*, à la *Croix du Père Poggi* (vue magnifique; la croix n'existe plus), et revenir par un chemin facile qui descend près du cimetière d'Ospedaletti.

A la gare et sur le Corso Regina Margherita, on trouve des voit. de place, dont le tarif est le suivant: — *à la course*, 1re zone, se terminant au corso Bellavista et au corso Umberto, à 1 chev., 3 pl., 1 fr. le j., 1 fr. 50 la nuit; à 2 chev., 4 pl. 1 fr. 50 et 2 fr. 50; 2e zone, au-dessus de Bellavista et Umberto, 2 fr. et 2 fr. 50 à 1 chev., 2 fr. 50 et 3 fr. à 2 chev.; — *à l'heure*: à 1 chev., 2 fr. le j., 3 fr. la nuit, à 2 chev., 3 fr. et 3 fr. 50.

Les courses suivantes en voiture sont tarifées; — Coldirodi (p. 236; 2 h. d'arrêt; victoria à 1 chev., 3 pl., 8 fr. le j., 10 fr. la nuit; landau à 1 chev., 3 pl., 10 fr. et 12 fr.; landau à 2 chev., 5 pl., 15 fr. et 18 fr.); — San Remo (p. 230; 2 h. d'arrêt; victoria à 1 chev., 5 fr. et 6 fr. 50; landau à 1 chev., 6 fr. 50 et 8 fr.; landau à 2 chev., 8 fr. et 12 fr.); — Madonna della Costa (p. 231; 30 min. d'arrêt; victoria à 1 chev., 7 fr. et 9 fr.; landau à 1 chev., 9 fr. et 11 fr.; landau à 2 chev., 11 fr. et 16 fr.); — Taggia (p. 239; 2 h. d'arrêt; victoria à 1 chev., 13 fr. et 16 fr. 50; landau à 1 chev., 16 fr. 50 et 20 fr.; landau à 2 chev., 20 fr. et 26 fr.); — Ceriana (p. 238; 3 h. d'arrêt; victoria à 1 chev., 19 fr. et 22 fr. 50; landau à 1 chev., 22 fr. 50 et 26 fr. 50; landau à 2 chev., 26 fr. 50 et 35 fr.); — Bordighera (p. 222; 2 h. d'arrêt; victoria à 1 chev., 5 fr. et 6 fr. 50; landau à 1 chev., 6 fr. 50 et 8 fr.; landau à 2 chev., 8 fr. et 12 fr.); — Vintimille (p. 216; 2 h. d'arrêt; victoria à 1 chev., 7 fr. et 8 fr. 50; landau à 1 chev., 8 fr. 50 et 12 fr.; landau à 2 chev., 12 fr. et 17 fr.); — la Mortola (Jardins Hanbury; *V.* p. 204; 4 h. d'arrêt; victoria à 1 chev., 13 fr. et 15 fr.; landau à 1 chev., 15 fr. et 20 fr.; landau à 2 chev., 20 fr. et 25 fr.); — Dolceacqua (p. 220; 4 h. d'arrêt; victoria à 1 chev., 10 fr. et 12 fr.; landau à 1 chev., 12 fr. et 14 fr.; landau à 2 chev., 20 fr. et 25 fr.); — Pigna (p. 221; 4 h. d'arrêt; victoria à 1 chev., 15 fr. et 20 fr.; landau à 1 chev., 20 fr. et 25 fr.; landau à 2 chev., 25 fr. et 30 fr.]

Au delà d'Ospedaletti, on contourne le promontoire appelé *cap Nero*, et l'on franchit deux ravins assez rapprochés l'un de l'autre avant de dépasser la *villa Ponente* et l'*hôtel de Londres*.

13 k. (30 k. de Menton). San Remo.

SAN REMO

San Remo*, V. de 20 000 hab., située sur le penchant d'une colline dont les flancs sont couverts de vignes, d'oliviers, d'orangers, de citronniers, de grenadiers, se divise en trois parties : la cité proprement dite, elle-même divisée en ville maritime et en ville haute; le quartier Ouest, avec sa magnifique artère du *corso dell' Imperatrice*, et le quartier Est, avec le corso Levante et le corso

San Remo. (Cliché J. Giletta.)

Federigo Guglielmo. C'est surtout dans ces deux quartiers O. et E., neufs, avec des hôtels et des villas splendides, que s'installe la clientèle d'hiver, en grande partie allemande, de San Remo. La rue principale (via Vittorio Emanuele), qui est en même temps la route de la Corniche, contourne le pied de cette colline et sépare le quartier maritime de la ville haute.

La ville haute, construite pendant les mauvais jours du moyen âge, alors que chaque maison devait servir de forteresse, est un labyrinthe pittoresque de ruelles et de couloirs, semblables à des égouts. De certains endroits, principalement du côté de l'E., elle ressemble à une énorme pyramide de maisons superposées et formant une espèce de pagode monstrueuse. Les hautes masures sont tellement enchevêtrées les unes dans les autres par des voûtes et des arcades, qu'en montant jusqu'au sommet de la colline on ne voit le bleu du ciel qu'à de rares intervalles. Ainsi que le dit Charles Dickens dans ses *Notes de voyage* : « On pourrait parcourir la ville en se promenant de cave en cave ».

Le climat de San Remo est, comme celui de Bordighera, l'un des plus doux et des plus agréables de toute la côte ligurienne; aussi chaque année s'accroît le nombre des familles étrangères qui viennent fixer dans cette ville ou dans ses environs leur résidence d'hiver. Chaque année, de nouvelles villas s'élèvent sur la côte ou sur les collines. La température moyenne est pour l'année de 20°; pour les 7 mois d'octobre en avril, de 12°,8; hiver, 11°,8; printemps, 18°,5. Le thermomètre descend très rarement au-dessous de zéro. La neige est fort rare et ne persiste pas; il n'y a jamais de brouillard. On compte annuellement à San Remo 40 à 50 jours de pluie, répartis d'une manière à peu près égale sur les saisons d'automne, d'hiver et de printemps. La moyenne de l'été est seulement de 5 à 6 jours de pluie.

Le ciel est parfaitement clair pendant plus des deux tiers de l'année. Les vents dominants sont ceux de l'E. et de l'O. : ce dernier apporte quelque humidité, tandis que le premier est généralement sec. Le mistral n'est malheureusement pas tout à fait inconnu, et l'on peut redouter aussi le vent du N.-E., qui amène parfois en hiver une série de jours relativement froids, et le vent du S.-E., qui apporte en été des chaleurs suffocantes.

San Remo est renommée sur tout le littoral méditerranéen pour ses fruits, ses fleurs, sa végétation presque tropicale. Pendant la courte durée de la République de Ligurie, à la fin du siècle dernier, le district de San Remo avait reçu le nom de « Circuit des Palmiers ». Les dattiers sont, il est vrai, beaucoup moins nombreux dans les jardins de San Remo que dans ceux de Bordighera ; mais ils ne leur sont pas inférieurs en beauté, et on peut en voir plusieurs qui étalent leur panache à 20 m. au-dessus du sol. Bien plus importants que les plantations de palmiers sont les jardins d'orangers, de citronniers, de grenadiers, qui entourent la ville. San Remo produit, dit-on, les meilleurs citrons de la côte ligurienne, et c'est là que les juifs d'Allemagne envoient chercher les fruits de cette espèce qui leur sont nécessaires pour la célébration de la fête des Tabernacles.

En sortant de la gare on traverse le *corso Mezzogiorno* qui, à g., se prolonge jusqu'au (400 m.) *jardin de l'Impératrice* et à dr., longeant la voie ferrée, conduit au (500 m.) port (*V.* p. 235), près duquel se trouvent la *prison*, vieille forteresse génoise, un établissement de bains et l'*observatoire météorologique*. Du même côté s'ouvre la large *via Roma*.

Devant la gare, un escalier monte à la *via Vittorio Emanuele*, en face du **jardin public** (musique les mardis, jeudis et dimanches, à 2 h. 1/2), orné d'arbustes et de plantes rares. On suit à dr. la via Vittorio Emanuele, en laissant à dr. la *via Umberto I°*, jusqu'à la *via Cavour*, à g., à l'angle de laquelle s'élève le **palais Borea**, construction de proportions énormes qui peut se comparer aux beaux palais de Gênes (à l'étage supérieur, appartement où a couché Pie VII).

Laissant à dr., derrière le palais Borea, le *théâtre Principe Amedeo*, on remonte la via Cavour, on croise la *via Palazzo* près de l'*hôtel de ville* (*municipio*), dont la façade est sur la *piazza Nota* qu'on laisse à g. pour traverser, un peu plus loin, la *piazza Cassini*, où se trouvent les *écoles*, le *lycée*, le *tribunal* et l'*église San Stefano* (rebâtie par les jésuites en 1734; tableau de Domenico Piola et fresques de Merano). Continuant à suivre la rue en face, on pénètre, à g., dans la curieuse *via San Sebastiano*, que des voûtes recouvrent presque entièrement et qui aboutit à la *piazza San Sebastiano* (à g., *chapelle* de ce nom).

La *via Riccobono*, en face de l'église, monte jusqu'à la *chapelle Santa Brigida*, d'où la *via Capitolo*, réunie à la *via Castello*, à dr., par un escalier, conduit à l'*oratoire de San Costanzo* (tableau de Piola). En trois minutes on atteint, en montant toujours, l'*hôpital des Lépreux* ou *des Saints-Maurice et Lazare* (maladies cutanées).

Par de beaux escaliers neufs on monte de terrasse en terrasse à la **Madonna Della Costa**, au point culminant de la colline. On y monte aussi en voiture par la belle route qui prend naissance à l'intersection du Corso dell' Imperatrice et de la rue Vittorio Emanuele, au-dessus du square avec kiosque de musique que termine à dr. la chapelle dite *oratorio dell' Immacolata Concezione*. Cette belle route, dite *strada Berigo* (30 min. à pied) contourne un ravin aux hauteurs tapissées d'oliviers (à dr., belle vue sur la vieille ville et la Madonna della Costa), le franchit, et se tient ensuite au-dessus de sa rive dr., pour passer à

g. sous une arcade et aboutir à la chapelle. Cet édifice d'assez mauvais goût, construit en 1630 et restauré après le tremblement de terre de 1887, offre l'aspect d'une église russe (beau tableau de la *Sainte Famille*; fresques de Jacopo Boni; statues du célèbre sculpteur Maraggiano; belles colonnes torses en albâtre; beaux marbres). De la terrasse et de la colline qui la domine, admirable panorama.

On revient vers l'hôpital des Lépreux et l'on descend, par des lacets, vers la *chapelle Saint-Joseph*, où commence l'étroite et longue *via Palma* que l'on quitte, en face de la *via Capitolo*, pour prendre à dr. une ruelle aboutissant au pont jeté sur le torrent San Romolo; puis, par la *via Debenedetti*, on arrive sur la *piazza San Siro*, devant la *cathédrale* (XIIe s.). Enfin la *via Corradi*, au S. de l'église, puis la *via Castigioli*, à dr., et la *via dei Cappuccini*, ramènent à la via Vittorio Emanuele.

Si l'on veut visiter la partie orientale de la ville, on suit la via Vittorio Emanuele jusqu'à la *piazza Colombo*, puis on passe devant la Madonna degli Angeli. On prend ensuite le *corso Garibaldi* (*temple allemand* et *chapelle évangélique vaudoise*), qui mène au Rondo. On franchit le torrent San Lazaro et l'on voit le *corso Levante* et le *corso Federigo Guglielmo* (*villa Ziro*, qu'a habitée, pendant l'hiver 1887-88, l'empereur d'Allemagne Frédéric III, alors prince impérial).

Le *port* (4 hect.), défendu à l'O. par une citadelle de forme triangulaire, renferme un *établissement de bains* très confortable; le sable du fond est fin et propre. C'est à bord d'un petit navire de San Remo que Garibaldi a fait son apprentissage de marin. La ville possède une école de navigation.

Promenades et excursions[1].

On peut varier à l'infini ses promenades, soit dans les envi-

1. Pour plus de détails sur San Remo et ses environs, *V. San Remo* (guide Bruckmann), par Fr. Girard.

rons immédiats de San Remo, soit, à l'O., dans les vallées de San Romolo et de Foce, soit, à l'E., dans celles de Francia, de San Martino, de Ceriana et de Taggia.

DÉSIGNATION	Temps de marche	OBSERVATIONS
1. San Lorenzo.	1 h. »	
2. Madonna del Buonmoschetto	1 »	Beau panorama.
3. Poggio.	1 »	
4. Coldirodi	1 15	
5. Monte Bignone.	4 »	Magnifique excursion
6. Verezzo, par San Pietro, descente par le Rio S. Martino	3 »	Aller et retour.
7. Ceriana.	2 15	En voit. : retour en 1 h. 30.
8. Bussana	1 30	
9. Taggia.	1 15	En voit.

Nous rangeons les excursions suivantes dans l'ordre géographique, en commençant par l'O.

Direction O. et N.-O.

1° **Coldirodi** (naguère *Colla* ; voit. à 1 chev. 8 fr., 2 chev. 12 fr.; un mulet, 4 fr.). — On peut s'y rendre en 1 h. 15 à pied, soit par la route de Nice et la route en lacets du Capo Verde, soit par la route muletière partant à dr. un peu après le cimetière. L'*église* paroissiale de *Saint Sébastien* date des XIVe, XVIe et XVIIIe s. (dans le chœur, *Saint Sébastien* par Carrega, belle *Adoration du Christ sur la croix*, somptueux maître-autel en bois). Dans l'*oratoire de Sainte-Anne* on remarque deux fresques de Carrega, un tableau (St Jacques) et un ancien autel en marbre. Mais les principales curiosités de Coldirodi sont la *galerie* (100 tableaux attribués à d'anciens maîtres de diverses écoles; gravures sur cuivre dues à d'illustres artistes italiens) et la *bibliothèque* (ouvrages rares, dont plusieurs du XVe s.) *Rambaldi.*

[La *vallée de Foce,* que remonte en partie une route carrossable et qui confine à celle de Coldirodi à l'O., offre des sites remarquables. On s'y rend par le rond-point de la strada Berigo, situé à l'extrémité de la via di Casteglioli, au N. du jardin public. Du rond-point un sentier conduit, à travers des forêts d'oliviers, à (2 k.) la *chapelle de San Bartolomeo* (superbe panorama).]

2° **Chapelle San Lorenzo** (50 min.). — On part du corso di Ponente, à dr. de l'hôtel des Anglais, en laissant plus loin à g. le sentier de Coldirodi. De la chapelle la vue n'est pas très étendue; il faut monter en 10 min. sur le plateau rocailleux qui la domine.

3° **Madonna del Buonmoschetto.** — C'est aussi par le corso di Ponente que l'on va à (3 k. de San Remo) la *Madonna del Buonmoschetto.* On franchit le torrent de San Bernardo, puis deux autres ruisseaux, et l'on arrive, à hauteur du cantonnement 132 du chemin de fer, au chemin direct qui y conduit.

4° **San Romolo, Monte Bignone.** — Le chemin de San Romolo part de la Madonna della Costa (poteau indicateur), passe devant l'église San Giacomo, la fontaine de la Cordelina et au hameau de *Borello* : en 2 h. 15 env. on arrive à un pont sur le torrent de San Romolo. En continuant le chemin muletier on atteint *San Romolo** (châtaigniers splendides; environs ravissants).

Pour aller au Bignone, le mieux est, laissant de côté San Romolo, de suivre un sentier qui part de la rive dr. du torrent et monte en 30 min. au col dit *I Termini* (altit., 947 m.); de là un sentier à dr. monte au *Bignone* (1 298 m.; superbe panorama).

[On peut revenir (5 h. 1/2) du Bignone à Bordighera par la Croix du Père Poggi (*V.* p. 229) et le *Monte Nero* (excellent chemin). On peut aussi, à la Croix du Père Poggi, prendre un chemin à dr. passant par le *Passo Bandito,* et menant à Bordighera par *Seborga**. Enfin, on peut descendre du Bignone par Ceriana (1 h. 3/4 ou 2 h. du Bignone à Ceriana) et de Ceriana à San Remo par la route décrite ci-dessous, 7°.]

5° **Route carrossable des coteaux.** — Cette charmante route commence dans le Vallone della Foce dans lequel elle s'élève; revenant ensuite, elle se rapproche de San Remo pour s'enfoncer dans le Rio San Romolo jusqu'à la *Madonna del Borgo* ; se tenant à mi-côte, elle revient à la Madonna della Costa, puis, par un vaste lacet, redescend dans le *Vallone di Francia* jusqu'à la via Vittorio Emanuele.

Direction N., N.-E. et E.

6° **Vallée San Lorenzo** (3 h.; excursion agréable; mulet, 4, 6 et 8 fr., selon les points visités). De la via Francia (corso Garibaldi) une ruelle monte aux villas Bosio et se continue par un sentier qui conduit à une Madone d'où un chemin à dr. mène à (4 k.) la jolie église de *San Pietro*. A 500 m., sur un mamelon, se dresse la *croix della Para*, d'où l'on voit à ses pieds la fertile vallée de San Martino. En 30 min. on peut, au N., descendre à *Verezzo* (petite auberge), d'où le sentier qui commence derrière l'église conduit, au fond de la vallée de San Martino, à la route carrossable qui ramène à San Remo (à g., grands réservoirs situés dans une gorge, et fabrique de chocolat).

7° **Poggio** (4 k.; voit. à 1 chev. 7 fr., 2 chev. 10 fr.). — On s'y rend par la route qui se détache (2 k. env.) à g. de celle de Gênes. Poggio, que domine au S. le mont Calvo, possède une église du XVIII° s. (au maître-autel, beau crucifix en bois, par Maraggiono; dans le chœur, trois tableaux attribués à Carrega).

On reviendra à San Remo par la route qui descend au S.-E. vers la *chapelle de la Madonna della Guardia* (belle vue; restaurant), et par la route de Gênes, qui contourne le *Capo Verde*.

[De Poggio on pourra aussi remonter la vallée de Ceriana (de San Remo à Ceriana : voit. à 1 chev. 14 fr., 2 chev. 20 fr.; mulet, 8 fr.) en suivant, au N., une route qui décrit de nombreux détours et atteint (10 k. de San Remo) **Ceriana**, v. de 2 477 hab., aux rues tortueuses et couvertes par des arcades (église ornée de beaux marbres; dans la sacristie, beau tableau en or ciselé et buffet en bois finement sculpté). La route se prolonge au delà de Ceriana jusqu'à la Madonna della Villa et aboutira à Bajardo (altit., 900 m.).

De Poggio on peut aussi se rendre à (1 k. 1/2; mulet, de San Remo, 6 fr.) *Bussana Vecchia* (restes d'un château fort; grotte convertie en chapelle), en partie abandonné. *Bussana Nova* est sur le littoral. La route qui relie Bussana Vecchia à la ville neuve ramène à San Remo.]

8° **Taggia** (11 k.; voit. à 1 chev. 8 fr., 2 chev. 12 fr.; mulet, 6 fr.). — On fera cette excursion soit par l'omnibus qui part de la place Colombo à San Remo, soit en voit. particulière, soit par le chemin de fer en descendant à la station de l'*Arma*, d'où un omnibus (50 c.) conduit à Taggia, soit encore (recommandé aux marcheurs) par l'itinéraire suivant : en quittant la gare, suivre la route à l'E., franchir l'Argentine et prendre à g. le long du torrent. Au début, le chemin est pierreux et désagréable; mais il devient bientôt un excellent sentier qui conduit directement au vieux pont de Taggia. Immédiatement avant le pont se détache à dr. un sentier pour *Castellaro* et la Madonna di Lampedusa (*V.* ci-après). Il vaut mieux se rendre d'abord à la Madone, y déjeuner, descendre, franchir le pont et visiter Taggia, où l'on peut prendre l'omn. pour regagner la gare. La route de voit., après avoir franchi le torrent d'Arma et laissé à g. une route qui remonte la vallée vers Ceriana (*V.* ci-dessus), passe à côté de la forteresse (XVIe s.) qui domine *Arma di Taggia*. On remonte la rive dr. de la rapide Argentina ou Taggia et l'on entre à (11 k.) **Taggia** *, v. de 3 953 hab., qui fut le siège d'une questure romaine. « C'est une étrange cité que celle de Taggia avec son aspect moyen âge, ses rues bornées à droite et à gauche de sombres voûtes et d'arcades mystérieuses, et ses rapides échappées de verdure qu'on dirait percées tout exprès pour reposer les yeux. Nombre de ponts de pierre massifs sont jetés en travers des rues, de maison en maison, afin de protéger les habitants contre un fréquent et désastreux visiteur, le tremblement de terre. » C'est ainsi que Giovanni Ruffini, le grand patriote auteur du roman « Doctor Antonio », très populaire surtout en Angleterre, décrit sa ville natale. La maison de Taggia, où il mourut, est un but de pèlerinage pour les Anglais en séjour à San Remo, à Ospedaletti et à Bordighera. — Dans l'*église des Dominicains*, Vierge par le sculpteur Revelli (de Taggia) et fresque attribuée à Michel-Ange. — *Pont* pittoresque. — Vieilles *maisons* à arcades (sur les escaliers extérieurs, dans la saison, se trouvent des assiettes contenant des oranges ; on peut prendre le contenu d'une assiette en déposant 5 c. sur celle-ci). — Un chemin, qui traverse le torrent, s'élève au N.-E. (45 min.) vers le célèbre oratoire de la *Madonna di Lampedusa*. — Taggia est un point stratégique important, à cause des nombreux passages qui s'ouvrent au N. de la vallée à travers la crête des Apennins.

Au delà de Taggia la route remonte la vallée jusqu'à *Triora*, bon centre d'excursions (éviter d'y aller pendant les manœuvres alpines).

CHAPITRE X

AJACCIO ET SES ENVIRONS[1]

A. Par Marseille. — Cie FRAISSINET : de Marseille à Ajaccio les lundis et vendredis à 4 h. s.; prix : avec nourriture, 34 fr. en 1re cl., 23 fr. en 2e cl.; sans nourriture 12 fr. en 3e cl.

B. Par Nice. — Cie FRAISSINET : de Nice à Ajaccio les samedis à 6 h. s. directement, du 1er octobre au 31 mars; les samedis à 6 h. s., avec escale une semaine à Calvi, une autre semaine à l'Ile-Rousse, du 1er avril au 30 septembre; prix, en hiver, sans nourriture, 30 fr. en 1re cl., 20 fr. en 2e cl., 15 fr. en 3e cl; en été, 34 fr. en 1re cl., 23 fr. en 2e cl., avec nourriture, et 15 fr. en 3e cl. sans nourriture.

C. Par Livourne (traversée la plus courte, en 6 à 7 h., et la seule qui puisse se faire de jour). — De Paris à Livourne par chemin de fer, *via* Mont-Cenis; billets directs : 135 fr. , 93 fr. 10 et 58 fr. 05. — De Livourne à Bastia : 1° Cie FRAISSINET : les mercredis à midi, les vendredis à 7 h. mat. et les samedis à 10 h. s.; prix : sans nourriture, 17 fr. en 1re cl., 14 fr. en 2e cl., 10 fr. sur le pont; — 2° NAVIGAZIONE GENERALE ITALIANA : les jeudis à 11 h. mat.; prix payable en or : sans nourriture, 15 fr. 60 en 1re cl., 10 fr. 40 en 2e cl.; nourriture, 8 fr. par j. en 1re 6 fr. en 2e cl. — De Bastia à Ajaccio, chemin de fer.

1. Pour les renseignements pratiques, *V. l'Index alphabétique*.

Nous mentionnons pour mémoire les services Fraissinet sur Bastia (de Marseille le dim. et le jeudi à 11 h. mat., de Nice le mercredi à 5 h. s.), l'Ile-Rousse et Calvi (de Marseille le mardi, à 11 h. mat.).

Renseignements de séjour. — La vie d'hôtel à Ajaccio revient au prix des maisons similaires du continent; et, pour les familles qui louent une villa ou un appartement, elle atteint les prix des stations provençales de second ordre. Les denrées alimentaires abondent; le poisson se vend au marché à très bas prix l'été (langoustes, 70 c. à 1 fr. 50), mais renchérit considérablement l'hiver, quand la température permet de l'expédier à Marseille et à Nice : c'est surtout la Corse qui approvisionne Nice de gibier et de poisson. Les fruits, pêches, pommes, poires, amandes, oranges, figues, ne sont pas chers. Une famille qui s'établirait à Ajaccio pour l'hiver réaliserait certainement une économie sur les prix de Paris; quant au prix des loyers, il varie selon le nombre de pièces, la situation, le plus ou moins de luxe de l'ameublement, et les installations sont encore peu nombreuses. La vaisselle et l'argenterie se payent à part. La maison Lanzi loue des meubles, de l'argenterie et du linge. La ville est alimentée en eau potable par les sources de Lisa (fontaines rouges; eau à boire excellente) et par le canal de la Gravona (fontaines vertes; arrosage et usages domestiques). Le gaz se paye 35 c. le m. cube (installation par abonnement mensuel de 2 fr. pour éclairage et cuisine).

Vue du golfe. — Situation. — Aspect général.

Le golfe d'Ajaccio, d'un périmètre de plus de 90 k., est déterminé au S. par le promontoire de *Capo di Muro*, au N. par les îles Sanguinaires (*V.* ci-dessous, Environs, 15°)

Quand ils ont doublé les Sanguinaires, les navires qui viennent de France rasent la côte et passent devant le jardin de Barbicaja, aux oranges renommées, puis devant le cimetière, au delà duquel on jouit de la vue de la plus belle partie d'Ajaccio, celle de la ville d'hiver. Ils passent ensuite sous les canons de la citadelle et devant le groupe de la famille Bonaparte, élevé sur le terre-plein de la place du Diamant (V. p. 248), avant d'entrer dans le port d'Ajaccio.

Ajaccio*, 20 561 hab., ch.-l. du dép. de la Corse et siège d'un évêché, est bâti en hémicycle au pied de collines bien boisées, sur une langue de terre étroite à l'extrémité de laquelle s'élève la citadelle, au N.-O. du golfe, en face des embouchures de la Gravona et du Prunelli et du Campo dell'Oro. Plusieurs rangées de collines l'enceignent de toutes parts; derrière ces croupes arrondies, vertes au printemps et roussies l'été, se dressent les sommets de la chaîne centrale parmi lesquels on distingue tout particulièrement la masse imposante du Monte d'Oro, couvert de neige tout l'hiver. Au printemps, le spectacle de toutes ces collines vertes et odoriférantes se mirant sous l'ardent soleil dans la nappe bleue du golfe, avec la cime du Monte d'Oro, étincelante de blancheur comme fond de tableau, est merveilleusement beau.

La station d'hiver. — Le climat et la vie hivernale.

Ajaccio doit à son heureuse situation, à la douceur et à l'égalité de son climat, d'avoir pris depuis quelques années une importance sans cesse grandissante comme station hivernale. La place du Diamant et le cours Napoléon séparent la vieille cité, aux maisons hautes, aux rues étroites et tortueuses, de la ville des étrangers, s'étendant entre la mer et de hautes collines boisées, qui la mettent à l'abri des vents du nord et de l'est. Cette ville nouvelle, aux hôtels pourvus de tout le confort moderne, aux maisons spacieuses et bien aérées, exposées au soleil, est encore à l'état embryonnaire; elle ne se compose actuellement que d'une artère principale, le cours ou boulevard Grandval, ouverte jusqu'à la place du Casone, du boulevard des Étrangers et de quelques rues transversales qui descendent jusqu'à la rive occidentale du golfe, bordées de belles villas construites dans le style anglais.

Le climat d'Ajaccio remplit admirablement les conditions exigées par la science médicale pour un séjour de valétudinaires. La température moyenne de l'année y est de 17°,38 d'après M. Charles Guérin, ancien directeur de l'Observatoire météorologique de la ville; 16°,81 d'après l'ingénieur Dupeyrat; 17°,55 d'après le professeur Nosadowski; la température moyenne de la saison hivernale est de + 13°,85. Dans l'espace de quatre ans, le thermomètre *a minima* n'est descendu que trois fois au-dessous de zéro (— 1°,08). La moyenne des jours de pluie durant la saison d'hiver, c'est-à-dire du 1er octobre au 30 avril, ne dépasse pas 14 jours; de plus, la ville étant assise sur des terrains granitiques ou formés d'agrégations calcaires, les eaux pluviales s'écoulent ou sont absorbées immédiatement, sans laisser de trace à la surface du sol; pour la même raison, la poussière y est inconnue. Ajaccio se distingue en outre par la sérénité de son ciel et « l'admirable pureté de son atmosphère ». (Dr de Pietra Santa.) Enfin, les plantes aromatiques qui couvrent sa ceinture de collines imprègnent l'air de délicieuses et balsamiques senteurs et les vapeurs salines du golfe, saturées du brome et de l'iode qui se dégagent des fucus, se mélangent à l'atmosphère et sont pour les malades des sources d'inhalation naturelle précieuses et salutaires.

Mais Ajaccio n'a pas, comme ses puissantes rivales du littoral méditerranéen, des distractions mondaines à offrir à ses hôtes. En dehors du théâtre et du Cercle des Palmiers (les étrangers y sont admis sur présentation), Ajaccio n'a pas de lieux de plaisir et de réunion pour une clientèle distinguée. La grande ressource de la colonie hivernale

Ajaccio. — Cliché Laurent Cardinali.

d'Ajaccio est la promenade : peu de villes en effet peuvent offrir à leurs hôtes un contingent aussi varié d'excursions faciles et charmantes, sur terre et sur mer. Ajaccio s'adresse donc à une clientèle spéciale, celle des hiverneurs qui, fuyant le bruit et les fêtes, cherchent le calme, l'air salubre, les saines distractions et la santé.

Ajaccio se recommande encore aux pêcheurs et aux chasseurs, qui trouveront à y exercer leurs goûts en toute liberté : la pêche est abondante et facile dans le golfe, de même que dans les torrents des montagnes ; des battues au sanglier s'organisent presque tous les dimanches au pénitencier de Chiavari, et les étrangers avides d'un sport plus recherché obtiendront aisément d'aller chasser le mouflon dans les grandes forêts domaniales qui sont l'une des beautés de la Corse. On trouvera à ce sujet les détails pratiques les plus complets dans notre guide *Corse*, article Sport (chasse et pêche) de l'Introduction.

Nous devons insister sur un avantage, très important, que présente Ajaccio comme station hivernale : les étrangers qui ne voudront pas quitter l'île au printemps, faire un long voyage et exposer leur santé, en revenant sur le continent, aux brusques variations de température, pourront parfaitement passer l'été en Corse. A côté de la station d'hiver d'Ajaccio, les stations estivales de la Foce de Vizzavona, de Vico, d'Evisa, etc., sont aujourd'hui fort bien organisées comme séjours de villégiature ; on trouve à Vizzavona et à la Foce des hôtels qui ne laissent rien à désirer sous le rapport du confort. Enfin, il n'est pas de pays plus riche que la Corse en eaux minérales ; et bien que la plupart de ses stations thermales soient un peu sommairement installées, dans beaucoup de cas, les malades, sur l'avis du médecin, pourront bénéficier de leurs eaux salutaires et compléter ainsi le traitement commencé par un séjour d'hiver à Ajaccio.

Description.

Les rues d'Ajaccio sont généralement larges et propres, et les principales sont ombragées par de beaux arbres. Dans la vieille ville, les rues sont étroites et tortueuses, afin de protéger les habitants contre les rayons du soleil.

La première place que l'on rencontre en descendant du paquebot est la *place des Palmiers*, régulière et ombragée. Sur la droite s'élève l'**Hôtel de Ville**, qui possède, au 1er étage (s'adresser au concierge; pourboire), un *musée napoléonien*, collection assez intéressante de tableaux et de bustes relatifs à la famille de Napoléon Ier. On remarquera dans le grand salon l'acte de baptême de Napoléon. Napoléon ne fut baptisé que deux ans environ après sa naissance, et en même temps que sa sœur Maria-Anna, née le 14 juillet 1771.

Dans le fond est la *fontaine monumentale des Quatre-Lions*, par M. Maglioli, couronnée par la *statue du Premier Consul*, par Laboureur.

De la place des Palmiers, qui se continue dans le fond par la belle *avenue du Premier-Consul*, jusqu'à la place du Diamant (*V.* p. 248), partent : à dr., le boulevard du Roi-Jérôme (*V.* p. 251) et la rue Fesch (*V.* p. 250); à g., la *rue Napoléon*. Sur cette dernière rue s'ouvre à dr. la *rue Saint-Charles*, où l'on visitera la **maison de Napoléon Ier**. Au-devant s'ouvre une petite place carrée, la *place Letizia*, disposée en parterre de fleurs. Une plaque de marbre, fixée au-dessus de la porte d'entrée de cette maison, rappelle que là naquit Napoléon Bonaparte, le 15 août 1769.

A l'intérieur, le mobilier, simple et sévère, n'a rien d'authentique, vu qu'il y a été apporté au moment des réparations faites à la maison. Le gardien montre : la chambre à coucher, où se trouvent le bois de lit qui servait à Mme Letizia, la chaise à porteurs dans laquelle la mère de l'Empereur, prise par les douleurs de l'enfantement, se fit transporter, de l'église où elle était, jusque chez elle, et le canapé sur lequel elle mit au monde Napoléon; la salle des fêtes; la chambre à coucher de Napoléon, avec la trappe par laquelle il échappa aux poursuites des partisans de Paoli, et son cabinet de travail; enfin une couronne en or, offerte par souscription publique en 1899, à l'occasion du centenaire du Consulat.

De la maison de Napoléon, en continuant à remonter la rue Saint-Charles, on arrive à la **cathédrale**, édifice sans caractère, bâti dans le goût des églises italiennes du XVIe s.

A l'int. : riche maître-autel en marbre donné par la princesse Élisa Bacciocchi, et provenant de l'église des Trépassés de Lucques; cuve en marbre blanc où Napoléon Ier fut baptisé le 21 juillet 1771; plaque en marbre, posée en 1899, à l'occasion des fêtes du centenaire du Consulat, avec les paroles de Napoléon sur son lit de mort, demandant à être enterré dans la cathédrale de sa ville natale.

De la cathédrale, on débouche sur la **place du Diamant** ou *place Bonaparte*, la plus belle et la plus fréquentée (concert le dimanche après-midi l'hiver, le soir en été) d'Ajaccio; ornée d'une quadruple rangée de platanes, elle domine la mer (vue magnifique). Malheureusement la perspective est gâtée par les bâtiments du grand séminaire, qui occupent une partie du côté S. de la place. C'est là que, le 15 mai 1865, a été inauguré par le prince Napoléon le *monument de la famille Bonaparte* (statues en bronze de Napoléon Ier et de ses quatre frères), exécuté d'après les plans de Viollet-le-Duc.

L'avenue du Premier-Consul, à son débouché sur la place du Diamant, forme un angle droit avec le **cours Napoléon**, belle et large voie, ombragée par des orangers. C'est la rue la plus large et la plus fréquentée de la ville (nombreux magasins et cafés); sur ce cours se trouvent la plupart des bureaux de diligences. En remontant le cours Napoléon, on trouve d'abord sur le côté g. la *caserne Saint-François*. Puis viennent la *préfecture* (1837), en-

Maison de Napoléon Ier.

tourée de jardins, le *bureau des postes et télégraphes*, à l'angle du cours et de la *rue de la Préfecture*, le *théâtre Saint-Gabriel*, l'*hôtel Sebastiani* (beau parc), l'*église Saint-Roch* et le *palais de justice* (1875).

A l'extrémité du cours Napoléon, que continue la route d'Ajaccio à Bastia, s'ouvre à dr. la *place Abbatucci* (*statue* du général *Charles Abbatucci*, tué en 1796 à la défense de Huningue, âgé de vingt-six ans, œuvre de Vital-Dubray), d'où une rampe bordée d'arbres descend à dr. à la *gare du chemin de fer*, située à l'extrémité du boulevard du Roi-Jérôme, en face de la *jetée du Margonajo*.

Un peu avant d'arriver à la place Abbatucci, on laisse à dr. la *rue Fesch*, où s'élève le **palais Fesch**, contenant le collège (dans la cour d'honneur, *statue* du cardinal, par Vital-Dubray), le musée, la bibliothèque et la chapelle impériale.

La *chapelle impériale*, d'un style élégant, forme l'aile droite du palais Fesch. Construite en 1855, par ordre de Napoléon III, sur les dessins de l'architecte Paccard, pour servir de sépulture à la famille Bonaparte, elle renferme : les restes de Maria Letizia Ramolino, mère de Napoléon Ier, qu'une inscription appelle *Mater Regum*; du cardinal Fesch, de Charles Bonaparte, prince de Canino, de la princesse Marianne Bonaparte, morte à Ajaccio en 1890, et du prince Charles-Napoléon Bonaparte (✝ 1899).

Le *Musée* (ouvert au public les jeudis et dimanches de midi à 4 h., t. l. j. aux étrangers; catalogue, 60 c.; gardien, rue Napoléon, 7), au 3e étage de l'aile gauche du palais Fesch, renferme 815 tableaux et 84 statues.

1re SALLE. — 144 et 143. *Dominiquin*. La continence de Scipion; Triomphe de David. — 680. *Van Dyck*. Élévation de la Croix. — 627, 628, 634, 635. *J. Vernet*. Marines. — 50, 51. *Poussin*. Paysages. — 210, 212. *Salvator Rosa*. Paysages. — Dans une vitrine, **objets se rapportant au règne de Napoléon Ier**, légués par le duc de Trévise.

2e SALLE. — **Masque** en bronze **de Napoléon Ier**.

3e SALLE. — Portraits (534) de la princesse Lucien Bonaparte, par *Gérard*, (606) de Caroline Murat, (535) de Mme Letizia.

6e SALLE. — 240 à 243. *Canaletto*, Vues de Venise.

CABINET D'HISTOIRE NATURELLE (s'adr. au gardien; minéraux et insectes de l'île; flore insulaire).

10e SALLE. — Tableaux de (214) *Salvator Rosa*, (629) *J. Vernet*, (764) *Berghem*, etc.

Dans l'aile gauche du palais Fesch, au rez-de-chaussée, se trouve la *bibliothèque* (32000 vol. env., 250 manuscrits).

Les rues qui s'ouvrent à dr. sur la rue Fesch, des deux côtés du palais, descendent au *boulevard du Roi-Jérôme*, bordé de magnifiques constructions modernes; la plus importante renferme les grands magasins de MM. Lanzi frères, que les touristes sont admis à visiter. C'est sur ce boulevard, qui longe la mer jusqu'à la place des Palmiers, que se trouve, derrière l'hôtel de ville, le *marché* où les habitants de l'intérieur viennent chaque jour vendre leurs denrées et leur fameux *broccio*, fromage blanc de chèvre, fait de la veille, et d'un goût exquis.

Le **cours Grandval**, qui commence à la place du Diamant, est la continuation, au delà de cette place, de l'avenue du Premier-Consul. Cette large avenue, plantée d'arbres, renferme les maisons les plus belles et les plus luxueuses de la ville. On y trouve : d'abord, à g., l'*hôpital militaire*, puis les bâtiments du *petit séminaire* et de l'*évêché*, quelques riants *cottages*, dominant la mer et la ville; à dr., plusieurs belles maisons, parmi lesquelles le *Grand Hôtel d'Ajaccio et Continental*, ensuite le *château Conti*; l'église anglicane, l'*école normale des institutrices*; le nouvel *évêché*; plus loin, le cours Grandval se termine à la vaste *place* carrée *du Casone* (magnifiques oliviers et cactus).

De la place du Casone, un sentier conduit à la grotte de Napoléon (*V.* ci-dessous, 1°); de là aussi part à dr. la route du Salario (*V.* ci-dessous, 2°). De l'extrémité du cours Grandval, un peu avant d'arriver à la place du Casone, une artère nouvellement percée descend à la *place Miot*, d'où se détachent à l'O. la route de la chapelle des Grecs, de

Barbicaja et de la Parata (*V.* ci-dessous, 4°) et à l'E. le *boulevard Lantivy*. Ce boulevard côtoie la mer, passe devant l'*hospice civil Sainte-Eugénie* et le nouveau *palais épiscopal*, où il est rejoint par le *boulevard des Étrangers*, sur lequel se trouvent l'*hôtel Schweizerhof* et la belle *villa de la Rocca*. Du palais épiscopal, le boulevard Lantivy passe devant le *petit séminaire* et une façade latérale de l'hôpital militaire; de là, on peut monter par une rampe en pente douce à la place du Diamant, ou continuer à longer le rivage, pour aboutir, par la *rue des Fossés* et la *rue du Quai*, au *quai Napoléon* et à la place des Palmiers.

Excursions.

1° **Grotte du Casone ou de Napoléon** (10 min. O.). — D'après la légende, elle était l'endroit de prédilection de Napoléon enfant, qui venait s'y recueillir.

2° **Fontaine du Salario** (500 mèt. env. d'alt., N.-O.). — 1 h. 30 à pied à la montée; 45 min. à la descente. — Voit., 5 fr.

3° **Promenade des Pins et ascension de la Serra ou montagne des Casetti** (1 h. 45 à pied N.-O.). — Le sentier se détache du cours Grandval à dr., après l'hôtel Bellevue, puis croise la route de Salario (barrière à ouvrir), et s'élève à travers pins et oliviers. Cette promenade, parfaitement abritée du N., est recommandée par les médecins.

4° **Chapelle des Grecs, Nécropole, Barbicaja et la Parata**. — Admirable route de voit., qui longe toute la partie O. du golfe d'Ajaccio. — 35 min. d'Ajaccio à la chapelle des Grecs; 1 h. jusqu'au cimetière; 1 h. 15 jusqu'à Barbicaja (break du Grand Hôtel Continental l'hiver, 50 c.); 3 h. env. jusqu'à la tour de la Parata; 3 h. 30 à 4 h. aller et retour en voit. (10 fr.). — Excursion très recommandée.

5° **Pisinale ou Capo di Feno** (à l'O.-N.-O.). — Route de voit.

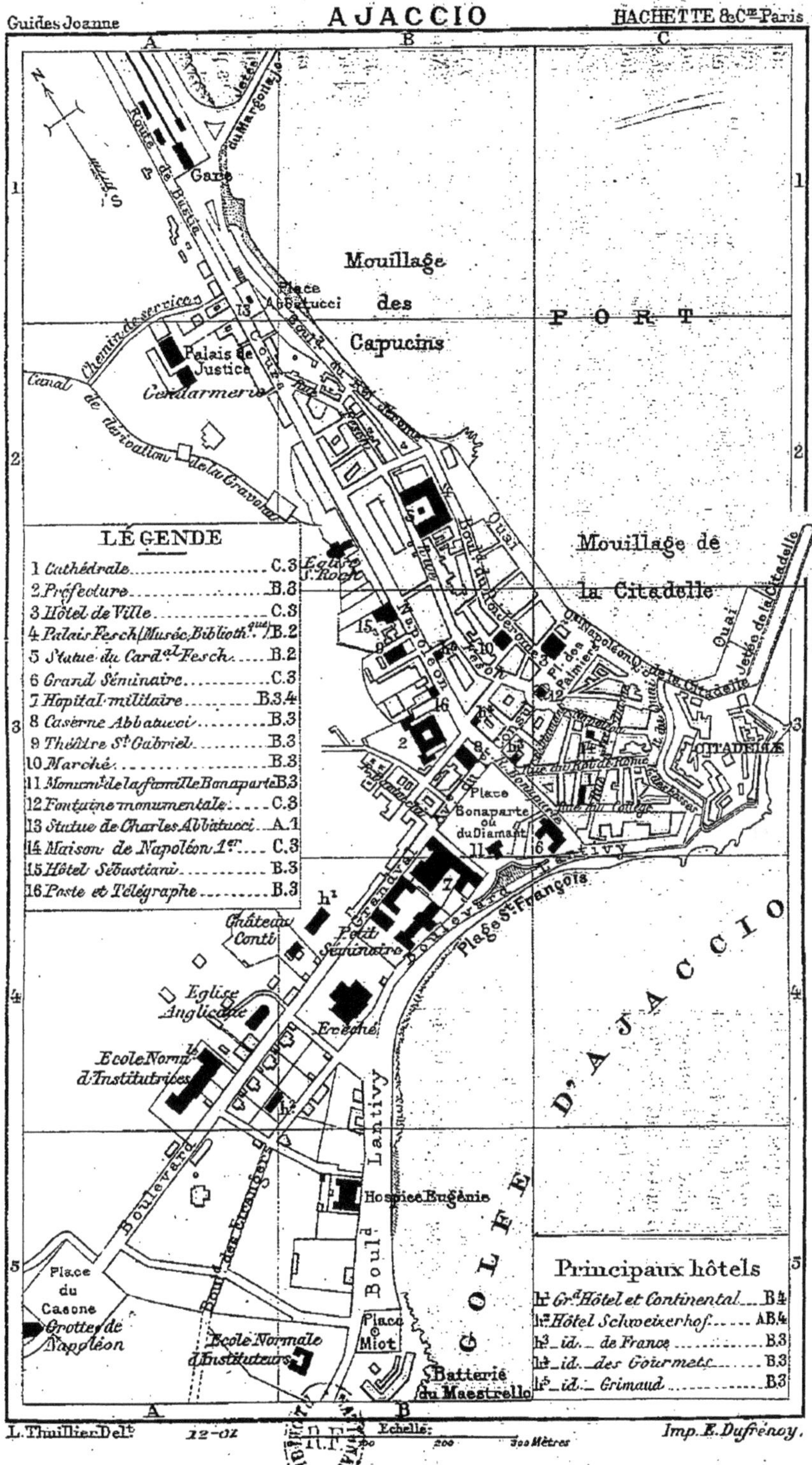
Guides Joanne
AJACCIO
HACHETTE & Cie Paris
A
B
C
1
2
3
4
5
Gare
Route de Bastia
Jetée du Margonajo
Mouillage des Capucins
PORT
Place Abbatucci
Chemin de service
Palais de Justice
Gendarmerie
Canal de dérivation de la Gravona
Cours
Boul^d du Roi Jérôme
Mouillage de la Citadelle
Quai
Jetée de la Citadelle
Q. Napoléon
Q. de la Citadelle
Pl. des Palmiers
CITADELLE
Eglise St Roch
Rue du Roi de Rome
Rue du Collège
Place Bonaparte ou du Diamant
Lantivy
Plage St François
GOLFE D'AJACCIO
LÉGENDE
1 Cathédrale C.3
2 Préfecture B.3
3 Hôtel de Ville C.3
4 Palais Fesch (Musée, Biblioth^que) B.2
5 Statue du Card^al Fesch B.2
6 Grand Séminaire C.3
7 Hopital militaire B.3.4
8 Caserne Abbatucci B.3
9 Théâtre St Gabriel B.3
10 Marché B.3
11 Monum^t de la famille Bonaparte B.3
12 Fontaine monumentale C.3
13 Statue de Charles Abbatucci A.1
14 Maison de Napoléon 1er C.3
15 Hôtel Sébastiani B.3
16 Poste et Télégraphe B.3
Château Conti
Petit Séminaire
Grand Boulevard
Eglise Anglicane
Evêché
Ecole Norm^le d'Institutrices
Boulevard
Boul^d des Etrangers
Hospice Eugénie
Boul^d Lantivy
Place du Casone
Grottes de Napoléon
Ecole Normale d'Instituteurs
Place Miot
Batterie du Maestrello
Principaux hôtels
h^1 Gr^d Hôtel et Continental B.4
h^2 Hôtel Schweizerhof AB.4
h^3 id. de France B.3
h^4 id. des Gourmets B.3
h^5 id. Grimaud B.3
L. Thuillier Del^t
Echelle:
200
300 Mètres
Imp. E. Dufrénoy.

(9 k. ; 6 fr.) jusqu'à Vignola; de là, sentier de piétons (50 min.). Nous engageons les touristes à combiner cette excursion avec celle de Castellucio et de la chapelle Saint-Antoine (*V.* 6°). Ils pourront se faire conduire en voit. jusqu'à Vignola, se rendre à pied à Capo di Feno et de là descendre par un bon sentier au (1 h.) pénitencier de Saint-Antoine, où la voit. viendra les reprendre pour les ramener à Ajaccio.

6° **Vallée et chapelle de Saint-Antoine, pénitencier de Castellucio** (à l'O.-N.-O.). — Bonne route de voit. jusqu'au (7 k. 4) pénitencier; voit. 4 fr. — On peut combiner cette excursion avec celle de Pisinale (*V.* 5°).

7° **Lazaret, batteries basse et haute d'Aspreto.** — 1 h. 30 N.-E. — Route de voit. (4 k. env.) jusqu'à la batterie basse; voit., 3 fr. — Très jolie promenade, surtout pour la vue qu'elle offre.

8° **Bains de Caldaniccia** (au N.-E.). — On peut s'y rendre, en été, soit par le chemin de fer (9 k. ; trajet en 20 min. ; 1 fr. 75 et 55 c.), soit en voit. (8 k. 9 ; 6 fr.), soit par le tramway urbain (60 c.); la voie ferrée est préférable; l'établissement thermal (saison de juin à octobre) est à côté de la gare.

9° **Château de la Punta et mont Pozzo-di-Borgo** (au N.-O.). — Route de voit. jusqu'au (13 k. 5) château de la Punta; voit. de place, 10 fr. ; les loueurs demandent 15 fr. — Bon sentier muletier du château au (1 h.) sommet. — Excursion très recommandée, qui se fait facilement en un après-dîner.

Le *château de la Punta*, construit sur une admirable terrasse (vue splendide), à 660 mèt. d'altit., est entouré d'un jardin anglais de 33 hect. Ce château, visible d'Ajaccio, de tous les environs et même de la mer, a été bâti avec des matériaux rachetés par le comte Charles Pozzo di Borgo, et provenant de la démolition du Palais des Tuileries, dont il reproduit exactement le pavillon central. La porte d'entrée est flanquée à dr. et à g. de deux colonnes monumentales sculptées par Philibert Delorme.

A l'intérieur, on remarque : un *hall* de 17 m. de longueur sur toute la hauteur de l'édifice; l'*escalier d'honneur*; le *grand salon* (Napoléon, par *David*) ; la *salle à manger* ; le *salon Louis XV* (le comte Pozzo di Borgo, par *Lawrence*; Valentine de Crillon, duchesse Pozzo di Borgo, par *Gérard*); la *bibliothèque*; la *galerie de peinture*; la *chapelle*.

10° **Alata, cols de Carbinica et de Listincone** (9 k. 5 et 34 k. N.). — Route de voit.; voit. particulière pour Alata, 12 fr.; 20 fr. la course entière all. et ret. — On fera bien de consacrer une journée entière à cette course, et d'emporter des provisions, à moins que l'on ne préfère déj. de bonne heure à Ajaccio (partir vers 11 h. au plus tard).

11° **Appietto** (au N.-N.-E.). — Très intéressante excursion. — Voit. particulière, 12 fr.; 15 fr., si l'on suit au retour une route différente de celle de l'aller. — Nous engageons les touristes à monter par la nouvelle route de Vico (16 k.) et à descendre par l'ancienne (16 k.); le trajet étant long et les montées passablement raides, il faut emporter des provisions ou déjeuner de bonne heure avant de partir.

12° **Bastelica** (à l'E.-N.-E.). — La plus belle course à faire d'Ajaccio, surtout au printemps, en une journée (voit. 25 fr.). — Rude trajet de 82 k. all. et ret., mais admirables paysages de forêt et de montagne. — Partir de bonne heure par *Ocana et Tolla* (nouvelle route), déj. à Bastelica, et revenir par *Gauro*. — Traj. décrit dans le guide *Corse*.

13° **Calcatoggio** (au N.). — Fort belle excursion, très recommandée. — Voit. particulière, 20 fr.; en partant d'Ajaccio à 7 h. 30 du mat., on arrivera avant 11 h. à Calcatoggio; nous engageons les touristes à suivre la nouvelle route de Vico (22 k.) à l'aller et à revenir par l'ancienne (24 k.); on sera rentré à Ajaccio pour dîner.

14° **Pénitencier agricole de Chiavari** (au S.-E.). — Excursion recommandée, surtout aux agronomes, mais l'administration tâche d'écarter les touristes.

A. Par mer (1 dép. par j. par le vapeur *le Progrès*, entreprise Lanzi frères, faisant le service postal et administratif de l'établissement; départ d'Ajaccio, du 1er mars au 31 octobre, à 6 h. du mat., retour à 9 h.; du 1er novembre à fin février, à 7 h. du mat., retour à 10 h.; trajet en 50 min.; prix 75 et 50 c. Le jeudi et le dimanche, le bateau fait un second voyage : départ, été comme hiver, à 3 h. du s.; retour à 6 h. Nous engageons les touristes à profiter de ce double départ bi-hebdomadaire, qui leur donnera le loisir de voir rapidement le pénitencier (l'administration, naguère bienveillante, devient revêche et cherche à éloigner les visiteurs).

B. Par la route de terre (37 k.; route de voit.; trajet en 3 h. 30; voit. particulière, 20 fr.).

L'établissement, fondé en 1855, renferme 750 détenus qui cultivent 2 196 hect. On peut déjeuner à la cantine (2 fr. 50; excellent vin).

15° **Les Sanguinaires** (à l'O.-S.-O., à l'entrée du golfe). — Fort belle excursion.

A. Par le golfe (10 milles 1/2, env. 18 k. 5, du port d'Ajaccio à la Grande-Sanguinaire; on fera bien de consacrer une journée entière à cette excursion et de s'entendre avec un bon marin pour la location d'une barque; prix, 15 fr.; traversée en 3 h.; il faut partir de grand matin pour profiter de la brise de terre; on accoste au débarcadère de la grande île; ne partir que si la mer est absolument calme et le temps au beau fixe, et *ne pas manquer de se munir de provisions*. On peut aussi louer le lundi et le vendredi, de 11 h. à 5 h., l'un des vapeurs de MM. Lanzi frères; traversée en 1 h.; prix, 80 fr.; dans les hôtels, pendant la saison, on trouve presque toujours des compagnons, entre lesquels se partage la dépense).

B. Par la Parata (14 k.; route de voit.; voit. particulière, 10 fr.; 15 à 20 fr. si la voit. doit attendre à la Parata le retour des touristes de la Grande-Sanguinaire; 45 min. avec une barque de la Parata à la grande île; 8 à 10 fr. aller et retour. Comme il n'y a qu'exceptionnellement des embarcations à la Parata, il faut s'entendre la veille avec un pêcheur qui a l'habitude de ces parages (l'hôtelier s'en chargera) et qui ira attendre les voyageurs au petit embarcadère, à quelques centaines de mèt. de la tour de la Parata.

16° **L'Isolella** (au S.-E., sur la côte E.). — Trajet par mer, 1 h. env.; barque à la rame, 8 fr.; on peut aussi se rendre à l'Isolella par la voie de terre, par la route de Chiavari, *V.* ci-dessus, 14°, *B*, en 2 h. 30 en voit. ou 4 h. 30 à pied. Le mieux est de prendre un bateau et de consacrer toute la journée à l'excursion; mais, dans ce cas, il faut se munir de provisions. La barque, du matin à 5 h. du soir, coûtera 10 fr. — On pourrait encore, le lundi et le vendredi, noliser l'un des vapeurs de MM. Lanzi frères, de 11 h. à 5 h., trajet en 35 à 40 min.; prix, 50 fr.; dans ce cas, on débarque sur la plage dans la chaloupe et par les soins de l'équipage du vapeur.

17° **Portigliolo** (au S.-E., sur la côte E.). — Trajet par mer, 1 h. 45 à 2 h.; barque à la rame, 10 fr. On peut aussi, le lundi et le vendredi, noliser l'un des vapeurs de MM. Lanzi frères, de 11 h. à 5 h.; trajet en 1 h.; prix, 60 fr.; dans ce cas, on débarque sur la plage dans la chaloupe et par les soins de l'équipage du vapeur. — Emporter des provisions, si l'on veut déjeuner dans les jardins de la propriété Murray (autorisation facilement accordée).

18° **Les Scoglietti** (à l'E.). — Trajet par mer, 30 min. env.; barque à la rame, 4 fr.

19° **Porticchio** (au S.-E.). — Trajet par mer, 40 min. env.; barque à la rame, 5 fr. — On peut aussi se rendre à Porticchio par terre, par la route de Chiavari (*V.* ci-dessus, 14°, *B*), en 1 h. 30 en voit. ou 3 h. à pied, mais la promenade en bateau est de beaucoup la plus agréable.

INDEX ALPHABÉTIQUE

CONTENANT

LES

RENSEIGNEMENTS PRATIQUES

N. B. — Les renseignements pratiques, c'est-à-dire les *hôtels* classés (en tant que possible) par ordre d'importance avec indication des prix de table d'hôte et de pension, les *restaurants* et *cafés*, les *voitures*, les *tramways*, etc., en un mot tout ce qui a rapport à la vie matérielle, se trouvent réunis dans l'Index alphabétique, au nom de chaque localité à laquelle ils se rapportent. Cette disposition nous permet de corriger ces renseignements, sujets à des changements, et de réimprimer l'Index alphabétique plusieurs fois dans le cours d'une édition. Nous prions instamment MM. les touristes de nous adresser toutes les corrections et observations nous permettant de tenir à jour cette partie importante du Guide.

Ce signe *, placé dans le texte des Chapitres, à la suite du nom d'une localité, indique qu'il se trouve à l'Index alphabétique des renseignements pratiques à consulter.

Ce signe *, placé dans l'Index alphabétique, à la suite d'un nom d'hôtel et lorsque les hôtels ne sont pas classés en hôtels de 1er ordre, de 2e ordre, etc., indique seulement que les prix de cet hôtel sont de première classe et n'implique aucune recommandation de notre part.

N. B. — Dans beaucoup d'hôtels du littoral, *le vin se paye à part.*

A

3° Autres hôtels, ouverts toute l'année : — *Grimaud* (petit déj. 60 c. à 1 fr.; déj. 2 fr., din. 2 fr. 50, vin compris ; ch. à 1 lit 2 à 3 fr., à 2 lits 4 à 5 fr., bougie comprise ; pens. 60 fr. par sem., 195 fr. par mois), cours Napoléon, 8 ; — *des Gourmets* (hôtel-restaurant), cours Napoléon ; — *d'Europe* (pens. 4 fr. par j.), cours Napoléon, 46.

Locations en meublé : — s'adresser à Mᵉ *Fieschi-Vivet*, notaire, à l'*Agence du Diamant*, cours Grandval, 6, ou à M. *Félix Rocca*, rue des Écoles, 8 ; — pour renseignements, à M. *Robaglia*, coiffeur ; — pour faire construire, à M. *B. Maglioli*, architecte de la ville, ancien élève de l'École des Beaux-Arts.

Cafés : — *du Roi-Jérôme*, avenue du Premier-Consul ; — *Solférino*, cours Napoléon ; — *Napoléon*, cours Napoléon ; — café-brasserie *du Commerce* (bonnes glaces), cours Grandval.

Poste et télégraphe : — cours Napoléon, 37, et rue de la Préfecture (entrée par cette dernière rue). — La poste est ouverte de 7 h. du mat. à 9 h. du s. du 1ᵉʳ mars au 31 octobre, de 8 h. du mat. à 9 h. du s. du 1ᵉʳ novembre au 28 février ; elle ferme à 4 h. s. (sauf le guichet de poste restante) les dimanches et jours fériés. — Le télégraphe est ouvert de 8 h. du mat. à minuit du 1ᵉʳ novembre au 28 février, de 7 h. du mat. à minuit l'été.

Bains et lavoirs publics : — boulevard du Roi-Jérôme, en face du collège, ouverts de 6 h. du mat. à 6 h. du soir du 21 mars au 21 septembre, de 7 h. du mat. à 4 h. 30 du s. l'hiver (bains chauds et froids d'eau douce et d'eau salée ; bains de Barèges ; hydrothérapie ; bain ordinaire, 50 c., linge à part, 10 c.; on trouve à l'établissement le linge et les objets de toilette).

Cercles : — *des Palmiers*, cours Grandval, à côté du Grand Hôtel d'Ajaccio et Continental ; — *Littéraire*, avenue du Premier-Consul.

Théâtre : — *Saint-Gabriel* (saison d'hiver : opéra italien et vaudeville), cours Napoléon.

Banquiers : — *Bozzo-Costa*, boulevard du Roi-Jérôme, 8 ; — *Lanzi frères* (change), boulevard du Roi-Jérôme, 5 ; — *Banque de France*, cours Napoléon, 13.

Consulats : — *d'Angleterre*, M. *Montague Loftus*, cours Grandval, 32 ; — *de Russie et de Danemark*, M. *Laurent Lanzi*, boulevard du Roi-Jérôme, 5 ; — *d'Autriche-Hongrie*, M. *Donzella*, cours Grandval, 30 ; — *de Suède et de Norvège*, M. *Campiglia*, place des Palmiers ; — *d'Italie*, M. *Leccia*, cours Grandval ; — *d'Espagne*, M. *Cloquié*, rue Maréchal-Ornano.

Libraires : — *de Peretti*, place des Palmiers et avenue du Premier-Consul ; — *Rocca-Tartarini*, cours Napoléon ; — *Bozzi*, cours Napoléon. — Très belles **photographies** d'Ajaccio et des principaux sites de la Corse chez *Laurent Cardinali*, photographe, cours Grandval, 14, chez *Antoine Guittard*, photographe, chez *Alexandre*, place du Diamant, et à la librairie *de Peretti*, place des Palmiers.

Articles d'Ajaccio : — gourdes, poignards-broches, cannes en bois de myrte, olivier, etc., maisons *Santini*, *Campi*, *Imbert* et chez tous les bijoutiers ; — spécialité de gourdes sculptées, *Quilichini*, cours Grandval ; — pralines, liqueur de myrte et cédrats confits, maison *Godde*, cours Napoléon, 2 ; — pâtés et terrines de merles renommés, chez *Mme Mille*, cours Napoléon.

Culte anglican : — *Holy Trinity Church*, cours Grandval.

Réunions protestantes : — *conférences évangéliques* (en français), cours Grandval, 6 ; — *conférences évangéliques* (en anglais), cours Napoléon, en face la place Abbatucci ; — *réunion évangélique*, cours Napoléon, 40.

Conservation des forêts : — bureaux, cours Napoléon, 39, ouverts de 8 h. à 10 h. du mat. et de 1 h. à 4 h. s.

Musée : — rue Fesch, aile g. du palais Fesch, ouvert au public le jeudi et le dim., de midi à 4 h., t. l. j. aux étrangers ; quand le musée est fermé, s'adresser chez le gardien, rue Napoléon, 7.

Bibliothèque : — rue Fesch, aile g. du Palais Fesch, ouverte t. l. j., vendredis, dimanches et fêtes exceptés, sauf en août et en septembre, de midi à 4 h. s., le jeudi de 8 h. à 10 h. du mat. et de 1 h. à 3 h. s.

Tramway urbain : — du boulevard Lantivy à l'Abattoir (10 c.) et 4 fois par j., 2 fois le mat., 2 fois l'après-midi, en été, pour les *bains de Caldaniccia* (60 c.) ; 2 tramways (service continuel sur le *pavillon Ariadne*, route de la Parata).

Voitures et chevaux de louage (de 12 à 20 fr. par j., moyenne 16 fr., avec le pourboire au conducteur) : — *Lucchini Mathieu*, place du Diamant ; — *Maesani*, rue Maréchal-Ornano ; — *Ansidei*, cour Grandval ; — *Campiglia*, place du Diamant ; — *Pittiloni*, au fond de la barrière.

Voitures de place : — place du Diamant. — En ville : la *course*, 1 fr. 50 ; l'*heure*, 2 fr. — Courses tarifées aux environs d'Ajaccio : — *Barbicaja*, *Salario*, *Mezzavia*, *Pont de Campo dell' Oro*, *Asprelo*, 3 fr. ; — *Scudo*, *Castelluccio*, *Jardins des Prêtres*, 4 fr. ; — *Fontaine des Calanques*, 5 fr. ; — *Vignola*, *Caldaniccia*, *Bastelicaccia*, 6 fr. ; — *Pruno*, *Ponteboncelli*, *Pisciatello*, 8 fr. ; — *la Parata*, *château de la Punta*, 10 fr. (malgré le tarif, les cochers demandent 15 fr. pour le château de la Punta) ; — *Lisa-Lisa*, *Alata*, *Appietto*, 12 fr. ; — *Vignola* (route de Bastia), 15 fr. ; — *Cauro*, *Calcatoggio*, *Chiavari*, 20 fr.

Voitures publiques : — pour *Pila-Canale*, t. l. j. à 11 h. du mat. ; — pour *Sartène*, par *Cauro* (corresp. pour *Bastelica*), *Sainte-Marie-Siché* (corresp. pour les *Bains de Guitera* et *Zicavo*), *Petreto-Bicchisano* et *Propriano*, t. l. j. à 10 h. 15 du mat. ; — pour *Vico*, par *Sagone* (corresp.

pour *Cargèse, Piana, Porto* et *Ota*), t. l. j. à 11 h. du mat.; à *Vico*, corresp. pour les *bains de Guagno* pendant la saison.

Promenades et voyages en automobile : — s'adr. à M. *Edgardo J. Cussy*, représentant de Peugeot frères, place des Palmiers.

Canots : — du quai au vapeur et *vice versa* : passagers de 1re et de 2e cl., avec valise à la main, 50 c. ; de 3e cl. 25 c. ; une malle, 40 c. ; militaires, demi-place.

Barques (à la rame ou à l'aviron) : — pour les *Scoglietti*, 4 fr. ; — *Porticchio*, 5 fr. ; — l'*Isolella*, 8 fr. ; — pour la *journée*, du mat. à 5 h. du s., 10 fr. ; — l'*heure*, 5 fr.

Promenades dans le golfe (par le vapeur Lanzi, frété spécialement, certains jours, de 10 h. à 5 h. ; s'adr. la veille au bureau, boulevard du Roi-Jérôme, 5) : — pour les *Sanguinaires*, 80 fr. ; — l'*Isolella*, 50 fr. ; — *Portigliolo*, 60 fr.

Bateaux à vapeur : — pour *Marseille*, *Nice*, *Propriano*, *Bonifacio*, *Calvi*, *l'Ile-Rousse*, *Chiavari* (se renseigner à l'agence de la Cie Fraissinet, et au bureau de MM. Lanzi frères, boulevard du Roi-Jérôme).

ALATA, 254.

ANNONCIADE [Chapelle Notre-Dame de l'], 205.

ANTÉORE [Viaduc d'], 14.

ANTIBES, 124 et 126. — Omn. des hôtels et voit. de place à la gare. — Hôt. : dans la ville : *Grand Hôtel** place Macé ; *Hôtel et restaurant Cosmopolitain*, place Macé ; *National*, rue de la République ; *des Aigles d'Or*, rue Thuret ; *Terminus* (déj. de table d'hôte à midi, 2 fr. 50 ; dîn. à 7 h., 3 fr.), en face de la gare. — Au Cap. : *Grand Hôtel du Cap et restaurant français**. — A la Salis : *Hôtel-restaurant de la Réserve*. — A Juan-les-Pins : *Grand Hôtel*. — Agence de location : *Astoin*, place Macé. — Loueurs de voit. : *Sansoldi*, *Gérard*, tous deux rue Thuret ; *Isnardon*, place Nationale ; *Lamberti*, rue Sade ; *Martin*, à l'hôtel Terminus. — Bains et hydrothérapie, rue Arazy. — Voitures de place : dans la ville ou de la ville à la gare, la course, voit. à 1 chev. et à 2 places, le jour, 1 fr., la nuit, 1 fr. 50 ; à 1 chev. et 4 pl., 1 fr. 25 et 1 fr. 50 ; à 2 chev. et 4 pl., 1 fr. 50 et 2 fr. ; — dans les limites de la com., voit. à 1 chev. et 2 pl., le jour, 1 fr. 50, la nuit 2 fr., all. ; ret., mêmes prix réduits de 50 c. ; aller et retour (avec arrêt facultatif de 15 min.), 50 c. de plus que pour l'aller seul ; voit. à 1 chev. et 4 pl., 2 fr. et 2 fr. 50 ; à 2 chev. et 4 pl., 2 fr. 50 et 3 fr. ; — pour l'extrémité du Cap, voit. à 1 chev. et 2 pl., le jour, 3 fr. ; la nuit, 3 fr. 50 (aller et retour, 3 fr. 50 et 4 fr.) ; à 1 chev. et 4 pl., 3 fr. 50 et 4 fr. (aller et retour, 5 fr.

Site; — *Terminus*; — *du Commerce*.

Restaurants : — *de la Réserve**; — *Beau-Rivage*; — *Terminus*; — *du Commerce*.

A SAINT-JEAN : *Hôtel et Parc Saint-Jean* (30 ch.; pens. 8 à 10 fr.; belle situation); — *Namouna et restaurant de la Réserve* (déj. 2 fr. 50; dîn. 3 fr; pens. 8 fr.); — *de la Bouillabaisse*.

A VILLEFRANCHE : *de la Réserve*, bien situé, en face de la rade; — *Laurent* (déj. ou dîn. 2 fr. 50; ch., 2 fr.); — *des Alpes*.

Agences de location : — *Agence Internationale, Bovis*, architecte, avenue de la Gare, maison Carayeu; — *Agence générale, E. Kurz*, en face de la gare et à l'annexe de l'hôtel Bristol.

Confiseries : — *Eckemberg*; — *Giaume*.

Casino : — près de l'hôtel Krefft.

Tramway électrique : — pour Nice (place Masséna; 55 c. en 1re cl., 35 c. en 2e cl.; all. et ret., 85 c. et 55 c.), par *le Pont Saint-Jean* (pour le cap Ferrat) et *Villefranche*.

Poste, télégraphe et téléphone : — bureau ouvert de 8 h. mat. à 9 h. s. du 15 novembre au 30 avril (guichets postaux jusqu'à 4 h. seulement les dim. et fêtes).

Banque : — *Banque Populaire de Menton* (M. Icart).

Garage d'automobiles : — *Meunier*.

Fleuristes : — *Alexandre Maiffret*; — *C. Mouton*; — *Coulomb*; — *Hickel*; — *Roux*; *Carbonatto*; — *Gastaud*.

Loueurs de voitures : — *Riccobono*; — *Tournaire*; — *Yves*; — *Emile*; — *Bienvenu*; — *Veran*; — *Gueït*; — *Dabbera*.

Voitures de place : — *la course*, dans le territoire de la commune, voit. à 1 chev., 2 ou 4 pl., ou coupés, 1 fr. le j., 1 fr. 50 la nuit; voit. à 2 chev., 2 ou 4 pl., 1 fr. 50 et 2 fr. 50; — *l'heure*, dans le territoire de la commune, à 1 chev., 2 fr. 50 le j., 3 fr. la nuit; à 2 chev., 3 fr. 50 et 4 fr. — **Promenades** : — *Nice* : 1 chev., all. et ret. avec 30 min. d'arrêt, ou all. seulement, 8 fr. le j., 10 fr. la nuit; all. et ret., avec 3 h. d'arrêt, 12 fr. et 15 fr.; à 2 chev., 12 fr. et 13 fr., 17 fr. et 23 fr.; — *Monaco, Monte-Carlo, Cap-d'Ail* : à 1 chev., 10 fr. et 12 fr., 15 fr. et 18 fr.; à 2 chev., 15 et 20 fr., 20 fr. et 25 fr.; — *Roquebrune, Menton* : à 1 chev., 2 h. d'arrêt, 25 fr. le jour; à 2 chev., 2 h. d'arrêt, 30 fr.; — *Nice, par la route du Montboron*, à 2 chev., 2 h. d'arrêt, 20 fr.; *Villefranche, Saint-Jean et Saint-Hospice, lac du Cap Ferrat, gare d'Eze* : à 1 chev., all. et ret., 15 min. d'arrêt, ou all. seulement, 4 fr.; all. et ret. avec 1 h. 30 d'arrêt. 6 fr.; à 2 chev., 6 fr. et 8 fr.; — *Villa Salisbury, phare du Cap Ferrat* : à 1 chev., 1 h. 30 d'arrêt, 9 fr.; à 2 chev., 12 fr.; — *l'Observatoire, retour par Nice* : à 1 chev., 2 h. d'arrêt, 20 fr.; à 2 chev., 25 fr. —

trice Frederico ; *Banque Adolfo Giribaldi*, via Vittorio Emanuele.

Vice-consul britannique : — *Edward E. Berry*.

Cabinets de lecture : — *Bibliothèque publique polyglotte ;* — *Mme Essarco*.

Fleurs et palmiers : — *Winter*, via Vittorio-Emanuele.

Temples protestants : — *All Saints Church* (*Church of England*) ; — *Tempio Evangelico*, Piano di Vallecrosia ; — *Chapelle Lozeron*.

Lieu de réunion : — *Victoria Hall* (colonie anglaise).

C

Omnibus : — à la gare, pour les hôtels. — Voitures particulières et tram. électr. (*V.* ci-dessous.)

Hôtels et pensions. — Nous divisons les hôtels en trois groupes : la ville proprement dite, le quartier de l'E. et le quartier de l'O. Au N. de la voie ferrée, nous avons pris le boulevard Carnot comme ligne de démarcation entre les deux quartiers, tout en le comprenant, ainsi que le Cannet, dans la partie O.

VILLE ET CENTRE. — Hôtels : *Splendide-Hotel*, rue Félix-Faure (déj. 5 fr. ; dîner 6 fr.); — *Richelieu*, rue Bossu, 19, et boulevard de la Croisette (déj. 3 fr. ; dîner 3 fr. 50 ; pens. dep. 8 fr. par j., vin compris) ; — *Faisan Doré* (restaurant à la carte et à prix fixe ; comestibles), rue d'Antibes, 18 ; — *de l'Univers*, rue la Gare, 2, et rue d'Antibes ; — *des Voyageurs*, rue St-Nicolas, 4 (déj. 2 fr. 50, v. c. ; dîn. 3 fr., v. c. ; pens. 6 fr. par j.) ; — *du Gourmet et du Commerce*, rue de Châteaudun, 4 (déj. 2 fr., v. c.; dîner 2 fr. 50, v. c.) ; — *des Colonies et des Négociants*, rue de la Gare, 18 (déj. 2 fr. 50, v. c. ; dîn. 3 fr., v. c. ; servis à part, 3 fr. et 4 fr ; pens. 9 fr.) ; — *Nouvel-Hôtel*, en face de la gare ; — *Terminus-Hôtel*, rue de la Gare (déj. 2 fr. 50, v. c., dîn. 3 fr, v. c. ; pens. dep. 7 fr. 50 par j.).

Pension : — *Franco-Russe*, rue de Châteaudun, 16 (pens. 6 fr. par j. ; table d'hôte ; arrangements pour familles).

QUARTIER DE L'EST. — Hôtels : *Beau-Rivage**, boulevard de la Croisette (du 1er novembre au 15 mai ; déj. 4 fr. et dîner, 6 fr., vin compris ; pens. de 10 à 20 fr. par j.) ; — *Gray et d'Albion**, boulevard de la Croisette, et rue d'Antibes, 52 ; — *New Royal-Hôtel*, boulevard de la Croisette (ouvert toute l'année ; dîner, 5 fr. ; pens. 9 à 12 fr.) ; — *Gonnet*, boulevard de la Croisette ; — *Grand-Hôtel**, boulevard de la Croisette (lawn-tennis) ; — *de la Plage**, boulevard de la Croisette (dîner 4 fr. 50 ; pens. 9 à 14 fr.) ; — *Cosmopolitain*, rue d'Antibes, 98 (du 1er oct. au 15 mai ; déj. 3 fr. ; dîner 4 fr. ; pens. de 9 à 12 fr. par j.) ; — *Wagram*, rue d'Antibes, 106 (du 1er novembre au 30 avril ; déj. 2 fr. 50 ; dîn. 3 fr. ; pens. dep. 7 fr. par j. ; maison de pension pour familles ; cuisine bourgeoise) ; — *des Anges*, route d'Antibes ; — *Augusta**, rue Oustinoff, 1 ; — *Suisse*, rue de l'Estérel (du 10 octobre au 1er mai ; déj. 3 fr. et dîner, 4 fr., sans vin ; 3 fr. 50 et 4 fr. 50, vin compris ; pens. à la semaine, de 10 à 12 fr. 50 par j., avec ch. au midi, 8 fr. au N., 9 à 10 fr. à l'E. et à l'O.) ; — *Victoria*, rue d'Antibes, 100 (déj. 3 fr. ; dîn. 4 fr. ; pens. dep. 7 fr. ; très-bonne cuisine) ; — *du Luxembourg*, rue d'Antibes, 102 (pens. dep. 8 fr. par j.) ; — *de l'Elysée*, route d'Antibes ; — *des Pins**, boulevard Alexandre III (15 octobre au 15 mai ; hall superbe ; grand parc et jardin d'hiver ; desservi par des omn. partant t. les 30 min. de et pour la place de l'Hôtel-de-Ville).

Sur les collines et éloignés de la mer : *Central et Bristol**, chemin de Saint-Nicolas (dîn. 5 fr. ; 15 à 20 fr. par j. ; lawn-tennis) ; — *Alsace-Lorraine**, quartier Saint-Nicolas (pens. dep. 8 fr. par j.; lawn-tennis); — *d'Europe*, boulevard du Cannet (du 1er oct. à fin mai; déj. 2 fr. 50; dîner 3 fr.; pens. dep. 7 fr.); — *Saint-Nicolas*, quartier Saint-Nicolas (pens. dep. 8 fr. par j.); — *Alexandra et Marie-Amélie*, avenue Saint-Nicolas et rue du Titien (pens. dep. 7 fr. par j., service compris); — *de France*, boulevard du Cannet (dep. 8 fr. par j.); — *Mont-Fleury* *, quartier Mont-Fleury (dîner, 6 fr.; pens. 12 à 18 fr.; beau parc; lawn-tennis); — *Windsor* * avenue Windsor (déj. 3 fr. 50; dîner 5 fr.; pens. 10 à 16 fr.); — *Beau-Séjour* *, chemin de la vallée de Beau-Séjour (dîner 6 fr.; pens. 10 à 16 fr.); — *Saint-Charles* *, chemin de la vallée de Beau-Séjour (dîner 5 fr.; pens. 10 à 16 fr.); — *de la Californie* *, chemin de la Californie (dîn. 6 fr.; deux lawn-tennis); — *des Anglais* *, vallée de Provence (dîner 5 fr.; dep. 12 fr. par j., vin non compris; desservi par l'omn. de l'Hôtel de Ville à Saint-Paul's Church); — *Westminster*, boulevard d'Alsace (dep. 7 fr. par j.); — *Saint-Maurice*, boul. d'Alsace; — *de Provence* *, vallée de Provence (dîn. 6 fr.; pens. dep. 12 fr.); — *du Prince de Galles Riviera Palace* *, chemin de Terrefial (grand parc à mi-côte; jardin d'hiver; trois lawn-tennis; établissement hydrothérapique, avec massage médical, contigu à l'hôtel, restaurant à la carte; dîner 6 fr.); — *de la Terrasse et Richemond* * (dîner, 5 fr.; pens. dep. 8 fr.), boulevard du Cannet; — *Paradis* *, boulevard du Cannet (desservi par l'omn. de l'Hôtel de Ville à St-Paul's Church); — *Gallia* * (15 nov. au 1er mai; déj. 5 fr.; dîn. 7 fr.; pens. 17 à 25 fr. par j.), boul. Mont-Fleury; — *de Paris*, boulevard d'Alsace (pens. dep. 7 fr. par j., vin compris), — *de la Paix*, boul. d'Alsace (hôt-pens.; pens. 7 à 10 fr. par j.); — *Britannique*, boulevard d'Alsace (pens. 8 à 12 fr.); — *de Hollande* *, chemin de Terrefial (dîn. 5 fr.; desservi par l'omn. de l'Hôtel de Ville à Saint-Paul's Church).

Dans le quartier de Cannes-Eden : *Hôtel Métropole* * (dans les bois; luxueux).

Pensions : — *Tanner*, chemin du Prince-de-Galles (20 min. de la ville; abrité); — *La Madeleine*, quartier Mont-Fleury, en face le Casino des Fleurs; — *Anne-Thérèse*, rue Oustinoff; — *de Genève*, boulevard du Cannet (dep. 8 fr. par j.; jardin); — *Internationale*, rue de La Tour Maubourg (dep. 6 fr. par j.); — *Marion*, rue d'Antibes, 66 (pens. bourgeoise). — On reçoit des dames pensionnaires chez les *Religieuses de l'Assomption*, quartier Terrefial, et chez les *Ursulines de Jésus*, avenue Windsor.

QUARTIER DE L'OUEST (quartier des Anglais). — Hôtels : *Continental* *, route de Grasse (déj. 3 fr. 50; dîner 5 fr.; arrangements pour séjour; lawn-tennis); — *Beau-Site* *, route de Fréjus (10 oct. au 15 juin; pens. dep. 10 fr.; lawn-tennis fréquentés par les meilleurs joueurs); — *du Parc**, ancien *château des Tours* (*villa Vallombrosa*), route de Fréjus (parc splendide); — *du Pavillon**, rue de Fréjus (octobre à mai; déj. 3 fr. 50; dîner 4 fr. 50; pens. à la semaine, dep. 10 fr. par j.; au mois, dep. 8 fr.); — *Bellevue**, chemin de la Croix-des-Gardes; — *des Princes et des Palmiers*, rue de Fréjus et boulevard du Midi (1er oct. au 1er juillet; déj. 3 fr.; dîner 5 fr.; pens. dep. 70 fr. par semaine, 270 fr. par mois, sans éclairage; bougie, 50 c.); — *du Helder*, route de Fréjus (ouvert toute l'année; pens. dep. 7 fr., pet. déj. compris); — *des Orangers*, route de Fréjus (hôt.-pension; 1er oct. au 15 juin; 8 à 10 fr. par j.); — *Néva-Bel-Air*, rue de la Colline (pens. dep. 8 fr. par j.); — *de la Grande-Bretagne**, boulevard Carnot, près le Cannet (1er oct. au 15 juin; déj. 3 fr. 50; dîn. 5 fr.; pens. par sem., de 73 à 119 fr.; par mois, 310 à 500 fr.; vaste hall chauffé; jardin; desservi par le tram électrique); — *Saint-James* (hôtel-pension; ouvert toute l'année; pens. dep. 7 fr. par j.), boulevard des Ardissons, au Cannet, terminus du tram électr.; — *Morin*, au château de Mandelieu, en face l'hippodrome et le Golf Club (pens. de famille; grand parc de pins et d'eucalyptus).

Pensions : — *de la Tour*, rue de Fréjus (depuis 10 fr. par j., vin non compris; pens. dep. 70 fr. par semaine, vin n. c.); — *Donat Rose*, avenue Bel-Air et boulevard Carnot (dep. 7 fr. par j.); — *Primevère*, boulevard Carnot; — *Marie-Louise*, quartier des Vallergues (dep. 7 fr. par j.).

Agences de location : — *Vidal et Hugues*, rue d'Antibes, 2, et place des Iles, 1; — *Agence franco-russe*, *Pons*, *successeur*, place des Iles, 7; — *Agence des Deux-Mondes*, *Thémèze*, square Mérimée; — *Anglo-Française*, rue d'Antibes, 71; — *Johnson* (House and Estate Agency; Baggage Express), square Mérimée; — *Taylor* (agence anglaise), rue de Fréjus, 43.

Bureaux de placement : — *Maison hospitalière*, rue Raphaël, 1; — *Mereder*, rue Achard, 5; — *Pernet*, rue de la Foux, 2; — *Albert*, rue Suquet, 1; — *Weibel*, rue de Châteaudun, 12.

Agence de la Cie des Wagons-lits : — *J. Valat*, rue Saint-Nicolas, 9, et rue Hoche, 2 *bis*.

Agences de Voyages : — *Cook*, rue de la Gare, 3; — *Duchemin* (J. Valat), rue Saint-Nicolas, 9, et rue Hoche, 2 *bis*.

Restaurants : — *du Faisan-Doré*, rue d'Antibes, 18; — *du Splendide Hôtel*, rue Félix-Faure et Allées de la Liberté; — *de l'Hôtel des Colonies et des Négociants*, rue de la Gare, 18; — *de l'Hôtel de l'Univers*, rue de la Gare-des-Voyageurs; — *Bourgue*, quai Saint-Pierre, 6 et 7 (serv. à la carte et à prix fixe); — *de la Réserve*, sur la Croisette (poissons; huîtres; bouillabaisse; cuisine et prix de premier ordre; débarcadère pour bateaux de plaisance).

Confiseurs-glaciers : — *Rumpelmayer*, boulevard de la Croisette, près du Cercle Nautique ;—*Joseph Nègre*, rue d'Antibes, 20 (maison fondée en 1818, à Grasse) ; — *Confiserie suisse*, rue d'Antibes, 5 ; — *Bouge* (boulangerie-pâtisserie), rue d'Antibes, 15.

Fleuristes : — *Solignac*, rue d'Antibes, 83 ; — *Société florale de Cannes*, rue d'Antibes, 76 ; — *Deschamps*, rue d'Antibes, 123 ; — *Meyer-Merian*, boulevard du Cannet, 17 ; — *Bilozzi*, boulevard du Cannet ; — *Giaume*, boulevard du Cannet, 11 ; — *Cardenq*, rue d'Antibes, 48.

Poste, télégraphe et téléphone : — rue Bivouac et rue Notre-Dame (bureaux ouverts, du 1er novembre à la fin de février, de 8 h. du mat. à 9 h. du s. pour la poste, de 8 h. du mat. à minuit pour le télégraphe ; du 1er mars au 31 octobre, de 7 h. du mat. à 9 h. du s. pour la poste, de 7 h. du mat. à minuit pour le télégraphe ; guichets de la poste fermés à 4 h. s. les dimanches et fêtes).

Maison de santé : — *British Hospital*, Sunny Bank (divisions pour maladies contagieusse et maladies non contagieuses ; malades soignés par leur propre médecin et par des infirmières anglaises ; 1re cl., 12 fr. 50 par j. ; 2e cl., 6 fr.).

Bains et hydrothérapie : — *Bains Notre-Dame*, rue de la Foux, entre la rue d'Antibes et la rue Notre-Dame ; — Établissements de bains de mer *Bottin*, boulevard de la Croisette (50 c.), et *de la Belle-Plage*, boulevard du Midi (50 c.).

Cercles : — *Cercle Nautique*, rendez-vous de la haute société, boulevard de la Croisette. (On ne peut faire partie du Cercle Nautique que sur la présentation de deux membres). — *Cercle des Régates*, sur les Allées de la Liberté. — *Cercle de l'Athénée*, rue d'Antibes, 11. — *Cercle International*, rue Bossu, 5. — Les étrangers peuvent se faire inscrire à ces trois derniers.

Théâtres : — *Théâtre Gallia*, boulevard Mont-Fleury ; — *du Cercle Nautique* ; — *Casino*, rue Bossu (spectacle-concert ; fauteuils, 1 fr. 25 ; galerie, 1 fr. ; parterre, 75 c. ; ces prix ne comprennent aucune consommation). — Concert vocal et instrumental t. l. s. au *Café de la Maison-Dorée*, rue de la Gare.

Golf-Club : — dans la plaine de la Napoule (Mandelieu) ; vaste piste ; restaurant ; il faut être présenté par un membre.

Hippodrome : — dans la plaine de la Napoule (Mandelieu).

Tir aux pigeons : — à la Bocca et à la Croix-des-Gardes.

Musique municipale : — de 2 h. à 3 h. 30 en hiver et 4 fois par semaine (lundis, jeudis et dim. au kiosque des Allées de la Liberté ; mercredis au kiosque du square Brougham) ; à 2 h. ou 8 h. en été.

Voitures de place (demander le tarif au cocher) : — stations à la gare des voyageurs ; sur les

Allées de la Liberté; à côté de l'hôtel des Princes; au pont du Riou; etc.

Voit. à 1 et 2 chev. (3 voyag.): la course, dans une zone aux limites de laquelle sont placés des poteaux, le jour, 1 fr.; la nuit, 1 fr. 50; en dehors de cette zone, dans tout le territoire de Cannes, le jour, 1 fr. 50; la nuit, 2 fr. 50; l'heure, dans les limites fixées pour la course à 1 fr. 50, le jour, 2 fr. 50; la nuit, 3 fr. 50; en dehors de ces limites, 3 fr. le jour, 4 fr. la nuit (hôtel Métropole compris). Le service de nuit commence : du 1er décembre à fin février, à 8 h. du s. pour finir à 7 h. du mat.; du 1er mars au 30 novembre à 9 h. du s. pour finir à 4 h. du mat.

Les cochers doivent faire marcher leurs chevaux à raison de 8 k. à l'heure (5 k. aux grandes montées). — Courses aux villas Orientale, Névada, Edelweiss, le jour, 2 fr., la nuit, 3 fr.; aux villas Tropicale et Albany et à la propriété Boutin, le jour, 2 fr. 50, la nuit, 3 fr. 50; au château Louis-XIII et à l'hôtel Métropole, le jour, 3 fr., la nuit, 4 fr.

Voitures et chevaux de louage. — Pour les voitures particulières et les montures, il faut s'adresser aux loueurs de profession, tels que : *Audibert*, rue d'Antibes, 82; *Delpiano aîné*, rue des Roses; *Barbier*, rue Jean-de-Riouffe; *Carraz*, boulevard d'Alsace; *Lenoir*, rue de Fréjus, etc.

Commissionnaires : — à la gare, place de l'Hôtel-de-Ville, etc. (50 c. par colis n'excédant pas 50 kilogr.; 25 c. pour chaque fraction de 50 kilogr. en sus; petits colis, 25 c.; prix doublés pour les courses en dehors de la ville proprement dite).

Manège : — rue du Cercle-Nautique, près du Cercle Nautique.

Tramways électriques : — *de la Bocca à Antibes*, par la rue de Fréjus, l'Hôtel de Ville, la rue Félix-Faure, la rue d'Antibes, le boulevard d'Alsace et *Golfe-Jouan*, d'où un embranchement va à *Vallauris* (de la Bocca à Cannes, Hôtel de Ville, 20 c. en 1re cl., 10 c. en 2e cl.; de Cannes au Golfe-Jouan, 40 c. et 20 c., 20 c. et 10 c. du boulevard Alexandre III au Golfe-Jouan; du Golfe-Jouan à Vallauris, 25 c. et 15 c., à la Cascade, 20 c. et 10 c., à Juan-les-Pins, 40 c. et 20 c.; de Cannes à Antibes, 80 c. et 40 c.); — *de la Gare de Cannes au Cannet*, par la rue d'Antibes et le boulevard Carnot (25 c. et 15 c.).

Omnibus : — *La Croisette* (30 c.; de la place de l'Hôtel-de-Ville, t. les h., de 7 à 11 mat. et de 1 à 5 s.); — *Mougins* (75 c.) et *Valbonne* (1 fr.; de la gare); — *Hôtel des Pins* (30 c.; de l'Hôtel de Ville, t. les 30 min. de 8 h. 45 à 11 h. 15 mat. et de 1 h. 45 à 5 h. 15 s.); — *Saint-Paul's Church*, desservant les *hôtels Paradis*, *Anglais* et de *Hollande* (30 c.; de l'Hôtel de Ville à 10 et 11 h. mat., midi, 2, 3, 4 et 5 h. s.); — *Observatoire de la Californie* (de la place des Iles); —

Pégomas (50 c.; 9 dép. par j. de l'Hôtel de Ville); — *Mandelieu* (1 fr.; 2 dép. par j. de l'Hôtel de Ville; — *Auribeau* (2 dép. par j., de la gare).

N. B. — *Ces horaires pouvant changer, on fera bien de consulter les affiches placardées en divers endroits, notamment à l'extérieur de l'Hôtel de Ville, à côté de l'entrée.*

Bateaux à vapeur : — pour les *îles de Lérins* (2 dép. par j. du 1er novembre au 30 avril, par le *Titan*; embarcadère, quai Saint-Pierre; pour les heures et prix, V. p. 104); — pour l'*escadre* (quand elle stationne au Golfe-Jouan, fréquemment le jeudi et le dimanche, à 1 h. 20; ces excursions sont annoncées dans les journaux locaux; pour location du vapeur en dehors des heures de service, s'adr. à bord au capit. Albran); — pour *Marseille*, *Nice*, *Menton* et *Gênes* (vapeurs des Cies Fraissinet et Gastaldi; s'informer aux bureaux, quai Saint-Pierre).

Bateaux de plaisance : — de l'embarcadère Cronstadt, Allées de la Liberté, à l'*île Sainte-Marguerite*, 10 fr.; *île Saint-Honorat*, 12 fr.; *Golfe-Jouan*, 12 fr.; *la Napoule*, 15 fr.; *Théoule*, 30 fr.; à l'heure, 3 fr.; — de la pointe de la Croisette à l'*île Sainte-Marguerite*, 1 fr.

Banquiers : — *Banque de France*, rue du Bivouac, 14; — *Banque du Commerce, British and American Bank*, rue Félix-Faure; — *Crédit lyonnais*, rue d'Antibes, 35; — *Banque populaire*, rue de la Gare-des-Voyageurs; — *John Taylor*, banque anglaise, rue de Fréjus, 14; — *Cognet*, rue d'Antibes, 36; — *Succursale du Comptoir d'Escompte*, rue Hermann, 1; — *Succursale de la Société générale*, rue d'Antibes, 47 *bis*.

Vices-consulats : — *Angleterre*, M. John Taylor, rue de Fréjus, 43; — *Danemark*, M. Marrauld, rue de Fréjus, 44; — *Espagne*, M. A. Isnard, rue d'Antibes, 13; — *États-Unis*, M. J.-B. Cognet, rue d'Antibes, 36; — *Grèce*, M. H.-G. Bon, route de Grasse; — *Italie*, M. A.-L. Cognet, rue de la Gare, 3; — *Pays-Bas*, Dr Bernard, quai Saint-Pierre, 2; — *Suède et Norvège*, M. J.-B. Cognet, rue d'Antibes, 36.

Églises catholiques : — *Notre-Dame de Bon-Voyage*, rue Notre-Dame; — *Notre-Dame des Pins*, boulevard Alexandre III; — *Notre-Dame des Sept Douleurs*, villa des Roses; — *Notre-Dame d'Espérance*, au mont Chevalier.

Église russe : — boulevard Alexandre III.

Eglises anglicanes et temples protestants : — *Christ Church*, route de Fréjus; — *Saint-Paul's Church*, boulevard du Cannet; — *Holy Trinity Church*, rue d'Oustinoff; — *Memorial Church of Saint-George*, Californie; — *Saint-Andrew's Presbyterian Church*, route de Grasse; — *Église évangélique libre française*, rue de Fréjus; — *Eglise protestante allemande*

H

HYÈRES, 23 et 25. — Situation et climat, 25. — La ville et ses monuments, 26. — Excursions, 31.

Omnibus : — de la gare à la ville (10 c. par personne).

Hôtels. — VILLE. — Hôt. : *Grand Hôtel Continental** (1er oct. au 1er mai; déj. sans vin 3 fr. 50; dîn. 5 fr.; pens. dep. 9 fr. par j., éclairage non compris), avenue des Iles-d'Or; — *Nouvel hôtel des Iles d'Or** (1er nov. au 15 mai; déj. 3 fr. 50, dîn. 5 fr., vin non compris; pens. dep. 9 fr. par j.), avenue des Iles-d'Or, 58; — *des Palmiers** (pens. dep. 8 fr.; bains; ascens.; tennis; golf), avenue Beauregard; — *Grand Hôtel Chateaubriand** (pens. dep. 8 fr.; repas 4 fr., vin non compris; bains, ascenseur), boulevard d'Orient; — *d'Orient* (15 oct. au 30 avril; déj. 3 fr. 50; dîn. 4 fr. 50; pens. dep. 8 fr. par j.), rue d'Orient; — *d'Europe* (dep. 8 fr. par j.), avenue des Iles-d'Or; — *des Hespérides* (1er oct. au 15 juin; pens. dep. 7 fr. par j.), boulevard Riondet; — *des Ambassadeurs*, avenue des Iles-d'Or; — *du Parc* (pens. dep. 7 fr. 50 par j.), boulevard des Palmiers; — *des Iles d'Hyères* (ouvert toute l'année; déj. 2 fr. 50, 3 fr. au restaurant; dîn. 3 fr.; pens. dep. 7 fr. par j.), boulevard des Palmiers; — *des Etrangers* (1er oct. au 1er juin; pens. dep. 6 fr. 50 par j.), rue Saint-Antoine, 10; — *de Paris et des Négociants* (ouvert toute l'année; déj. 3 fr.; dîn. 3 fr. 50; pens. dep. 7 fr. 50 par j., vin et serv. compris; arrangements pour séjour prolongé), avenue Gambetta, 8. — *Pension Beau-Séjour* (établissement sanitaire; bains, douches, filtres Pasteur, soins spéciaux pour malades, cures spéciales, désinfection à chaque départ de voyageur; pens. à partir de 6 fr.), route Nationale de Nice.

QUARTIER DE COSTEBELLE. — Hôtels *de l'Ermitage**, *Grand-Hôtel de Costebelle** et *d'Albion*, tous au même propriétaire (Peyron; clientèle anglaise riche); — hôt.-pens. *les Mimosas* (joli parc; ouvert toute l'année; pens. 7 à 10 fr. par j.).

PRESQU'ILE DE GIENS. — Pour les hôtels, *V.* Giens.

Agences de location : — *Astier* (procure aussi des domestiques); — *Moullet*, boulevard des Palmiers (kiosque à côté de la poste); — *Banque anglaise* (Corbett et Cie).

Agences de voyages : — *Cook* (avec banque), avenue des Iles-d'Or, 26; — *Gaze* (et banque Corbett), avenue des Iles-d'Or, 20.

Cercles : — *Hyères-Club*, au 1er étage de l'ancien Casino, boulevard des Palmiers; — *de l'Agriculture et du Commerce*, à la Rotonde, avenue Gambetta; — *de l'Union*, avenue Alphonse-Denis.

Musique : — les mercredi et dimanche, à 2 h., place des Palmiers.

Café-concert : — *Eden-Casino*, avenue des Palmiers.

Sport : — *Cercle de Tennis*; — *Golf Club* (pré Durandol, au bord du Gapeau); — *Vélodrome* (à la Ritorte); — courses de chevaux; — régates à la Plage.

Loueurs de voitures : — *E. Salusse*, près de la poste; — *B. Salusse*, près de l'hôtel Chateaubriand; — *Louis*, boulevard de Strasbourg; — *Arnaud*, avenue des Iles-d'Or. — Prix des principales courses (voit. à 4 pl.): *Bormes*, 20 fr.; *La Cantine*, 25 fr.; *les Campeaux*, 30 fr.; *Gratteloup*, 30 fr.; *La Môle*, 35 fr.; *Cogolin*, 40 fr.; *Saint-Tropez*, 50 fr.; *Grimaud*, 50 fr.; *Léoube*, 20 fr.; *Fort Brégançon*, 40 fr.; *Collobrières*, 40 fr.; *La Verne*, 50 fr.; *Toulon*, 20 fr.; *Gorges d'Ollioules*, 40 fr.; *Le Beausset*, 50 fr.; *Montrieux*, 40 fr.; *Signes*, 40 fr.; *Le Coudon*, 40 fr.; *Fort Sainte-Catherine*, 30 fr.; *La Sainte-Baume*, 80 fr.; *vallée Saint-Julien*, 60 fr.

Voitures de place. — Stations : route Nationale, près de la place des Palmiers; place de la Rade; angle de la rue des Villas; boulevard des Palmiers, devant l'hôtel des Postes; avenue de la Gare, sur la place de la Gare. — Tarif *dans le périmètre*, délimité au N. par la route Nationale, depuis la Bayorre, les rues de la ville, la route Nationale jusqu'au Gapeau, à l'E. par le chemin traversier du Moulin-Premier à la porte du Jardin de la Ville, au S. par le Roubeaud, le boulevard de la Gare, la gare, le passage à niveau du chemin de l'Ermitage et le chemin de Saint-Martin, et à l'O. par les chemins qui montent du passage au-dessus de la voie ferrée au Pradet, à la Bayorre par le Vieux-Chemin de Toulon : voitures de toutes catégories à 1 ou 2 chev., 2 pl., le jour (de 7 h. m. à 6 h. s. l'hiver, jusqu'à 7 h. s. l'été), la course 1 fr. 50, l'heure 2 fr.; la nuit, la course 2 fr., l'heure 2 fr. 50. Landaus (de 1 à 4 pl.) : le jour, la course 2 fr., l'heure 3 fr.; la nuit, la course 3 fr., l'heure 3 fr. 50. En sus de 2 pl. pour les voit. ordinaires et de 4 pl. pour les landaus, supplément de 25 c. par pers. à la course et à l'heure. Deux enfants au-dessous de 7 ans comptent pour une personne. — *En dehors du périmètre* (prix comprenant le ret. à Hyères et un arrêt facultatif de 30 min. ; supplément de 1 fr. par pers. en plus de 2) : de la ville à la gare, 1 fr.; à la mer, embouchure du Gapeau, 3 fr. 50; à la Plage, 4 fr.; aux Pesquiers, 5 fr. 50; à Giens (village) et à la Tour-Fondue, 10 fr.; à l'Almanarre, 3 fr. 50; à l'Ermitage (chapelle ou hôtels), à Costebelle, la Font-des-Horts,

Saint-Pierre d'Almanarre, San-Salvadour, 4 fr.; à la Vertaubanne, 4 fr.; à Saint-Vincent, 7 fr.; aux Salettes ou à Carqueiranne, 7 fr.; au pont de Gavarris, 3 fr. 50; à Sauvebonne et au Viet, 8 fr.; au Plan-du-Pont, 3 fr.; à la Décapris ou à la Mayonnette, 9 fr.; au ham. de Borrel, 6 fr.; à la Londe et au Jasson, 7 fr.; à N.-D. des Maures, 10 fr.; à l'Auberge-Neuve, 10 fr.; aux Bormettes, 12 fr.; à Saint-Nicolas et aux Salins-Vieux, 5 fr.

Chevaux de selle : — chez les loueurs de voitures.

Anes : — place des Palmiers.

Voitures publiques : — pour *Carqueiranne* (5 dép.), *la Crau* (4 dép.), *la Londe* (5 dép.), *Toulon* (t. les h., de 6 h. du mat. à 6 h. s.; 1 fr.), de la place de la Rade; — pour *Giens* et la *Tour-Fondue*, en correspond. avec le bateau à vapeur pour Porquerolles (2 dép.), *la Plage*, du Portalet.

I

J

JUAN-LES-PINS, 125. — Hôt. : *Grand Hôtel* (ouvert toute l'année; pens. dep. 9 fr. par j.), sur la plage; *Terminus*, en face la gare. — Villas meublées dep. 1,000 fr. la saison (s'adresser à M. E. Macé, architecte, à Juan-les-Pins, avenue de la Gare, ou à Paris, 5, rue Laffitte). — Tram électr. pour *Cannes* et pour *Antibes*.

L

M

MARSEILLE, 8.

Buffet et hôtel-terminus à la gare.

Omnibus à la gare : — pour les hôtels (50 c., 75 c. et 1 fr., selon l'hôtel).

Voitures de place (gare et ville) : — voitures à 2 places avec un voyageur : le jour, la course 1 fr. 25 ; l'heure 2 fr. 25 ; — la nuit, 1 fr. 50 la course ; 2 fr. 75 l'heure ; — voitures à 4 places : le jour, 1 fr. 75 la course, 2 fr. 75 l'heure; la nuit, 2 fr. la course, 3 fr. 50 l'heure. — Pour chaque voyageur en plus d'un, 25 c. — Par colis enregistré, 25 c. — Pour chaque changement d'hôtel, 25 c. de supplément.

Hôtels : — *Terminus-Hôtel P.-L.-M.* (dans la gare même ; chambres à 1 lit, 10 fr. au 1er étage devant, 7 fr. derrière ; 9 fr. au 2e devant, 6 fr. derrière ; 6 fr. au 3e devant, 5 fr. derrière ; à 2 lits, 13 fr. et 10 fr. au 1er, 12 fr. et 9 fr. au 2e, 9 fr. et 7 fr. au 3e étage). — *Noailles et Métropole** (pens. dep. 12 fr. par j.), rue Noailles, 24 et boulevard du Musée ; — *Grand-Hôtel** (déj. 4 fr. ; dîn. 6 fr., vin de Bordeaux compris, servis à des tables particulières ; pens. 10, 12 et 15 fr. par j., vin compris), rue Noailles, 28 ; — *du Louvre et de la Paix**, rue Noailles, 3 ; — *du Petit-Louvre* (pens. dep. 9 fr. par j.), rue Cannebière, 16 ; — *Modern-Hôtel*, rue Cannebière, 50 ; — *des Colonies*, rue Vacon, 15 ; — *d'Alger*, cours Belsunce, 45 ; — *Beauvau* (façades sur la Cannebière et la mer ; pens. dep. 8 fr. par j.), rue Beauvau, 4 ; — *de Bordeaux et d'Orient* (8 fr. par jour ; pens. 7 fr.), boulevard d'Athènes, 11-13 ; — *de la Californie* (6 fr. par j.), cours Belsunce, 44 ; — *Cannebière*, rue des Feuillants, 4 ; — *de Castille et du Luxembourg*, rue du Jeune-Anacharsis, 1 ; — *du XXe Siècle* (hôt. meublé de 1er ordre, omn. 75 c. ; pet. déj. 1 fr. 50 ; ch. de 3 à 12 fr.), rue Cannebière, 1, et cours Saint-Louis ; — *Champt* (déj. 2 fr., dîn. 2 fr. 50, pens. 6 fr. 50), cours Belsunce, 30 ; — *Continental* (7 fr. 50 par j.), rue Suffren, 8 ; — *des Négociants*, cours Belsunce, 33 ; — *des Phocéens*, rue Thubaneau, 4 et 6 ; — *de Provence* (déj. 2 fr. 50, dîn. 3 fr., vin compris ; ch. 2 fr. 50 ; journée, 8 fr.), cours

Belsunce, 12; — *des Princes* (ch. dep. 2 fr. 50), place de la Bourse, 12, et rue Beauvau, 8; — *de Russie* (pens. dep. 8 fr.), boulevard d'Athènes, 31; — *Continental* (dep. 7 fr. 50 par j.), rue Beauvau, 6, etc., etc. (*V.* la liste complète dans la monographie *Marseille et ses environs*).

Restaurants : — *Bodoul*, rue Saint-Ferréol, 18; — *de la Cascade*, rue Cannebière, 8; — *Café-restaurant Monte-Carlo*, rue Noailles, 39; — *des Gourmets*, rue de l'Arbre, 3; — *Maison-Dorée*, rue Noailles, 5; — *des Phocéens*, rue Thubaneau, 4; — *des Colonies*, rue Vacon, 15; — *du Rosbif*, place de la Bourse, 7, etc.; — hors de la ville : la *Réserve de Roubion, du Roucas-Blanc*, chemin de la Corniche; — *du Robinson Marseillais*, au Prado, etc.

Poste, télégraphe et téléphone : — à l'hôtel des Postes, rue Colbert.

Tramways et omnibus : — de nombreuses lignes desservent la ville et sa banlieue (détails dans la monographie *Marseille et ses environs*).

MENTON, 182 et 184. — Situation, aspect général, 184. — Climat, 185. — Distractions, 187. — Description, 188. — Industrie et commerce, 194. — Excursions, 196.

Omnibus à la gare : — service de ville (50 c. par pers., 50 c. par gros colis, 30 c. par petit colis, 10 c. pour le chargement de chaque colis) et omnibus particuliers des hôtels. — **Voitures de place** : — de la gare à la ville 1 fr. la course à 1 chev., 2 pl., le jour; 1 fr. 50 la nuit; 1 fr. 50 la course à 2 chev., 4 pl., le jour; 2 fr. la nuit. — **Service de remise et d'enlèvement des bagages à domicile** (agence Duchemin; bureau spécial dans la gare et rue Saint-Michel, 1; ce service ne fonctionne que l'hiver) : — prix, comprenant le transport de la gare au domicile ou *vice versa*, la montée ou la descente des étages : à l'arrivée à Menton, 20 c. par fraction indivisible de 10 kilogr., avec minimum de 1 fr.; au dép. de Menton, 20 c. par fraction de 10 kilogr., avec minimum de 2 fr.

Hôtels et pensions. — *N. B.* Nous divisons Menton en trois secteurs : la baie de l'Ouest, la baie de l'Est ou de Garavan, et le Cap Martin, et nous établissons, dans les deux premiers secteurs, une distinction entre les hôtels situés au bord ou près de la mer et ceux qui en sont éloignés.

BAIE DE L'OUEST. — Au bord ou près de la mer : *Royal et Westminster** (15 oct. au 15 mai; déj. 3 fr. 50, dîn. 4 fr. 50; pens. de 8 à 11 fr., sans bougie, avec ch. au nord sur l'avenue Félix-Faure, de 10 à 16 fr. avec ch. au midi sur le jardin et la mer), avenue Félix-Faure et promenade du Midi; — *Windsor Palace** (ouvert toute l'année; déj. 3 fr., dîn. 4 fr.; pens. 9 à 12 fr. par j.), avenue Félix-Faure et promenade du Midi; — *de Menton et du Midi*, rue Saint-Michel et promenade du Midi; — *Balmoral* (ouvert toute l'année; déj. 3 fr., dîn. 4 fr.; pens. dep. 8 fr. par j.), avenue Félix-Faure et promenade du Midi; — *du Parc* (saison d'hiver; déj. 3 fr., dîn. 4 fr.; pens. dep. 8 fr. par j.), avenue de la Gare, en face les Jardins du Careï; — *de Paris*, avenue Félix-Faure, 2, et promenade du Midi; — *Métropole et Splendide* (1er nov. à fin mai; déj. 3 fr. 50, dîn. 5 fr.; pens. de 8 à 12 fr. par j.), avenue Carnot; — *des Colonies* (ouvert toute l'année; déj. 3 fr., dîn. 4 fr.; pens. dep. 7 fr. par j.), avenue Félix-Faure; — *Prince de Galles* (1er oct. au 30 juin; déj. 3 fr. 50, dîn. 5 fr.; pens. de 8 à 16 fr. par j.), promenade du Midi; — *Savoy Hotel et Pension Saint-Georges* (15 oct. au 15 mai; déj. 2 fr. 50, dîn. 4 fr.; pens. de 7 à 10 fr. par j.), avenue Carnot; — *de Londres* (octobre à juin; déj. 2 fr. 50, dîn. 3 fr. 50; pens. de 7 à 10 fr. par j.), avenue Carnot; — *Bristol* (déj. dep. 3 fr., dîn. dep. 4 fr. et à la carte; journée dep. 8 fr.), avenue Carnot; — *Pension de Famille* (octobre à mai; déj. 2 fr. 50, dîn. 3 fr.; pens. 5 fr. 50 à 8 fr. par j.), avenue Carnot; — *de France* (ouvert toute l'année; déj. 2 fr. 50, dîn. 3 fr.; pens. 7 fr. 50 par j.), rue Saint-Michel.

A l'intérieur de la ville et sur les collines : *du Louvre** (15 sept. au 15 juin; déj. 3 fr. 50, dîn. 5 fr.; pens. dep. 9 fr. par j.), rue du Louvre; — *des Iles-Britanniques** (déj. 4 fr., dîn. 6 fr.; arrangements pour séjour prolongé; *Villa Minerve*, à louer meublée), Pietra-Scritta, sur la hauteur; — *National** (novembre à mai; déj. 4 fr., dîn. 6 fr.; pens. 12 à 20 fr. par j.), sur la hauteur; — *Riviera Palace** et *Cosmopolitan Hotel** (sous la même direction; octobre à juin; déj. 3 fr. 50, dîn. 5 fr.; pens. à partir de 70 fr. par sem., 210 fr. par mois), quartier des Vighasses, sur la hauteur; — *Winter Palace** (de tout premier ordre, ouvrira fin 1902), sur la hauteur, près du Riviera Palace; — *Alexandra** (novembre à mai; déj. 4 fr., dîn. 5 fr.; pens. 11 à 20 fr. par j.), la Madone, quartier Carnolès; — *d'Orient** (déj. 4 fr., dîn. 5 fr.; pens. 12 fr. par j.), rue Partouneaux; — *Victoria et des Princes*, avenue du Careï; — *des Ambassadeurs* (octobre à juin; déj. 4 fr., dîn. 5 fr.; pens. dep. 10 fr. par j.), rue Partouneaux; — *de Russie et d'Allemagne*, quartier Rigaudi; — *de Venise* (hiv.; déj. 4 fr., dîn. 6 fr., à petites tables; pens. 12 à 15 fr. par j.), rue Partouneaux; — *de Turin et Beau-Séjour* (15 oct. au 15 mai; déj. 3 fr., dîn. 4 fr. 50; pens. 9 fr. par j.), rue Villarey; — *d'Europe et Terminus* (ouvert toute l'année; déj. 3 fr., dîn. 4 fr.; pens. dep. 9 fr. par j.), avenue de la Gare; —

Mont-Fleuri, quartier des Vignasses, à mi-côte; — *Wagner et Pension des Orangers* (1er oct. au 1er juin; déj. 3 fr. 50, dîn. 4 fr. 50; pens. dep. 9 fr. par j.), avenue du Careï; — *de Malte* (15 oct. au 15 mai; déj. 3 fr., dîn. 4 fr.; pens. dep. 8 fr. par j.), rue de la République; — *d'Angleterre* (octobre à fin mai; déj. 3 fr., dîn. 4 fr.; pens. de 8 à 12 fr. par j.), rue Partouneaux et rue des Bains; — *Pension Suisse* (ouverte toute l'année; déj. 2 fr. 50, dîn. 3 fr., *vin compris*; pens. 7 fr., *vin compris*), avenue de la Gare; — *des Deux-Mondes* (ouvert toute l'année; déj. 2 fr., dîn. 2 fr. 50, *vin compris*; pens. dep. 6 fr. 50 par j.), près de la gare.

Baie de l'Est (Garavan). — Au bord ou près de la mer : *des Anglais** (15 oct. au 1er juin; déj. 4 fr., dîn. 5 fr.; pens. 12 fr. 50 par j.), quai de Garavan; — *Grand-Hôtel** (15 oct. au 15 mai; déj. 3 fr. 50, 4 fr. dans la ch., dîn. 5 fr.; pens. de 8 à 12 fr. par j.), quai de Garavan; — *d'Italie et Grande-Bretagne* (15 oct. au 15 mai; déj. 3 fr., dîn. 5 fr.; pens. 10 à 15 fr. par j., pour un minimum de 7 j.), quai de Garavan; — *Santa Maria* (15 oct. au 15 mai; déj. 3 fr., dîn. 4 fr.; pens. de 7 à 12 fr. par j.), quai de Garavan; — *Beau-Rivage* (25 oct. au 1er juin; déj. 3 fr., dîn. 4 fr.; pens. de 8 à 10 fr.), près de la gare de Garavan; — *Britannia* (oct. à mai; déj. 2 fr. 50, dîn. 3 fr. 50; pens. dep. 8 fr. par j.), quai de Garavan et côte de la Gare; — *Villa Marina* (pens. 8 à 10 fr. par j.), quai de Garavan.

Sur la hauteur : *Belle-Vue** (oct. à juin; déj. 3 fr. 50, dîn. 5 fr.; pens. de 10 à 18 fr. par j.).

Cap Martin : — *Cap Martin Hotel** (novembre à mai; déj. 5 fr., dîn. 7 fr. 50, tables séparées); — *Tassano's Hotel* ou *Victoria* (ouvert toute l'année; déj. 3 fr., dîn. 4 fr.; pens. 8 fr. par j.).

Pensions pour dames seules : — *Villa Notre-Dame*, tenue par les Dames de la Retraite, avenue de la Madone et place d'Armes.

Pension pour clergymen : — *St John's House of Rest* (for Clergymen and other Professional men; Rules and terms of admission by appliance to the Rev. The Chaplain, St John the Evangelist, Menton).

Restaurants : — aux hôtels; — *du Cercle* (prix fixe et à la carte; pension), rue Honorine, sous les arcades.

Agences de location : — *Tonin Amarante*, avenue Félix-Faure, 19; — *Grande Agence de Menton* (*Gustave Amarante*), avenue Félix-Faure, 15; — *Riviera General Agency* (agence anglo-française), rue Partouneaux, 34; — *Isnard* (clientèle anglo-américaine), place Saint-Roch; — *Marius Boglio*, avenue Félix-Faure et place Saint-Roch.

Confiseurs-pâtissiers : — *Rumpelmayer* et *Eckenberg*, avenue Félix-Faure, près du Jardin public; — *Bosio*, avenue Félix-Faure, 25; — *Giovanoli*, place

Saint-Roch; — *Ronzi frères*, rue Honorine.

Cercle : — *International*, maison Isola, près de la poste (les étrangers y sont admis).

Casino : — *Central*, rue Villarey.

Concerts publics : — dans les Jardins du Careï, deux fois par j., de 10 h. 30 à 11 h. 45 mat. et de 1 h. 30 à 3 h. s.

Etablissements de bains : — *Hugon* (bains chauds d'eau douce et d'eau de mer; hydrothérapie), rue Partouneaux; — *André* (bains froids et chauds d'eau de mer; oyster bar), promenade du Midi, baie de l'Ouest; — *Lambert* (bains froids et chauds d'eau de mer et d'eau douce; école de natation; bar), quai de Garavan, baie de l'Est, en face de l'hôtel des Anglais; — *Tassano's Hotel* (bains de mer froids), quai du Cap-Martin.

Gymnase, escrime, massage, boxe : — *Fontana*, avenue Carnot.

Gymnase et massage médical suédois : — *M. Hjalmar, Lindalkle* et *Mlle Amélie Johanson*, médecins-gymnastes à l'Institut aérothérapique, promenade du Midi.

Cabinets de lecture : — *P. Bertrand*, Librairie Centrale (15 000 volumes français, allemands et anglais), rue Saint-Michel, 3; — *Clapot*, avenue Félix-Faure, 5 *bis*.

Librairies : — *P. Bertrand*, Librairie Centrale (nouveautés; classiques; photographies; cartes postales illustrées; produits pour la photographie; papeterie et fournitures de bureau, etc.), rue Saint-Michel, 3; — *Clapot*, avenue Félix-Faure, 5 *bis*. — **Vente de journaux** : — *Vve Mathieu*, Papeterie de la Presse (journaux français et étrangers; périodiques illustrés; papeterie), rue Saint-Michel, 24; — à la *bibliothèque de la gare*.

Banquiers : — *Crédit Lyonnais*, avenue Félix-Faure, 19; — *Banque Populaire de Menton*, rue Partouneaux, 11; — *A. Isnard* (English Bank, ancienne banque Palmaro), place Saint-Roch.

Changeur : — *Graziani*, avenue Félix-Faure, 14.

Marqueterie (meubles et articles de fantaisie) : — *Palomba*, avenue Félix-Faure. — Fabricants sur le quai Bonaparte.

Consulats : — *Angleterre*, M. H. Hill, Banque Populaire, rue Partouneaux; — *Autriche*, M. Ch. Rayneri, Banque Populaire de Menton; — *Belgique*, M. Paul Albini, avenue Carnot, villa Carla; — *Danemark*, M. Georges Tersling, les Citronniers, avenue Flavie, par l'avenue Félix-Faure; — *Espagne*, M. Abbo; — *Etats-Unis*, M. Achille Isnard, place Saint-Roch; — *Grèce*, M. Louis Faraldo, rue Bréa; — *Italie*, M. Rayneri; — *Mexique*, M. Charles Bosano, rue de la Caserne; — *Pays-Bas*, M. Victor Marsang, rue Pietà; — *Pérou*, M. le Dr de Langenhagen, Villa des Bains; — *Portugal*, M. Alexandre de Galléani, avenue Carnot; — *Roumanie*,

M. de Langenhagen; — *Russie*, M. N. Iraskof; — *Suède et Norvège*, M. Louis Bosano, rue Jeanne, quartier Vignasse.

Agences de voyages : — *Cook et fils*, avenue Félix-Faure; — *Gaze*, rue Partouneaux; — *Duchemin* (enlèvement et livraison des bagages), rue Saint-Michel, 1.

Agence des Wagons-Lits : — *Graziani*, avenue Félix-Faure 14, et aux agences *Cook* et *Gaze*.

Expéditions pour tous pays : — *Gustave Cochet* (agence des Voyages Duchemin, enlèvement et livraison des bagages à domicile, l'hiver; billets de ch. de fer; emballages; déménagements).

Poste, télégraphe et téléphone : — rue Partouneaux, ouverts t. l. j. de 8 h. mat. (7 h. l'été) à 9 h. s., les dimanches et fêtes de 8 h. mat. à 4 h. s. pour la poste, t. l. j. de 8 h. mat. à minuit pour le télégraphe et le téléphone.

Cultes. — Catholique romain : *église Saint-Michel*, *chapelle Saint-Roch*, *Miséricorde* ou *Pénitents Noirs*, *Immaculée-Conception* ou *Pénitents Blancs*, *Sainte-Claire*, *Saint-Laurent* (Garavan).

Culte anglican : *St John the Evangelist* (avenue Carnot, en face le Jardin public); *Christ Church* (quai de Garavan).

Culte presbytérien : *Scotch Presbyterian Church* (rue de la République).

Culte évangélique : *Église évangélique française* (rue de la République); *Deutsche Evangelische Kirche* (rue Urbana).

Église russe : quartier Carnolès, route de Gorbio.

Voitures de place. — *Stations* : gare, place Saint-Roch, Jardin public, place du Cercle (devant le Grand Casino), rue Honorine, chapelle Saint-Joseph (Garavan). — *Tarif* : à la course, 1 fr. à 1 chev., 1 fr. 50 à 2 chev. le j., 1 fr. 50 et 2 fr. la nuit dans la 1re zone; 1 fr. 50 à 1 chev., 2 fr. à 2 chev. le j., 2 fr. et 2 fr. 50 la nuit dans la 2e zone; l'heure, 2 fr. 50 à 1 chev., 3 fr. 50 à 2 chev. le j., 2 fr. 75 et 3 fr. 75 la nuit (pour la délimitation des zones, demander le tarif à la mairie et aux hôtels). — Le service de nuit commence en hiver à 8 h. s. et finit à 7 h. mat.; il commence en été à 9 h. s. et finit à 4 h. mat.

Loueurs de voitures : — *Aquarone*, rue du Castellar; — *Schionico*, rue Saint-Charles; — *Giraldi*, avenue de la Gare; — *Colonelli*, avenue de la Gare; — *Palmaro et Bonnet*, avenue Carnot; — *Ogier*, rue du Louvre; — *Becco Louis*, quai de Garavan; — *Faraut Louis* et *Faraut Antoine*, rue de Cabrolles; — *Bazilio*, quai Bonaparte.

Loueurs d'ânes : — *L. Ferrari*, quai Bonaparte; — *Palmaro*, quai Bonaparte; — *Laurenti*, rue du Castellar; — *Ravalina*, promenade du Midi; — *Mme Cassini*, avenue du Careï; — *Ricci*, avenue de la Gare. — Tarif : 3 fr. la demi-journée, 5 fr. la journée, conducteur compris.

Tramways et omnibus de Menton. — Traction chevaline, qui doit être remplacée par la traction électrique. — Trois lignes: 1° *De Garavan à la Lodola*, traversant tout Menton en suivant le parcours de la route de Nice, depuis le pied de la montée Saint-Louis, à l'extrémité du quai de Garavan (fontaine Hanbury), jusqu'à la chapelle Saint-Joseph, à l'intersection du chemin du Cap Martin et de la route de la Corniche, en passant par le quai de Garavan, le quai Bonaparte, la rue Saint-Michel, l'avenue Félix-Faure, l'avenue Carnot, l'avenue de la Madone; 2° *Place Nationale-Careï*, par le Jardin public, le pont de la Gare et la vallée du Careï jusqu'à la villa Caserta; 3° *Place Nationale-Gare-Borigo*, par la rue Partouneaux, l'avenue de la Gare et la vallée du Borigo jusqu'au moulin à huile. — Prix unique : 10 c. — Une ligne de tram électr. doit relier Menton, par le Cap Martin, à Monte Carlo, la Condamine et Monaco; elle rejoindra, au pont de Saint-Roman, le réseau qui dessert la Principauté.

Voitures publiques : — pour *Sospel* (2 dép. par j.; courrier et concurrence; 2 fr.; s'informer au bureau du courrier, avenue de la Gare, et chez le voiturier Aquarone, rue du Castellar); — pour *Vintimille* (2 ou 3 dép. par j. de la place du Cap, entre la rue Saint-Michel et le quai Bonaparte, 1 fr.; s'informer au bureau, chez A. Schionico, rue Saint-Charles).

MONACO, 169. — Situation, aspect général, 169. — Direction, 170. — Excursions, 179.

Omnibus aux gares : — quelques hôt. ont leur omnibus à la gare de Monaco (les hôtels de la Condamine) ou à celle de Monte Carlo. La plupart se contentent d'y envoyer leur portier ou un interprète, qui se chargent d'assurer le transport des voyageurs et de leurs bagages.

Ascenseur de la gare de Monte Carlo à la terrasse ; — 25 c.; aller et retour, 35 c.

Hôtels. — MONTE CARLO. — HÔTELS DE 1er ORDRE : *Grand Hôtel de Paris* (400 ch.; de 4 fr., à midi; dîner 6 fr., à 6 h. 30, sans vin; bains), en face du Casino, avec annexes : *restaurant de Paris* (table d'hôte de 400 couverts); *café de Paris*; *bar Américain et grill room*; *buffets* du Casino et du tir aux pigeons; — *Monte Carlo Hôtel* (maison de famille), avenue de Monte Carlo; — *Riviera Palace* (Cie Internationale des Grands Hôtels), à Monte Carlo-Supérieur (halte du ch. de fer à crémaillère de la Turbie); — *Grand Hôtel et restaurant Français* (250 ch.), près du Casino; — *Hôtel-restaurant et Hôtel de l'Hermitage*, au-dessus du tennis; — *Métropole*, galerie Charles-III (Gordon Hôtel); — *Alexandra-Hôtel*, à l'angle du boul. du Nord et de l'avenue Saint-Laurent (déj. 4 fr.; dîn. 6 fr.); — *Cecil-Hôtel*, à côté de l'hôtel Métropole (déj. 4 fr.; dîner 7 fr.); — *du Prince-de-Galles*, *Victoria*, tous deux au même propriétaire (350 ch. et salons), boulevard du Nord; — *Balmoral-Palace* (pens. de famille; appartements meublés).

Hôt. de 2e ordre : — *Saint-James*, square de Monte Carlo; — *des Anglais* (1er oct. à fin mai; déj. 4 fr., dîner 5 fr., sans vin), square de Monte Carlo; — *de l'Europe* (déj. 3 fr.; dîner 4 fr., servis à des petites tables), aux Bas-Moulins; — *de Londres*, boulevard des Moulins; — *de Russie et restaurant des Frères-Provençaux*, boulevard de la Costa; — *Splendid Hotel* (1er oct. au 1er juin; déj. 3 fr., dîn. 4 fr., sans vin; pens. 9 à 14 fr.), avenue Roqueville; — *de la Terrasse*, boulevard des Moulins; — *Windsor*, boulevard du Nord; — *de Rome* (succursale de l'hôt. Windsor), boulevard Pereira; — *Beau-Rivage* (ouvert toute l'année; déj. 3 fr. 50; dîner 5 fr., sans vin; pens. dep. 98 fr. par sem., 380 fr. par mois), avenue de Monte Carlo; — *Royal-Hôtel* (1er oct. à fin mai; déj. 4 fr. 50; dîn. 7 fr., à petites tables, vin non compris; pens. dep. 15 fr.), boulevard Pereira; — *des Princes*, avenue de Monte Carlo; — *des Palmiers*, avenue de la Costa; — *Helder*, avenue de la Madone.

Autres hôtels : — *des Colonies* (ouvert toute l'année; déj. 3 fr.; dîner 4 fr., vin compris), avenue de la Costa et rue de la Scala, 1; — *Terminus et Cosmopolitain*, gare de Monte Carlo; — *Savoy*, avenue de la Costa; — *du Louvre* (1er oct. au 1er juin; déj. 3 fr.; dîner 3 fr. 50, vin compris; pens. 9 à 12 fr. par j.), près du Casino; — *de la Tour Eiffel*; — *des Gourmets*, rue Portier, 6; — *Villa des Fleurs* (15 oct. au 15 mai), près de la gare du chemin de fer de la Turbie.

La Condamine. — Hôt. : *de la Condamine* (déj. 3 fr.; dîner 3 fr. 50, avec vin; pens. à la sem. dep. 8 fr. par j., au mois dep. 7 fr.); rue des Princes, 1; — *Beau-Séjour*, rue Louis, 13; — *Bristol* (déj. 3 fr.; dîn. 4 fr., v. c.; pens. dep. 9 fr.), boulevard de la Condamine, 23; — *de la Paix* (déj. 2 fr. 50; dîner 3 fr. 50, v. c., service à part 3 et 4 fr.; pens. dep. 8 fr.), rues Albert, 18, Louis, 2, et des Princes, 9; — *des Etrangers* (déj. 3 fr.; dîn. 3 fr. 50, v. c.; pens. 8 fr. 50 à 10 fr. par j.), rue Florestine, 12; — *Rives-d'Or Hôtel* (ouvert toute l'année; déj. 3 fr.; dîner 3 fr. 50; pens. dep. 8 fr. par j., tout compris), boulevard de la Condamine, 15; — *Renaissance (Criterion-Restaurant*; déj. 2 fr. 50; dîner 3 fr., v. c., à petites tables; pens. 56 fr. par sem., 240 fr. par mois), place Sainte-Dévote; — *de Marseille et de l'Univers* (déj. 2 fr. 50; dîn. 3 fr., v. c.; pens. 64 fr. par semaine, 225 fr. par mois), rue Florestine, 3; — *de Nice*, avenue de la Gare, 9; — *d'Angleterre*, rue Florestine, 10; — *de la Ré-*

serve Monégasque, boulevard de la Condamine ; — *des Négociants*, avenue de la Gare.

N. B. — Les hôtels de la Condamine et une partie de ceux de Monte Carlo restent ouverts toute l'année.

Pensions. — Outre les hôtels, les maisons suivantes reçoivent des pensionnaires : *Villa Byron* ; — *Villa Ravel* (ouverte toute l'année ; déj. 3 fr., dîn. 4 fr., v. c. ; pens. avec ch. à 1 lit, de 8 à 12 fr., à 2 lits, de 16 à 20 fr., selon l'exposition), à Monte Carlo ; — *pension Cottier*, aux Bas-Moulins ; — *maison Charpentier*, boulevard des Moulins ; — *maison Fr. Gastaldi*, rue des Carmes ; — *Princesse-Alice*, boulevard des Moulins.

Agence de location : — *Roustan*, Pavillon du Parc, boulevard des Moulins, à Monte Carlo.

Cafés-restaurants : — à Monte Carlo : *de Paris*, place du Casino ; — *Restaurant Français*, près du Casino ; — *Bar du Casino* (grill room) ; — *La Feria* (orchestre, danses espagnoles), au-dessus de l'ancien Crédit Lyonnais ; — *de l'hôtel de l'Europe* (excellent), aux Bas-Moulins ; — *des Gourmets*, rue Portier, 6 ; — *Ciro's Bar*, galerie Charles-III ; — *de Russie*, avenue de la Costa ; — *du Littoral*, boulevard des Moulins ; — *Terminus*, gare de Monte Carlo ; — *Villa des Fleurs*, à côté de l'ancien Crédit Lyonnais et de la gare du chemin de fer de la Turbie ; — *de la Réserve Victoria* (dégustation d'huîtres), rue Portier (Bas-Moulins) ; — *Restaurant et Bar des grottes de Saint-Roman* (salons particuliers ; galette renommée), sur le territoire de Roquebrune ; — *Rocher de Cancale* (avec chambres).

A la Condamine : — *de Nice*, place de la Gare ; — *Brasserie Moderne* (siège du Vélo-Sport monégasque), avenue de la Gare ; — *du Marché*, rue Grimaldi ; — *du Siècle*, près de la gare ; — *de la Méditerranée*, boulevard de la Condamine ; — *Taverne alsacienne* ; — *Beau-Site* ; — *d'Angleterre* ; — *International* ; — *Criterion-Restaurant* ; — *café de Monaco*, place d'Armes.

Banques : — *Roustan* (banque et agence immobilière), boulevard des Moulins ; — *Crédit Lyonnais*, hôtel de Paris, en face l'hôtel de l'Hermitage ; — *Smith's Bank*, galerie Charles-III.

Poste et télégraphe : — avenue Saint-Martin, à Monaco ; avenue Monte Carlo, à Monte Carlo. — Bureau auxiliaire, rue Grimaldi, 1, à la Condamine.

Téléphone : — rue Caroline, 1, à la Condamine.

Casino : — établissement de jeu de Monaco ; la roulette s'y joue avec un seul zéro ; le minimum est de 5 fr., le maximum de 6 000 fr. ; au trente et quarante, le minimum est de 20 fr., le maximum de 12 000 fr. — Avis : conformément au règlement du Cercle des Étrangers de Monte Carlo, l'entrée des salons n'est accordée qu'aux personnes munies de cartes délivrées par des commissaires, à l'entrée des salles de jeu ; elle est interdite aux habitants de la principauté et des Alpes-Maritimes (à l'exception des membres des principaux Cercles) et à certains fonctionnaires français (instituteurs, etc.).

Opéra, opéra-comique et opérette : — dans la salle de théâtre du Casino. — Comédies, conférences et concerts en matinées (3 fr. par place) t. l. j., sauf le jeudi, du 1er déc. au 31 mai, au Palais des Beaux-Arts (exposition internationale du 31 janvier au 15 avril ; entrée, 1 fr. ; tombola hebdomadaire, 1 fr. le billet).

Concerts : — tous les jours, à 2 h. 1/2 et à 8 h. 1/2 (en été, dans le kiosque du Parc ; en hiver, dans les salons), sauf les soirs de représentation théâtrale ; les jeudis et dim. après-midi, pendant la saison, concert classique (3 fr. d'entrée) ; — t. l. j., l'hiver, dans le jardin d'hiver du Palais des Beaux-Arts (entrée, 1 fr.).

Tir aux pigeons : — concours hebdomadaires du 15 décembre au 31 mars ; concours internationaux en janvier (le Grand Prix du Casino est de 20000 fr.).

Lawn-tennis : — avenue de la Princesse-Alice, derrière l'hôtel de Paris, dépendant du Casino et très bien installé (2 *courts*).

Thermes Valentia : — à la Condamine (cabinets de bains ; salles d'hydrothérapie, d'aérothérapie et d'électrothérapie ; piscine de natation à eau de mer chaude ; bains de mer ; massage ; kinésithérapie ; bar-restaurant ; chambres et appartements meublés). — Prix : bain de mer, sans linge 70 c. ; avec linge 1 fr. ; bain chaud, avec linge, eau douce 1 fr. 25, eau de mer 1 fr. 50 ; bain sulfureux 2 fr. 80 ; bains médicinaux 2 fr. 80 à 4 fr. ; bain de vapeur 5 et 6 fr. (avec douche, 8 fr.) ; douche 3 fr. (eau de mer 3 fr. 50) ; piscines, eau douce froide 3 fr., eau de mer chaude 4 fr. ; pulvérisation ou inhalation 4 et 5 fr. ; électrothérapie 5 à 20 fr. ; massage 2 à 5 fr. (électrique, 5 et 12 fr.) ; séance de kinésithérapie (15 min.), 4 fr. Réduction de 10 0/0 par série de 10 tickets.

Chevaux et voitures : — *H. Crovetto*, impasse des Écuries ; — *Gesolmino*, boulevard de l'Ouest ; — *Tiraboschi*, boulevard de l'Ouest.

Anes et mulets : — *Antoine Torti*, quartier Saint-Michel (t. l. j. de 8 h. mat. à 5 h. s. près du Grand-Hôtel). — A. Torti fournit aussi des paniers pour piquéniques.

Voitures de place : — le jour (de 7 h. du mat. à minuit et demi), la course 1 fr. 50, l'heure 3 fr. ; la nuit, 2 fr. 50 et 5 fr. — Courses aux environs : *V.* le tarif en tête du § *Excursions*, dans le texte.

Tramway électrique : — 1° *de la gare de Monaco à la gare de Monte Carlo*, par le bord de la mer, le Casino et l'avenue des Spélugues (t. les 20 min. ; 20 c. et 10 c.) ; 2° *d'une frontière à l'autre*, par la place d'Armes, le quai, l'avenue Monte Carlo, l'avenue de la Princesse-Alice et

bureau de *Nice-Excursions*, place Charles-Albert.

Hôtels : — AVENUE FÉLIX-FAURE, en face le square Masséna. — Hôt. : (nº 10) *Grand-Hôtel** (600 ch. et salons; clients principaux: Américains, Anglais, Français); — (nº 14) *de la Paix** (180 ch.; même clientèle que le Grand-Hôtel); — (nº 16) *Cosmopolitain** (280 ch.; même clientèle que les précédents).

AVENUE MASSÉNA. — Hôt. *de France** (anc. maison; clientèle russe, française et allemande; 100 ch.).

PLACE MASSÉNA. — Hôt.-restaurant *du Helder-Armenonville* (restaurant de premier ordre).

PLACE DU JARDIN-PUBLIC. — Hôt. : (nº 6) *d'Angleterre* (1er oct. au 15 mai; 150 ch.; déj. 4 fr.; dîn. 6 fr.; pens. 87 fr. 50 à 105 fr. par sem., 350 à 420 fr. par mois); — *de la Grande-Bretagne* (clientèle anglaise; 60 ch.; lunch à table d'hôte à midi 30, 4 fr.; dîn. à table d'hôte à 6 h. 30, 6 fr.; pens. dep. 14 fr. par j.).

PROMENADE DES ANGLAIS. — Hôt.: (nº 1) *des Anglais** (15 oct. au 15 mai; 150 ch.; déj. 4 fr.; dîn. 6 fr.); — *du Luxembourg** (clientèle riche); — *de la Méditerranée** (clientèle riche); — (nº 27) *Westminster** (oct. à juin; richement installé et meublé; clientèle riche et cosmopolite; déj. 4 fr., dîn. 6 fr.; pens. 12 fr.); — *du West-End** (1er oct. à fin mai; clientèle cosmopolite); — *Royal-Hôtel Saint-Pétersbourg*; — *Château des Baumettes*, avenue des Baumettes (1er nov. au 1er juillet; situation élevée; grand jardin; déj. 4 fr., dîn. 5 fr.; pension depuis 8 fr. par jour, depuis 70 fr. par semaine, vin ordinaire compris à table d'hôte; table séparée, 1 fr. de supplément).

HÔTELS EN VILLE OU PRÈS DE LA GARE P.-L.-M. — Hôt. : *Terminus*, en face de la gare (150 ch.); — *Cecil*, en face de la gare (pens. dep. 9 fr.); — *de Berne* (100 ch.; lunch 3 fr.; dîn. 4 fr.; pens. 8 à 12 fr.); avenue Thiers, près de la gare; — *des Rives d'Or*, avenue Thiers; — *National*, avenue de la Gare, 64 (ouvert toute l'année; 70 ch.; très fréquenté par une clientèle courante; déj. 3 fr.; dîn. 4 fr., vin compris; pas de table d'hôte; pens. 10 à 12 fr.); — *de la Régence*, avenue de la Gare; — *de Suède* (ci-devant Roubion), avenue Beaulieu, 36 (15 oct. au 15 mai; déj. 4 fr.; dîn. 5 fr.; pens. 10 à 15 fr.); — *de l'Univers*, avenue de la Gare, 9 (45 ch.; commerçants); — hôt.-restaur. *Reynaud et des Gourmets*, place Masséna, 6 (ouvert toute l'année; déj. 2 fr. 50; dîn. 3 fr., vin compris); — *Jullien*, avenue Beaulieu, 4, et boulevard Dubouchage (1er oct. à fin mai); — *Palace-Hotel* (ci-devant Milliet), rue Alph.-Karr (200 ch.; clientèle choisie; pens. dep. 11 fr. sans vin); — *Grimaldi*, place Grimaldi (septembre à juin; déj. 3 fr.; dîn. 4 fr.; pens. dep. 10 fr. par j., 70 à 140 fr. par sem.); — *Victor-Hugo*, rue Emmanuel; — *Conti-*

allemande et russe; déj. 4 fr.; dîn. 6 fr.; les 3 repas, 10 fr. par j.; pens. dep. 14 fr. 50); — *de Paris*, boulevard Carabacel, 8 (ouvert en hiver; 35 ch.); — *Bristol* (40 ch.; clientèle russe); — *Alhambra-Hôtel**, boulevard de Cimiez (1er oct. à fin mai; de tout premier ordre; déj. 4 fr. 50; dîn. 6 fr.; pens. dep. 100 fr. par semaine); — *Riviera-Palace** (hôtel de tout premier ordre, appartenant à la Société des Grands-Hôtels; 200 ch.); — *Excelsior Regina Palace** (hôtel de tout premier ordre; 150 m. de façade; 250 ch. au midi); — *de Cimiez* (ouvert toute l'année; clientèle anglaise et russe; 80 ch.), quartier de Cimiez, sur la hauteur; — *des Empereurs*, boulevard Dubouchage, 34 (100 ch.; pens. dep. 9 fr. par j.); — *des Négociants*, rue Pastorelli (50 à 60 ch.; clientèle courante et de commerce); — *Beau-Séjour*, rue Pastorelli, 30 (pens. dep. 8 fr.); — *d'Orléans*, rue Pastorelli (petit, mais propre et bon marché); — *d'Albion*, boulevard Dubouchage, 25; — *d'Europe*, rue Alberti, 19 (ouvert toute l'année; pens. dep. 7 fr., vin compris); — *de Hollande*, à Carabacel; — *Nouvel-Hôtel du Parc*, boulevard Dubouchage, 15; — *Savoy* (ouvert toute l'année; pens. dep. 6 fr.), boulevard Dubouchage.

Quartier du Montboron. — Hôt. *Montboron-Palace**, boulevard du Montboron, au milieu des pins (nov. à juin; déj. 4 fr., 5 fr. à part; dîner 5 fr., 6 fr. à part; pens. 100 fr. par sem.).

Quartier Saint-Philippe. — Hôt.: *Impérial**, boulevard du Tzarewitch, dans l'ancienne orangerie Bermond (de tout premier ordre; 225 ch. et salons, 50 salles de bains, 40 appartements avec terrasses couvertes; parc de 13 hectares, éclairé à la lumière électrique; restaurant); — *Belvédère*, boulevard du Tzarewitch, attenant à l'établissement hydrothérapique de la villa Rozy (ascenseur; éclairage électr.; lawn-tennis); — hôt. de l'établissement hydrothérapique *Villas Verdier*, avenue Candia (ouvert du 15 octobre au 15 juin; pens. **300 à 450 fr.** par quinzaine, selon l'installation, et comprenant la nourriture et le service, le traitement et les soins du **médecin**; le vin et l'éclairage se payent à part; 1 fr. en plus par repas servi dans les ch.).

Pensions: — *de France*, rue de France, 31 *bis*, 33 et 35; — *Internationale*, rue Rossini, 4, et rue Alphonse-Karr, 17; — *de Genève*, rue Rossini, 10; — *Rivoir*, promenade des Anglais, 23 (petite pension ancienne; clientèle russe); — *Pension anglaise Marine-Villa*, promenade des Anglais, 77 (60 ch.); — *Funel*, avenue Durante, 4; — *Tarelli*, rue de France, 5 (pens. 7 à 12 fr. par j.); — *du Midi*, avenue Durante, en face de la gare; — *Suisse*, rue des Ponchettes, 9; — *Lévy*, rue Saint-François-de-Paule (de novembre en mai; **8 à 10 fr.** par j.). — *Villa Daheim*, avenue Auber; — *Villa O'Connor*, rue Cotta, —

Les religieuses Augustines, près de la gare, prennent des dames en pension.

Agences de location : — *Charles Jougla*, rue Gioffredo, 55; — *Foncière Niçoise*, place Masséna, 3, à l'entresol; — *Dalgoutte*, rue Croix-de-Marbre, 2; — *Lattès*, au Grand-Hôtel, avenue Félix-Faure, 10; — *Daguerre*, rue de Paris, 28; — *Agence cosmopolite*, rue de l'Hôtel-des-Postes, 17; — *Agence générale*, avenue Masséna, 14; — *Agence continentale*, rue Rouget-de-l'Isle, 1, et avenue Malausséna, 2; — *Rosanoff*, rue de Longchamp, 3; — *de Paniagua*, rue Cotta, 10; — — *Agence immobilière*, avenue de la Gare, 33 (s'occupe spécialement de la vente d'immeubles).

Restaurants : — *de l'Hôtel Impérial**, quartier Saint-Philippe, boulevard du Tzarewitch; — *Français**, rue du Congrès, 2, et promenade des Anglais, 11; — *London-House**, Jardin-Public, 10, et Croix-de-Marbre, 3; — *de la Régence**, rue de l'Hôtel-des-Postes; — *du Helder-Hermenonville**, place Masséna, 4; — *de la Belle-Meunière**, rue Cotta, 8 et 10; — *du Casino de la Jetée-Promenade**; — *de la Réserve**, boulevard de l'Impératrice-de-Russie, 60 (huîtres et bouillabaisse); — *Reynaud et des Gourmets* (déj. 2 fr. 50, vin compris; bon), place Masséna, 6; — *National*, avenue de la Gare, 5; — *Central* (déj. 2 fr.), avenue de la Gare; — *Virello* (déj. 2 fr., dîn. 2 fr. 50, vin compris; bon), rue Garnier; — *Regina-Taverne*, avenue de la Gare, 6 et rue de l'Hôtel-des-Postes; — *Eden-Taverne-Restaurant* (déj. 3 fr. 50, dîn. 4 fr., vin ou bière compris), place Masséna, 5; — *Anglo-American Oyster Salon* (dégustation d'huîtres et de coquillages; ouvert toute la nuit), boulevard Victor-Hugo, etc. — Restaurants ayant la spécialité de porter à domicile : — *Lala*, boulevard Victor-Hugo, 6; — *J. Durandy*, rue Gioffredo, 12, et rue Defly, 11.

Cafés : — *Grand Café Glacier*, place Masséna, arcades du Casino; — *Eden-Taverne*, place Masséna, 5; — *de la Régence*, avenue de la Gare, 8; — *Taverne Steinhof*, avenue de la Gare, 27; — *Taverne gothique*, avenue de la Gare, 21; — *Nice-Taverne*, avenue de la Gare, 18; — *Brasserie Tantonville*, avenue de la Gare, 42; — *Taverne Gambrinus*, boulevard Dubouchage, 43.

Confiseries : — *Rumpelmayer*, boulevard Victor-Hugo, 26; — *Vogade*, place Masséna, 1; — *Lapie*, place Masséna, 2; — *Guitton-Rudel*, avenue de la Gare, 23; — *Taron*, avenue de la Gare, 19.

Poste et télégraphe : — Bureau central, place de la Liberté (ouvert de 8 h. mat. à 9 h. s.). — Le bureau du *télégraphe* est ouvert jour et nuit. — Bureaux mixtes, place Grimaldi, 3; place Garibaldi, 6; avenue de la Gare, 68; bureaux auxiliaires au Crédit Lyonnais, au Comptoir national d'escompte et rue de France, 189; bureau télégraphique à la gare. — *N. B.* Les lettres qui sont mises après 8 h. du soir dans d'autres boîtes que les boîtes des bureaux ou de l'avenue de la Gare ne partent que le lendemain.

Bains et hydrothérapie : — *Bains des Galeries*, rue Adélaïde, 4, et rue de Russie, 2-4 (vapeur, hydrothérapie, grande piscine à eau courante) ; — *Polythermes*, quai du Midi et rue Saint-François-de-Paule, 8 (bains ordinaires et de mer chauds, bains russes et de vapeur, douches d'eau douce et d'eau de mer) ; — *Hammam* (bains turcs et hydrothérapie), place Grimaldi et rue de la Buffa, 1 ; — *Établissement hydrothérapique médical*, ancienne *villa Rozy*, boulevard du Tzarewitch, réuni à l'hôt. *Belvédère* par une galerie vitrée ; — *Bains Masséna*, rue Masséna, 1 ; — *Bains parisiens*, avenue de la Gare, 20 ; — *Bains des Platanes*, place de la Liberté, 2 ; — *Bains Macarani*, rue Macarani, 5 ; — *Bains Saint-Sébastien*, boulevard du Pont-Vieux, 1 ; — *Grand établissement d'hydrothérapie et d'électrothérapie*, avec hôtel-pension (*Villas Verdier*, avenue Candia (quartier Saint-Philippe). — Bains de mer, quai du Midi et promenade des Anglais, ainsi qu'au Lazaret ; 50 c., linge compris.

Gymnase hygiénique pour les deux sexes : — *Ginet*, rue Chauvain, 12.

Casino municipal : — sur le Paillon, entre le boulevard du Pont-Neuf et la place Masséna (café-restaurant, salles de jeux, de bal, de concert, jardin d'hiver, etc.). Abonnements au Casino (ils peuvent être suspendus 5 jours par mois et les jours de fêtes de bienfaisance), donnant droit à l'entrée dans le jardin d'hiver et les salons du Casino (sauf les salons de jeux, dont l'entrée est expressément subordonnée à l'autorisation spéciale de la direction du Casino) et aux concerts de l'orchestre du Casino (4 h. et 9 h. s.), sauf ceux donnés dans la salle du théâtre : une pers., 30 fr. pour 1 mois, 45 fr. pour 3 mois, 60 fr. pour la saison ; famille de 2 pers. 50 fr., 70 fr. et 100 fr. ; famille de 3 pers., 70 fr., 90 fr. et 120 fr. ; famille de 4 pers., 90 fr., 110 fr. et 140 fr. Entrée journalière, une pers., 2 fr. — Abonnements au théâtre pour toute la saison, comprenant 15 représentations par mois, du 16 novembre au 15 avril : loges de 1er rang, 1200 fr. ; loges de 2e rang, 700 fr. ; fauteuils d'orchestre et de pourtour, 300 fr. ; stalles d'orchestre et de pourtour, 250 fr. ; parquet, 200 fr. L'abonnement au théâtre ne donne droit à l'entrée du Casino que le soir de la représentation. La direction se réserve le droit de suspendre les abonnements les jours de représentations extraordinaires, ainsi que pour les soirées au bénéfice des artistes et de bienfaisance. — Prix des billets : loges de 1er rang, 30 fr., places suppl., 2 fr. ; loges de 2e rang, 20 fr., places suppl., 2 fr. ; fauteuils d'orchestre et de pourtour, 6 fr. ;

stalles d'orchestre, de pourtour et de balcon, 4 fr.; parquet, 3 fr.; location, 10 0/0 en sus, donnant droit à l'entrée du Casino pendant la journée.

Casino de la Jetée-Promenade (même direction que le Casino municipal) : — concerts, bals d'enfants deux fois par sem., dans le jardin d'hiver et sous la coupole orientale. Entrée gratuite jusqu'à midi; après-midi, 2 fr. — Théâtre : fauteuils, 5 fr.; une loge, 30 fr. — Abonnements (suspendus les jours de grandes fêtes et de représentations extraordinaires) au Casino : 8 j., 10 fr.; 15 j., 17 fr.; 1 mois, 29 fr.; saison, 58 fr.; au Casino et au Théâtre : 8 j., 30 fr.; 15 j., 45 fr.; 1 mois, 70 fr.; saison, 130 fr.

Cercles : — *Cercle de la Méditerranée*, promenade des Anglais, 3, près du Jardin public; entrée rue Halévy (salles de bal, de concert, de lecture, de jeu, etc.); — *Cercle Masséna*, au Casino; — *Cercle du Progrès*, place Masséna, 2; — *Cercle Philharmonique*, quai du Midi, 5; — *Cercle de l'Union*, place Masséna, 1; — *Cercle Gaulois*, place Masséna, 5.

Clubs : — *Club Nautique et Club de la Voile réunis*, quai du Midi, 5; — *Club Alpin*, avenue de la Gare, 15 (hôt. du Crédit Lyonnais); — *Cercle Militaire*, avenue de la Gare, 15; — *Automobile-Vélo-Club*, boulevard Gambetta, 3; — *Artistic-Club*, boulevard Victor-Hugo, 19.

Spectacles : — *Théâtre du Casino* (*V.* ci-dessus, *Casino municipal*); — *Théâtre de la Jetée-Promenade* (*V.* ci-dessus, *Casino de la Jetée-Promenade*); — *Opéra Municipal* (opéra français), rue de Saint-François-de-Paule; — *Kursaal-Théâtre* (café-concert et variétés), rue Deloye et rue Saint-Michel, 2; — *Politeama Garibaldi* (représentations italiennes d'opéra et de drame), place Garibaldi; *Cirque de Nice* (représentations équestres et autres), rue Pastorelli; — *Théâtre-Risso* (pièces populaires), boulevard Risso.

Cafés-concerts : — concert instrumental tous les soirs dans les principaux cafés (3 fois par j. dans les cafés Glacier, Eden-Taverne et de la Régence).

Concerts du Jardin public : — par la musique municipale, les mardi, mercredi, jeudi, vendredi et samedi; dimanche, par la musique militaire. Les heures des concerts varient suivant la saison.

Tir aux pigeons : — boulevard Carnot, à Montboron.

Courses : — en novembre, en janvier et en février.

Régates : — en mars ou avril.

Voitures de place : — elles stationnent sur la place Masséna, quai des Phocéens, quai du Midi, au Jardin public, promenade des Anglais, rue Saint-Philippe, boulevard Gambetta, montée des Beaumettes, boulevard Victor-Hugo, rue Alphonse-Karr, rue Cotta, rue de la Paix, avenue Thiers (près de la gare P.-L.-M.), boulevard Joseph-Garnier (près de la gare du Sud-France), rue Notre-Dame, boulevard Dubouchage, boulevard Carabacel, place de l'Église-du-Vœu, place de la Liberté, place Garibaldi, rue Barla, place Cassini, place Saint-Dominique et aux Ponchettes. — Les voitures de fantaisie stationnent sur la promenade des Anglais (en face l'hôtel des Anglais) et place du Jardin-public (en face la rue Paradis).

Tarif de la course pour les voitures circulant dans l'*intérieur de la ville*, et ne dépassant point les limites désignées par des *poteaux* (la promenade du Château n'est pas comprise dans le tarif de la course) : voiture à 1 chev., 2 places, la course : le jour, 1 fr.; la nuit, 1 fr. 50; — à 1 chev. (coupé) : le jour, 1 fr. 25; la nuit, 1 fr. 75; — à 1 chev. (landau) : le jour, 1 fr. 50; la nuit, 2 fr. 75; — à 2 chev., 2 ou 4 places : le jour, 2 fr.; la nuit, 3 fr.

Tarif de la course dans la banlieue, ne dépassant pas les limites fixées par des poteaux : voiture à 1 chev., 2 places, le jour, 2 fr., la nuit, 2 fr. 50; — à 1 chev. (coupé) : le jour, 2 fr. 50, la nuit, 3 fr.; — à 1 chev. (landau) : le jour, 3 fr., la nuit, 3 fr. 50; — à 2 chev., 2 ou 4 places, le jour, 4 fr., la nuit, 5 fr.

Tarif à l'heure dans le rayon de l'octroi : voit. à 1 chev., 2 places, le jour, 2 fr. 50; la nuit, 3 fr.; — à 1 chev. (coupé) : le jour, 3 fr., la nuit, 3 fr. 50; — à 1 chev. (landau) : le jour, 3 fr. 50, la nuit, 4 fr.; — à 2 chev., 2 ou 4 pl., 5 fr. et 6 fr.

Tarif à l'heure entre le rayon de l'octroi et les limites de la commune : voit. à 1 chev., 2 pl., le jour, 3 fr. 50 la nuit, 4 fr.; — à 1 chev. (coupé), 4 fr. et 4 fr. 50; — à 1 chev. (landau), 4 fr. 50 et 5 fr.; — à 2 chev., 2 ou 4 pl., 6 fr. et 7 fr.

Les voyageurs ne peuvent garder la voiture en ville plus de deux heures consécutives, à moins d'entente préalable. — Le service de nuit commence à 7 h. s., du 15 octobre au 15 avril, à 10 h. s., du 16 avril au 14 octobre, et finit à 7 h. mat. en toute saison.

Les jours de *corso du carnaval*, de *batailles de fleurs* et de *courses* à l'hippodrome du Var, les prix se traitent de *gré à gré*.

Loueurs de voitures et de chevaux : — ils sont nombreux à Nice. Les remises et les écuries des principaux loueurs se trouvent dans la rue de France, dans la rue Masséna et rue de l'Hôtel-des-Postes, 9 (*Société générale des Voitures de Nice*); on peut s'adr. au kiosque de la place Masséna. — Voitures pour longues courses : *F. Carlo*, rue Victor, 58. — La *Cie Forestier* (s'adr. aux bureaux, rue Marceau ou avenue Thiers, ou au bureau de *Nice-Excursions*, place Charles-Albert, 2) fournit aussi des voitures, landaus et berlines de promenades.

Mail-coaches et breaks : — se renseigner aux agences : *Nice-Excursions*, place Charles-Albert, 2; — *Cook*, avenue Masséna, 16 ; — *Lubin*, avenue Masséna, 14. — Ces agences distribuent un programme quotidien pendant la saison.

Tramways électriques : — *Masséna-Carras* (10 c.); *Masséna-Californie* (15 c.); *Port-Saint-Maurice-Saint-Sylvestre* (15 c.); *Port-Saint-Maurice* (10 c.); *Gare P.-L.-M.-Risso* (10 c.); *Gare P.-L.-M.-Abattoirs* (10 c.); *Gare P.-L.-M.-Montboron* (25 c. et 20 c.); *Port-Riquier-Cluvier* (10 c.); *Masséna-Magnan* (10 c.); *Masséna-Gendarmarie* (10 c.) ; *Masséna-Place Saluzzo* (10 c.) ; *Nice-Cimiez* (jardin zoologique ; 30 c.); *Nice-Villefranche-Beaulieu* (de la place Masséna ; 55 c. et 35 c.; all. et ret., 85 c. et 55 c.); *Nice-Cagnes* (de la place Masséna ; 90 c. et 60 c., all. et ret. 1 fr. 35 et 90 c.); *Nice-Contes* (de la place Garibaldi ; 1 fr. 25 et 75 c.). — Demander au kiosque de la place Masséna l'horaire, qui se distribue gratuitement.

Tram-omnibus : — de la Réserve au pont de la Gare, par le quai du Pont-Vieux ; — de la place Masséna à *Villefranche* (30 c.), au *pont de Saint-Jean* (50 c.) et à *Saint-Jean* (60 c.).

Omnibus : — pour : *Saint-André* (50 c.) et *Falicon* (60 c.). Bureau, place Saint-François.

Voitures publiques : — pour *Fontan*, par *Sospel*, place Saint-François : coupé, 5 fr.; intér., 4 fr. ; banquette, 3 fr. ; — *Tende* (corresp. pour Breil), place Saint-François : coupé, 9 fr.; intér., 7 fr.; durée du trajet, 10 h. 25 ; — *Coni*, place Saint-François : coupé, 16 fr.; intér., 12 fr.; banq., 5 fr.; durée du trajet, 16 h.; — *l'Escarène* (1 fr.) et *Lucéram* (1 fr. 50), boulevard du Pont-Vieux, hôt. de la Cloche ; — *Saint-Isidore et le Var*, boulevard Mac-Mahon, descente de la Caserne ; — *Tourettes*, *Levens*, 1 fr. ; — *Saint-Martin-Vésubie*, par *Levens*, 4 fr., pont Garibaldi.

Bateaux à voiles et à rames. — Dans le port : passage d'un petit môle à l'autre, 5 c.; sur tout autre point, 10 c. — Prix des promenades hors du port et des courses en mer à débattre.

Bateaux à vapeur : — *Services de la Compagnie Fraissinet* : — pour *Ajaccio*, le mardi à 7 h. s. et le samedi à 6 h. s., direct du 1er octobre au 31 mars, 30 fr., 20 fr. et 15 fr. sans nourriture, par *Calvi* ou *l'Ile-Rousse* le samedi à 6 h. s. du 1er avril au 30 septembre, 34 fr. et 23 fr. avec nourriture, 15 fr. en 3e cl. sans nourriture ; — pour *Bastia* et *Livourne*, le mercredi à 5 h. du soir : de Nice à Bastia, 34 fr. 50 et 23 fr. 50 avec nourriture, 15 fr. 50 sans nourriture ; de Nice à Livourne, 50 fr. et 35 fr. avec nourriture, 15 fr. sans nourriture ; — pour *Marseille* et pour *Gênes*, se renseigner aux agents, MM. Mallet et Lorenzi, place Cassini, 11 ; — pour *Gênes*, un départ par semaine.

Agence de la Compagnie des Wagons-Lits : — avenue Masséna, 2.

Commissionnaires : — pour le transport des bagages de la gare au domicile du voyageur et *vice versa* : une malle n'excédant pas 50 kilogr., 70 c.; sac de nuit, 35 c.; carton à chapeau, 25 c.; 10 c. en plus par malle et 5 c. par autre colis quand le voyageur, ne trouvant pas de place dans un hôtel, est obligé d'aller dans un autre.

Transports et expéditions : — *V. Massiera*, rue du Palais, 5; — *Boin et Constantin*, rue Garnier, 4; — Bureau du chemin de fer, rue Saint-François-de-Paule, 20; — *Noyer*, place Charles-Albert; — *Tordo*, quai Lunel; — *Scott et Cie*, place Magenta, 2; — *Martini et Cie*, etc.

Commissariat central de police : — en face de la mairie, rue de l'Hôtel-de-Ville (de 8 h. à midi et de 2 h. à 6 h.).

Banques : — *Succursale de la Banque de France*, quai du Midi, 13, ouverte de 9 h. à midi et de 2 h. à 4 h., excepté le dim.; — *Caisse de Crédit de Nice*, rue Gubernatis, 1 (change de monnaies); — *Succursale de la Société générale*, rue Gioffredo, 64; — *Succursale du Comptoir national d'escompte de Paris*, avenue de la Gare, 3; — *Crédit Lyonnais* (succursale), avenue de la Gare, 15; — *Crossa*, rue Masséna, 13; — *Bonfiglio frères*, rue Alberti, 2; — *Hertzog et Lautard*, place Masséna, 6; — *Carlone et Cie*, avenue Masséna, 8; — *Perino*, rue de la Caserne, 1.

Changeurs : — *Agence Cook*, avenue Masséna, 16; — *Hominal et Massot*, place Masséna, 1.

Principaux consulats : — *Allemagne*, rue Foncet, 14; — *Angleterre*, place Bellevue, 6; — *Autriche-Hongrie*, rue Rossini, 3; — *Belgique*, avenue Masséna, 8; — *Brésil*, rue Masséna, 13; — *Espagne*, avenue Masséna, 8; — *États-Unis*, rue du Congrès, 1; — *Hollande*, avenue Masséna, 13; — *Italie*, place Masséna, 6; — *Russie*, rue Meyerbeer; — *Suède et Norvège*, Jardin public, 7; — *Suisse*, rue Charles-Albert, 3.

Librairies : — *Établissement littéraire Visconti*, rue Gioffredo, 62 (vaste établissement; salons de lecture; bibliothèque de 40 000 volumes; abonnements aux livres et journaux); — *Librairie nouvelle Bensa* (*Chevalier*, successeur; papeterie, photographies, etc.), avenue Félix-Faure; — *Hubert*, place Masséna (ouvrages étrangers); — *Ardoin frères*, avenue de la Gare, 44; — *Barma*, boulevard Mac-Mahon, 4; — *Galignani* (librairie anglaise), avenue Masséna, 6; — *André Pons*, rue du Palais, 1; — *Appy*, boulevard Mac-Mahon, 36; — *Decourcelle* (musique), avenue de la Gare, 29.

Fleuristes : — *Bado*, place Masséna, 2; — *Boutcilly*, avenue de la Gare, 25; — *Duluc*, Jardin public, 6; — *Sacco*, quai Saint-Jean-Baptiste, 50; — *Établissement horticole des Alpes-Maritimes*, avenue de la Gare; — *Toche*, avenue Félix-Faure; —

O

P

Q

R

S

Hôtels. — SAINT-RAPHAËL. — Hôt. : *Continental Hôtel et des Bains** (ouvert toute l'année; déj. 3 fr.; servi à part 4 fr.; dîn. 4 fr.; servi à part 5 fr.; pens. dep. 8 fr. par j.); — *Grand-Hôtel Saint-Raphaël** (ouvert du 1er novembre au 1er mai; déj. 4 fr.; dîn. 5 fr.; pens. dep. 12 fr. par j.); — *de France* (ouvert toute l'année), en face de la gare; — *des Négociants* (ouvert toute l'année; déj. 3 fr.; serv. à part, 3 fr. 50; dîn. 3 fr. 50; serv. à part, 4 fr.; pens. à la sem. dep. 7 fr. 50 par j. l'été, dep. 8 fr. l'hiver; au mois, dep. 7 fr. par j. l'été, dep. 7 fr. 50 l'hiver), en face la gare et près de la poste; — *Terminus*, près de la gare.

VALESCURE. — Hôt. : *Grand-Hôtel de Valescure** (1er nov. au 15 mai; déj. 4 fr. et dîn. 5 fr., vin non compris; pens. 10 à 12 fr. par j.); — *Grand-Hôtel des Anglais** (1er déc. à fin avril; déj. 3 fr. 50; dîn. 4 fr. 50, vin non compris; pens., 8 à 11 fr. par j.).

BOULOURIS. — *Grand-Hôtel de Boulouris** (voit. pour courses dans l'Estérel; V. le tarif p. 72).

Agences de location : — *Agence méridionale*, place de la Nouvelle-Église, en face de la nouvelle église; — *Agence immobilière*, avenue des Chèvrefeuilles; — *Agence de Saint-Raphaël.*

Poste, télégraphe et téléphone : — rue Charles-Gounod.

Bains de mer et bains chauds d'eau de mer et d'eau douce : — *Lambert*, plage de Veillat (bains à domicile). — *Mandolino*, rue du Progrès (bains; douches; massages).

Fleuristes : — *V. Valée*, boulevard Félix-Martin; — *Blanc*, avenue du Grand-Hôtel.

Photographe : — *Ferrari* (grand choix de vues du littoral).

Voitures de louage : — *Albin*, place de la Mairie; — *Flayosc*, près de la gare; — *Tasso*, près de la gare; — *Séquier père* et *Séquier fils* (spécialité de voit. et de chev. pour courses dans l'Estérel); — *Porre* (voit. pour l'Estérel).

Voitures de place : — place de la Gare; — boulevard Félix-Martin, etc. (tarif à la mairie).

Voitures publiques : — pour *Boulouris* (25 c.), *le Dramont*, *Fréjus* (25 c.) et *Valescure* (50 c.), place de la Mairie.

Bateaux de plaisance à voiles : — sur le port.

SAN REMO (Italie), 212 et 230. — Promenades et excursions, 235.

Buffet : — dans la gare (café-restaurant).

Hôtels. — Nous divisons les hôtels et pensions en trois groupes : la Ville proprement dite, le quartier de l'Ouest et le quartier de l'Est. Les hôtels sont généralement peu éloignés de la mer.

Ville. — Hôtels : *du Commerce* (pens. 6 fr.); — *de l'Europe et de la Paix* (pens. depuis 7 fr., vin non compris); — *de Grande-Bretagne* (pension, 6 fr.); — *National*; — *Molinari*; — *Métropole et Cosmopolitain* (bonne cuisine; déj. 3 fr., dîn. 4 fr., à table d'hôte ou à petites tables; pens. 6 à 8 fr.), via Roma, près de la gare; — *de la Reine*.

Quartier Ouest (notamment sur le corso dell'Imperatrice). — Hôtels : *des Anglais** (10 fr. par j.); — *West-End** (15 fr. par j.); — *Impérial**; — *Continental Palace**; — *Pavillon**; — *de Londres**; — *des Iles-Britanniques**; — *Paradis et de Russie**; — *Royal** (bien tenu); — *Bellevue**; — *Bristol*; — *Eden*; — *de Paris*. — Pensions : *Flora*; — *Müller's Pension Quisisana*; — *Deutsche Pension Faulstich*; — *Pension Pavillon Hôtel*; — *Anglo-Américaine*; — *Ladies-Home*; — *Trapp*; — *Bristol*; — *Belvedère*; — *Bellavista*.

Quartier Est. — Hôtels : *de Nice** (pens. 8 à 13 fr.); — *Victoria**; — *de la Méditerranée**; — *d'Allemagne*. — Pensions *Lindenhof*; — *Böttcher*.

Restaurants. — *de l'Hôtel Métropole* (bonne cuisine; déj. 3 fr., dîn. 4 fr.), via Roma, près de la gare; — *Européen*, rue Victor-Emmanuel; — *Cavour*; — *Heeb*; — dans les hôtels.

Cafés : — *Européen* (concerts le soir); — *Mokka*.

Poste : — via Roma. — Le bureau est ouvert de 8 h. du matin à 5 h. du soir et de 7 h. à 8 h. du soir.

Télégraphe : — via Roma. — Le bureau est ouvert en été de 7 du mat. (8 h. en hiver) à 9 h. du soir.

Établissement de bains de mer : — dans le port (sable fin).

Bains chauds : — rue Privata.

Cercles : — *Cercle international*, rue Victor-Emmanuel ; — *English Club*.

Concerts publics : — mardi et jeudi à 2 h. 1/2, dimanche à 5 h., au jardin public.

Théâtre : — *du Prince-Amédée*, rue du Prince-Amédée (opéra, 4 fois par semaine, en hiver).

Lawn-tennis Club : — corso dell' Imperatrice.

Voitures de place : — demander le tarif ; la ville est divisée en zones.

Loueurs de voitures : — *Audoli*, rue Victor-Emmanuel ; — *Conio* (hôtel des Anglais) ; — *Corradi* et *Bottini*, sur le cours Garibaldi ; — *Maccolini*.

Loueurs d'ânes : — tarifs fixés pour les promenades.

Tram-omnibus : — de la rue Feraldi à la villa Madonna (San Martino), 10 c.

Mail-coach faisant pendant la saison un service d'excursions variées ; s'informer dans les hôtels.

Voitures publiques : — pour *Ospedaletti* (30 c.), *Bordighera*, *Ceriana*, *Taggia* et *Dolceacqua*.

Agences de location : — *Beneeke* ; — *Gandolfo et Cie*, rue Victor-Emmanuel.

Banquiers, changeurs : — *Rubino* ; — *Acquasciati frères* ; — *Marsaglia* ; — *Mombello* ; — *Debraud et Cie*.

Librairies : — *Gandolfo*, *Berio*, tous deux rue Victor-Emmanuel.

Cultes : — *All Saints' Church* (culte anglican), corso dell' Imperatrice. — *Presbyterian Church* (dim. à 11 h. et 3 h. ; mercredi mat. à 11 h.), corso dell' Imperatrice. — *Chapelle évangélique française*. — *Église évangélique*, rue Palazzo. — *Église évangélique vaudoise* et *évangélique allemande*, corso Garibaldi. — *Église écossaise*. — *Église évangélique italienne*, rue Umberta.

SAINT-TROPEZ, 24 et 55.

Hôtels : — *Continental* (Subc déj. 2 fr. 50 ; dîn. 3 fr.) ; sur le port ; — *du Littoral*, place de la Croix-de-Fer.

Loueur de voitures : — *Étienne Adolphe* (landaus confortables, à 2 chev., 20 fr. par jour).

Villas et appartements : — s'adresser, pour la location, à M. *Cérisola*, place du Port.

Bateau-passeur à voiles : — pour *Sainte-Maxime* (50 c.).

SAINT-VALLIER, 122. — Hôt. *du Nord* (6 fr. par j.). — Voit. publ. pour *Grasse*, *Castellane*, et (l'été seulement) pour *Thorenc*.

SAINTE-BAUME [Grotte de la], 77.

SAINTE-MARGUERITE [Ile], 106.— Restaurant *de la Réserve*, près du débarcadère. — Bateau à vapeur pour *Cannes* (2 fois par j., de nov. à fin avril).

SAINTE-MAXIME, 24 et 58. — *Grand-Hôtel de Sainte-Maxime* (ouvert toute l'année, pens. 6 à 8 fr. par j. vin compris; très bien tenu). — Voitures pour promenades : au *Grand Hôtel*. — Agence de locations : s'adr. à M. Jules Santin, *Agence des Étrangers* (villas et appartements meublés).

SAINTE-PÉTRONILLE [Pont de], 164.

SALARIO [Fontaine du], 252.

SALINS-D'HYÈRES [Les], 39. — Restaurants.

SALINS-NEUFS [Les], 37.

SANARY, 19 et 20. — Omnibus à la gare d'*Ollioules-Sanary*. — Hôt. : *des Bains* (6 à 8 fr. par j. ; jardin), au bord de la mer ; de *Saint-Nazaire* ou *Guiou* (5 fr. par j.), sur le port. — Villas et appartements meublés. — Loueurs de voit. : *Brest*; *Bertrand*. — Voit. publiques pour *Reynier* (25 c.), *la Seyne*, *Toulon*.

SANGUINAIRES [Les], 255.

SAN LORENZO [Chapelle], 237.

SAN LORENZO [Vallée], 238.

SAN MICHELE [Tunnel de], 219.

SAN ROMOLO, 237. — Restaurant.

SAN SALVADOUR [Château de], 35.

SANTA CROCE, 228.

SASSO, 227.

SCOGLIETTI [Les], 256.

SEBORGA, 237. — Osteria *della Zecca*.

SERRA [La], 252.

SEYNE [La], 13.

SEYNE-TAMARIS [La], 13.

SIAGNE [Gorge de la], 113.

SIAGNE [Source de la], 122.

SOSPEL, 201. — Hôt. : *Carenco*; *Andreani*. — Café *Toulousain* (on peut y déj.). — Voit. publ. 2 fois par j. pour *Menton* (2 fr.). 1 fois pour *Fontan* et pour *Nice*.

T

TAGGIA (Italie), 239. — Hôt. *d'Italia* (voit. à louer). — Omn. pour la stat. de *l'Arma* (*Taggia*).

TAMARIS, 19 et 21. — *Grand-Hôtel de Tamaris* (toute l'année ; pet. déj. 1 fr. 50 ; déj. 4 fr., dîn. 5 fr. ; ch. à 1 lit dep. 4 fr., à 2 lits dep. 6 fr. ; pens. dep. 8 fr. par j.; omn. sur commande à la gare de La Seyne ; voit. part. sur commande à la gare de Toulon ; voit et bateaux d'excursions. — Villas meublées ; appartements meublés à la *villa des Palmiers*. — Bateau à vapeur pour *Toulon* (20 c. et 15 c.), *les Sablettes* (10 c.) et *Saint-*

Hélène et *Alméras*; tramway de la place Louis-Blanc).

Théâtres : — *Grand-Théâtre*; — *Casino* (spectacle-concert), tous deux boulevard de Strasbourg.

Voitures de place : — stations : places Louis-Blanc, de l'Intendance, Armand-Vallé, des Trois-Dauphins, rue de Chabannes; — de 6 h. du mat. à 10 h. s. : à 4 pl., la course, 1 fr. 50; l'heure, 2 fr.; — à 2 pl., 1 fr. 25 et 1 fr. 75; — de 10 h. s. à 6 h. du mat. : à 4 pl., la course, 2 fr.; l'heure, 3 fr.; — à 2 pl., 1 fr. 50 et 2 fr. 50; — colis, 20 c. l'un.

Tramways électriques : — *de la gare au Mourillon* (10 c.); — *de Toulon à la Valette* (15 c.); — *de Toulon à Ollioules* (25 c.), par *Bon-Rencontre*.

Bateaux à vapeur : — pour *la Seyne* (t. les demi-heures; 15 c. et 10 c.), du quai Cronstadt, au débouché de la rue Saint-Pierre; — pour *Tamaris, les Sablettes et Saint-Mandrier* (certains bateaux ne vont pas au delà des Sablettes; voir l'affiche au quai; 20 c. et 15 c. pour Tamaris, 25 c. et 20 c. pour les Sablettes ou Saint-Mandrier), du quai Cronstadt, au débouché de la rue Méridienne; — pour *Porquerolles* (2 fr. 50 et 1 fr. 50) et *Port-Cros* (3 fr. et 2 fr.), le mardi, le jeudi et le samedi à 7 h. du mat. (les jours et heures peuvent être modifiés par l'autorité militaire), par le *Courrier des Iles d'Hyères*, du quai Cronstadt, en face la rue d'Alger; — pour *Marseille, Nice* et la *Corse* s'adresser à l'agence de la Cie Fraissinet, quai Port-Marchand.

TOUR-D'AUGUSTE, 180.

TOUR-FONDUE, 38. — Bateau à vapeur pour *Porquerolles* (2 fois par j., 1 fr.).

TOURNON [Pont de], 123.

TOURRETTES, 162.

TRAYAS [LE], 62 et 78. — Hôt.-pens. *du Trayas et restaurant de la Réserve* (confort moderne; déj. 3 fr. 50, dîn. 4 fr., vin n. c.; ch., 2 fr. au Nord et 3 fr. au Midi, à 2 lits 5 fr.; pens. 10 fr. par j.). — Tarif des ânes et mulets, *V.* p. 78.

TRINITÉ-VICTOR [La], 156.

TRIORA, 240.

TRUCCO, 218. — Aub. (truites renommées).

TURBIE [LA], 180. — Restaurants : *du Righi d'hiver** (Noël et Pattard; belle salle mauresque; de premier ordre); *de France*, etc. — Appartements meublés.

TURBIE-SUR-MER [La], 17. — *Eden-Hôtel**, et restaurant, (déj. 5 fr.; dîn. 6 fr; vin n. c.), au cap d'Ail.

V

VALBONNE, 123.

VALCLUSE [Moulin de], 114.

VALESCURE, 61 et 66. — Pour les hôtels, *V.* Saint-Raphaël. — Omnibus pour *Saint-Raphaël* (dans la saison : 50 c.).

VALETTES [Les], 162.

FIN DE L'INDEX ALPHABÉTIQUE.

16940. — PARIS, IMPRIMERIE LAHURE
9, rue de Fleurus, 9

PUBLICITÉ DES GUIDES JOANNE

EXERCICE 1901-1902

I. Adresses utiles. — Journaux. — Sociétés Financières.
Agences de voyages. — Indicateurs.
Chemins de fer. — Compagnies maritimes.

ADRESSES UTILES

CRISTAUX, FAIENCES, PORCELAINES

L. BOUTIGNY

CRISTAUX ARTISTIQUES

Passage des Princes, Paris.

Maison Toy, 6, *rue Halévy*, **Paris**. (Voir page 46.)

DENTIFRICES

Docteur Pierre. (Voir p. 45.)

ÉLECTROTHÉRAPIE

Allard (Dr Félix), licencié ès sciences physiques, ex-préparateur de physique médicale.
46, rue de Châteaudun, **Paris**.
TÉLÉPHONE 130.53

Électricité médicale (maladies nerveuses, maladies des femmes, goutte, diabète, arthritisme).
Diagnostic par les rayons X de Rœntgen.
Lundi, mercredi, vendredi, de 2 à 4 h., et par rendez-vous.

Établissement du Dr Chamoin
40, *rue de la Bienfaisance*, Paris.
Lundi, mercredi, vendredi, de 3 h. à 5 h.
Traitement spécial
Affections Nerveuses et Paralytiques
Maladies des Femmes
Clinique : 41, faub. Montmartre.
M. J. S., 3 à 6 heures.

GLACIÈRES

Glacière des Châteaux. — J. Schaller, 332, *rue St-Honoré*, Paris. (Voir p. 46.)

GYMNASTIQUE

Lelièvre (Voir *Sauvetage*).

HORLOGERIE

La montre du « XXe siècle », heure décimale, cadran 24 heures.
La montre « **Eméra** », automatique, cadran 24 heures.
La montre « **Zénith** », cadran 12 heures.
(Voir page 43.)
Ernest TISSOT
29, rue de Londres, Paris.

HOTELS

Adelphi Hôtel et Restaurant, boulevard des Italiens, *4-6, rue Taitbout*. Lumière électrique. Ascenseur. Prix modérés.

Grosvenor Hôtel, Champs-Elysées, *59, rue Pierre-Charron*, Paris. Confort entièrement moderne

---

Hôtel de l'Amirauté, *5, rue Daunou* (rue de la Paix). Restaurant et table d'hôte, Ascenseur. Electricité, Bains, TÉLÉPHONE

Hôtel d'Angleterre, *56, rue Montmartre*, au centre, près la grande Poste. — Prix modérés. — Maison recommandée par sa bonne tenue.

Grand Hôtel de l'Athénée
15, *rue Scribe*, Paris.

Baltimore Hôtel, Maison de premier ordre. Restaurant à la carte, Table d'hôte. Grand confort. M. Gutierrez, propre, *3, rue Léo Delibes*, Paris. Se habla español. TÉLÉPHONE 686-41.

HOTEL BURGUNDY

8, rue Duphot, Madeleine

ASCENSEUR

LUMIÈRE ÉLECTRIQUE

TÉLÉPHONE, SALLES DE BAIN

Prix très modérés

HOTELS (*Suite*)

Grand Hôtel des Capucines, 37, *boulevard des Capucines*. Maison recommandée SANS SUCCURSALE. Table d'hôte. Excellente cuisine. Bains. Ascenseur Eclairage électrique. TÉLÉPHONE. Mme E. CHABANETTE, propriét^re.

Hôtel du Chariot d'Or

Reconstruit en 1887, *rue Turbigo*, 39, près le boul. Sébastopol. Table d'hôte Café-Restaurant. English spoken. Chambres confortables depuis 2 fr. 50. Ascenseur RABOURDIN, propriétaire

---

Hôtel Chatham

17 et 19, rue Daunou, Paris.

Hôtel de la Cité Bergère. 4, *cité Bergère* (Grands boulevards). Chambres depuis 2 fr. 50. Electricité, Bains, Table d'hôte. TÉLÉPHONE 217-34.

Hôtel Corneille, 5, *rue Corneille*, en face l'Odéon. Chambres de 2 à 5 fr Restaurant. Lumière électrique. TÉLÉPHONE 810-80. Agréé par le T C. F.

Hôtel du Danube, 11, *rue Richepanse*, près la Madeleine. Grands et petits appartements pour familles. A. POTTIER, propriétaire

---

Hôtel des Deux-Mondes, 22, *avenue de l'Opéra*, Paris. (Voir page 48.)

DIEPPE (Grand Hôtel de) 22, *rue d'Amsterdam*, gare St-Lazare. — Chambres confortables depuis 3 fr. TÉLÉPHONE 164-15. Electricité. English spoken.

Hôtel de l'Élysée, 12, *rue des Saussaies* (près des Champs-Élysées et de la Madeleine), Paris. Appartements depuis 4 fr. Table d'hôte. Restaurant à la carte. Maison pour famille. Prix modérés.

HOTELS (*Suite*)

Hôtel de France, 4, *rue du Caire*, près les boulevards et les théâtres. **Chambres** de 3 à 5 fr. **Restaurant.** Lumière électrique. TÉLÉPHONE 130-98. Agréé par le T C F.

Grand Hôtel du Globe. (Voir page 48.)

Hôtel du Jardin des Tuileries, 206, *rue de Rivoli*, en face le Jardin des Tuileries. Appartements et chambres. Grand confort Elegantly furnished apartments and single rooms. Full south. Lift. Electric Light. ZIEGLER, propr.

Grand Hôtel Lafayette, 6, *rue Buffault* (angle des rues Lafayette et faub. Montmartre), centre de Paris. Chambres depuis 2 fr. Déjeuner, 2 fr. 50. Dîner 3 fr., et à la carte

---

Hôtel de Londres et de Milan, 8, *rue Saint-Hyacinthe-Saint-Honoré*, près les Tuileries, l'Opéra, Champs-Élysées, Grands boulevards. Chambres depuis 2 fr. Pension depuis 7 fr. 50. *English spoken. — Man spricht deutsch. — Se parla italiano.*

Grand Hôtel Louvois, *place Louvois*, situé sur un beau square, au centre de Paris. Appartements et chambres seules. Restaurant et table d'hôte. Ascenseur. Lumière électrique. **L. Dhuit**, propriétaire.

Hôtel Mirabeau, 8, *rue de la Paix*. Hôtel et Restaurant. Chambres et appartements pour familles. (Voir page 48.)

Grand Hôtel de Normandie 4, *rue d'Amsterdam*, Paris (en face gare St-Lazare). Restaurant à la carte et à prix fixe. Chambres de 3 à 10 fr. English spoken. TÉLÉPHONE 279-05. **Victor Davène**, propr.

HOTELS (*Suite*)

Hôtel de l'Opéra-Comique, 4, *rue d'Amboise* (boulev. des Italiens). Complètement remis à neuf. Nouveau propriétaire. Chambres et appartements meublés à des prix très modérés.

Hôtel d'Ostende, 9, *rue de la Michodière*, près l'Opéra. Agencement moderne. Lumière électrique. TÉLÉPHONE 253.01. Prix modérés. Conditions spéciales pour familles.

Hôtel d'Oxford et de Cambridge, 13, *rue d'Alger*, près des Tuileries. Pension et service à la carte. Table d'hôte. Maison de famille spécialement recommandée pour son confortable et ses prix modérés. Tarif franco sur demande.

HOTEL DE PARIS-NICE

38, faubourg Montmartre.

150 chambres de 3 à 8 francs.
Déjeun., 3 fr. Dîner, 4 fr., vin compr.
Ascenseur. Electr. TÉLÉPHONE 117-66.

Grand Hôtel de Rochefort
Restaurant à la carte, 6, *rue Dupuytren*, près l'Ecole de Médecine et boul Saint-Germain. Chambres depuis 1 fr. 50, et 20 fr. par mois. Recommandé

Hôtel de Seine, 52, *rue de Seine* (boul. Saint-Germain), Paris. Appartements et chambres confortables. Table d'hôte. Service à volonté. Prix modérés.
Dujardin, propriétaire.

Grand Hôtel de Suez, 31, *boulevard St-Michel*, centre de toutes les facultés, 66 chambres meublées et remises à neuf, depuis 25 fr. Restaurant. Repas 1 fr. 50 et 2 fr. Pension 90 fr. Près de l'hôtel, 6 lignes de trams, métropolitain, chemin de fer. *English spoken.*

INSECTICIDE

GAFARDS, RATS & SOURIS

Destruction par la pommade de

M LEDAIN

15, rue du Louvre, Paris.

Destruction des Punaises, Fourmis et Mites par poudre spéciale. 7 fr 50 le kilog., 4 fr. le 1/2 kilog.

INSTITUT DERMATOLOGIQUE
59 bis, rue Blanche, Paris, dirigé par le Dr Chatelain, O.I. ✠, ✱, ✠.
Traitements spéciaux (lumière, chaleur, électricité, etc.) des maladies de la peau, du cuir chevelu, affections spéciales, tumeurs, cancers, etc.

INSTITUT MÉDICAL DES AGENTS PHYSIQUES

28, rue Blanche, Paris. TÉLÉPHONE 130. 59. Traitement des affections chroniques du système nerveux et de la nutrition Traitements orthopédiques. *Hydrothérapie. Sudations. Electrothérapie. Radiographie Gymnastique médicale française et suédoise. Massage manuel et vibratoire.*

INSTITUTIONS

INSTITUTION BERTRAND
Ecole professionnelle, industrielle de Versailles, *52, avenue de Saint-Cloud*, Versailles. Directeur : M. Pescaire, I. ✠. Préparation aux Ecoles du gouvernement pour l'Industrie, le Commerce et l'Agriculture.

Institution J.-B. Dumas, 23, *rue Oudinot*, Paris. — Ingr A et M. — Prépar. à l'Ecole centr. des Arts et Mres, Ecole d'agriculture, aux baccalauréats. Internat, demi-pension, externat. Nombre limité de pensionnaires. Cours spéciaux. Jardins.

Institution des Enfants Arriérés, à *Eaubonne* (Seine-et-Oise). **M. Langlois**, Directeur. (Voir page de garde en tête du vol.)

PENSIONS DE FAMILLE
(*Suite*)

Pension de famille de premier ordre, 2, *avenue Friedland*, près l'Arc de Triomphe. — Electricité. — Grand confort. — English spoken. — Man spricht deutsch. — TÉLÉPHONE 532-75.

Hôtel Victoria, *10, cité d'Antin* (Opéra). Electricité. — Bains. Prix très modérés. — Recommandé par le T. C. F. TÉLÉPHONE 132-25.

PHOTOGRAPHIE (Artistes)

8 diplômes d'honneur
dernières Expos. Grand Prix 1889.
1900, Hors Concours. Membre du Jury.

Portraits en tous genres, Agrandissements, Peintures, Emaux, etc., Photographies à la lumière électrique.

M. NADAR dirige personnellement ses ateliers.

Appareils et produits. Ne pas voyager sans l'**Express-détective-Nadar** : le meilleur des appareils photographiques, léger, solide et garanti. Appareil adopté pour tous les grands voyages d'exploration.

51, rue d'Anjou, 51 TÉLÉPHONE

Exposition permanente : 2, *rue de la Paix*.

La Maison n'a pas de Succursale.

PIANOS

Manufre de Pianos Pélicier. Brillante sonorité, solidité garantie. 32 *Médailles d'or et autres; hors concours, membre du Jury.* Pianos neufs et d'occasion des Maisons **Érard** et **Pleyel**.

Location, Vente, Échange (Occasions)

13, Boulevard St-Denis, 13
Paris.

POMPES

Vidal-Beaume. *66, avenue de la Reine*, Boulogne-sur-Seine. (Voir page 44.)

PRODUITS PHARMACEUTIQUES

Chassaing. Phosphatine Falières. (Voir page 130.)

Coaltar Saponiné. (V. p. 126.)

Eau des Jacobins

Ancien cordial très populaire d'une puissance merveilleuse, contre apoplexie, etc. **A. Gascard**, seul successeur des Fres Gascard, à **Bihorel-lès-Rouen** (Seine-Inférre.)

Fer Bravais. (Voir page 125.)

Graine de lin Tarin; Pommade Fontaine; Savon Fontaine. (Voir p. 45.)

Laffaille. Capsules régulatrices W. Korn. (Voir page 64.)

Laudumiey. Poudre du docteur Soudre. (Voir page 126.)

Liqueur des dames. (Voir page 125.)

POMMADE MOULIN
Guérit Dartres, Boutons, Rougeurs, Démangeaisons, Eczéma, Hémorroïdes. Fait repousser les **Cheveux** et les **Cils**, **2'30** le Pot *franco*. Pharmacie **MOULIN**, **80, Rue Louis-le-Grand, PARIS**

Type **A**+

Dixième Année — Six pages — Paris et Départ^ts — Cinq Centimes

LE JOURNAL

FERNAND XAU, *Fondateur*.

Quotidien, Littéraire, Artistique et Politique

100, RUE RICHELIEU, 100

Directeur : HENRI LETELLIER.

ABONNEMENTS	Un an.	Six mois.	Trois mois.
PARIS, SEINE et SEINE-ET-OISE.	20 fr.	10 fr. 50	5 fr. 50
DÉPARTEMENTS ET ALGÉRIE.	24 fr.	12 fr. »	6 fr. »
ETRANGER (UNION POSTALE).	35 fr.	18 fr. »	10 fr. »

LE JOURNAL paraît tous les jours sur **SIX PAGES AU MOINS**

Le **JOURNAL** a pris, en 1900, un développement considérable, grâce aux efforts quotidiens qu'il fait pour être agréable à ses lecteurs.

Il a suivi la vie politique intérieure et extérieure avec un soin qui lui a valu, de la part du public, les témoignages et les encouragements les plus flatteurs. A l'intérieur, ses informations puisées aux sources les plus sûres ont mis le **JOURNAL** au premier rang des journaux parisiens.

SA RÉDACTION

La rédaction littéraire du **JOURNAL** est, sans contredit, la plus brillante des journaux parisiens. Qu'on en juge par l'énumération que voici de ses principaux collaborateurs :

Paul Bourget.	Richard O'Monroy.	G. d'Esparbès.	Rod. Darzens.
André Theuriet.	Francis Chevassu.	Courteline.	Georges Auriol.
Catulle Mendès.	Armand Charpentier.	A. Hepp.	Tristan Bernard.
Jean Richepin.	Jean Gouldezky.	Alphonse Allais.	Franc-Nohain.
Henry Fouquier.	Hugues Le Roux.	A. Roguenant.	Jules Ranson.
Séverine.	René Maizeroy.	Myriam Harry.	Marin.
Octave Mirbeau.	Jean Lorrain.	Paul Adam.	Ludovic Naudeau.
Montjoyeux.	Emile Faguet.	J. de Bonnefon.	Georges Charlet.
Edmond Sée.	Edm. Haraucourt.	Raoul Ponchon.	

Alexis Lauze, secrétaire de la rédaction.

Critique dramatique, Catulle Mendès ; *les Echos*, Joinville ; *la Chambre*, H. Valoys ; *le Sénat*, G. de Lilliers ; *les Tribunaux*, Mes Huvlin et Marréaux-Delavigne ; *le Conseil municipal*, E. Le Roy ; *l'Escrime*, Emile André ; *les Courses*, Laurentz ; *Courrier théâtral*, Crispin.

SES PERFECTIONNEMENTS

Le **JOURNAL** devait, en raison de son développement, avoir une installation plus étendue et plus en rapport avec la multiplicité de ses services.

Le 15 octobre 1896, le **JOURNAL** s'est installé dans l'ancien hôtel Lemardelay, 100, rue de Richelieu. Il est composé sur des machines linotypes et s'imprime lui-même sur des machines rotatives à grande vitesse.

Cet hôtel, qui comprend trois corps de bâtiments, de cinq étages chacun, en fait l'installation la plus vaste et aussi la plus somptueuse de Paris, en tant que journal.

SA PUBLICITÉ

La publicité du **JOURNAL** est justement des plus recherchées. Ses Petites Annonces ont eu, par exemple, un succès sans précédent.

Voici comment s'établit son tarif de publicité :

TARIF DES ANNONCES-RÉCLAMES

	La ligne.		La ligne.
Echos 1re page	30 fr. »	Faits divers	12 fr. »
Entrefilets 2e page	20 fr. »	Réclames 5e page	9 fr. »
— 3e page	15 fr. »	Annonces	4 fr. »
— 4e page	15 fr. »	Petites Annonces (mercr. et sam.)	1 fr. 50

* **Mantes**, avenue de la République, 12.
Marmande, Grande-Rue Labat.
* **Marseille**, rue de Noailles, 24.
Maubeuge, rue de France, 7.
Meaux, rue de Martimprey, 13.
* **Melun**, boulevard Victor-Hugo, 2.
Meulan, rue Basse, 23.
Meursault, rue de la Liberté.
Millau, boulevard de la République, 37.
Moissac, rue Guilerand, 4.
Montargis, rue de Vaublanc, 2.
* **Montauban**, rue Lacaze, 2.
Montbéliard, rue de Besançon, 2.
Mont-de-Marsan, place de l'Hôtel-de-Ville.
Montélimar, rue Villette, 11.
Montereau, Grande-Rue, 92.
Montluçon, avenue de la Gare, 32.
* **Montpellier**, boulevard de l'Esplanade, 9.
Morlaix, quai de Tréguier, 17.
* **Moulins**, cours Choisy, 1.
* **Nancy**, rue Saint-Dizier, 20.
* **Nantes**, place Royale, 8.
* **Narbonne**, rue du Tribunal, 19.
Nemours, rue des Moulins, 20.
* **Nevers**, rue Saint-Martin, 19.
* **Nice**, rue Gioffredo, 64.
* **Nîmes**, place de la Salamandre, 10.
Niort, rue Yvers, 11.
Noyon, rue de l'Evêché, 9.
Oloron-Ste-Marie, place Gambetta, 9.
* **Orléans**, rue de la République, 12.
Pamiers, place du Jardinage, 14.
Parthenay, avenue de la Gare.
* **Pau**, rue Latapie, 5.
* **Périgueux**, rue du Quatre-Septembre, 6.
* **Perpignan**, rue Manuel, 2.
Pertuis, cours de la République, 54.
* **Pézenas**, place des Trois-Six, 26.
Pithiviers, rue Saint-Georges, 13.
* **Poitiers**, rue Victor-Hugo, 5.
Pont-Audemer, Grande-Rue, 58.
Pont-l'Evêque, Grande-Rue Saint-Michel
* **Pontoise**, rue de l'Hôtel-de-Ville, 6.
Puy (le), boulevard Saint-Louis, 51.
Quimper, boulevard de l'Odet.
* **Reims**, rue de Monsieur, 18, et place du Marché.
Remiremont, Grande-Rue, 64.
* **Rennes**, rue Le Bastard, 14.
Rive-de-Gier, place de la Liberté.
* **Roanne**, rue de la Sous-Préfecture, 17.
Rochefort-sur-Mer, rue des Fonderies, 66.
* **Rodez**, rue de la Barrière, 18.
* **Romans**, place Jacquemart, 5.
Roubaix, rue de la Gare, 40.
* **Rouen**, rue Jeanne-d'Arc, 34.
Ruffec, rue des Petits-Bancs.
Saint-Affrique, aire Notre-Dame.
Saint-Brieuc, rue Charles-le-Maout, 2.
Saint-Chamond, place Dorian, 4.
Saint-Dié, rue Dauphine, 1.
* **Saint-Etienne**, place de l'Hôtel-de-Ville, 6.
Saint-Gaudens, rue des Fossés, 14.
* **Saint-Germain-en-Laye**, rue de Paris, 2.
Saint-Jean-d'Angély, rue Gambetta, 33.
* **Saint-Lô**, rue de la Poterie, 15.
Saint-Loup-sur-Semouse, Grande-Rue.
* **Saint-Malo**, rue de Toulouse, 3.
Saint-Nazaire, rue Amiral-Courbet, 4.
* **Saint-Quentin**, rue d'Isle, 30.
Saint-Remy-de-Provence, boul. Victor-Hugo.
Saint-Servan, rue Godard, 3.
Saintes, cours National, 45.
Sarlat, boulevard Ney.
Saumur, rue Beaurepaire, 28.
* **Sedan**, rue Gambetta, 33, et place du Rivage, 1.
Semur, rue Saint-Jean, 4.
Senlis, rue de la République.
* **Sens**, place Drapès.
Sèvres, Grande-Rue, 87.
* **Soissons**, rue Saint-Martin, 72.
Tarare, rue Delguirasse, 9.
Tarascon, boulevard Victor-Hugo.
Tarbes, rue Braubauban, 38.
Thiers, rue des Grammonts, 8.
Thizy, Grande-Rue, 8.
Thouars, rue Isambert, 6.
Tonnerre, rue du Pont, 3.
Toul, rue de la République, 34.
* **Toulon**, place d'Armes, 18.
* **Toulouse**, rue des Arts, 20.
Tourcoing, rue Carnot, 33.
Tournus, Grande-Rue du Centre.
* **Tours**, rue Corneille, 6, et rue Nationale, 75.
Troyes, rue Notre-Dame, 113.
Tulle, rue Nationale, 12.
* **Valence**, boulevard Bancel, 23.
Valence-d'Agen, rue de la République.
* **Valenciennes**, rue Saint-Géry, 23.
Vannes, rue Douves-du-Port, 8.
Verneuil-s.-Avre, place de la Madeleine.
Vernon, rue d'Albuféra, 79.
* **Versailles**, rue Carnot, 2, et rue Royale, 23.
Vervins, place du Centenaire.
* **Vesoul**, rue du Presbytère, 12.
* **Vichy**, rue Sornin, 15.
Vierzon, place d'Armes, 18.
* **Villefranche-de-Rouergue**, rue Guiraudet.
Villeneuve-s.-Lot, rue des Cieutat, 17.
Villeurbanne, place de la Cité.
Voiron, rue de la Gare, 10.

Agence de Londres, 53, Old Broad Street.

La Société a, en outre, **58 Succursales** à Paris et dans la Banlieue, et des **Correspondants** sur toutes les places de France et de l'Etranger.

PRINCIPALES OPÉRATIONS de la SOCIETE GENERALE :

Dépôts de fonds à intérêts en compte ou à échéance fixe (taux des dépôts de 3 à 5 ans : 3 1/2 0/0, net d'impôt et de timbre); — **Ordres de Bourse** (France et Etranger); — **Souscriptions sans frais**; — **Vente aux guichets de valeurs livrées immédiatement** (Obl. de ch. de fer, Obl. à lots de la Ville de Paris et du Crédit Foncier, Bons Panama, etc.); — **Escompte et Encaissement de coupons**; — **Mise en règle de titres**; — **Avances sur titres**; — **Escompte et encaissement d'effets de Commerce**; — **Garde de titres**; — **Garantie contre le remboursement au pair** et les risques de non-vérification des tirages; — **Transports de fonds** (France et Etranger); — **Billets de crédit circulaires**; — **Lettres de crédit**; — **Renseignements**; — **Assurances**; — **Services de Correspondant**, etc.

LOCATION
DE COMPARTIMENTS DE COFFRES-FORTS

au Siège social et dans un grand nombre d'Agences, **depuis 5 fr. par mois**; tarif décroissant en proportion de la durée et de la dimension. — **Demander les Notices spéciales** à tous les guichets de la Société.

(*) Les Agences marquées d'un astérisque sont pourvues d'un service de location de coffres-forts.

CHEMINS DE FER PARIS-LYON-MÉDITERRANÉE (Suite)

RELATIONS DIRECTES ENTRE PARIS ET L'ITALIE
(VIA MONT-CENIS)

Billets d'Aller et Retour de PARIS à TURIN, à MILAN, à GÊNES et à VENISE
(Viâ Dijon, Mâcon, Aix-les-Bains, Modane)

Prix des Billets					Validité
	Turin.	1re cl. **148** fr **10**;	2e cl	**106** fr. **45**	
	Milan.	— **166** fr. **55**;	—	**121** fr. **70**	
	Gênes.	— **168** fr. **40**;	—	**120** fr. **05**	**30 jours**
	Venise.	— **218** fr **95**;	—	**155** fr. **80**	

Ces billets sont délivrés toute l'année à la gare de Paris-Lyon et dans les bureaux succursales

La validité des billets d'aller et retour **Paris-Turin** est portée gratuitement à 60 jours, lorsque les voyageurs justifient avoir pris, à Turin, un billet de voyage circulaire intérieur italien.

D'autre part, la durée de validité des billets d'aller et retour **Paris-Turin** peut être prolongée d'une période unique de 15 jours, moyennant le payement d'un supplément de 14 fr. 80 en 1re classe et de 10 fr. 65 en 2e classe. — *Arrêts facultatifs à toutes les gares du parcours.*

FRANCHISE DE 30 KILOGRAMMES DE BAGAGES SUR LE PARCOURS P.-L.-M.

BILLETS D'ALLER ET RETOUR

DE PARIS A BERNE ET A INTERLAKEN

(Viâ Dijon, Pontarlier, Les Verrières, Neuchâtel) *ou réciproquement.*

DE PARIS A ZERMATT (Mont-Rose)

(Viâ Dijon, Pontarlier, Lausanne) *sans réciprocité.*

PRIX DES BILLETS

De Paris à						
Berne	1re cl.	**101** fr.;	2e cl.	**75** fr.;	3e cl.	**50** fr.
Interlaken	—	**113** fr.;	—	**83** fr.;	—	**56** fr.
Zermatt (Mt Rose).	—	**140** fr.;	—	**108** fr.;	—	**71** fr.

Valables **60 jours**, avec arrêts facultatifs sur tout le parcours.

Franchise de 30 kilos de bagages sur le parcours P.-L.-M.

EN ÉTÉ, TRAJET RAPIDE DE PARIS A BERNE ET A INTERLAKEN
SANS CHANGEMENT DE VOITURE EN 1re ET 2e CLASSE

Les billets d'aller et retour de **Paris à Berne** et à **Interlaken** sont délivrés du 15 avril au 15 octobre; ceux de Zermatt, du 15 mai au 30 sept.

BILLETS D'ALLER ET RETOUR DE BAINS DE MER
Valables 33 jours. — Arrêts facultatifs

BILLETS INDIVIDUELS ET COLLECTIFS (de famille)

1° BILLETS INDIVIDUELS

Il est délivré, du 1er *juin au* 15 *septembre* de chaque année, des billets d'aller et retour de bains de mer, **individuels et collectifs (de famille)** de 1re, 2e et 3e cl., à prix réduits, pour les stations balnéaires suivantes : **Agay, Aigues-Mortes, Antibes, Bandol, Beaulieu, Cannes, Golfe-Jouan-Vallauris, Hyères, La Ciotat, La Seyne-Tamaris-sur-Mer, Menton, Monaco, Monte-Carlo, Montpellier, Nice, Ollioules-Sanary, Saint-Raphaël, Valescure, Toulon et Villefranche-sur-Mer.**

Ces billets sont émis dans toutes les gares du réseau P.-L.-M. et doivent comporter un parcours minimum de 300 kilomètres, aller et retour.

2° BILLETS COLLECTIFS (de famille)

Il est également délivré, du 15 mai au 15 septembre, des billets collectifs de bains de mer à prix réduits, aux familles d'au moins deux personnes, pour les villes désignées plus haut ainsi que pour **Cette** et **Juan-les-Pins**. Minimum de parcours simple : 150 kilomètres.

BAINS DE MER

ET EAUX THERMALES

Billets d'Aller et Retour

A PRIX RÉDUITS

Délivrés jusqu'au 31 Octobre

DE PARIS AUX GARES SUIVANTES	1er BILLETS valables pendant 4 jours (non compris les dimanches et jours de fetes).		2e BILLETS valables pendant 10 jours (non compris le jour de la délivrance) délivrés à une date quelconque		3e BILLETS valables pendant 33 jours (non compris le jour de la délivrance) délivrés à une date quelconque		
	1re cl.	2e cl.	1re cl.	2e cl.	1re cl.	2e cl.	3e cl.
	fr. c.	fr. c.	fr. c.	fr. c.	fr. c.	fr. c.	fr. c.
Dieppe — Pourville, Puys, Berneval	26 »	17 50	30 10	20 30	»	»	»
Petit-Appeville (halte) — Pourville	26 50	18 »	30 80	20 80	»	»	»
Ouville-la-Rivière — Quiberville	28 50	19 »	32 80	22 15	»	»	»
Touffreville-Criel	29 »	19 50	34 10	22 95	»	»	»
Eu — Bois-de-Cise, Le Bourg-d'Ault, Onival	29 »	19 50	35 85	24 15	»	»	»
Le Tréport-Mers	29 50	20 »	35 85	24 15	»	»	»
Saint-Valery-en-Caux — Veules	29 »	19 50	35 85	24 15	»	»	»
Cany — Veulettes, Les Petites-Dalles, les Grandes-Dalles	29 »	19 50	35 30	23 85	»	»	»
Fécamp — Grainval, Saint-Pierre-en-Port	30 »	21 50	35 85	24 15	»	»	»
Froberville-Yport	30 »	21 50	35 85	24 15	»	»	»
Les Loges-Vaucottes-sur-Mer — Vattetot-sur-Mer	30 »	22 »	35 85	24 15	»	»	»
Etretat — Bruneval	30 »	22 »	36 05	24 35	»	»	»
Le Havre — Sainte-Adresse, Bruneval	30 »	22 »	35 85	24 15	»	»	»
Caen	30 »	22 »	37 45	25 25	»	»	»
Honfleur (*vià* Lisieux)	30 »	22 »	36 55	24 65	»	»	»
Trouville-Deauville (*vià* Lisieux) — Villerville	30 »	21 50	35 85	24 15	»	»	»
Blonville (halte) (*vià* Lisieux)	30 »	21 50	35 85	24 15	»	»	»
Villers-sur-Mer (*vià* Lisieux)	30 »	22 »	35 90	24 20	»	»	»
Beuzeval-Houlgate (*vià* Lisieux-Pont-l'Evêque ou *vià* Mézidon)	33 »	23 »	37 30	25 20	»	»	»
Dives-Cabourg (*vià* Lisieux-Pont-l'Evêque ou *vià* Mézidon) — Le Home-Varaville	33 »	23 »	37 80	25 50	»	»	»
Luc — Lion-sur-Mer. — **Langrune.** — **Saint-Aubin** (Ces prix compr. le parcours total en chemin de fer.)	34 »	25 »	41 45	28 25	»	»	»
Bernières.—Courseulles, Ver.-s.-Mer. (Ces prix compr. le parcours total en chemin de fer.)	35 »	26 »	42 45	29 25	»	»	»
Bayeux — Arromanches, Port-en-Bessin, Saint-Laurent-sur-Mer, Asnelles	36 »	26 »	42 20	28 50	»	»	»
Isigny-sur-Mer — Grandcamp-les-Bains	40 »	30 »	48 45	32 70			
Montebourg (Quinéville, Saint-Vaast-la-Hougue, Barfleur (parcours par le chemin départemental de Montebourg et Valognes à Barfleur, non compris dans le prix du billet).)	45 »	32 50	52 50	35 50			
Valognes (Quinéville, Saint-Vaast-la-Hougue, Barfleur (parcours par le chemin départemental de Montebourg et Valognes à Barfleur, non compris dans le prix du billet).)	45 »	33 50	53 75	36 35			33 »
Cherbourg	50 »	36 »	»	»			33 »
Coutances — Agon, Coutainville, Régneville	45 »	33 50	53 50	36 10			33 »
Denneville (halte)	50 »	33 50	53 95	36 40	56 »	37 80	33 »
Port-Bail	50 »	34 »	54 60	36 80			33 »
Barneville (halte)	50 »	34 50	55 50	37 45			33 »
Carteret	50 »	35 »	»	»			33 »
Granville — Donville, Saint-Pair, Bouillon-Jullouville	45 »	32 »	51 45	34 70			»
Montviron-Sartilly — Carolles, Saint-Jean-le-Thomas	45 »	31 50	50 45	34 10			»
La Gouesnière-Cancale	»	»	»	»			33 »
Saint-Malo-Saint Servan — Paramé, Rothéneuf	»	»	»	»			33 »
Dinard — Saint-Enogat, Saint-Lunaire, Saint-Briac, Lancieux	»	»	»	»			33 »
Plancoët — La Garde-Saint-Cast, Saint-Jacut-de-la-Mer	»	»	»	»			33 »
Lamballe — Pléneuf, Le Val-André, Erquy	»	»	»	»	57 50	38 85	33 »
Saint-Brieuc — Binic, Etables, Portrieux, Saint-Quay	»	»	»	»	60 20	40 65	33 »
Plounérin — Saint-Efflam, Plestin-les-Grèves	»	»	»	»	68 95	46 55	33 »
Lannion — Perros-Guirec, Trégastel-les-Grèves	»	»	»	»	70 »	47 25	33 »
Morlaix — Saint-Jean-du-Doigt, Plougasnou-Primel	»	»	»	»	72 15	48 70	33 »
Landerneau — Brignogan	»	»	»	»	77 55	52 35	34 15
Brest	»	»	»	»	80 10	54 05	35 20
Paimpol	»	»	»	»	69 20	46 70	33 »
Saint-Pol-de-Léon	»	»	»	»	75 »	50 60	33 »
Roscoff — Ile de Batz	»	»	»	»	75 95	51 25	33 40
Saint-Nazaire	»	»	»	»	59 70	40 30	30 65
Ile de Jersey — Saint-Aubin, Saint-Brelade, Saint-Clément, Saint-Hélier, Gorey	»	»	»	»	»	»	»
THERMALES EAUX — **Forges-les-Eaux** (Seine-Inférieure), ligne de Dieppe par Gournay	18 »	12 »	»	»	»	»	»
THERMALES EAUX — **Bagnoles-Tessé-la-Madeleine**, par Briouze	36 »	24 »	38 90	26 25	»	»	»

CHEMIN DE FER DU NORD

Paris à Londres

5 Services rapides quotidiens dans chaque sens viâ CALAIS ou BOULOGNE

Durée du trajet 7 h. ; Traversée maritime en 1 h. ; Voie la plus rapide.

Paris à Londres

	1re, 2e cl. mat.	1re, 2e classe matin	1re, 2e classe matin	1re, 2e 3e cl. soir (a)	1re 2e 3e cl. soir
Paris-Nord, dép.	9 30	10 30	11 50	3 30	9 »
Londres, arr.....	4 50 soir	5 50 soir	7 30 soir	11 10 soir	5 30 mat.

Londres à Paris

	1re, 2e cl. mat.	1re, 2e classe matin	1re, 2e classe matin	1re, 2e 3e cl. soir (a)	1re 2e 3e cl. soir
Londres, dép...	9 »	10 »	11 »	2 45	9 »
Paris-Nord, arr.	4 45 soir	5 50 soir	7 » soir	11 10 soir	5 50 mat.

(a) Du 1er Juin au 31 Octobre inclus.

Services officiels de la poste viâ Calais, assurés chaque jour par 3 express ou rapides dans chaque sens, partant respectivement de Paris-Nord à 9 heures et 11 h. 50 matin, et 9 heures soir.

Malle des Indes, toutes les semaines à l'aller et au retour.

Peninsulaire Express, toutes les semaines de Londres à Brindisi par Calais et Modane.

PRIX DES BILLETS ENTRE PARIS ET LONDRES

DIRECTIONS	BILLETS SIMPLES valables pendant 7 jours (Droits de port compris)			BILLETS D'ALLER ET RETOUR valables pendant 1 mois soit par Boulogne, soit par Calais (Droits de port compris)		
	1re classe	2e classe	3e classe	1re classe	2e classe	3e classe
Amiens, Boulogne, Folkestone.	62 fr. 50	43 fr. 35	28 fr. 35	118 fr. 45	86 fr. 05	49 fr. 90
Amiens, Calais, Douvres.	70 fr. 15	48 fr. 90	32 fr. »			
Amiens, Boulogne, Folkestone. (exclusivement)	»	»	»	109 fr. 85	78 fr. 80	46 fr. 70

Pour droit de timbre, 0 fr. 10 pour les billets au-dessus de 10 francs.

Paris, Bruxelles et la Hollande

8 Express dans chaque sens entre Paris et Bruxelles. Trajet en 4 h. 1/2. — 3 Express dans chaque sens entre Paris et Amsterdam. Trajet en 9 h. 1/2.

Paris vers Bruxelles et la Hollande

	1re, 2e classe matin	1re, 2e classe	1re, 2e classe soir	1re classe soir	1re, 2e classe soir
Paris-Nord, d.	8 35	midi40	3 50	6 20	11 »
Bruxelles, ar.	1 05	6 »	10 16	11 25	5 17
Amsterdam, a.	6 04 soir	10 50 soir	»	»	11 14 matin

La Hollande et Bruxelles vers Paris

—	1re classe matin	1re 2e 3e classe matin	1re, 2e classe matin	1re, 2e classe soir	1re, 2e classe soir
Amsterdam, d.	»	»	8 28	midi42	6 09
Bruxelles, dép.	7 58	8 57	midi54	6 02	min.10
Paris-Nord, ar.	midi50	3 50 soir	6 » soir	10 45 soir	5 42 matin

Paris, l'Allemagne et la Russie

5 express sur Cologne. Trajet en 8 h. — 4 express sur Francfort-sur-Mein. Trajet en 12 heures. — 4 express sur Berlin. Trajet en 18 h. Par le Nord-Express. Trajet en 17 h.

2 Express sur Saint-Pétersbourg. Trajet en 51 heures. — Par le Nord-Express bihebdomadaire. Trajet en 46 heures.

2 express sur Moscou. Trajet en 62 heures.

Paris, le Danemark, la Suède et la Norvège

2 Express sur Copenhague. Trajet en 28 heures. — 2 express sur Christiania. Trajet en 53 heures.

2 Express sur Stockholm. Trajet en 46 heures.

CHEMIN DE FER DU NORD

Saison des bains de mer — Billets à prix réduits

Pendant la Saison, de la veille de la fête des Rameaux au 31 octobre, *toutes les gares du Chemin de fer du Nord* délivrent des billets de Bains de mer de 1re, 2e et 3e classe à destination des stations balnéaires suivantes : BERCK (station du chemin de fer d'intérêt local) *via* Rang-du-Fliers-Verton, BOULOGNE (Le Portel), CALAIS-VILLE, CAYEUX (station du chemin de fer d'intérêt local) *via* Saint-Valery-sur-Somme, QUEND-FORT-MAHON (plages de Fort-Mahon et de Saint-Quentin), CONCHIL-LE-TEMPLE (Fort-Mahon), DANNES-CAMIERS (plages Sainte-Cécile et Saint-Gabriel), DUNKERQUE (plages de Malo-les-Bains et Rosendaël), ÉTAPLES (Paris-Plage), EU (plages du Bourg-d'Ault et d'Onival), GRAVELINES (Petit-Fort-Philippe), GHYVELDE (Bray-Dunes), LE CROTOY (station du chemin de fer d'intérêt local) *via* Noyelles, LEFFRINCKOUCKE-MALO-TERMINUS, LE TRÉPORT-MERS, LOON-PLAGE, MARQUISE-RINXENT (plage de Wissant), SAINT-VALERY-SUR-SOMME, WIMILLE-WIMEREUX (plages de Wimereux, Audresselles et Ambleteuse), WOINCOURT (plages du Bourg-d'Ault et d'Onival), ZUYDCOOTE (Nord-Plage).

Il existe trois catégories de billets (*), savoir :

1° **Billets de saison** de 1re, 2e et 3e classe, valables pendant 33 jours, non compris le jour de l'émission, avec facilité de prolongation pendant plusieurs périodes de 15 jours (1), sous condition d'effectuer un parcours minimum de 100 kil. aller et retour. Ces billets, créés pour les familles, sont *nominatifs et collectifs*. Il est accordé une *réduction de 50 0/0* à chaque membre de la famille en plus du troisième. Les billets dont il s'agit doivent être demandés au moins 4 jours à l'avance à la gare où le voyage doit être commencé.

2° **Billets hebdomadaires** et Carnets d'aller et retour de 1re, 2e et 3e classe. Les billets hebdomadaires sont valables pendant 5 jours, du vendredi au mardi et de l'avant-veille au surlendemain des fêtes légales. Ces billets et carnets sont individuels. Les prix varient selon la distance et présentent des *réductions de 25 à 40 0/0*. Les Carnets contiennent 6 billets d'aller et retour et peuvent être utilisés à une date quelconque dans le délai de 33 jours, non compris le jour de distribution.

3° **Billets d'excursion** de 2e et 3e classe, les dimanches et jours de fête légales, valables pendant une journée. Ces billets, sont ou individuels, ou de famille. — Les prix réduits des billets individuels sont indiqués dans le tableau ci-dessous. — Pour les *familles* (ascendants et descendants), il est accordé une nouvelle réduction sur le prix des billets individuels d'excursion, allant de 5 à 25 0/0, selon que la famille se compose de 2, 3, 4, 5 personnes et plus.

Les billets de saison et les billets hebdomadaires sont valables dans les mêmes trains et aux mêmes conditions que les billets ordinaires du service intérieur.

Les billets d'excursion ne sont valables que dans des **trains spéciaux** *ou dans des* **trains du service ordinaire** *désignés à cet effet par la Compagnie.*

Cartes d'abonnement de 1re, 2e et 3e classe, valables pendant 33 jours, et comportant une réduction de 20 0/0 sur le prix des abonnements ordinaires d'un mois. Ces cartes ne sont délivrées qu'à toute personne qui prend deux billets ordinaires au moins ou un billet de saison pour les membres de sa famille ou domestiques, allant séjourner sous le même toit dans une station balnéaire désignée ci-dessus.

(*) Ces billets sont personnels et ne peuvent être vendus sous peine de poursuites judiciaires.
(1) Cette prolongation est faite, au retour, par les soins de la gare de départ, avant l'expiration de la première période moyennant le supplément de 10 0/0 du prix total des billets.

Les prix au départ de Paris, pour les trois catégories, sont les suivants :

Prix des billets (2) de Saison, hebdomadaires et d'excursion

DE PARIS AUX STATIONS BALNÉAIRES CI-DESSOUS	Billets de saison collectifs de famille valables pendant 33 jours — Prix pour 3 personnes			Prix pour chaque personne en plus			BILLETS HEBDOMADAIRES Prix par personne (2)			BILLETS d'excursion Prix par personne (*)	
	1re cl.	2e cl.	3e cl.	1re cl.	2e cl.	3e cl.	1re cl.	2e cl.	3e cl.	1re cl.	2e cl.
Berck	149 40	101 40	66 30	25 60	17 45	11 45	31 »	24 15	17 »	11 15	7 85
Boulogne (ville)	170 70	115 20	75 »	28 45	19 20	12 50	34 »	25 70	18 90	11 10	7 30
Calais (ville)	198 30	133 80	87 30	33 05	22 50	14 55	37 90	29 »	21 85	12 35	8 10
Cayeux	137 55	93 60	61 20	24 »	16 45	10 80	29 30	23 05	15 95	11 »	7 25
Quend-Fort-Mahon	137 70	93 »	60 60	22 95	15 50	10 10	28 30	22 15	15 45	9 60	6 25
Conchil-le-Temple	140 40	94 80	61 80	23 40	15 80	10 30	28 80	22 50	15 75	9 75	6 35
Dannes-Camiers	157 20	106 20	69 30	26 20	17 70	11 55	31 70	24 40	17 50	10 50	6 85
Dunkerque	204 90	138 80	90 30	34 15	23 05	15 05	38 85	29 95	22 60	12 50	8 20
Étaples	152 40	102 90	67 20	25 40	17 15	11 20	30 90	23 95	17 »	10 35	6 75
Eu	120 90	81 60	53 10	20 15	13 60	8 85	25 40	20 10	22 60	8 85	5 75
Gravelines	204 90	138 30	90 30	34 15	23 05	15 05	38 85	29 95	17 »	12 50	8 20
Ghyvelde	213 »	143 70	93 60	35 50	24 95	15 60	39 95	31 15	13 70	12 50	8 20
Le Crotoy	131 20	89 10	58 20	22 60	15 40	10 10	27 90	21 95	22 60	10 25	6 75
Leffrinckoucke-Malo-Terminus	209 10	141 »	92 10	34 80	23 50	15 35	39 40	30 55	23 05	12 50	8 20
Le Tréport-Mers	12[illegible] »	83 10	54 »	20 50	13 85	9 »	25 75	20 35	15 15	9 »	5 85
Loon-Plage	204 30	138 »	90 »	34 05	23 »	15 »	38 75	29 90	23 05	12 50	8 20
Marquise-Rinxent	181 50	122 50	79 80	30 25	20 40	13 30	35 50	26 75	13 90	11 60	7 60
Saint-Valery-sur-Somme	131 10	88 50	57 60	21 85	14 75	9 60	27 15	21 35	22 50	9 30	6 05
Wimille-Wignereux	174 60	117 90	76 80	29 10	19 05	12 80	34 53	26 10	20 »	11 25	7 40
Woincourt	126 90	85 80	55 80	21 15	14 30	9 30	26 45	20 85	14 75	9 15	5 95
Zuydcoote	211 80	142 80	93 »	35 30	23 80	15 50	39 80	30 95	23 25	12 50	8 20

(*) Sur les prix afférents au parcours de la Compagnie du Nord, une nouvelle réduction de 5 à 25 0/0 est faite sur le billets collectifs de famille, selon que la famille est composée de 2 à 5 personnes et au delà.
(2) Ces prix ne comprennent pas les 0 fr. 10 de droit de timbre pour les sommes supérieures à 10 fr.

CHEMINS DE FER DU MIDI

VOYAGES CIRCULAIRES

PARIS — CENTRE DE LA FRANCE — PYRÉNÉES

3 voyages différents au choix du voyageur. — Billets délivrés toute l'année aux prix uniformes ci-après pour les 3 itinéraires : 1re classe, 163 fr. 50. — 2e classe, 122 fr. 50. — Durée : 30 jours, non compris celui du départ.

Faculté de prolongation moyennant supplément de 10 0/0.

VOYAGES CIRCULAIRES A PRIX RÉDUITS

EN PROVENCE ET AUX PYRÉNÉES

PRIX	1er, 2e et 3e parcours	68 fr. en 1re classe ;	51 fr. en 2e classe.
	4e, 5e, 6e et 7e parcours . . .	91 fr. —	68 fr. —
	8e parcours.	114 fr. —	87 fr. —

Le 8e parcours peut, au moyen de billets spéciaux d'aller et retour à prix réduits de ou pour Marseille, s'étendre de Marseille sur le littoral jusqu'à Hyères, Cannes, Nice ou Menton, etc., au choix du voyageur.

Durée : 20 jours pour les sept premiers parcours et 25 jours pour le huitième.

Faculté de prolongation moyennant supplément de 10 0/0.

BILLETS D'ALLER ET RETOUR INDIVIDUELS

POUR LES STATIONS HIVERNALES ET BALNÉAIRES DES PYRÉNÉES

Billets délivrés toute l'année avec réduction de 25 0/0 en 1re classe et 20 0/0 en 2e et 3e classes dans les gares des réseaux du Nord (Paris-Nord excepté), de l'Etat, d'Orléans et dans les gares du Midi situées à 50 kilomètres au moins de la destination. — Durée : 33 jours, non compris les jours de départ et d'arrivée.

Faculté de prolongation moyennant supplément de 10 0/0.

Ces billets doivent être demandés 3 jours à l'avance à la gare de départ.

Un arrêt facultatif est autorisé à l'aller et au retour pour tout parcours de plus de 400 kilomètres, et 2 arrêts pour les parcours supérieurs à 700 kilomètres.

BILLETS DE FAMILLE

POUR LES STATIONS HIVERNALES ET BALNÉAIRES DES PYRÉNÉES

Billets délivrés toute l'année dans les gares des réseaux du Nord (Paris-Nord excepté), de l'Etat, d'Orléans, du Midi et Paris-Lyon Méditerranée, suivant l'itinéraire choisi par le voyageur, et avec les réductions suivantes sur les prix du tarif général pour un parcours (aller et retour compris) d'au moins 300 kilomètres. — Pour une famille de 2 personnes, 20 0/0 ; de 3, 25 0/0 ; de 4, 30 0/0 ; de 5, 35 0/0 ; de 6, ou plus, 40 0/0.

Exceptionnellement pour les parcours empruntant le réseau de Paris-Lyon-Méditerranée, les billets ne sont délivrés qu'aux familles d'au moins quatre personnes, et le prix s'obtient en ajoutant au prix de 6 billets simples ordinaires le prix d'un de ces billets pour chaque membre de la famille en plus de trois.

Arrêts facultatifs sur tous les points du parcours désignés sur la demande.

Durée 33 jours, non compris les jours de départ et d'arrivée.

Faculté de prolongation moyennant supplément de 10 0/0.

Ces billets doivent être demandés au moins quatre jours à l'avance à la gare de départ.

AVIS.— *Un livret indiquant en détail les conditions dans lesquelles peuvent être effectuées les excursions ci-dessus est envoyé franco à toute personne qui en fait la demande à la Compagnie du Midi. Cette demande doit être adressée au bureau commercial de la Compagnie, 54, boulevard Haussmann, à Paris.*

CHEMINS DE FER DE L'EST

I. — RELATIONS DIRECTES DE LA COMPAGNIE DE L'EST

(SERVICES PERMANENTS)

a) Avec la Suisse, *viâ* Belfort-Bale (Trains rapides);
b) Avec l'Italie, *viâ* Belfort-Bale et le Saint-Gothard (Trains rapides);
c) Avec Mayence, Wiesbaden, Francfort-sur-Mein, Ems et Hombourg-les-Bains, *viâ* Metz-Sarrebruck (Trains express);
d) Avec Coblence, *viâ* Metz-Trèves (Trains directs);
e) Avec l'Autriche-Hongrie, la Roumanie, la Serbie, la Bulgarie et la Turquie : 1° *viâ* Avricourt-Strasbourg (Train d'Orient); 2° *viâ* Belfort-Bale, la Suisse orientale et l'Arlberg (Trains rapides);
f) Avec Luxembourg, *viâ* Charleville, Longuyon (Trains directs).

II. — VOYAGES CIRCULAIRES ET EXCURSIONS A PRIX RÉDUITS

(SAISON D'ÉTÉ)

A. — EN FRANCE

Billets d'aller et retour de famille pour les stations thermales situées sur le réseau de l'Est.

Voyages circulaires à prix réduits pour visiter les Vosges et Belfort avec arrêts facultatifs à toutes les stations du parcours.

BILLETS INDIVIDUELS ET BILLETS COLLECTIFS

1° de Paris à Paris; 2° de Laon à Laon; de Nancy à Nancy; *viâ* Blainville, Charmes et *viâ* Pagny-sur-Meuse, Vaucouleurs.

B. — A L'ÉTRANGER

1° Billets d'aller et retour de saison. *a*) de Paris à Berne, *viâ* Delle-Délémont-Bienne; de Paris à Bale, Rheinfelden, Schinznach, Baden, Lucerne, Zurich, Einsiedeln, Saint-Gall, Ragatz, Landquart, Davos-Platz, Coire et Thusis, *viâ* Belfort-Delle ou *viâ* Belfort-Petit-Croix et de Paris à Baden-Baden, *viâ* Avricourt-Strasbourg; *b*) de Reims, Mézières-Charleville, Chalons-sur-Marne, Bar-le-Duc, Nancy, Troyes et Chaumont à Bale, Lucerne, Zurich, Einsiedeln, Berne et Interlaken; *c*) de Dunkerque, Calais, Boulogne, Abbeville, Hazebrouck, Lille, Valenciennes, Douai, Cambrai, Arras, Amiens, St-Quentin, et Tergnier à Bale, Lucerne, Zurich, Einsiedeln, Berne et Interlaken; *d*) de St-Gall, Zurich, Lucerne, Bale et Berne à Paris.

2° Voyage circulaire pour visiter la vallée de la Meuse, Hastière et Dinant (Belgique);

3° Voyage circulaire pour visiter le Grand-Duché de Luxembourg et la Belgique (Grottes de Han et de Rochefort);

4° Voyage circulaire pour visiter les bords du Rhin et la Belgique;

5° Voyage circulaire pour visiter la Vallée de la Nahe, le Rheingau, le Palatinat et la forêt Noire;

6° Voyage circulaire pour visiter la Forêt Noire et la Suisse;

7° Voyages circulaires pour visiter la Suisse (Engadine, Oberland bernois, les Alpes et le lac de Genève), l'Allemagne, l'Autriche-Hongrie, l'Italie et les Lacs italiens.

Nota. — Pour tous autres renseignements, consulter : 1° Le Livret des Voyages circulaires et Excursions que la Compagnie de l'Est envoie gratuitement aux personnes qui en font la demande; 2° Les Affiches et les Indicateurs en ce qui concerne les relations directes.

Type A — 1

CHEMINS DE FER DE L'ÉTAT

BAINS DE MER DE L'OCÉAN

Billets d'aller et retour délivrés du Samedi, veille de la fête des Rameaux au 31 Octobre

1° — BILLETS DE BAINS DE MER

AU DÉPART DE PARIS, VALABLES 33 JOURS NON COMPRIS LE JOUR DU DÉPART

de **PARIS (Montparnasse)** ou de **PARIS (quai d'Orsay, Pont-Saint-Michel** ou **Austerlitz).** aux gares ci-après et retour.	PRIX ALLER ET RETOUR					
	SECTION I sans faculté d'arrêt aux gares intermédiaires.			SECTION II § 1. Faculté d'arrêt entre CHARTRES ou TOURS et la station balnéaire.		
	1re Cl.	2e Cl.	3e Cl.	1re Cl.	2e Cl.	3e Cl.
Royan	71 80	52 40	33 10	80 65	61 20	43 50
La Tremblade (Ronce-les-Bains)	74 25	54 20	39 »	83 80	63 30	44 55
Le Chapus	67 20	49 10	35 »	77 05	58 20	40 »
Le Chateau-Quai (Ile d'Oléron)	68 70	50 60	36 20	78 55	59 70	41 20
Marennes	66 25	48 85	34 50	76 10	57 50	39 45
Fouras	63 90	46 50	33 20	73 75	55 75	37 90
Chatelaillon	62 95	46 10	32 40	71 95	55 25	37 05
Angoulins-sur-Mer	61 80	45 70	32 15	71 35	54 75	36 70
La Rochelle	61 10	45 10	31 80	70 50	54 20	36 30
La Pallice-Rochelle (Ile de Ré)	61 95	45 75	32 20	71 50	54 95	36 80
L'Aiguillon-sur-Mer (*vid* Luçon)	62 65	47 35	34 45	71 65	57 35	38 80
La Tranche, *vid* Luçon	64 65	49 35	36 45	73 65	59 35	40 80
Les Sables-d'Olonne	62 60	46 30	32 55	72 25	56 95	37 20
Saint-Gilles-Croix-de-Vie	64 55	46 55	32 70	74 50	57 30	37 35
De PARIS-MONTPARNASSE ou SAINT-LAZARE aux gares ci-après et retour				§ 2. Faculté d'arrêt entre Sainte-Pazanne incl. et la station balnéaire.		
Challans (Ile de Noirmoutier, Ile d'Yeu, Saint-Jean-de-Monts)	63 35	44 65	31 35	71 35	50 65	33 35
Bourgneuf-en-Retz	58 50	42 90	30 10	66 50	48 90	34 10
Les Moutiers	58 50	43 30	30 40	66 50	49 30	34 40
La Bernerie	58 50	43 55	30 60	66 50	49 55	34 60
Pornic (Ile de Noirmoutier) (1)	58 80	44 30	31 15	66 80	50 30	35 15
St-Père-en-Retz (St-Brevin-l'Océan)	58 50	43 30	30 65	66 50	49 30	34 65
Paimbœuf (Saint-Brevin-l'Océan)	59 05	43 30	30 80	67 05	49 30	34 80

2° — BILLETS DE BAINS DE MER

AU DÉPART DES GARES AUTRES QUE PARIS, VALABLES 33 JOURS

non compris le jour du départ

Ces billets sont délivrés par toutes les gares, stations et haltes du réseau d'Etat (**Paris excepté**) pour toutes les stations balnéaires désignées ci-dessus. Ils comportent les mêmes réductions de prix que les billets d'aller et retour ordinaires et donnent le droit de s'arrêter aux gares intermédiaires.

Dispositions spéciales au 1° et au 2°.

Enfants. — Les enfants de 3 à 7 ans paient moitié du prix des billets de bains de mer.

Prolongation de la durée de validité. — La durée de validité peut être prolongée de 30 jours, moyennant un supplément égal à 10 0/0 du prix du billet. Cette prolongation peut être accordée deux fois au plus ; le supplément à payer pour chaque prolongation de 30 jours est de 10 0/0 du prix primitif.

3° — BILLETS DE BAINS DE MER

A VALIDITÉ RÉDUITE, SANS FACULTÉ DE PROLONGATION

A) **Billets de toutes classes valables pendant 5 jours, du Vendredi de chaque semaine au Mardi suivant, ou de l'avant-veille au surlendemain d'un jour férié.** — Leurs prix sont ceux des billets simples augmentés d'un dixième avec minimum de perception, par place, de 12 fr. en 1re classe, 9 fr. en 2e classe et 5 fr. en 3e classe.

B) **Billets de 2e et de 3e classe délivrés par toutes les gares du réseau d'Etat situées au sud de la Loire valables un jour seulement : le Dimanche ou un jour férié.** — Leurs prix sont les deux tiers de ceux des billets de bains de mer de 33 jours, avec minimum de perception par place de 4 fr. en 2e classe et de 2 fr. 50 en 3e classe.

(*Pour les conditions d'utilisation des billets de bains de mer, voir le Tarif G. V. n° 6.*)

(1) Un service régulier de bateaux à vapeur est organisé entre Pornic et Noirmoutier pendant la période du 1er Juillet au 30 Septembre.

ABONNEMENTS DE BAINS DE MER

A) Des cartes d'abonnement de Bains de mer, valables un mois ou trois mois et comportant une réduction de 40 0/0 sur les prix des cartes ordinaires d'abonnement de même durée sont délivrées pendant la même période que les billets de bains de mer. Ces cartes ne sont délivrées qu'aux personnes qui prennent en même temps au moins trois billets ordinaires ou de bains de mer.

B) Pendant la période du 1er Juillet au 1er Octobre de chaque année des cartes d'abonnement de 1re et de 2e classe, valables un mois pour le parcours entre Bordeaux Saint-Jean, Rochefort et Châtelaillon ou Rochefort et Fouras, sont délivrés aux prix suivants :

Entre Bordeaux-Saint-Jean et Royan. . .		131 »	100 »
Entre Rochefort et	Châtelaillon.	40 »	31 »
	Fouras	31 »	27 »

Ces abonnements courent à partir du 1er des mois de Juillet, Août, Septembre, ou partir du 1er Octobre. Ils doivent être demandés cinq jours à l'avance.

(Pour les autres conditions, voir le Tarif spécial G. V. no 3.)

BILLETS D'EXCURSION AU LITTORAL DE L'OCÉAN

Valables 33 jours, non compris le jour de la délivrance

avec prolongation facultative moyennant le paiement d'une surtaxe

Délivrés du samedi, veille de la Fête des Rameaux, au 31 Octobre

ITINÉRAIRE : **Bordeaux, Blaye, Royan, La Grève, Le Chapus, Fouras, La Rochelle, La Pallice-Rochelle, les Sables-d'Olonne, Saint-Gilles-Croix-de-Vie, Pornic, Paimbœuf, Nantes, Clisson, Cholet, Bressuire, Niort, Bordeaux** ou inversement.

Prix des billets : 1re classe, 60 fr. — 2e classe, 45 fr. — 3e classe, 30 fr.

Faculté d'arrêt aux gares intermédiaires.

Billets spéciaux de parcours complémentaires pour rejoindre ou quitter l'itinéraire du voyage d'excursion ci-dessus.

Les prix de ces billets comportent une réduction de 40 0/0 sur les prix des billets simples.

Les enfants de 3 à 7 ans paient moitié des prix indiqués ci-dessus.

Les billets doivent être demandés au moins **trois jours** à l'avance.

(Pour les autres conditions, voir le Tarif spécial G. V. no 5.)

BILLETS D'ALLER ET RETOUR DE FAMILLE POUR LES VACANCES

Valables 33 jours, non compris le jour du départ.

avec prolongation facultative moyennant le paiement d'une surtaxe

Délivrés du 1er Juillet au 1er Octobre

Chaque année, il est délivré au départ de Paris, aux familles d'au moins trois personnes payant place entière et voyageant ensemble, des billets d'aller et retour de famille de toutes classes pour toute station du réseau distante de Paris d'au moins 125 kilomètres.

Le prix des billets d'aller et retour de famille s'obtient en ajoutant au prix de quatre billets simples ordinaires, par l'itinéraire suivi, le prix d'un de ces billets pour chaque membre de la famille en plus de deux.

Les billets donnent, tant à l'aller qu'au retour, le droit de s'arrêter à toutes les gares situées sur l'itinéraire et intermédiaires entre le point de destination sur le réseau d'État et les points de jonction Orléans-État ou Ouest-État (y compris Chartres).

Les enfants de 3 à 7 ans paient la moitié du prix que paie un voyageur à place entière.

Les billets doivent être demandés au moins **quatre jours** à l'avance.

(Pour les autres conditions, voir le Tarif spécial G. V. no 9 bis.)

RELATIONS DIRECTES ENTRE PARIS ET VALPARAISO

Par **La Pallice Rochelle** et **la Comp. de navigation à vapeur du Pacifique**

Service tous les 15 jours.

Train spécial (1re, 2e et 3e classes), entre Paris-Montparnasse et La Pallice-Rochelle

(Sans transbordement)

TRAJET DIRECT EN 9 HEURES

Départ de Paris le samedi soir. | Arrivée à La Pallice-Rochelle (Bassin à flot), le dimanche matin.

COMPAGNIE
DU
CHEMIN DE FER DU SAINT-GOTHARD

Le chemin de fer du Gothard, la ligne de montagne la plus pittoresque et la plus intéressante de l'Europe, traverse la Suisse primitive chantée par les poètes et glorifiée par l'histoire. Ses têtes de ligne au nord sont **Lucerne** et **Zoug**. Les tracés respectifs longent, de Lucerne à Kussnacht, le **Lac des Quatre-Cantons**, et de Zoug à Goldau, le **Lac de Zoug**. Des divers points de ces deux embranchements, on aperçoit le **Rigi**, célèbre dans le monde entier par la vue incomparable dont on jouit de son sommet. **Goldau** est gare de soudure des tronçons de Lucerne et de Zoug, ainsi que des lignes du **Sud-Est Suisse** et **d'Arth-Rigi**. Plus loin, la ligne touche le **Lac de Lowerz, Schwyz** et, pour la seconde fois, le **Lac des Quatre-Cantons**, avec Brunnen, la route de l'Axen, le Rütli, la chapelle de Guillaume Tell, Flüelen et au delà Altdorf, Erstfeld, Wassen; **Goeschenen**, station de la tête nord du tunnel, où commence l'ancienne route du Saint-Gothard et d'où l'on atteint, en une demi-heure, le célèbre **Pont-du-diable et la galerie dite Trou d'Uri, près d'Andermatt** (tous deux d'un accès facile), Bellinzona, Locarno, le **Lac Majeur** (îles Borromées); **Lugano**, connue dans le monde entier et qui est devenue une station climatérique; elle est reliée au funiculaire du Monte-Salvatore, avec Luino, sur le lac Majeur, et avec Menaggio, sur le lac de Côme.

De là, la ligne franchit le lac de Lugano et, de la gare de Capolago où se raccorde le funiculaire du **Monte-Generoso**, se dirige sur Chiasso, point terminus du Gothard, pour continuer sur Côme et Milan.

La ligne réunit ainsi, des deux côtés des Alpes, les bords des lacs les plus ravissants, émaillés de villas splendides.

Parmi les nombreux travaux d'art, œuvres gigantesques construites dans les flancs des Alpes et qui excitent l'étonnement du voyageur, il faut citer en première ligne le **grand tunnel du Gothard**, le plus long souterrain existant (14998 mètres), lequel est ventilé artificiellement de sorte que les voyageurs ne sont nullement incommodés par la fumée; viennent ensuite les tunnels hélicoïdaux au nombre de trois sur le côté nord et de quatre sur le côté sud, le pont du Kerstelenbach, près d'Amsteg, etc., etc.

Deux rapides et trois trains directs font journellement, en six à huit heures, le trajet dans chaque direction de **Lucerne à Milan**, point central pour tous les voyageurs allant en Italie. **Wagons-Lits (sleeping-cars), Wagons-restaurants, Voitures directes entre Paris et Milan, éclairage électrique, freins continus.**

Prix de **Paris à Lucerne** :		Prix de **Paris à Milan** :	
1re classe........	69 fr. 80	1re classe.......	105 fr. 45
2e —	47 fr. 80	2e —	72 fr. 65

Le chemin de fer du Gothard est la voie de **communication la plus courte entre Paris et Milan** (viâ Belfort-Bâle). A Milan, **correspondance directe de et pour Venise, Bologne, Florence, Gênes, Rome, Turin. A Lucerne**, correspondance directe de et pour **Paris, Calais, Londres, Ostende, Bruxelles, Cologne, Francfort, Strasbourg**, ainsi que de et pour toutes **les gares principales de la Suisse.**

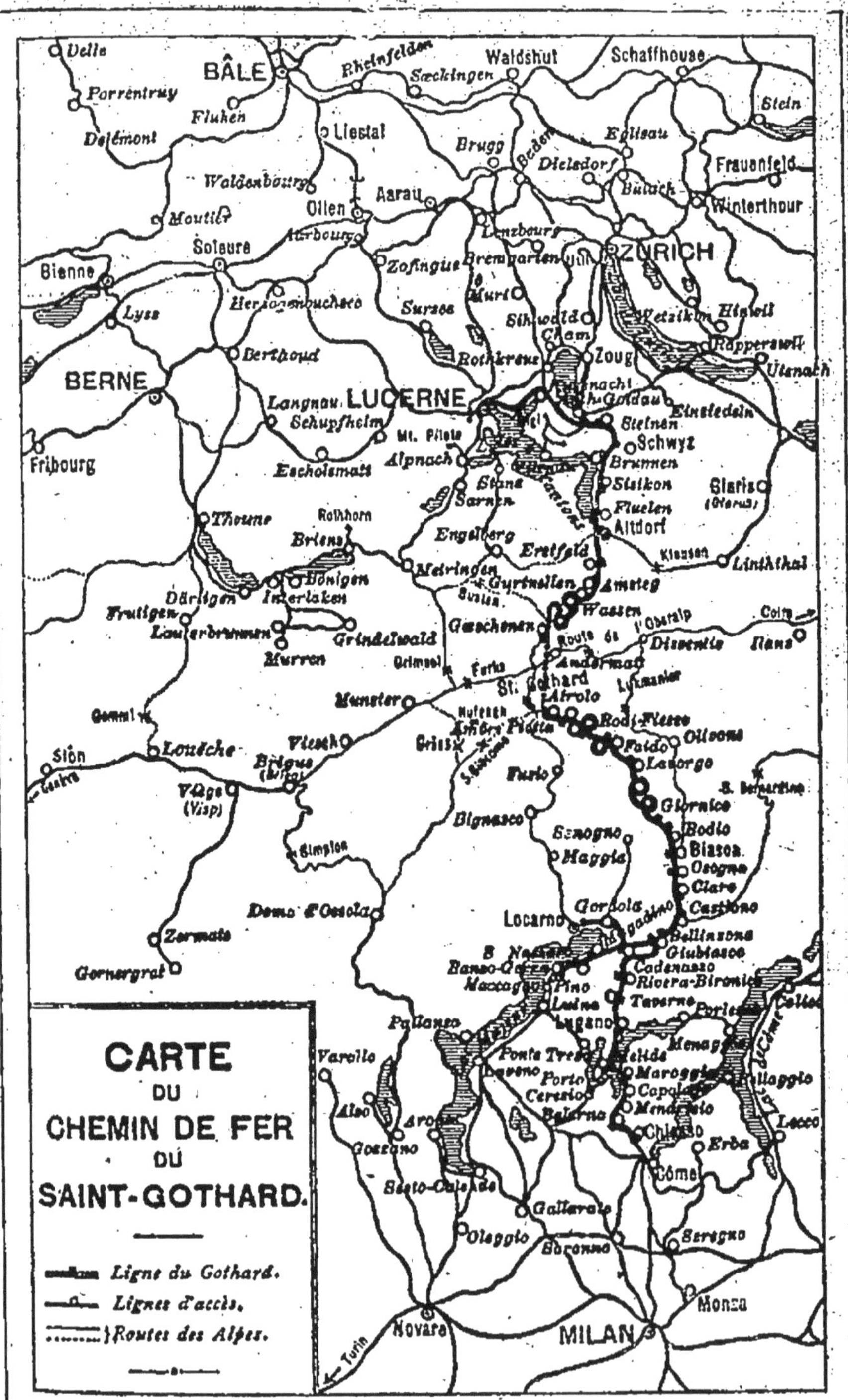
CARTE
DU
CHEMIN DE FER
DU
SAINT-GOTHARD.
Ligne du Gothard.
Lignes d'accès.
Routes des Alpes.
BÂLE
Waldshut
Schaffhouse
Rheinfelden
Sæckingen
Stein
Porrentruy
Fluhen
Delémont
Liestal
Brugg
Baden
Eglisau
Dielsdorf
Frauenfeld
Waldenbourg
Olten
Aarau
Bulach
Winterthour
Moutier
Lenzbourg
Soleure
Aarbourg
Zofingue
Bremgarten
ZURICH
Bienne
Herzogenbuchsee
Sursee
Muri
Lyss
Sihlwald
Cham
Wetzikon
Hinwil
Rapperswil
Berthoud
Rothkreuz
Zoug
Utznach
BERNE
Langnau
LUCERNE
Arth-Goldau
Einsiedeln
Schupfheim
Steinen
Mt. Pilate
Schwyz
Fribourg
Alpnach
Escholzmatt
Brunnen
Stans
Sisikon
Glaris
Sarnen
Fluelen
Thoune
Rothhorn
Altdorf
Engelberg
Brienz
Erstfeld
Klausen
Linthal
Meiringen
Bönigen
Gurtnellen
Amsteg
Därligen
Interlaken
Wassen
Frutigen
Lauterbrunnen
Grindelwald
Gœschenen
Coire
Dissentis
Ilanz
Murren
Andermatt
Grimsel
Furka
St. Gothard
Airolo
Munster
Rodi-Fiesso
Gemmi
Faido
Olivone
Sion
Louèche
Viesch
Lavorgo
Brigue
Giornico
Viège (Visp)
Bignasco
Bodio
Biasca
Simplon
Maggia
Osogna
Claro
Castione
Domo d'Ossola
Locarno
Gordola
Bellinzona
Giubiasco
Zermatt
Cadenazzo
Rivera-Bironico
Gornergrat
Pino
Luino
Taverne
Lugano
Pallanza
Porlezza
Menaggio
Ponte Tresa
Varallo
Laveno
Porto
Melide
Maroggia
Bellaggio
Ceresio
Capolago
Mendrisio
Lecco
Arona
Balerna
Chiasso
Erba
Gozzano
Côme
Sesto-Calende
Gallarate
Oleggio
Saronno
Seregno
Monza
Turin
Novare
MILAN

II. — Annonces diverses provenant de PARIS et des ENVIRONS DE PARIS

AIX-LES-BAINS

Hôtel du Louvre et Savoy-Hôtel réunis

Position centrale et unique en face les parcs et jardins des deux Casinos. — Vaste hall. — Jardin. — *Ascenseur.* — Calorifère. — Salle de bains. — Appartements particuliers pour familles. — **F. BURDET**, directeur-administrateur.
HIVER : **HOTEL-PENSION St-GEORGES**, à MENTON.

ALBERTVILLE

HOTEL ET BUFFET DE LA GARE

JOSEPH ALEX, Propriétaire

DÉJEUNERS ET DINERS A TOUTE HEURE

Table d'hôte.

EXIGER LES ARMES DE LA VILLE

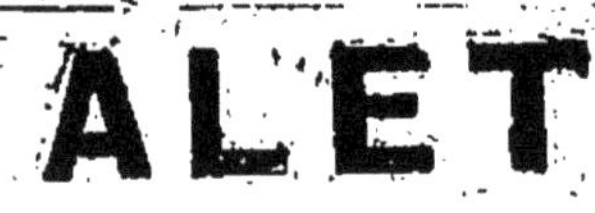

Source

COMMUNALE

Maladies de l'estomac, du foie, de la vessie,
Vomissements des femmes enceintes.
Fièvres des pays chauds.
Anémie. — Convalescences.

Paris, Médailles Or, Argent

L'Eau d'ALET (Aude) est tolérée par les estomacs les plus délicats.

BIARRITZ

HYGIÈNE DE LA FEMME

SUCCÈS SANS RIVAL

CAPSULES RÉGULATRICES W. KORN

Spécifique des retards et des menstruations lentes et douloureuses

A la dose de 2, 4 ou 6 par jour, ces capsules, d'une efficacité indéniable facilitent les règles et font rapidement disparaître les malaises, migraines et tranchées utérines qui les accompagnent. Elles sont indispensables dans la menopause.

Prix : 3 fr. franco

Ecrire : LAFFAILLE, pharmacien de 1re classe, Biarritz.

BORDEAUX

GRAND-HOTEL
HOTEL DE FRANCE ET DE NANTES

MAISON DE PREMIER ORDRE

Près le Grand Théâtre, la Bourse, la Banque, la Douane, la **Préfecture**, le Jardin des Plantes. — Vue sur le Port, la place de la Comédie, les allées de Tourny, les Quinconces. — **Ascenseur, Téléphone, Calorifère, Eclairage électrique,** Salons, Bibliothèque, Fumoir, Bains aux étages. — **Restaurant à la carte ou à prix fixes.** — Vins et Cuisine renommés. — **Salons et 90 Chambres depuis 3 fr. par jour.** — Pensions à partir de 10 fr. par jour pour séjour prolongé. — Caves magnifiques contenant 80 000 bouteilles. — **Veuve Louis PETER,** propriétaire et négociant en vins, fournisseur de S. M. la Reine d'Angleterre.

BORDEAUX

HOTEL RESTAURANT

LANTA ET D'ANGLETERRE

Rue Franklin, 14, et rue Montesquieu, 6

Changement de propriétaire. — 1er ordre, entièrement réorganisé et meublé à neuf. — *Cuisine et cave renommées.* — Service irréprochable. — Arrangements pour familles. — **Prix très modérés.** — *Calorifère.* — *Electricité.* — Téléphone 1014. — **H. LAFONTA et Cie.**

BORDEAUX

HOTEL DU PÉRIGORD

ET D'ORLÉANS RÉUNIS

Rue Mautrec, 9, 11, 13, *en face du Grand-Théâtre et de l'église Notre-Dame.* — Maison de famille. — Déjeuner, 2 fr. 50 ; dîner, 3 fr. — Chambres depuis 2 fr. — Service à la carte. — Prix modérés. — *Bains dans l'hôtel.* — Réduction pour familles. — **COUDY, Propriétaire.**

CANNES

HOTEL PENSION SAINT-NICOLAS

QUARTIER SAINT-NICOLAS

Plein midi. — Vaste jardin. — Jeux de lawn-tennis. — Bains dans la maison. — Pension depuis 8 fr. par jour, tout compris. — Saison d'été : **Hôtel de Thorenc** (Alpes-Maritimes). Altitude : 1200 mètres. — Transport des bagages gratuit à l'aller et au retour. — **Mme JOURTAU**, Propriétaire.

HOTEL VICTORIA

Ouvert toute l'année. — **Plein midi.** — Grand jardin. — Très confortable. — Pension depuis 7 fr. par jour. — Été : **Hôtel Victoria**, Saint-Martin-Vésubie (Alpes-Maritimes), centre d'excursion pour les Alpes.

A. BERTRAND, Propriétaire.

TERMINUS HOTEL

Situé (en ville) à 50 mètres de la gare, et au midi. — Chambres confortables, depuis **2** fr. — Journée, depuis **7** fr. — Electricité. — Calorifère. — Salon de lecture. — *Pas de frais d'omnibus.*

P. GILLES, Propriétaire, *parle anglais et allemand.*

HOTEL SAINT-MAURICE

BOULEVARD D'ALSACE

Plein midi. — Entièrement remis à neuf. — Cuisine très recommandée faite par le propriétaire. — Soins attentifs. — Pension. — Arrangements pour séjour prolongé. — *Prix modérés.* — **A. RIARD**, Propriétaire.

Saison d'été : **Grand Hôtel des Plantas**, à Allevard-les-Bains (Isère).

PENSION INTERNATIONALE

RUE DE LATOUR-MAUBOURG

Remise à neuf. — Ouverte toute l'année. — Plein midi. — *Situation abritée.* — **Grand jardin.** — Pension depuis 7 fr. par jour, tout compris. — Arrangements pour séjour. — *Omnibus à tous les trains.* — **L. FRANK**, Propriétaire.

J. THÉMÈZE

Agence des DEUX-MONDES, fondée en 1868

Square Mérimée. — Location de Villas et Appartements. — Achat et vente de propriétés. — Renseignements gratuits.

F. MOUTON, P. PONS, Successeur

AGENCE IMMOBILIÈRE FRANCO-RUSSE

Place des Iles, 7, *au coin du boulevard de la Croisette*

Vente et location de Villas, Appartements, Hôtels, Terrains.

TÉLÉPHONE

CAUTERETS

GRAND HOTEL CONTINENTAL

Le plus confortable des Pyrénées. — **Ascenseur.** — **Jardins anglais.** — **Splendides appartements.** — Magnifiques salons de conversation. — Salle de billard. — Vaste salle de Table d'hôte de 400 couverts. — **Omnibus, Voitures à la gare de Pierrefitte.** — *On parle toutes les langues.* — Arrangements pour familles.

CH. DUCONTE.

GRAND HOTEL D'ANGLETERRE

OUVERT TOUTE L'ANNÉE

De tout premier ordre. — 350 chambres. — Situation unique. Réputation universelle. — *Lumière électrique.* — **Ascenseur.**

A. MEILLON, Propriétaire.

GRAND HOTEL DU PARC

Changement de propriétaire. — Entièrement remis à neuf. — Premier ordre. — Grands et petits appartements. — Table d'hôte. — **Restaurant.** — Grand salon de compagnie et salon pour les dames. — **Jardin.** — Billard. — Fumoir. — *Eclairage électrique.* — **Prix modérés.** — **LÉON FERRÉ**, Propriétaire des *Grands Hôtels du Parc et des Promenades.*

GRAND HOTEL DES PROMENADES

1er ordre. — Seul hôtel situé sur la place des Œufs, en face le Casino. — Cuisine soignée. — **Vins authentiques.** — Vue superbe. — Téléphone avec l'hôtel du Parc. — *Spécialité de pâtés de foie gras et gibier truffés.* — Prix modérés. — **LÉON FERRÉ**, Propriétaire *des Grands Hôtels du Parc et des Promenades.*

HOTEL DE PARIS

Excellente maison très bien située. — Grand confortable. — Pension depuis 9 fr. — **Arrangements pour familles.** — *Se habla espanol.* — *English spoken.*

BARTHÉ, Propriétaire.

HOTEL DE LA PAIX

Place de la Mairie. — Situation la plus centrale, la plus rapprochée des Etablissements thermaux. — Vue magnifique des montagnes. — Lumière électrique dans toutes les chambres. — Grand confortable. — *Prix très modérés.* — *Omnibus à la gare.* — **J. LARRIEU**, Prop., même maison **Hôtel de Strasbourg**, à Tarbes.

GRAND HOTEL DE LONDRES

Rue Richelieu. — Ouvert toute l'année. — Chambres et appartements confortables. — Cuisine très soignée. — *Pension depuis 7 fr. par jour.* — Arrangements pour familles.

B MOTTE, Propriétaire.

CONTREXÉVILLE
DIURÉTIQUE, LAXATIVE, DIGESTIVE
à jeun
et aux repas
ABSOLUMENT INDIQUÉE
Régime des
GOUTTEUX
GRAVELEUX, ARTHRITIQUES
SOURCE DU PAVILLON

(LANDES) DAX (LANDES)

STATION THERMALE & SALINE D'HIVER & D'ÉTÉ

Voir la page de garde au commencement du volume.

Gd HOTEL DE LA PAIX & THERMES ROMAINS

Au centre de la ville, près la Fontaine-Chaude, les Thermes Salins et le Casino. — Chambres et appartements confortables pour familles et touristes. — *Cuisine très soignée.* — Pension, petit déjeuner du matin, vin, service, *tout compris*, depuis 8 fr. par jour. — Arrangements pour familles.

Vve BARBE, Propriétaire.

DIEPPE

GRAND HOTEL

SUR LA PLAGE, EN FACE DE LA MER

Établissement de premier ordre — Téléphone — Électricité

Salle à manger et terrasse dominant la mer.

G. DUCOUDERT, PROPRIÉTAIRE.

DIJON

HOTEL DE LA CLOCHE

150 CHAMBRES ET SALONS — ASCENSEUR

Lumière électrique

EXPÉDITIONS DE **VINS DE BOURGOGNE**

Situation exceptionnelle

Place Darcy, DIJON, rue Devosge

Edmond GOISSET, Propriétaire.

GRENOBLE

HOTEL MONNET

14, Place Grenette, 14

PREMIER ORDRE, LE PLUS CONFORTABLE DE LA VILLE

Renseignements et voitures pour excursions

Vve TRILLAT, Propriétaire.

Succursales de l'Hôtel, à **Uriage-les-Bains, HOTEL MONNET; à La Bajatière : GRANDE VILLA.**

Station de tramways électriques. — *Deux kilomètres de Grenoble.* — Très confortable. — *Téléphone.* — Pension pour familles. — Arrangements pour séjour à la semaine et au mois.

HAVRE (Le)

GRAND HOTEL DE NORMANDIE

106 et 108 rue de Paris, et 71, rue Bazon. — DESCLOS, ancien propriétaire. — MOREAU, gendre et successeur. — Hôtel de premier ordre. — Prix modérés. — **Eclairage électrique dans toutes les chambres.** — Admirablement situé au centre de la ville et des affaires, près des bateaux, du théâtre et du bureau du chemin de fer. — Appartements pour familles. — Salons de musique et de conversation. — **Table d'hôte** : Déjeuner, 2 fr. 50 ; Dîner, 3 fr. 50. — Grand Hall. — Restaurant. — Déjeuner et dîner à la carte et à prix fixe. — Cuisine et cave renommées. — Spécialement recommandé pour sa bonne tenue. — Agrandissements considérables. — Organisation nouvelle. — Bien que l'**Hôtel de Normandie** soit à la hauteur des positions les plus élevées, il est aussi à la portée des fortunes modestes. — *English spoken.* — *Man spricht deutsch.* — **Omnibus de l'hôtel à la gare**, à droite de la sortie. — **Téléphone 961.**

HYÈRES

GRAND HOTEL CONTINENTAL

De tout premier ordre. — Réputation européenne. — Situation exceptionnelle dans un beau jardin. — Plein midi. — Calorifère. — Salle de fêtes. — Clientèle d'élite. — Pension depuis 9 fr. par jour. — Ascenseur. — Lift. — **E. WEBER**, Propriétaire.

GRAND HOTEL CHATEAUBRIAND

PREMIER ORDRE

Magnifique vue. — Position très abritée. — Jardin d'hiver. — Golf. — Construit avec toutes les innovations modernes. — **Omnibus à tous les trains.** — Téléphone. — Ascenseur. — **A. WATTEBLED, Propriétaire.**

LIMOGES

Agrandissement du GRAND HOTEL DE LA PAIX

De premier ordre, construit récemment, meublé avec élégance, *le plus près de la gare, sur la plus belle place de la ville.* — 110 chambres. — Restaurant à la carte. — **Table d'hôte.** — Salon de famille. — Estaminet. — Omnibus à la gare. — **Recommandé aux familles et aux négociants.** — English spoken. — Téléphone. — **J. MOT.** — **Place Jourdan,** *en face du Palais de la Direction militaire.*

Grand Hôtel et Grand Hôtel Veyriras réunis

Hôtel de premier ordre, au centre de la ville, complètement aménagé pour familles et voyageurs. — **Prix modérés.** — Omnibus. — Téléphone. — Jardin. — *English spoken.*

VEYRIRAS, Propriétaire.

HOTEL CAILLAUD

Le plus central. — **Place Jourdan et boulevard du Collège.** — 1er ordre. — Grand confortable. — Spécialement recommandé aux familles. — Cuisine renommée — Annexe luxueuse créée en 1895. — *Omnibus.* — *Téléphone.*

Paul AMBLARD, Propriétaire.

LOURDES

BUFFET DANS LA GARE MÊME

Grand confortable. — Paniers et provisions de voyages. — Table d'hôte : déjeuner, 3 fr.; dîner, 3 fr. 50. — Tables particulières : déjeuner, 3 fr. 50 ; dîner, 4 fr., vin toujours compris.

CLAVERIE, Directeur.

GRAND HOTEL D'ANGLETERRE

Premier ordre. — Maison très en réputation et très recommandée par sa situation, comme étant la plus près de la Grotte et la plus confortable. — Se méfier des pisteurs payés par certains hôtels pour déprécier l'**Hôtel d'Angleterre,** afin d'attirer les clients dans les hôtels par lesquels ils sont payés.

Omnibus à tous les trains. — **J. FOURNEAU,** Propriétaire.

GRAND HOTEL DE LA GROTTE

Rue de la Grotte

Hôtel entièrement remis à neuf, **de 1er ordre et du dernier confort,** dans une situation unique, avec une **vue magnifique sur la Basilique et les Pyrénées.** — *Table d'hôte et Restaurant.* — Eclairage électrique. — Salle de bains. — **Arrangements pour familles.** — Ouvert toute l'année. — Parlant toutes les langues. — *Omnibus à la gare.* — De l'hôtel, on voit les processions de jour et de nuit.

A. VOGEL, Propriétaire, ancien gérant du *Cercle anglais de Pau.*

LOURDES

GRAND HOTEL HEINS

VILLAS SOLITUDE ET GRAND HOTEL DU BOULEVARD

Maisons de premier ordre. — Grand confortable. — 150 chambres, 5 salons. — Bains. — *Lumière électrique.* — Spécialement recommandées au clergé et aux familles. — Pension. — **Prix modérés.** — *Omnibus à tous les trains.* — Se habla español. — English spoken. — Man spricht deutsch.

FRANÇOIS HEINS, Propriétaire.

LOURDES

Villa Béthanie

PENSION DE PREMIER ORDRE OUVERTE TOUTE L'ANNÉE

Magnifique situation à 5 minutes de la grotte.

Prix de 8 à 10 fr. par jour, — Arrangements pour long séjour et pour familles.

M. et Mme BENQUET, Propriétaires.

La plus ancienne maison de France

FONDÉE EN 1729

CHOCOLATS PAILHASSON

Spécialité de Chocolats de qualités supérieures

Boîtes pour Cadeaux et Étrennes

Demander le Prix courant au Directeur de la Maison

LYON

LE GRAND HOTEL DE LYON

Place de la Bourse et rue de la République

(Le quartier fashionable de la ville)

Hôtel de famille de premier ordre. — Le plus important de Lyon. — *Ascenseur hydraulique.* — Lumière électrique. — Abonné aux réseaux téléphoniques. — *Adresse télégraphique :* **Grand Hôtel Lyon.**

LYON

GRAND HOTEL DES BEAUX-ARTS

75, RUE DE L'HOTEL-DE-VILLE, 75

Ascenseur. — Téléphone 4-75.

Salles de bains et douches. — Chauffage central à vapeur.

Maison restaurée avec tout le confort moderne.

LYON

GRAND NOUVEL HOTEL

ET DES NÉGOCIANTS

200 chambres et salons. — Le plus moderne et le plus important de Lyon. — Chauffage central à basse pression et éclairage électrique dans toutes les chambres. — Salons pour familles. — Salles de bains et de douches. — *Ascenseur.* — **Téléphone.** — Maison de premier ordre. — Vue sur le Rhône. — *Omnibus à la gare de Perrache à tous les trains.* — **Interprète.**

MARSEILLE

Gᴰ HOTEL NOAILLES ET MÉTROPOLE

RÉPUTATION EUROPÉENNE

Ce magnifique établissement, situé dans le plus beau quartier de la ville, est sans contredit le lieu fashionable de rendez-vous de tous les touristes et familles fréquentant les stations d'hiver du littoral méditerranéen, ou s'embarquant à Marseille. — **Près de la Gare et des Ports**, avec un service régulier d'omnibus. — Considérablement agrandi et offrant un choix de plus de 300 chambres et salons (depuis 3 fr.), *éclairés à la lumière électrique*. — **Ascenseurs** — Bains. — *Téléphone* (réseau général). — Restaurant hors pair. — Service à prix fixe et à la carte. — Prix modérés et arrangements en pension (depuis 12 fr.).

CHARLES RATHGEB (de Genève), nouveau Propriétaire.

Adresse télégraphique : MÉTROPOLE MARSEILLE.

Même maison : HOTEL DE RUSSIE, à Genève.

MARSEILLE

GRAND HOTEL DU LOUVRE ET DE LA PAIX

ASCENSEUR — LUMIÈRE ÉLECTRIQUE

LIFT — ÉLECTRIC LIGHT

Réputation universelle.

Patronné par l'élite de toutes les nations. — Situé dans la plus belle position de la ville.

Le seul en plein midi avec une porte cochère et une grande cour d'honneur et Jardin d'hiver, à l'instar du *Grand Hôtel* de Paris. — **Vue sur la Cannebière, les Allées et le Port.** — *250 chambres et salons.* — Entièrement remis à neuf. — **Grand Restaurant à la carte.** — Table d'hôte à tables séparées. — *Cuisine et Caves renommées.* — **Salles de bains à chaque étage.** — Installation sanitaire parfaite. — Tarif dans les appartements. — **Prix modérés.** — *Arrangements pour séjour depuis 12 fr. 50.* — Billets de chemins de fer, etc.

PROPRIÉTAIRE : **LOUIS ECHENARD-NEUSCHWANDER**

Du CARLTON HOTEL, de Londres. — (MAISON SUISSE)

Adresse télégraphique : **Louvre-Paix, Marseille.**

MARSEILLE

GRAND HOTEL DES PHOCÉENS

Restaurant de premier ordre.

MAISON SPÉCIALE POUR LA BOUILLABAISSE

Réputation européenne comme cuisine et cave. — Recommandé aux familles et aux touristes. — *Omnibus à tous les trains.*

Expéditions de la Bouillabaisse Isnard en boîte-panier.

J. ISNARD ET FILS, *Propriétaires.*

MONT-DORE

Nouvel Hôtel et Grand Hôtel de la Poste

Maisons de premier ordre situées en face de l'Etablissement. — Châlets, Villas pour familles. — Parc. — Lawn-tennis. — Jeux divers. — Téléphone. — Lumière électrique. Ascenseur Lift. **P.-F. BRUN**, **Directeur**. **G. BELLON**, **Propriétaire**.

GRAND HOTEL DE PARIS ET DU PARC

Villas. — Châlets avec parc dans la montagne. — Arrangements pour familles, pas de surprise sur les notes. — *Omnibus à tous les trains.* — **Léon CHABORY**, **Propriétaire**.

GRAND HOTEL ET HOTEL BARDET

Les plus confortables de la station, les seuls entourés de jardins, vue sur le parc. — A proximité de l'Etablissement thermal et du Casino. — **Prix modérés.** — Restaurant et table d'hôte. — **Téléphone.** — *English spoken.* — **BARDET**, **Propriétaire**.

Hôtel RAMADE Aîné

PREMIER ORDRE — GRAND CONFORTABLE

Le plus rapproché de l'Établissement thermal. — Excellente cuisine. — Pension : chambre, déjeuner, dîner, vin compris depuis 9 fr. — Arrangements pour familles avec enfants.

RAMADE Aîné, Propriétaire.

GRAND HOTEL DU NORD

PRÈS LE PARC ET LES ÉTABLISSEMENTS

Appartements et chambres confortables pour familles et touristes. — Pension de 8 à 11 fr., suivant chambre. — **Service soigné.**

J. CONSTANTIN, **Propriétaire.**

HOTEL DU VATICAN

A PROXIMITÉ DE L'ÉTABLISSEMENT THERMAL

Recommandé aux familles et à MM. les Ecclésiastiques. — **Jouissance d'un grand parc.** — Pension : 7, 8 et 9 fr. par jour, suivant chambre, tout compris. — **DUCROS**, **Propriétaire.**

HOTEL DE L'EUROPE

A COTÉ DE L'ÉTABLISSEMENT

Entièrement neuf. — Chambres et Appartements hygièniques pour familles. — *Cuisine bourgeoise très soignée.* — Pension depuis **8** francs. — **DELPY-RENOUX**, **Propriétaire.**

NICE

HOTEL GALLIA

RUE DE LA PAIX

OUVERTURE NOVEMBRE 1900

Pension complète avec chambres depuis 8 francs par jour.

1er ORDRE — ASCENSEUR

PLEIN MIDI — JARDIN

140 chambres et salons avec tout le confort moderne et entièrement éclairés à la lumière électrique. — **Chauffage à la vapeur.** — **Arrangements sanitaires parfaits.** — **Salles de bains à chaque étage.** — Billards. — Fumoir. — Magnifiques salons. — *Table d'hôte par petites tables et Restaurant à la carte.* — Garage pour automobiles et bicyclettes.

G. FORTÉPAULE, Propriétaire.

L'ÉTÉ : GRAND HOTEL DE LA TERRASSE, A TROUVILLE-DEAUVILLE

NOUVEL HOTEL DU PARC

BOULEVARD DUBOUCHAGE, 15

Construit en 1897 et **ouvert toute l'année.** — Premier ordre. — Plein midi. — Situation exceptionnelle. — Salle de bains. — Cuisine très soignée. — Arrangements pour familles et prix modérés. — *Omnibus à la gare.* — **Ascenseur.**

FONTAINE, Directeur.

HOTEL BEAU-SÉJOUR

30, RUE PASTORELLI, 30

Changement de Propriétaire. — *Deuxième ordre.* — Plein-midi. — Jardin. — Situation centrale près la Poste et le Casino. — Cuisine très soignée. — Pension depuis 7 fr. par jour, tout compris. — Arrangements pour familles nombreuses.

LOUIS SEIDEL, Propriétaire.

HOTEL DE LA GARE

8, rue de Belgique, et rue Paganini (*à deux pas de la gare*)

Excellente maison recommandée pour sa bonne tenue et sa cuisine bourgeoise. — **Transport gratuit**, par le personnel de l'hôtel, des bagages à l'aller et au retour. — Chambres depuis 2 fr. — Prix de la journée, 7 fr. 50, tout compris — L'hôtel est ouvert toute l'année. — **H. RHEINHEIMER**, Propriétaire.

PENSION DE FRANCE

31 bis, 33 et 35, rue de France (trois villas). — Premier ordre. — Plein midi. — Grand jardin. — **Maison spécialement recommandée** pour son cachet d'élégance et de goût parisien. — Terrasse, bains, vue de la mer et des montagnes.

RIFFLET, Propriétaire.

ROYAT

GRAND HOTEL

Le plus important, situé près l'Établissement. — Vaste parc. — *Lumière électrique.* — *Ascenseur.* — **Perfect sanitary arrangements.**
SERVANT, Propriétaire.

GRAND HOTEL DE FRANCE & D'ANGLETERRE

Admirablement situé à proximité de l'Etablissement
Grand confortable. — Restaurant. — Installation sanitaire. — Téléphone. — Laboratoire photographique. — Jardin. — Ecuries et Remises. — Omnibus à tous les trains aux gares de Clermont et Royat. — *Prix très modérés.* — *English Spoken.* — **Léon COHENDY, Propriétaire.**

HOTEL DE LA PAIX

PRÈS L'ETABLISSEMENT THERMAL ET LES CASINOS
Maison de famille. — Appartements et chambres très confortables. — *Grand jardin.* — Pension depuis 7 francs par jour.
A. HERPIN, Propriétaire.

GRAND HOTEL DE LYON

PREMIER ORDRE
Sur le nouveau parc, près de l'Établissement. — Vue splendide sur toute la vallée. — Chambres et appartements confortables pour familles et touristes. — Pension depuis 8 francs par jour. — **Mme Veuve DELAVAL, Propriétaire.**

HOTEL VICTORIA ET DE NICE

PRÈS L'ÉTABLISSEMENT
Vue sur le parc. — Recommandé aux familles pour son grand confortable et sa cuisine très soignée. — *Prix depuis 7 fr. 50 par jour, tout compris, même le petit déjeuner du matin.* — Arrangements pour familles avec enfants.
GIDON-HUGUET, Propriétaire.

HOTEL GUIBERT

PRÈS L'ÉTABLISSEMENT THERMAL
Premier ordre. — Grand confortable. — Grands et petits appartements. — Arrangements pour familles. — **Prix modérés.** — *Vaste jardin ombragé.* — Restaurant du Faisan-Doré attenant et dépendant de l'hôtel. — Déjeuner, 3 fr.; diner, 3 fr. 50. — Omnibus à tous les trains. — **GUIBERT, Propriétaire.**

ROYAT

CHOCOLATERIE MODÈLE

BONBONS, CHOCOLATS EXTRA FINS, LANGUES DE CHAT, ETC. ETC.
Cette excellente maison recommande à juste titre son **Chocolat granulé instantané.** Absolument supérieur comme cacao et d'un goût exquis, *c'est un produit très pratique pour les touristes.*
Il suffit de verser les petits sachets de ce chocolat dans le liquide bouillant « eau ou lait » pour avoir en une minute un déjeuner délicieux et réconfortant.
Expéditions de colis postaux en France et à l'Étranger.
Demander le tarif et adresser les commandes à la
CHOCOLATERIE DE ROYAT

V. SUPPLEMENT

Spécialités pharmaceutiques.

Phosphatine Falières. — Chocolat Menier.

LIQUEUR DES DAMES

à Base d'Anémonine

Cette liqueur est recommandée à toutes les dames fatiguées par le sang, et pour prévenir toutes les maladies auxquelles les femmes et les jeunes filles sont exposées **périodiquement**, telles que **pertes douloureuses suppressions, âge critique**, etc.

Envoi franco de 1 flacon, contre mandat-poste de 3 francs adressé à M. **O. ENJOLRAS**, pharmacien à **Saint-Fons**, près Lyon (Rhône).

BIBLIOTHÈQUE NATIONALE
R.F.
IMPRIMÉS

Contraste insuffisant

NF Z 43-120-14

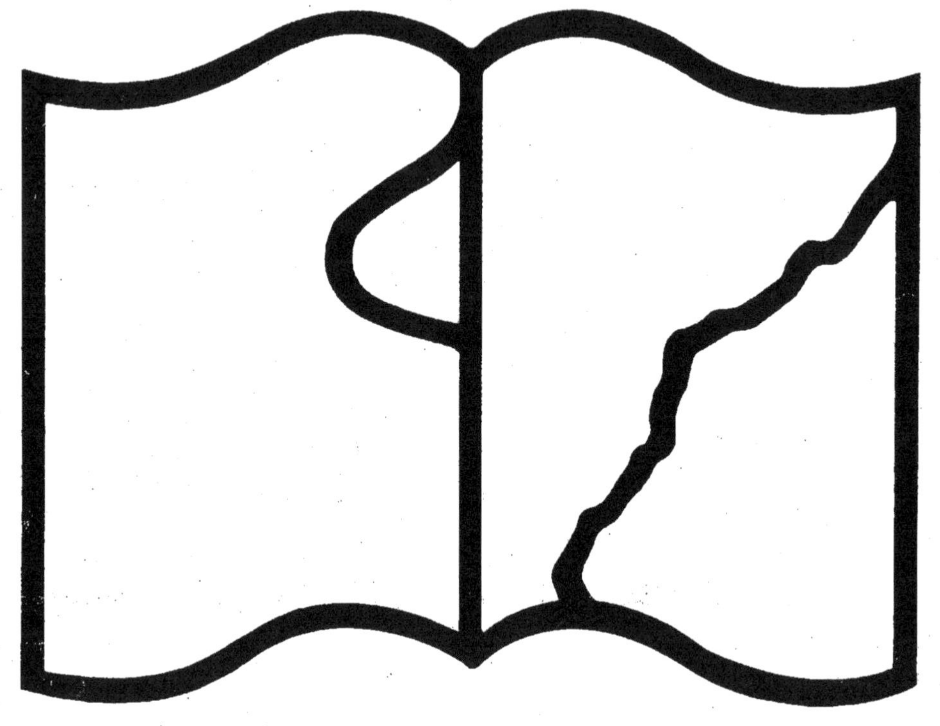

Texte détérioré — reliure défectueuse

NF Z 43-120-11

www.ingramcontent.com/pod-product-compliance
Ingram Content Group UK Ltd.
Pitfield, Milton Keynes, MK11 3LW, UK
UKHW012143240726
13966UKWH00001B/116